科学逻辑

——逻辑推理与科学思维方法

周建武　编著

中国人民大学出版社
·北京·

图书在版编目（CIP）数据

科学逻辑：逻辑推理与科学思维方法 / 周建武编著 . --北京 ：中国人民大学出版社，2020. 12
ISBN 978-7-300-28700-3

Ⅰ. ①科… Ⅱ. ①周… Ⅲ. ①逻辑思维 Ⅳ. ①B804. 1

中国版本图书馆 CIP 数据核字（2020）第 206138 号

科学逻辑——逻辑推理与科学思维方法
周建武　编著
Kexue Luoji——Luoji Tuili yu Kexue Siwei Fangfa

出版发行	中国人民大学出版社		
社　　址	北京中关村大街 31 号	**邮政编码**	100080
电　　话	010－62511242（总编室）		010－62511770（质管部）
	010－82501766（邮购部）		010－62514148（门市部）
	010－62515195（发行公司）		010－62515275（盗版举报）
网　　址	http://www. crup. com. cn		
经　　销	新华书店		
印　　刷	北京溢漾印刷有限公司		
规　　格	185 mm×260 mm　16 开本	**版　　次**	2020 年 12 月第 1 版
印　　张	23. 75	**印　　次**	2020 年 12 月第 1 次印刷
字　　数	554 000	**定　　价**	58. 00 元

总　序

作为承担通识教育的核心目标之一的逻辑通识教育，是培养思维能力的一个核心环节。在高中阶段，进行逻辑通识教育，目的是进一步开发心智，激发学生的探索欲望，培养学生的独立思考能力和批判精神，从而更好地适应今后社会发展和个人发展的多方面需要。

教育部颁布的最新高考考试大纲明确指出要科学构建高考评价体系，高考的考查内容包括必备知识、关键能力、学科素养、核心价值这四个层面，这是素质教育目标在高考内容中的集中提炼。根据考纲要求，高考各科的核心素养提炼如下（其中斜体字部分，均与逻辑思维相关）：

学科	核心素养	学科	核心素养	学科	核心素养
语文	语言建构与应用 *思维发展与提升* 审美鉴赏与创造 文化传承与理解	物理	物理观念 *科学思维* *科学探究* 科学态度与责任	政治	政治认同 *科学精神* 法治意识 *公共参与*
数学	数学抽象 *逻辑推理* 数学建模 直观想象 数学运算 *数据分析*	化学	宏观辨识与微观探析 变化观念与平衡思想 *证据推理与模型认知* *科学探究与创新意识* 科学态度与社会责任	历史	唯物史观 时空观念 *史料实证* *历史解释* 家国情怀
英语	语言能力 文化意识 *思维品质* 学习能力	生物	生命观念 *科学思维* *科学探究* 社会责任	地理	人地协调观 *综合思维* 区域认知 地理实践力

尽管高考中不同科目的关键能力会有所不同，但都包含了逻辑思维作为核心能力之一。近年来，注重对考生逻辑思维能力的考查，成了新高考的一大亮点。下面以语文、数学科目为例说明。

语文：高考语文对逻辑思维能力和信息处理能力的要求格外重要。现代文阅读必然会涉及逻辑能力、分析能力的考查，其中论述类文本将多选用论文和时评，将重点考查逻辑论证和批判性思维能力；在写作中，重点考查批判性思维能力、思辨能力和逻辑论证能力。

数学：高考数学已把考查逻辑推理能力作为重要任务。以数学知识为载体，考查学生缜密思维、严格推理的能力，特别是注重考查考生的独立思考、逻辑推理、数学应用、数学阅读和表达等关键能力。

在高考中，逻辑思维能力的考核主要体现在思维的深刻性和批判性两个方面，深刻性是指思维活动的抽象程度和逻辑水平，以及思维活动的广度、深度和难度；批判性是指思维活动中独立分析和批判的程度。因此，要在高考中获得成功，除知识学习之外，高中生在平时的学习中一定要注重对逻辑推理、逻辑论证、批判性思维和科学逻辑、科学推理、科学思维等能力和方法训练。

鉴于目前各地高中与逻辑思维能力训练直接相关的教学活动还比较少，适合高中生阅读且能与各学科结合紧密的逻辑普及读物并不多见，尤其是适合高中逻辑通识教育的读本几乎没有，为此，本人在前期编著出版高校逻辑通识课程教材（由清华大学出版社出版）和科学逻辑丛书（由化学工业出版社出版）的基础上，专门针对高中学生，编写了这套读本，具体包括《简明逻辑学——逻辑论证与批判性思维》《科学逻辑——逻辑推理与科学思维方法》两册。希望本套图书的出版，有助于高三学生备战高考，能成为高中学生逻辑思维能力提升和高中教师师资培养的教学训练用书。

由于本套图书首次推出，疏漏和不足之处在所难免，因此，热诚欢迎高中师生及相关读者对本书批评指正，提出宝贵意见。若有信息反馈请直接发至本人邮箱：zjwgct@sina.com。

作　者

2020 年 3 月

前　言

科学在当今时代受到高度的尊重，科学的崇高声望归功于科学的工具性的巨大成功，科学作为人类改造自然、改善生存环境的一个工具，改变了人类生活的方方面面。科学的成功之处是它在建立起理论和知识体系的时候，在构建过程中体现出的科学方法的成功。

科学要发现人所未知的事实，并以此为依据，经过严密逻辑论证和实践检验，从中发现客观世界各种事物的本质及运动规律。科学包含以下三个基本特征：

第一，科学需要事实证据。科学是以严格的经验观察所得的事实为基础的，要了解科学，必须知道什么是事实，事实必须在严格周密的调查研究和实验基础上形成。

第二，科学离不开逻辑。科学不仅需要事实基础，还需要对事实进行合理的逻辑推导，可以说，科学是离不开逻辑推理的。事实只有经过合理的归纳，才能形成原理。

第三，科学需要接受检验。一个理论在什么意义上成为科学，这就需要对形成的理论进行验证，并不断地接受实践的检验。

由此可见，科学知识固然重要，而科学的思维方法更具有重要意义。在当今知识大爆炸的时代，任何人都不可能把某一专业领域的所有知识全部掌握。但一个人只要掌握基础理论，形成科学思维模式，学会获取知识的方法，就能够熟练获取需要的知识并获得创新能力。

科学认识和科学发现是一个由个别到一般，又由一般到个别的反复过程，达到演绎和归纳的统一。因此，科学逻辑既包括演绎逻辑，也包括归纳逻辑。其中，演绎逻辑是人们以一定的反映客观规律的理论认识为依据，从该认识的已知部分必然性地推知事物的未知部分的思维方法。归纳逻辑是针对经验科学以及日常思维中非演绎的推理过程，从已知的前提出发，虽然不能确保结论为真，但通过理性的批判性准则进行科学思考与推理，可以推出高概率的结论。科学创新需要通过对科学现象的分析，提出问题，形成见解，在此基础上构建假说，并且设计试验确证假说，然后得出结论，并应用科学规律，这就是科学逻辑的过程。

为此，本书以科学中的思维方法为核心论述科学的逻辑，全书分为两篇：上篇演绎逻辑，内容包括概念逻辑、词项逻辑、命题逻辑、逻辑分析；下篇归纳逻辑，内容包括逻辑归纳、因果推理、合情推理、科学假说。附录中有科学逻辑测试以及答案与解析，具有科学性、系统性、实用性的特点。书中有针对性地选用了一些典型的科学案例以及具有科学背景的逻辑推理问题，并进行了深入的分析，以此论述科学逻辑的原理与方法，从而启发思维并提升高中学生的科学逻辑技能。

目　录

上篇　演绎逻辑

下篇　归纳逻辑

附录

上　篇

演绎逻辑

科学演绎方法在科学认识中的作用巨大，是人们以一定的反映客观规律的理论认识为依据，从该认识的已知部分推知事物的未知部分的思维方法。演绎逻辑的根本特征是保真推理，即只要前提正确，结论必定正确的一种推理形式。具体是指从一般性的前提出发，通过推导即“演绎”，必然性地推出确定的结论。

第一章
概念逻辑

逻辑是研究思维的形式及其规律的科学，概念是反映思维对象特性或本质的一种思维形式，因此，要研究逻辑，首先要从概念出发。

第一节　概念分析

科学概念是指组织起来的、系统的科学知识。作为一种科学知识，科学概念必须是基于实证研究的，而且是被科学家共同体所接受和承认的。科学上对于概念的提出和认定是严格的，必须和一定的理论和体系相关。由于科学知识是不断在发展的，所以科学概念也可以发展，甚至纠正，但都必须基于科学研究的结果。

一、逻辑概念

概念是思维形式最基本的组成单位，是构成命题、推理的要素，是组织起来的经验，是基于事实、事件、特性、感知信息进行分类、推理和抽象出来的知识，它使我们能有效地认知、交流、发展我们对世界的认识。

【案例】

关于“人”的概念理解

在《认识我们自己》一文中，美国著名科普作家阿西莫夫罗列了对“人”这一概念的不同理解：

柏拉图说：“人是无羽毛的两足动物。”

塞涅卡说：“人是社会的动物。”

马克·吐温说：“人是唯一知道羞耻或者需要羞耻的动物。”

赫青黎说：“人是受他的器官奴役的智慧的生物。”

物理学家说：“人是熵的减少者。”

生物化学家说：“人是核酸和酶的相互作用器。”

化学家说：“人是碳原子的产物。”

天文学家说：“人是星核的孩子。”

人类学家说：“人代表着如下特征的缓慢积累：两足的外表，敏锐的目光，勤劳的双手和发达的大脑。”

考古学家说：“人是文化的积累者，城市的建设者，陶器的制造者，农作物的播种者，书写的发明者。”

心理学家说：“人是复杂非凡的大脑的拥有者，具有思维和抽象能力，这种能力压倒他从其他动物祖先那里继承下来的天性和感性。”

神学家说：“人是犯罪和赎恶这出大闹剧的恭顺的参与者。”

社会学家说：“人是他所归属的社会的依次更替的塑造者。”

（一）概念的逻辑特征

概念都既有一个内涵意义，又有一个外延意义。澄清概念就是首先要分析概念的内涵（含义）和外延（指称）是否明确。

1. 概念的清晰性

由于自然语言具有多义、歧义、含糊、含混等不明确性，因此，理性思维的首要标准是要求概念具有清晰性。

正如美国著名法学家博登海默所说：概念乃是解决法律问题所必需的必不可少的工具。没有概念，我们便无法将我们对法律的思考转变为语言，也无法以一种易懂明了的方式将这些思考传达给他人。如果我们试图完全摒弃概念，那么整个法律大厦就将化为灰烬。

例 1：年轻人不小心将酒店的地毯烧了三个小洞，退房时服务员说根据酒店规定，每个洞要赔偿 100 元。

年轻人：确定是一个洞 100 元吗？

服务员：是。

年轻人点燃烟头将三个小洞烧成一大洞。

分析：酒店规定中对“洞”这一概念没有定义清晰，被年轻人抓住了破绽。

例 2：一只松鼠站在树上，两个猎人围绕它转了一圈。他们走动时，松鼠也跟着他们转。这时，一个猎人说，他们已经围绕松鼠转了一圈，因为他们已经围绕松鼠划了一条封闭的曲线；而另一个猎人却说，他们没有围绕松鼠转一圈，因为他们始终只看到松鼠的正面，没有看到它的其他各面。两人争得不可开交。

分析：上述争论产生问题在于“绕着松鼠转一圈”这个短语的意义是不清晰的，两个猎人对这一概念有不同的理解，不解决这一分歧，无论怎么争论，都不会有确定的结果。

如果意思是，猎人从松鼠的北边转到松鼠的东边，再到南边，再到西边，然后又回到松鼠的北边，很明显，猎人的确绕着松鼠转，因为猎人处于这些连续的方位。

但是如果意思是，猎人首先在松鼠的前面，然后在松鼠的右边，然后到松鼠的后面，然后到左边，最后又回到前面的话，非常明显猎人没有绕着松鼠转，因为松鼠作了补偿运动，松鼠使自己的肚子始终对着该猎人，而使松鼠的背部朝着相反的方向。

2. 概念的两个基本逻辑特征

概念有两个基本的逻辑特征：内涵和外延。概念的内涵是概念所指称对象的特有属性，通常称之为概念的含义。概念的外延就是概念所指称的那类对象，通常称之为概念的适用范围。澄清概念就是首先要分析概念的内涵（含义）和外延（指称）是否明确。

（1）概念的内涵

在逻辑中，概念的内涵是指反映在概念中的思维对象的特性或本质，是该概念所指称的那个或那些对象所具有的并且被人们认识到的事物的特有属性或区别性特征。具体地说，内涵是概念的质，它说明概念所反映的对象是什么样的。

例 1：“人”这个概念的内涵就是：“会语言、能思维、能够制造和使用劳动工具的动物”。

例 2：“人工智能”的内涵就是：“用人工方法在机器（计算机）上实现的智能”。

关于概念的内涵需要强调以下两个方面：

一方面，在日常交际中，内涵是多层次和多方面的。

在人们的日常交际活动中，究竟把握了对象的哪些特有属性才算正确把握了概念的内涵，这是由交际的语境决定的，往往只要我们所把握的对象属性能够将其同其他对象区分开来就行了。由于在不同语境中需要把握的对象特有属性是不同的，因此我们所理解的概念其内涵是多层次方面的。

另一方面，在科学研究中，内涵是唯一的和确定的。

一个科学理论往往是从某个特定的方面分析研究对象，它必须抽象掉对象的其他属性才能将研究深入下去。因此，在特定的科学理论研究中，概念指称的是具有某种特定属性的对象，这样理解的概念不仅外延，而且内涵也是唯一的和确定的。

每个科学理论都对本理论中概念所指称对象的特有属性做出规定，人们是通过这种属性去识别概念所指称的对象，即通过把握概念的内涵去识别把握其外延。正由于概念的内涵是由特定科学理论的定义规定的，即使是同一个概念，在不同理论中作为该理论的概念，它具有不同的表述。

例：就概念“水”而言，作为化学概念，“水是化学式为 H_2O 的化合物”；作为物理概念，“水是无色、无味、无嗅的液体”。在科学理论中只有理解把握了定义才能理解把握“水”这个概念。

（2）概念的外延

在逻辑中，概念的外延是指具有概念的内涵所反映的那些特性或本质的具体思维对象，就是该概念所指的某个对象或某些对象的集合或类别。

具体地说，外延是概念的量，它说明概念所反映的是哪些对象。就外延的含义来说，它是本质属性的对象，说明概念反映了哪些事物，其范围程度及其所能达到的极限。一个思维对象只有具备内涵所反映的全部特性或本质属性的时候，才属于该概念的外延。

例 1：“人”的外延是指“由古往今来、属于不同的民族、有不同的肤色、操不同的语言、有不同的文化和传统的所有个体构成的集合或类”，你、我、他或她都是该集合或类别中的个体，因此都属于“人”的外延。

例 2：“自然数”的外延是一个无穷集合，单个自然数都是其中的元素。

一般来说，概念的外延是唯一的和确定的，但有些概念在现实世界中没有外延。

例：“独角兽”“飞马”等等，人们常常把它们叫作“空概念”，并人为地给它们指定外延——空集合，即没有任何元素的集合。

3. 概念内涵和外延的关系

概念的内涵意义又被称为涵义，在于该概念所具有的性质或者属性。概念的内涵从质的方面规定对象，它表明对象“是什么”。

概念的外延意义又被称为指称，在于该概念所指称的类的那些成员概念的外延从量的方面规定对象，它表明对象“有哪些”。

内涵和外延大致分别相当于现代的术语“意思”和“所指”。

例：“发明家”这一概念。

属性（内涵）：聪颖、富有直觉力、富有创造力、富有想象力。

类的成员（外延）：爱迪生、贝尔、莱特兄弟等等。

（1）概念的内涵和外延是相互依存、相互制约的

任何概念都有内涵和外延，内涵和外延是相互依存、相互制约的。确定了某一概念的内涵，也就相应确定了该概念的外延；确定了一个概念的外延，也影响了这个概念的内涵。

①内涵决定外延。

当一个概念的内涵固定下来时，它的外延也就固定了。

例：“商品”，如果确定了它的内涵是“用来交换的劳动产品”，那么它的外延就可以确定为古今中外的、各种性质的、各种用途的、在人们之间进行交换的产品，包括“通过货币方式买卖的劳动产品”和“用以物易物方式交换的劳动产品”。

一般认为，概念的内涵是识别它的外延的向导、依据和标准，换句话说，概念的内涵决定概念的外延。特殊的情况是空概念。

例：我们在根据“永动机”的内涵去找它的外延时，却怎么也找不到，原来该概念表达的外延是空的。

②外延不能决定内涵。

外延确定以后，内涵一般也会相应地确定下来。但要注意，概念的外延并不能决定它的内涵。

例：“等角三角形”这个概念的外延与“等边三角形”这个概念的外延是完全相同的。但是，确认了这两个概念的外延而其内涵却处于不确定状态。“等边三角形”的内涵是由三条等长的直线所围成的平面图形。而“等角三角形”的内涵却不同，它是指由三条相互相交而形成等角的直线所围成的平面图形。

③内涵与外延的变化关系。

一方面，一般而言，概念的内涵与外延具有“反变规律”。

递增的内涵的次序通常与递减的外延的相同。相反地，递减的内涵的次序通常与递增

的外延的相同。即一个概念的内涵越多（即一个概念所反映的事物的特性越多），那么，这个概念的外延就越少（即这个概念所指的事物的数量就越少）；反之，如果一个概念的内涵越少，那么，这个概念的外延就越多。

例：动物、哺乳动物、猫科动物、老虎这些概念的内涵后面的概念都比其前的那些概念的内涵多；但是，这些概念是按照外延减少的次序排列的。

递增的内涵：动物，哺乳动物，猫科动物，老虎

递增的外延：老虎，猫科动物，哺乳动物，动物

另一方面，内涵与外延所谓的"反变规律"并不完全正确。有时存在内涵增加但外延不变的情况，我们可以按照增加内涵的数量构成一系列概念，但外延却保持不变。

例：活人，有遗传密码的活人，有遗传密码和头脑的活人，有遗传密码和头脑的不超过一千岁的活人。

在这个系列中，每个概念都正好与其余者有相同的外延。故而，当内涵随每个后继的概念递增时，外延并没有减少。

(2) 概念的内涵和外延是确定性与灵活性、主观性和客观性的统一

概念的内涵和外延的确定性是指在一定条件下，概念的含义和适用对象是确定的，不能任意改变或加以混淆。概念的内涵和外延的灵活性是指在不同的条件下，随着客观对象的发展变化和人们认识的深化，概念的含义和适用对象是可以变化的。

作为反映对象本质属性的思维形式，概念就其内容来说，反映客观，来自客观，有其客观根据。因此，概念的内容是客观的。但概念同时也是一种认识形式，属于意识的范畴，从其形式来说，又有其主观的一面。

例1：原子这个概念的内涵和外延就是随着科学的发展和人们对于原子的认识的不断深入而变化的。关于原子的学说已经经历了几个发展阶段。在古代，原子学说还只是一种天才的猜测，到18世纪已经发展为科学的假说，而在19世纪最后30年里才变成科学的理论。

例2："太阳系的大行星"这个概念的外延在天王星、海王星和冥王星被发现以前，就是当时人们所认识并反映在该概念中的六大行星。在天王星、海王星和冥王星被发现以后，它的外延就是多年来人们所认识并反映在该概念中的九大行星。但在2006年8月24日于布拉格举行的第26届国际天文联会中通过的第5号决议中，冥王星被划为矮行星，并命名为小行星134340号，从太阳系九大行星中被除名。所以，现在太阳系只有八颗大行星，即：水星、金星、地球、火星、木星、土星、天王星和海王星。可是，作为客观存在的天体，"太阳系的大行星"并不是以人们的概念是否反映了它的本质和范围而存在，也许哪一天又发现了新的大行星，"太阳系的大行星"这个概念的外延就又会有所变化。

4. 关于概念的批判性问题

(1) 集合概念与非集合概念

根据概念所指称的是否是集合体，我们可以把概念分为集合概念与非集合概念两大类。

所谓集合体是指由若干同类对象依据特定联系所构成的整体。集合体不同于一般的整体，它必须由同类分子构成。因此，一辆汽车是个整体但不是集合体，因为它由车轮、车厢、发动机等部分构成，而这些构成部分不是同类的。其次，同类分子构成一个集合体必须依据特定的联系。

例：军队是一个集合体。军队是由同类分子军人构成的，但并不是说若干军人在一起就一定是支军队，军人构成军队必须依据军事编制。

集合概念是指所指称对象是集合体的概念。如“车队”“中国女子排球队”“森林”等。集合概念的特征在于构成整体的分子不具有整体的属性。车队由车构成，但车不具有车队的属性，我们看见停车场里停有许多的车，我们并不认为停车场里有一支车队。

非集合概念是指所指称对象不是集合体的概念。以下都是非集合概念：“汽车”“中国女子排球队队员”“树”。

有些时候，一个概念是否是集合概念是由语境决定的。语境不同，概念的指称就有所不同。我们判定一个概念是否是集合概念，就是看它是否指称一个集合体。

例：下列两个语句：

A.“鲁迅的著作不是一天能读完的”

B.“《祝福》是鲁迅的著作”

分析：两个语句中都出现了概念“鲁迅的著作”。

在A中出现的“鲁迅的著作”是一个集合概念，因为只有作为整体的“鲁迅的著作”才具有“不是一天能读完”的属性。而作为整体构成分子的每篇鲁迅的著作不具有这个属性。

在B中出现的“鲁迅的著作”是一个非集合概念。既然B中的“鲁迅的著作”表达的是每个分子都具有的属性，它指称的就不是集合体。因此是一个非集合概念。

(2) 概念谬误的揭示

运用对内涵与外延的区分，我们可以把玩弄“意义”歧义的谬误论证揭露出来。

例1：一农民锄地时发现一青铜器皿，上面铸着“公元前七十九年造”，就拿到博物馆。馆长一瞧，大笑起来说是假的。请问馆长从哪里看出来是假的？

分析：只要稍微有一些常识，就知道“公元”这个概念在当时不可能存在。

例2：下述论证的提出旨在证明上帝的存在：

“上帝”这个词不是无意义的，因此它有意义。但是按照定义，“上帝”这个词的意思是全能的至善的存在。因此，全能的至善的存在，即上帝，必然存在。

分析：这里的歧义在于“意义”这一概念的含义，在一种含义上指的是内涵，而在另一种含义上指的却是外延。“上帝”这个词不是无意义的，因此可以肯定，存在一个内涵是它的意义。但是，由此并不能得出：一个具有内涵的概念，其内涵一定指一个存在物。

(二) 概念间的外延关系

不同概念所指称的对象可以有相同的，也可以完全不同。概念之间的关系则是分析讨论概念外延之间的重合情况。

两个概念之间的关系有两种情况：如果两个概念所指称表达的对象有相同的，那么这两个概念的外延有重合；如果两个概念所指称表达的是完全不同的对象，那么，这两个概念的外延不重合。相应地，两个概念之间有相容关系和不相容关系两种情况。

1. 概念的相容关系

相容关系是指两个概念的外延至少有一部分是重合的。相容关系又分为三类，即同一关系、从种关系和交叉关系。

(1) 同一关系

同一关系也叫全同关系，是指外延完全重合的两个概念之间的关系，即两个概念指称的是同一个对象。

如果用一个圈代表一个概念的外延，那么 S、P 两个概念具有全同关系，如图所示：

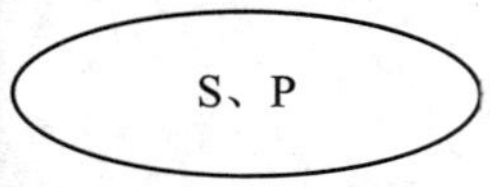

可表示为：所有 S 是 P，并且所有 P 是 S（S=P）。

例 1：如下两组概念，每组中的两个概念之间都有同一关系：

“北京”与“中华人民共和国首都”

“世界上幅员最大的国家”与“俄罗斯”

例 2：老师给学生出了一道有趣的数学题：“两个爸爸，两个儿子，分三个烧饼，恰好每人要分到一个，怎么分法?”

分析：可发现其中有两个概念的外延可以是重合的。“两个爸爸，两个儿子”实际上可以是三个人，即爷爷、爸爸、儿子。其中一个既是儿子又是爸爸。三个人分三个烧饼，当然是一个人一个。

(2) 从属关系

从属关系也叫属种关系，是指一个概念的外延全部包含在另一个概念的外延之中，并且只是另一个概念外延的一部分。

显然，具有属种关系的两个概念中一定有一个的外延大，一个外延小。我们把外延大的概念叫作属概念，外延小的概念叫作种概念。属种关系又分为两类。

①包含于关系。

包含于关系是种概念相对于属概念的关系，显然种包含于属。亦称种属关系，一个概念的外延包含在另一个概念的外延之中，并仅仅作为其外延的一部分，如图所示。

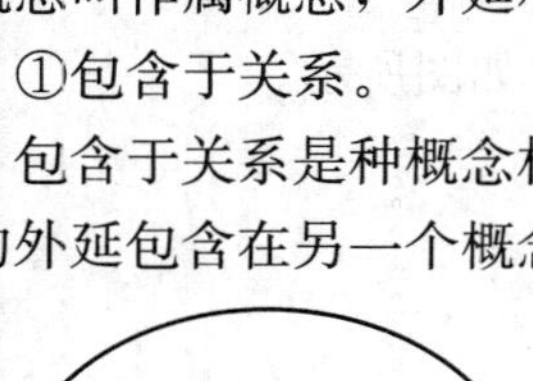

例 1：“伪造货币罪”包含于“破坏金融秩序罪”。

例 2：“森林”包含于“自然资源”。

②包含关系。

包含关系是属概念相对于种概念的关系，属包含种。亦称属种关系，一个概念的外延包含着另一个概念的全部外延，并且另一概念的外延仅仅是其外延的一部分，如图所示。

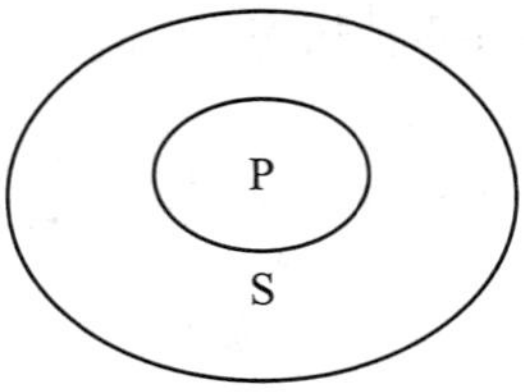

例1：“教师”和“教授”这两个概念，前者的外延就包含着后者的全部外延。

例2：“工程师”和“高级工程师”这两个概念，前者的外延就包含着后者的全部外延。

【案例】

白马非马

战国末年的名辩家公孙龙提出了一个“白马非马”的论题。

马者，命形也，白者，命色也，命形非命色也，故曰：白马非马。

公孙龙的论证如下：马是用来称谓马的形体的，白是用来称谓马的颜色的，不是称呼马的形体，所以说白马不是马；再从概念的外延上对“白马”与“马”加以区别，“马”这个概念的外延广，包括所有各种不同颜色的马，“白马”这个概念的外延窄，只限于白色的马，与黑马、黄马的外延排斥，所以“白马非马”。

分析：这一论题涉及汉语的歧义，非即不是，“是”可以认为“等于”，也可以认为“属于”。白马与马是从属关系，既有联系，又有区别，既不能等同，也不能割裂开来。公孙龙看到了白马与马这两个概念在内涵和外延上的区别，这是正确的；但他把这种区别绝对化，把“马”“白”“白马”这些概念都理解成全是孤立的，否认了白马是马的一种，即割裂了一般和个别统一的关系，把差异和统一绝对对立起来，认为一般可以脱离个别存在，这是典型的诡辩。

(3) 交叉关系

交叉关系是指两个概念的外延有且只有一部分重合的关系，如图所示。

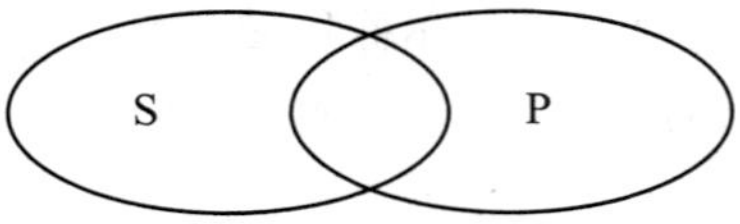

例1：“球迷”与“影迷”这两个概念的外延具有交叉关系。

例2：“成年人”与“限制行为能力人”这两个概念的外延也具有交叉关系。

例3：高中某班级进行一次义务劳动。到工地后，班长向大家宣布劳动安排：“同学们，今天的劳动任务这样安排：班干部去挖土，男同学去搬砖，女同学清理场地，身强力壮的跟我去搬运石头，其他同学帮助检修工具。”听了班长宣布后，大家不知道自己应干什么。阿强作为班干部，他应去挖土；作为男同学，他应去搬砖；作为身强力壮的，他应去搬运石头。其他人也同样面临困境。

分析：班长概念不清，因为班干部、男同学、女同学、身强力壮者、其他同学的概念间存在交叉关系。

例 4：让 24 个人排成 6 列队伍，每列队伍的人数分别是 5 个人。能否完成这种排列呢？

分析：答案是能完成，排出一个正六边形即可。

在把握概念时，要正确地把握概念的外延。讲到排列队伍，总是想到横平竖直地排，但是总缺少 6 个人。能不能反过来想，把其中的 6 个人每个都当成两个人来用呢？

2. 概念的不相容关系

不相容关系亦称全异关系，是指外延是互相排斥、没有任何部分重合的这样两个概念之间的关系。换句话说，如果两个概念的外延完全不重合，即两个概念所指称的是完全不同对象，那么两个概念之间具有不相容关系，如图所示。

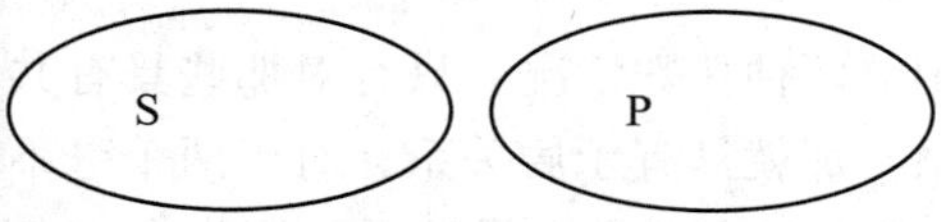

例：下面两对概念都是全异关系：

“动物”与“植物”这两个概念是全异关系。

“有效合同”和“非有效合同”这两个概念也是全异关系。

全异关系中有两种特殊情况，即矛盾关系和反对关系。

(1) 矛盾关系

矛盾关系是指这样两个概念之间的关系，即两个概念的外延是互相排斥的，而且这两个概念的外延之和穷尽了它们属概念的全部外延，如图所示。

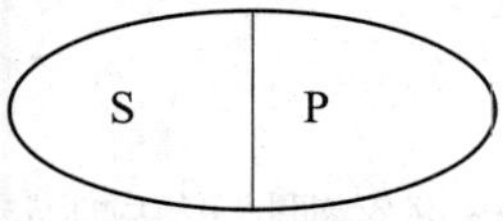

换句话说，具有全异关系的两个概念，如果它们有共同的属概念，并且它们的外延之和等于其属概念，那么，这两个概念间具有矛盾关系。一般来说，正概念与负概念之间具有矛盾关系。

例：下面两对概念都是矛盾关系：

“正义战争”和“非正义战争”；

“生物”与“非生物”。

(2) 反对关系

反对关系是指这样两个概念之间的关系，即两个概念的外延是互相排斥的，而且这两个概念的外延之和没有穷尽它们属概念的全部外延，如图所示。

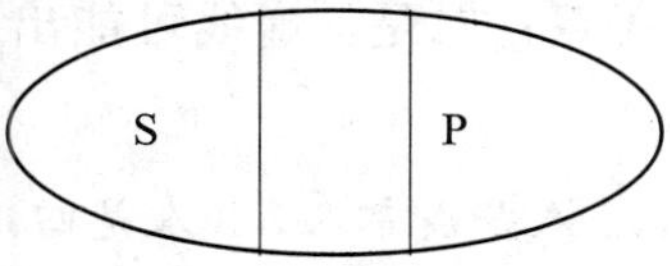

换句话说，具有全异关系的两个概念，如果它们有共同的属概念，但它们的外延之和小于其属概念，我们就称这两个概念间具有反对关系。

例 1："白色"与"红色"这两个概念，有共同的属概念"颜色"，而它们的外延之和小于"颜色"，因为除了白色和红色外还有许多其他种颜色。因此它们之间具有反对关系。

例 2："抢劫行为"与"盗窃行为"则有共同属概念"犯罪行为"，并且它们的外延之和小于属概念。因此它们之间也具有反对关系。

例 3："合法行为"与"违法行为"是不相容关系的两个概念，针对上属法律行为来说，二者不是矛盾关系，而是反对关系——存在既不具备合法的属性也不具备违法的属性的法律行为。这样，一个法律行为是合法行为则一定不是违法行为，是违法行为则一定不是合法行为；但是不是合法行为却不一定就是违法行为，不是违法行为也不一定就是合法行为。

当然，反对关系与矛盾关系只是全异关系中的两种特殊情况。只有对那些具有共同属的概念，我们才能说它们之间若不具有反对关系，那就具有矛盾关系。对于两个毫不相干的概念，如概念"法院"与"植物"，我们只能说它们之间是全异关系，因为它们各自指称完全不同的对象，即两个概念的外延完全不重合。

3. 欧拉图分析法

欧拉图分析法是一种逻辑学上的图解，借用 18 世纪瑞士数学家欧拉（Euler）的做法，就是用圆圈或封闭的曲线，即被后人称为"欧拉圈"的图形来揭示概念间的外延关系。具体做法是用圆圈图形的示意法来表示分析概念之间的外延关系，上述概念间的逻辑关系所用的图示即为欧拉图。针对三个及以上的概念进行欧拉图分析，其画图步骤和相应的注意事项论述如下。

（1）画图步骤

①判定各概念之间的外延关系。

如果题目所提供的几个概念是现实生活中的具体概念，则应根据客观情形去判定；如果题目所提供的仅是 A、B、C 这种抽象形式的概念，则应根据题目的假设条件去判定。

②画出概念之间的关系图形。

在判定各概念之间的外延关系基础上画出能从整体上反映这几个概念彼此之间外延关系的综合图形。如果适合题目要求的情形不止一种，则应把所有的合适情形都找出来，然后画出与每一合适情形相对应的欧拉图。

③在每个圆圈的适当位置上标注。

（2）注意事项

①先用实线画固定的部分。

②再用虚线画不固定的部分。

③要考虑：一是，实线是否有重合的可能，即同一关系；二是，虚线可能出现的位置。

例：某个饭店中，一桌人边用餐边谈生意。其中，2 人是成都人，3 人是四川人，

2人只做机电生意，3人兼做通信生意。

假设以上的介绍涉及了这餐桌上所有的人，那么，这餐桌最少可能是几个人？最多可能是几个人？

分析：根据题意，成都人一定是四川人，这样按地域有3个人；

2人只做机电生意，3人兼做通信生意，这样按职业，就是5个人。

求最少，地域包含于职业，就是5人。

求最多，地域与职业不相容，就是8人（如图所示）。

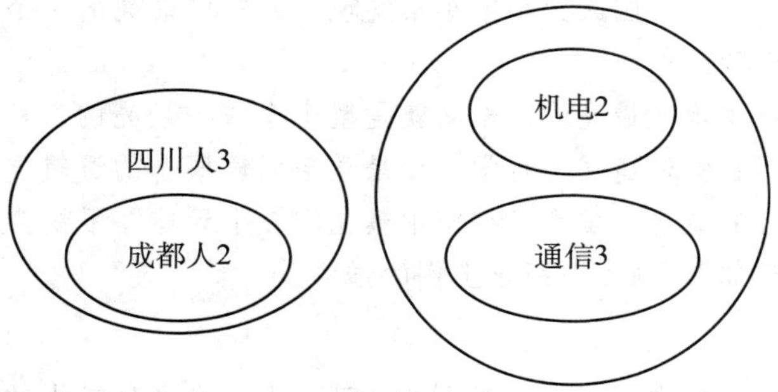

二、概念明晰

理性思维的首要标准是清晰性，这种清晰性首先是对概念的要求。由于自然语言具有不明确性，常常包含歧义，进而阻碍交流，因此，澄清概念对科学认识有重大意义。明确概念的基本逻辑方法包括概念的限制与概括、划分与分类以及定义。

（一）概念的限制与概括

概念的限制和概括就是如何缩小、扩大概念的外延，使之形成一个新的概念。

1. 概念的限制

概念的限制，就是指通过增加概念的内涵以缩小概念的外延来明确概念的逻辑方法。限制的目的与作用在于，有助于人们对事物的认识从一般过渡到特殊，掌握具体事物的特质，使人们的认识更加具体化，从而在表达思想过程中，概念表达按需要更加准确，论证更加严密。

概念的限制，在语言上通常表现为增加修饰语。

例：据说有位著名的女演员曾经发过这样一番感慨：做人难，做女人更难，做名女人尤其难，做单身的名女人难上难。这句话，从“人”到“女人”，到“名女人”，再到“单身的名女人”，通过逐渐增加的修饰语对原概念一步一步加以限制，形成了新的概念。

不过，也有不通过增加修饰语，而是直接换语词进行限制的。

例：傅雷给傅聪的临别赠言是：第一，做人；第二，做艺术家；第三，做音乐家；最后才是钢琴家。这里的连续限制过程是：人→艺术家→音乐家→钢琴家。经过限制，我们得到了以原来的概念为属概念的种概念。

外延大的概念可以连续多次进行限制，但限制是有极限的，这个极限就是单独概念，因为单独概念的外延只有一个。比如，把“钢琴家”限制为“傅聪”就不能再限制了。

有时候我们写文章时不注意修饰语的合理使用，就会出现一些对概念的不合理的限制。

【案例】

天体

据英国《自然》杂志报道，一个英国天文学家小组发现了宇宙中最亮的一个天体。据称，这个天体也是宇宙中最遥远的天体之一。

分析： 宇宙是无限的，现在发现是最亮的，未必就是整个宇宙中最亮的。可惜，上例在传播科学信息的同时，却又不自觉地违反了科学。如果学会明确概念的逻辑方法，则可以避免此类错误。如将外延过大的概念“发现了宇宙中最亮的一个天体”限制为“迄今为止所发现的宇宙中最亮的一个天体”，则可以纠正上例的错误。

2. 概念的概括

概念的概括是指通过减少概念的内涵以扩大概念的外延，由一个外延较小的概念过渡到一个外延较大的概念，即由种概念过渡到属概念的逻辑推演方法。

例：鲁迅先生说过：“有缺点的战士终究是战士，完美的苍蝇也终究是苍蝇。”
由“有缺点的战士”到“战士”，由“完美的苍蝇”到“苍蝇”都是概念的概括。

概括的推演方法也有两种：

一种方法是在被概括的概念前去掉种概念的限制词。

例：“现代中国男性小说家”可以概括为“现代中国小说家”。这里，种概念“现代中国男性小说家”的修饰语“男性”被去掉了，内涵减少了，外延得到了扩大，过渡到了它的属概念“现代中国小说家”。

另一种方法是将表示属概念的词语替换掉种概念的词语。

例：“教师”概括为“知识分子”。

概括同样可以连续进行，但也有极限，概括的极限是哲学范畴。因为哲学范畴是外延最大的属，没有比它更大的属概念了。

例：“物体”概括为“物质”，物质是一个哲学范畴，这时就不能再概括了。

3. 限制和概括要避免的逻辑错误

错误的概括和限制，可称为“不当限制”和“不当概况”。

在进行限制和概括的过程中要注意以下两个问题，以避免犯逻辑错误：

一是，可以通过增加或减少修饰语的方法对概念进行限制或概括，但并不是所有的修饰语的增加或减少都是限制或概括。

例 1：把“天安门”加上修饰语变成“雄伟的天安门”，这并不是对概念的限制，而只是单纯的修饰。

例 2：“能导电的金属”与“金属”；“不必要的浪费”与“浪费”都不构成种属关系，因而前者都不是对后者的限制，后者也不是对前者的概括。

二是，要注意区分整体与部分关系和属种关系。由部分到整体或由整体到部分并不是概括和限制。

例：以下例子里的概念都没有属种关系，不能限制和概括：

- “厦门大学哲学系”和“厦门大学”是部分与整体关系而非属种关系。
- “星期一”与“星期一下午”是整体与部分的关系。
- “省政府”与“县政府”不是属种关系。
- “美洲”“美国”“加利福尼亚洲”是整体与部分的关系。

总之，通过限制和概括之后形成的概念与原概念应当构成属种关系，如果不是，那么这种限制和概括就是错误的。

例：有四组物品：

第一组：苹果、梨、西红柿、桔子；

第二组：刮脸刀、剪刀、铅笔、铅笔刀；

第三组：斧子、钉子、电锯、电钻；

第四组：小号、小提琴、大号、萨克斯管。

问题：在这四组物品中，有无“多余的”第四个？

分析：本题考查的思维能力涉及概念、概念的内涵与外延、限制与概括等问题。

第一组：西红柿是蔬菜，其他是水果。

第二组：铅笔是书写工具，其他是刀具。

第三组：钉子为钉接物，其他为木匠工具。

第四组：小提琴为弦乐器，其他为管乐器。

（二）概念的划分与分类

概念的划分和分类在人类生活中非常重要，如果我们对概念没有划分和分类的方法的话，这个世界就混同在一起，要理解和有条理地进行管理则是不可能的。

1. 概念的划分

划分是指把一个概念的外延，按照一定的标准，分为若干小类的明确概念外延的逻辑方法。

（1）划分的类型

概念的划分可以分为一次划分、连续划分和复分。

①一次划分。

一次划分就是依据一个标准，把母项分为若干子项。这种划分只有母项和子项两层。

例 1：有理数可分为整数和分数。

例 2：三角形（根据边的大小）可分为不等边三角形、等腰三角形和等边三角形。

一次划分的常用方法是对分法，也叫二分法，把被划分的概念 B 分成一对具有矛盾关系的概念 A 和负 A。可表示为：B＝A＋ ¬A。

例：战争可分为正义战争和非正义战争。

②连续划分。

连续划分就是逐层地多次划分，把划分后的子项作为母项继续划分，直到满足需要为止。在连续划分中，每次划分得到的概念属于同一层次，不同次划分得到的概念属于不同层次。连续划分的母项和子项至少有三层。

例：实数可以分为有理数和无理数，有理数可以再分为整数和分数，整数可以分为正整数、零和负整数。

③复分。

复分就是指按照不同的标准，把同一母项分为若干子项。

例：文学按照体裁分为小说、散文、诗歌和戏剧；按照国别分为外国文学和中国文学；按照时代分为古典文学、近代文学和现代文学等等。

（2）划分的规则

概念的划分应满足以下基本规则：

①各子项之间的关系应当是不相容的。

若不满足此条规则，就会犯“子项相容”的逻辑错误。

例：有个小孩得到八个桃子，有人要他分成四份：给爸爸两个最大的，给妈妈选两个最好的，给弟弟选两个最红的，给自己两个最圆的，你觉得孩子能选出来吗?

②各子项外延之和必须等于母项的外延。

若不满足此条规则，就会出现“多出子项”（划分过宽）或“划分不全”的逻辑错误。

例：有被调查者疑惑地问道：“你们的调查表中，只设计了‘未婚’和‘已婚’两个项目，那我填哪项？我结过婚，但已丧偶。填‘未婚’吧，我确实结过婚；填‘已婚’吧，我现在又没有配偶。我填什么好?”

分析：这份抽样调查表中的“未婚”“已婚”两个子项的外延相加，小于“婚姻状况”母项的外延，犯了“划分不全”的逻辑错误。应将“婚姻状况”设计为“未婚”“已婚”“丧偶”“离婚”。这才能符合逻辑划分的要求。

③每次划分必须使用同一划分标准。

若不满足此条规则，就会犯“多标准划分”或“子项相容”的逻辑错误（同一划分中包含多个划分标准，子项之间相互包容）。

例 1：以下三例的划分标准不一致，都存在多标准划分的逻辑错误。

- 四足类包括两栖类、爬行类、哺乳类和鸟类。
- 木本植物有乔木、灌木、半灌木、针叶木和阔叶木。
- 我最爱阅读外国文学作品，英国的、法国的、古典的，我都爱读。

例 2：有人跟一个小朋友开玩笑，要他来分四个苹果，挑一个最大的给爸爸，最好的给妈妈，最红的给姐姐，最圆的留自己。这可难为了他，因为有一个是最大的，也是最好的，还是最红的，而且是最圆的。给谁好呢？

分析：在一次划分中提出了“大”“好”“红”“圆”四个标准，可面对的实际情况是，所分对象兼容，无法操作。这种在一次划分中用两个以上标准的做法，在语言文字表达上便会造成层次不清，子项势必交叉重叠。

④划分不能越级。

若不满足此条规则，就会犯“概念不当并列”的逻辑错误。具体是指，在划分过程中对概念分类的标准不一致，把不同层次的概念，或把具有交叉或属种关系的概念并列使用。

例：以下两例的划分都犯了“概念不当并列”的错误：

- 音乐分为古典音乐、乡村音乐、流行歌曲和民乐等。
- 出席座谈会的有著名的社会科学家、数学家和核物学家。

其中，社会科学家、数学家和核物理学家是不同层次的概念。

2. 概念的分类

从逻辑上讲，分类是指以对象的本质属性或显著特征为依据的划分。如果我们对外延对象的划分依据一定的原理和规则来进行，这种划分我们就称为分类。

分类对科学研究非常重要，研究分类的科学称为分类学。概念分类是一项复杂的工程，涉及各个学科。18 世纪的欧洲学者林耐就进行了植物和动物的分类学研究，这个研究是人类智慧的一个伟大成果。林耐的分类学既是生物学研究的伟大成果，也是逻辑学领域的伟大成果。

【案例】

生物分类

生物分类也称生物分类学，是研究生物的一种基本方法。了解生物的多样性，保护生物的多样性，都需要对生物进行分类。

生物分类主要是根据在形态结构和生理功能等方面的特征，把生物划分为种和属等不同的等级，并对每一类群的形态结构和生理功能等特征进行科学的描述，以弄清不同类群之间的亲缘关系和进化关系。

分类系统是阶元系统，通常包括七个主要级别：界、门、纲、目、科、属、种。种（物种）是基本单元，近缘的种归合为属，近缘的属归合为科，科隶于目，目隶于纲，纲隶于门，门隶于界。

一、生物的五界分类系统

生物的分类不是一成不变的，而是随着生物科技的进步逐步完善的。下面介绍一下生物分类学上使用较广的五界分类系统：原核生物界、原生生物界、菌物界、植物界、动物界。

★原核生物界（Kingdom Monera）

原核生物是一种无核膜包围的细胞核的单细胞生物，它们的细胞内没有任何带膜的细胞器。原核生物包括细菌和以前称作“蓝绿藻”的蓝细菌，是现存生物中最简单的一群，以分裂生殖繁殖后代。原核生物曾是地球上独一的生命形式，它们独占地球长达 20 亿年以上。如今它们还是很兴盛，而且在营养液的循环上扮演着重要角色。

★原生生物界（Kingdom Protista）

真核原生生物界的生物都是有细胞核的，且几乎是单细胞生物。某些真核原生生物像植物（如矽藻），某些像动物（如变形虫、纤毛虫），某些既像植物又像动物（如眼虫）。

★真菌界（Kingdom Fungi）

本界成员均属真核生物，它是真菌的最高分类阶元。

★植物界（Kingdom Plantae）

本界成员均属真核生物，是能够通过光合作用制造其所需要的食物的生物的总称。

★动物界（Kingdom Animalia）

该界成员均属真核生物，包括一般能自由运动、以（复杂有机物质合成的）碳水化合物和蛋白质为食的所有生物。

二、动物和植物的基本分类

- 植物的分类
  - 无种子（孢子植物）
    - 藻类植物：水绵
    - 苔藓植物：葫芦藓
    - 蕨类植物：肾蕨
  - 有种子（种子植物）
    - 裸子植物：油松
    - 被子植物：玉米（单子叶植物）、向日葵（双子叶植物）

- 动物的分类
  - 无脊柱（无脊椎动物）
    - 环节动物：蚯蚓
    - 节肢动物：蜜蜂、蜘蛛、蜈蚣、虾、螃蟹
    - 腔肠动物：珊瑚虫、海葵
    - 软件动物：河蚌、田螺
  - 有脊柱（脊椎动物）
    - 鱼类：鲫鱼
    - 两栖类：青蛙、蟾蜍
    - 爬行类：壁虎、蜥蜴、龟、鳖、鳄鱼
    - 鸟类：家鸽
    - 哺乳类：家兔、猫、虎

常见动物和植物的分类举例如下：

	白菜	大熊猫	猕猴	人
界	植物界	动物界	动物界	动物界
门	种子植物门	脊索动物门	脊索动物门	脊索动物门
纲	双子叶植物纲	哺乳纲	哺乳纲	哺乳纲
目	白花菜目	食肉目	灵长目	灵长目
科	十字花科	熊科	猴科	人科
属	芸苔属	大熊猫属	猕猴属	人属
种	白菜种	大熊猫	猕猴	智人

（根据百度百科整理）

要对一个概念的外延对象有一个好的分类，就需要有一个好的分类模式。分类越多，看一个单独事物就越细致，能更好地认识这一类的特性，特性就越突出。分类越少，能从个体里发现的特点就越少，特性就越容易被忽视，结果会导致很多应该发现的规律都没有发现。分类可以区分为两种类型。

一种类型是无评价的分类。

例：我们对一个单位所有的人，按照出生地分成若干类。

另一种类型是有评价的分类。

例：我们把学生按照其考试成绩分为优、良、中、差，把研究人员分为研究员、副研究员、助理研究员等等。

(1) 分类的逻辑要求

一般而言，一个好的分类模式应该有一些基本的逻辑要求。

①穷尽性。

一个好的分类应该是穷尽的，这就是说，该外延对象的每个成员，经过分类之后，都被放置在某个子类之中，没有遗漏任何一个成员。

例：以购买火车票的乘客分类为例，有如下两种规定：

规定 A

1.1 米以下	免票乘车
1.1 米到 1.5 米	半票
1.5 米以上	全票

规定 B

1.1 米以下	免票乘车
1.11 米到 1.5 米	半票
1.51 米以上	全票

分析：规定 B 的分类似乎更精确，精确到了厘米，但正是规定 B 忽略了分类的穷尽性要求，它的分类没有覆盖乘客的所有成员，把 1.1 米到 1.11 米、1.5 米到 1.51 米的乘客给漏掉了。当到了争执的时候，就会产生一些麻烦。

②不重复性。

一个好的分类模式不仅是穷尽的，而且分类后的子类成员是不重复的。这就是说，一个成员只能够在某个子类之中，它不能既在一个子类之中，又在分类后的另一个子类之中。

例：仍以购买火车票的乘客为例：

规定 A

1.1 米以下	免票乘车
1.1 米到 1.5 米	半票
1.5 米以上	全票

规定 B

1 米以下	免票乘车

1 米到 1.5 米　　　　半票

1.4 米以上　　　　　全票

如果规定 B 的分类把 1.4 米以上作为买全票的高度标准，这个规定 B 的分类规定就违反了分类的不重复性要求，也就是说，1.4 米到 1.5 米之间的乘客，既属于买半票的人，也属于买全票的人。这就造成了逻辑上的混乱。

假定政府要给残疾人提供资助，那么就得对残疾人和正常人做出分类。如果我们的分类是具有重复性的，可能出现的情形就是，当政府提供资助的时候，他就是残疾人，而当残疾人的身份对他不利的时候，他又成了正常人。一个好的分类是应该避免这种重复的。

③清晰性。

一个分类的依据是清晰的，这意味着我们进行分类的时候有一个标准，而这个标准是清楚明白的。

例 1：依身高为标准来对乘客进行分类，这个标准的选择就是一个清晰的选择，是一个便于操作的选择。你用其他的标准来分类当然也不是不行，例如重量、年龄等，但这些标准容易造成含糊和麻烦。

例 2：法官对一个案犯的判决，如果这个案犯声称自己为未成年人，就需要法官对成年人和未成年人的分类有清楚的了解，对成年人和未成年人的分类，一定是精确的，应该精确到“天”这个单位，而且这个分类必须是穷尽的，否则就会有人既不是成年人，也不是未成年人。

（2）复分

复分是指从两个或两个以上的维度同时进行划分的分类方法。相应地，也可称为二维划分或多维划分。

例 1：有位散文家说：“智慧与聪明是令人渴望的品质。但是，一个人聪明并不意味着他很有智慧，而一个人有智慧也不意味着他很聪明。在我所遇到的人中，有的人聪明，有的人有智慧，但是，却没有人同时具备这两种品质。”

若这位散文家的陈述为真，以下哪项陈述不可能真？

Ⅰ. 没有人聪明但没有智慧，也没有人有智慧却不聪明。

Ⅱ. 大部分人既聪明，又有智慧。

Ⅲ. 没有人既聪明，又有智慧。

分析：散文家认为，他所遇到的人中，有的人聪明，有的人有智慧，但没有人既聪明又智慧，即他肯定遇到过聪明不智慧、智慧不聪明这两种人。

不聪明但智慧	既聪明又智慧
既不聪明又不智慧	聪明但不智慧

若散文家的陈述为真，则散文家遇到的人肯定是存在的，但要引起注意的是：散文家没遇到的人不等于不存在。

“聪明但没智慧”和“智慧却不聪明”这两类人散文家都遇到过，必定是存在的，因此，Ⅰ不可能为真；

虽然散文家所遇到的人中没有人既聪明又智慧，但社会上绝大部分人他没遇到过，因此，“大部分人既聪明，又有智慧”这种可能性是存在的。因此，Ⅱ可能真。

例 2：某大学顾老师在回答有关招生问题时强调：“我们学校招收一部分免费师范生，也招收一部分一般师范生。一般师范生不同于免费师范生。没有免费师范生毕业时可以留在大城市工作，而一般师范生毕业时都可以选择留在大城市工作，任何非免费师范生毕业时都需要自谋职业，没有免费师范生毕业时需要自谋职业。”

根据顾老师的陈述，可以得出以下哪项？

Ⅰ. 该校需要自谋职业的大学生都可以选择留在大城市工作。

Ⅱ. 该校需要自谋职业的大学生都是一般师范生。

Ⅲ. 该校所有一般师范生都需要自谋职业。

分析：根据题意，对该校学生的分类如下表：

<table>
<tr><td rowspan="3">该校所有学生</td><td rowspan="2">师范生</td><td>免费师范生</td><td>免费师范生</td><td>不需要自谋职业</td></tr>
<tr><td>一般师范生</td><td rowspan="2">非免费师范生</td><td rowspan="2">自谋职业</td></tr>
<tr><td colspan="2">非师范生</td></tr>
</table>

题干前提一：非免费师范生毕业时都需要自谋职业。

题干前提二：一般师范生不同于免费师范生（即，一般师范生属于非免费师范生）。

得出结论：该校所有一般师范生都需要自谋职业。

因此，正确答案为Ⅲ项。

【案例】

垃圾分类的逻辑分析

垃圾分类是对垃圾进行有效处置的一种科学管理方法，进行垃圾分类收集可以减少垃圾处理量和处理设备，降低处理成本，减少土地资源的消耗，具有社会、经济、生态三方面的效益。2019 年 7 月 1 日，《上海市生活垃圾管理条例》正式实施，上海步入立法强制垃圾分类的时代，成为国内首个通过人大立法方式强制垃圾分类的城市。随着社会文明的发展，越来越多的城市和地方将实行垃圾分类。

一、垃圾分类的难题

实施垃圾分类所面临的挑战很大，一方面是处罚措施能否落实到位；另一方面是垃圾分类的专业知识能否贯彻落实。毋庸置疑，对公众来说，垃圾如何分类是个难题。

上海这次把日常垃圾分为四种：可回收物、有害垃圾、湿垃圾、干垃圾四类。但公众还是有很多迷惑，比如：

为什么胶水明明是液体，却属于干垃圾？

为什么瓜子壳明明是干的，却属于湿垃圾？

为什么会划伤手的碎玻璃不属于有害垃圾，却属于可回收物？

…………

这个分类给公众造成困扰的原因在于，分类逻辑标准不明确：可回收物对应的是不可回收物；有害垃圾对应的是无害垃圾；干垃圾对应的是湿垃圾（表面上看是指是否包含水分，实际上在垃圾分类里面是指是否可分解）。

如此分类的依据到底是什么？有段子说，请猪一试便知，猪吃的是湿垃圾，连猪都不吃的是干垃圾，猪吃了会死的是有毒垃圾，卖了可以买猪的是可回收垃圾。这个说法虽然有些道理，但毕竟从逻辑上讲并不严谨。这里，给出垃圾分类的逻辑分析。

二、垃圾分类的逻辑次序

如果搞清垃圾分类的逻辑，分类就不那么令人头疼了。逻辑上讲，垃圾分类有三个标准：是否有害、是否易腐、是否可回收。要注意的是这三个标准并不是在同一层面分类的，而是要在三个层面依次分别按三个标准进行分类。

垃圾分类的判断次序

<table>
<tr><td>一次分类</td><td colspan="4">第一问：是否对人体健康或自然环境有毒有害？</td></tr>
<tr><td rowspan="2">二次分类</td><td rowspan="5">有害垃圾
（有害）</td><td colspan="3">无害垃圾</td></tr>
<tr><td colspan="3">第二问：是否易腐可自然分解（可降解）？</td></tr>
<tr><td rowspan="3">三次分类</td><td rowspan="3">湿垃圾
（易腐）</td><td colspan="2">不可降解垃圾</td></tr>
<tr><td colspan="2">第三问：是否可回收循环利用（可再生）？</td></tr>
<tr><td>可回收物
（可回收）</td><td>干垃圾
（不可回收）</td></tr>
</table>

三、垃圾类型的详细解释

下面对四种垃圾类型提供进一步的详细解释：

	类型	属性特征	主要范围	处理方式
1	有害垃圾	有害（有毒、不环保）	废电池、废灯管、废药品、废油漆及其容器等对人体健康或者自然环境造成直接或者潜在危害的生活废弃物。	单独回收或填埋
2	湿垃圾	①无害 ②易腐（有机物为主、易粉碎、可发酵、可分解、可降解）	主要指厨余垃圾，包括食材废料、剩菜剩饭、过期食品、瓜皮果核、花卉绿植、中药药渣等易腐、可被自然分解的生活废弃物。	生物处理堆肥
3	可回收物	①无害 ②不易腐 ③可回收（可再生、可循环利用）	主要包括未被严重污染的纸张、废塑料、废玻璃制品、废金属、废织物等适宜回收、可循环利用的生活废弃物。	回收利用
4	干垃圾	①无害 ②不易腐 ③不可回收利用	指除有害垃圾、湿垃圾、可回收物以外的其他生活废弃物。	卫生填埋

备注：

1. 确定是否属于有害垃圾的注意事项

①不能将有害和有危险混作一谈，比如，菜刀很锋利、很危险，但不属于有害垃圾。

②也不能将有害和有污染联系到一起，比如用过的纸尿裤已经被污染了，也不属于有害垃圾。

③其实，有害垃圾指的是它内含重金属或者有毒物质，如果不进行妥当的处理，容易扩散到我们的空气、水源、土地里面去，对人体、对环境造成危害的那些垃圾。

2. 确定是否属于湿垃圾的注意事项

①不能将是否带有水分与易腐、可被自然分解混淆，比如，湿纸巾就不属于湿垃圾。

②湿垃圾的处理方式一般是先进行粉碎，粉碎完通过发酵做成肥料。所以，湿垃圾大多是以有机物为主。

③一般来说，厨房里的垃圾是能够被粉碎处理的，但是像猪的大骨、椰子壳、榴莲壳等其实因为太坚硬了，所以机器切不碎，这才使得它们成为了其他垃圾（干垃圾）。粽子叶会缠着机器切割的刀，导致无法进行粉碎，所以也归类到了干垃圾当中。所以，一般可这么理解，凡是厨房内产生的可以切割的都属于厨余垃圾（湿垃圾），难以切割的东西就属于其他垃圾（干垃圾）。

④从严格意义上，厨余垃圾的处理需要破袋，也就是到了垃圾投放点，要把厨余垃圾（湿垃圾）倒进去，而把袋子放到干垃圾当中。

四、垃圾分类的逻辑简图

根据上面的论述，垃圾分类可依次按是否有毒有害、是否易腐可分解、是否可回收循环利用来判断，可列简表如下：

<table>
<tr><td colspan="3">第一判断：是否有害？</td><td></td></tr>
<tr><td rowspan="2">有害垃圾
（有害）</td><td colspan="2">湿垃圾
（无害、易腐）</td><td rowspan="2">第二判断：
是否易腐？</td></tr>
<tr><td>可回收物
（无害、不易腐、可回收）</td><td>干垃圾
（无害、不易腐、不可回收）</td></tr>
<tr><td></td><td colspan="2">第三判断：是否可回收利用？</td><td></td></tr>
</table>

根据上表可看出，垃圾分类可按如下的次序判断：

(1) 首先找出“有害垃圾”：即对人体健康或自然环境有毒有害的垃圾。

(2) 其次找出“湿垃圾”：即无害、易腐（可自然分解）的垃圾。

(3) 再次找出“可回收物”：即无害、不易腐、可回收利用（可再生）的垃圾。

(4) 最后剩下的是“干垃圾”：即无害的、不易腐、不可回收利用的其他垃圾。

简而言之，判断次序依次是：是否有害、易腐、可回收。

五、垃圾分类的实例分析

根据上面的逻辑分析，下面举例回答一些容易令人疑惑的问题：

1. 水银温度计属于什么垃圾？

是否有害？水银温度计里的水银外泄会对环境造成现实危害或者潜在危害，因此，属于有害垃圾。

2. 瓜子属于什么垃圾？

第一判断：是否有害？瓜子无毒害，因此不属于有害垃圾。

第二判断：是否易腐？瓜子易粉碎，在自然环境中易腐，可分解。

因此属于湿垃圾。

3. 碎玻璃属于什么垃圾?

第一判断：是否有害？碎玻璃无毒害，因此不属于有害垃圾。

第二判断：是否易腐？碎玻璃在自然环境中不易腐，不可分解，因此不属于湿垃圾。

第三判断：是否可回收？碎玻璃可回收再生，可循环利用。

因此，属于可回收物。

4. 胶水属于什么垃圾?

第一判断：是否有害？胶水无毒害，因此不属于有害垃圾。

第二判断：是否易腐？胶水是复杂的精细化学品，不易腐，不可分解，因此不属于湿垃圾。

第三判断：是否可回收？废胶水不可回收利用。

因此，不属于可回收物。

所以，胶水属于干垃圾。

5. 废纸尿裤、湿纸巾分别属于什么垃圾?

废纸尿裤无毒害，在自然环境中不易腐，不可分解，不可回收利用，所以属于干垃圾。

湿纸巾无毒害，在自然环境中不易腐，不可分解，不可回收利用，所以属于干垃圾。

6. 卫生纸属于什么垃圾?

卫生纸无毒害，在自然环境中不易腐，并且卫生纸水溶性太强，不可回收利用，因此，不属于可回收物。所以属于干垃圾。

7. 鸡骨、小碎骨和大棒骨分别属于什么垃圾?

鸡骨、小碎骨的特征是无毒害、易腐（可自然分解），所以，属于湿垃圾。

大棒骨的特征是，无毒害、不易腐（难以自然分解）、不可回收利用，所以，属于干垃圾。

8. 坏掉的核桃是什么垃圾?

核桃肉无害、易腐（是有机物），因此是湿垃圾。

核桃壳无害、不易腐、不可回收，因此是干垃圾。

9. 为什么都是壳，螃蟹壳就是湿垃圾，而蛤蜊壳却是干垃圾?

螃蟹壳的特征是无毒害、易腐（易粉碎，可自然分解），所以是湿垃圾。

而蛤蜊壳的特征是无毒害、不易腐烂（不易粉碎、难以自然分解），不可回收利用，所以就是干垃圾。

同样是龙虾壳，大龙虾壳是干垃圾，小龙虾壳却是湿垃圾。（根据百度百科整理）

第二节　逻辑定义

定义是澄清概念和语言意义的方法。人们通过提供一个代号或公式来把被定义的词转换成其他易懂的用语，或者通过揭示该词所涉及的事物的特征（既包括此事物与同类事物的共有特征，也包括使之与其他种类事物区别开来的特征）来划定它的范围，这就是定义。

一、定义概述

定义可以用来澄清含糊不清的概念，使模糊的术语更明确。日常生活中，说话有逻辑性，就要把概念定义清楚。要想掌握“精确的语言”，首先就要能够掌握语词“精确的定义”，否则公说公有理，婆说婆有理，因为不是基于同一个定义。

（一）定义的意义与作用

无论是在科学理论中，还是在日常思维中，定义都是一种普遍使用的逻辑方法，发挥着十分重要的作用。具体来说，定义的意义与作用有以下几点：

（1）认识作用

通过定义，人们能够把对事物的已有认识总结、巩固下来，作为后续的认识活动的基础。

例 1：爱因斯坦提出相对论，凝结出许多新的概念，如“四维空间”“同时性的相对性”等等，要真正弄懂这些概念，就必须去学习、理解相对论本身。这几乎是一个普遍的现象：一个理论就是靠其核心概念来支撑的。

例 2：万有引力定律是物体间相互作用的一条定律，1687 年为牛顿所发现。自然界中任何两个物体都是相互吸引的，引力的大小跟这两个物体的质量乘积成正比，跟它们的距离的二次方成反比。

【案例】

苏格拉底法

苏格拉底在论辩中形成了具有自己特色的方法，一般称为“苏格拉底法”。苏格拉底法在教学上有其可取之处，它可以启发人的思想，使人主动地去分析、思考问题，用辩证的方法证明真理是具体的，具有相对性。

苏格拉底法可以分为四个部分：讥讽、助产术、归纳和下定义。所谓“讥讽”，就是在谈话中让对方谈出自己对某一问题的看法，然后揭露出对方谈话中的自相矛盾，使对方承认自己对这一问题实际上一无所知。所谓“助产术”，就是用谈话法帮助对方把知识回忆起来，就像助产婆帮助产妇产出婴儿一样。所谓“归纳”，是通过问答使对方的认识能逐步排除事物的个别的、特殊的东西，揭示出事物的本质的、普遍的东西，从而得出事物的“定义”。这是一个从现象、个别到普遍、一般的过程。

道德是什么？

苏格拉底习惯到热闹的雅典市场上去发表演说和与人辩论问题。他同别人谈话、讨论问题时，往往采用一种与众不同的形式。

有一天，苏格拉底来到市场上。他一把拉住一个过路人说道：“对不起！我有个问题弄不明白，向您请教。人人都说要做一个有道德的人，但道德究竟是什么？”

“忠厚诚实，不欺骗别人。”那人答道。

“但为什么和敌人作战时，我军将领却千方百计地去欺骗敌人呢？”苏格拉底继续问道。

那人马上解释道："欺骗敌人是符合道德的，但欺骗自己人就不道德了。"

苏格拉底反驳道："当我军被敌军包围时，为了鼓舞士气，将领就欺骗士兵说，援军已经到了，大家奋力拼杀突围，最后突围成功了。这种欺骗也不道德吗？"

那人说："那是战争中出于无奈才这样做的，日常生活中这样做是不道德的。"

苏格拉底又追问道："假如你儿子生病了，又不肯吃药，作为父亲，你欺骗他说，这不是药，而是一种很好吃的东西，这也不道德吗？"

那人只好承认："这种欺骗是符合道德的。"

苏格拉底并不满足，又问道："不骗人是道德的，骗人也可以是道德的。那就是说，道德不能用骗不骗人来说明。那究竟用什么来说明呢？还是请你告诉我吧！"

那人想了想，道："不知道道德就不能做到道德，知道了道德便能做到道德。"

苏格拉底这才满意地笑起来，拉着那个人的手说："您真是一个伟大的哲学家，您告诉了我关于道德的知识，使我弄明白一个长期困惑不解的问题，我衷心地感谢您！"

分析：这一典故说明要给事物下个确切的定义并不容易，虽然这一故事中并没有明确"道德"的定义，但却排除了一些认识上的谬误，逼近了"道德"的本质。

（2）分析作用

通过定义，人们能够揭示一个词项、概念、命题的内涵和外延，从而明确它们的使用范围，进而弄清楚某个词项、概念、命题的使用是否合适。

例 1：粒子对撞机是一种通过两束相向运动的粒子束对撞的方法提高粒子有效相互作用能量的实验装置。

例 2：脑死亡被作为判定人是否死亡的一个重要证据。那么，什么是"脑死亡"？弄清楚这一点显然是非常关键的。哈佛大学医学院给出的定义是：脑死亡是整个中枢神经系统的全部死亡，包括脑干在内的整个人脑机能丧失的不可逆转的状态。具体标准是：①不可逆转的深度昏迷，对外界刺激无感应性，无反应性；②无自主呼吸和自主运动；③生理反射作用消失，对光无反应；④脑电图平坦。以上四项要在 24 小时内反复测试多次，结果无变化。

【案例】

男女平等

甲：男女天生有不同的性格和生理状况，要做到男女平等是没有可能的。

乙：无论是男人或是女人的生命，均有同等价值，应受到同等的尊重，因此男女是平等的。

到底甲和乙的意见是否真的有冲突呢？我们可以应用定义，把"平等"的两个意思分开。

"平等"的其中一个意思，是指拥有相同的性情或身体特征。从这个意义来看，男女平等确实是没有可能的。

但"平等"的另一个意思，是指拥有相同的基本权利，如生存的权利，宗教自由等。

甲用"平等"一词时是第一个意思，而乙则是用了第二个意思，那他们的意见并无矛盾。

（3）解释作用

通过定义，人们对事物的特征、事理加以具体解释说明，使说明更通俗易懂。定义可以用来澄清含糊不清的概念，使模糊的术语更明确。

例 1：电位即电势，是衡量电荷在电路中某点所具有能量的物理量。在数值上，电路中某点的电位，等于正电荷在该点所具有的能量与电荷所带电荷量的比。电位是相对的，电路中某点电位的大小，与参考点（即零电位点）的选择有关。电位是电能的强度因素，它的单位是伏特。

例 2：本体指天地万物的内在基础，在天地形成之后，作为天地基础的本体并不消失，而继续作为天地万物的内在依据永恒存在着。

定义的解释作用在法律中应用广泛，法律语言是一种自然语言，自然语言的模糊性决定了法律语言的模糊性。尽管司法解释在一定程度上可以弥补立法上的不足，但是司法解释毕竟不能也不可能涵盖所有情况，因为司法解释本身所使用的语言有时就是模糊的。但法律具有开放性，法律总是处于不断修订和完善之中。

【案例】

公园睡觉

在某个城市有这样一条法规："任何人都不得在城市公园里睡觉"。在第一个案件中，一位绅士被发现在午夜的时候，直立于公园的长椅上——他的下巴搭在胸前，闭着眼睛，同时鼾声可闻。在第二个案件中，一个蓬头垢面的流浪汉被发现在午夜的时候躺在同一条椅子上——头下枕着枕头，身上有一张报纸像毯子一样盖着。但是，该流浪汉患有失眠症。根据上述规则，他们两个人皆被逮捕并送交法院。谁将被判罪，这取决于法律对"睡觉"的解释。

（4）交流作用

通过定义，人们在理性的交谈、对话、写作、阅读中，对于所使用的词项、概念、命题能够有一个共同的理解，从而避免因误解、误读而产生的无谓争论，大大提高成功交际的可能性。

定义对于解决语言上的争执非常有用。日常交流中的分歧有时候是真正立场上的分歧，有时候则是情感态度上的分歧，但也有时候实际上没有分歧，只是由于误解而造成了分歧。这点虽然看来简单，但却是辩论台上大多数争执发生的原因，因此，你首先应该给争辩的概念下一个定义，然后再想想你下的定义完整吗？和别人的一样吗？而如果争辩的概念有这么多分歧，那你又要如何去确信裁判、观众或对方辩友会与你采取同一概念？而如果他们连概念都与你不同，那你所谓的"说服"又从何而来？

【案例】

"停下来"与"慢下来"

有位来自美国纽约的资深律师在美国南部一个小镇上误闯了停车线，一位警察拦住了他，示意他马上靠边停车，出示驾驶证。这位律师认为自己受过的高等教育绝对高过这个南部警察，智商也肯定在其之上，于是便装出一副很疑惑的样子："为什么?""刚才你在停车线没有把车完全停下来，闯过了停车线。""但我的确把车慢下来了。""你必须把车完全停下来，这就是法律。"但律师还要争辩："这有什么不同吗？如果你能告诉我'停下来'和'慢下来'这两个概念在法律意义上的区别，我才会交出我的驾驶证。否则你就得让我离开。""好吧，请你下车我来告诉你。"当律师刚一出车，这位警察抡起警棍就打律师，一边打一边问："你是让我停下来，还是慢下来呢?"

分析：在这个言语交际过程中，律师的要求就是让警察对"停下来"和"慢下来"分别做出解释，即给出定义，而警察也以自己的行为语言给出了言简意赅的解释。

(二) 定义的结构与规则

定义就是以简短的形式揭示语词、概念、命题的内涵和外延，使人们明确它们的意义及其使用范围的逻辑方法。

例 1：原子指化学反应不可再分的基本微粒，原子在化学反应中不可分割，但在物理状态中可以分割。原子由原子核和绕核运动的电子组成。

例 2：太阳风，是太阳外层大气（日冕）因高温膨胀不断向外抛射出的稳定的粒子流。1958 年，美国物理学家柏克把这种粒子流定名为"太阳风"。

1. 定义的一般结构

定义的一般结构是：被定义项 X 具有与定义项 Y 相同的意义。

例："组成分子的所有原子的原子量的总和"和"分子量"有相同的意义。

这种相同的意义也意味着，定义项和被定义项指的是完全相同的对象。定义就是用更易于理解的概念来替换另一个概念。

定义包括三个部分：被定义项、定义项和定义联项。

D_S	就是	D_P
被定义项	联项	定义项

被定义项就是在定义中被解释和说明的语词、概念或命题。内涵定义的被定义项，即被揭示内涵的概念，在陈述句中一般是主语。

定义项就是用来解释、说明被定义项的语词、概念或命题。定义项用来揭示被定义项的概念，在陈述句中一般是宾语。

定义联项是连接被定义项和定义项的语词，例如"是""就是""是指"和"当且仅当"等。定义联项联结被定义项与定义项的概念，在陈述句中一般是谓语。

根据定义，定义项是与被定义项具有相同意义的另一种符号或符号串。我们已经看到，在推理中，定义的主要用途是消除歧义。

例 1：量子是能表现出某物质或物理量特性的最小单元。

例 2：大爆炸宇宙论是现代宇宙学中最有影响的一种学说。它的主要观点是认为宇宙曾有一段从热到冷的演化史。在这个时期里，宇宙体系在不断地膨胀，使物质密度从密到稀地演化，如同一次规模巨大的爆炸。

2. 定义的规则

定义的目的是通过揭示概念的内涵和外延，明确概念的适用范围，并因此判定该概念的某一次具体使用是否适当。

一个好的定义，或者说一个可以接受的定义，必须满足一定的条件或标准，遵守一定的规则。下面列出定义的基本规则：

(1) 定义必须揭示被定义项的区别性特征

定义应当揭示被定义项的规约内涵，定义应当揭示种的本质属性，定义应该陈述被定义项的重要的和约定俗成的性质。为了做到特定的概念与特定的事物相配，该概念的定义就必须反映一类事物区别于其他事物的那些特性或特征，只有这样才不会在思维中造成混乱。

例 1：水是一种透明的液体。

这一定义显然没有揭示水区别于其他液体的特征，不是一个好的或可以接受的定义。

例 2：千里马是善于奔跑的马。

这个定义不能把千里马与一般的马区别开来。根据古文献记载，千里马不仅有速度的要求，而且有形体、风度的表现，更多地喻指那些特别有才能的人才。

下面给出好的定义：

千里马，原指特别善于奔跑的骏马；喻指有特殊才能的人才。

既然事物本身具有几乎无穷多的属性，由于认识和实践的需要不同，这些属性中能够起区别作用的并不是唯一的，从不同的角度去看会有不同的起区别作用的属性。但不管怎样，定义必须揭示被定义对象的区别性特征，这一点却是确定无疑的。

(2) 被定义项的外延和定义项的外延必须是全同关系

正确的定义，应该定义项和被定义项所指称的外延是相等的。定义项指谓的事物既不应当比被定义项指谓的事物多，也不应当比被定义项指谓的事物少。否则，会犯“定义过窄”或“定义过宽”的逻辑错误。

①定义过窄。

“定义过窄”是指定义项的外延小于被定义项的外延，即一个定义把本来属于被定义概念外延的对象排除在该概念的外延之外。

例 1：古生物学是研究各个地质时代的动物形态、生活条件及其发展演变的科学。

上述定义过窄了，因为古生物学除了研究古动物之外，也研究古代植物、古代微生物。

例 2：商品是通过货币交换的劳动产品。

上述定义过窄了，因为在人类社会发展的早期，或在当代某些不发达地区和角落，以物易物的“物”也是商品；或者通过给人家干某件活，来换取对方的某件物，这也是在进行商品交换。

例 3：直系亲属是指和当事人具有直接血缘关系的人。

上述定义过窄了，具体来说，直系亲属是指和自己有直接血缘关系或婚姻关系的人，包括直系血亲和直系姻亲：①直系血亲是指彼此之间有直接血缘联系的亲属，包括己身所从出和从己身所出的两部分血亲。己身所从出的血亲，即是生育己身的隔代血亲，如父母、祖父母等；从己身所出的血亲，即是己身生育的后代，如子女、孙子女等。值得注意的是，直系血亲除自然直系血亲外，还包括法律拟制的直系血亲，如养父母与养子女、养祖父母与养孙子女，有抚养关系的继父母与继子女等都是直系血亲。②直系姻亲即配偶的直系血亲，包括儿媳与公、婆，女婿与岳父、岳母。所以，直系亲属的范围包括配偶、父母（公婆、岳父母）、子女及其配偶、祖父母、外祖父母、孙子女（外孙子女）及其配偶、曾祖父母、曾外祖父母。

②定义过宽。

“定义过宽”是指定义项的外延大于被定义项的外延，即一个定义把本来不属于被定义概念外延的对象也包括在该概念的外延之中。

例 1：汽车是适用于街道或公路的自动车辆。

根据上述定义，摩托车、电动自行车似乎应归于“汽车”之列。

例 2：哺乳动物是有肺部并要呼吸空气的脊椎动物。

上述定义过宽了，鸟类、爬行动物及大多数成熟的两栖动物也都属于哺乳动物了。

例 3：平反是对处理错误的案件进行纠正。

分析：处理错误的案件包括重罪轻判、轻罪重判和无罪而判。对后两种案件进行纠正都可以叫平反，而对于第一种进行纠正，即对原来重罪轻判的案件进行纠正不能叫平反。可见，本例犯了“定义过宽”的逻辑错误。

【案例】

什么是人

相传古希腊时期，有人问当时的大哲学家苏格拉底：“什么是人?”

苏格拉底说：“人是有两条腿的动物。”

问话的人又指着一只鸡说：“这是人吗?”

苏格拉底发现自己给“人”下的定义有问题，又补充说：“人是有两条腿的而无羽毛的动物。”

问话的人又找来一只被拔去了羽毛的鸡说：“那这就是人?”

苏格拉底无言以对。

分析：这个传说里苏格拉底对人下了一个过宽的定义，因此受到了别人的讥讽。

另有传说，当柏拉图在雅典学院的继承者最终决定把“人”定义为“无羽毛的两足动物”时，他们的批评者第欧根尼把一只鸡的毛拔光后，把它从墙上扔进了学院。一个无羽毛的两足动物出现在他们面前，但它肯定不是人，可见，这个定义依旧过宽了。

找到或构建适当的定义项，使之具有精确正确的宽窄度来说明被定义项，常常具有很大挑战性。

例：如果“鸟”被定义为任何有翅膀的温血动物，那么这个定义就太宽了，因为那将包括蝙蝠，而蝙蝠不是鸟。而如果“鸟”被定义为任何长有羽毛能飞的温血动物，那么这个定义就太窄了，因为那将排除不能飞的企鹅、鸵鸟等。“鸟”的恰当定义是两足、恒温、卵生的脊椎动物，身披羽毛。

(3) 定义项中不得直接或间接包含被定义项

这是要求定义不能循环。定义的功能在于用更易于理解的概念或语词替换不好理解的概念或语词。如果定义是循环的，那么它就达不到解释被定义项的意义的目的。违反了这条规则将犯“同语反复”或“循环定义”的逻辑错误。

①同语反复。

“同语反复”是逻辑学中的专用名词，是在定义项中直接地包含了被定义项。

如果被定义项本身出现在定义项之中，那么就只有已经理解被定义项的人才能理解定义项的意义，这就不是一个合适的定义。

例：下述定义都犯了同语反复的错误：

- 一个赌博迷就是对赌博着迷的人。
- 形式主义者就是形式主义地观察和处理问题的人。
- 物理学就是研究物理的科学。
- 逻辑学是研究思维的逻辑规律的科学

需要区别的是，“同语反复”是定义中的逻辑错误，而“同义反复”是语言中的一种修辞手法，就是用不同的词句重复同一个意思。同语表达的命题在任何情况下都为真值，具有特定的语用功能。同义反复可以用作定义和说明，比如同义词定义。说明的词语虽然和被说明的词同义，但因为可能更通俗，可以帮助人理解新词。

例：“单身汉是没有结婚的成年男子”。

但是，当人们把同义反复的句子当作事实陈述（综合陈述）、当作因果陈述来推理、论证时，这就会产生空洞的问题。

例：“为何鸦片使人睡觉？因为鸦片中有一种效力使人昏昏欲眠。”这“使人睡觉”和“使人昏昏欲眠”有什么区别？其实是一样的意思。这是在需要指出起因的地方把结果再说了一遍，它不是证明，也没有给人任何信息。

②循环定义。

“循环定义”是指在用定义项去刻画、说明被定义项时，定义项本身又需要或依赖于被定义项来说明。

“循环定义”之所以不是合适的定义，是因为如果两个概念的定义相互循环，那就表明它们同样是难以理解的，因为一个语词自己定义自己，等于没有完成有助于理解的替换。循环定义的典型实例是一组定义连环相套，但没有通过定义揭示出自己的内涵。

例 1：原因是引起结果的事件；

结果就是原因引起的事件。

分析：用原因定义结果，用结果来定义原因，这就是循环定义。

例 2：甲：什么是生命？

乙：生命是有机体的新陈代谢。

甲：什么是有机体？

乙：有机体是有生命的个体。

分析： 乙的回答犯了“循环定义”的逻辑错误，即为了定义“生命”要用到“有机体”，而定义“有机体”时又用到“生命”的概念。

例 3：甲：什么是逻辑学？

乙：逻辑学是研究思维形式结构的规律的科学。

甲：什么是思维形式结构的规律？

乙：思维形式结构的规律是逻辑规律。

分析： 通过上述定义，我们还是没搞明白什么是逻辑学，什么是思维形式结构的规律。

例 4：人是有理性的动物。

理性是人区别于其他动物的高级神经活动。

高级神经活动是人的理性活动。

分析： 通过这三个定义，我们既没有明白什么是人，也没有明白什么是理性、什么是高级神经活动，因为它们相互依赖，谁也说明不了谁。

（4）定义项中不得有含混的、晦涩的、歧义的词语

定义必须清楚确切，如果一个定义项中的词项是有歧义的或者是模糊的，这个定义就起不到揭示被定义项的内涵的作用。违反了这条规则将会犯“定义含糊不清”的错误。

当然，普遍的清楚和明白是困难的，定义的清楚确切也只是相对的。因为，第一，任何一个词项都有相对的模糊性，行内人清楚的词项对行外人就可能是模糊的，例如，对比特币等数字货币，不是对数字货币和区块链技术非常在行的人，都只可能是一种模糊的理解。第二，晦涩也是一种相对的东西，对业余者来说晦涩的词汇对专业人员来说却可能是很熟悉的，对儿童晦涩的词汇对大多数成年人来说却可能是合理清晰的。

但不管如何，人们应该在定义中使用尽可能最简单明晰的词语。在科学技术领域，概念的清楚明白肯定是非常必要的，我们弄懂一个专业术语，既需要其定义清楚明白，也需要专业的背景知识。对于人文科学和日常生活世界中的概念，更需要有清楚明白的定义，否则人们若不能理解这些概念，就不能进行有效的交流。

例 1：一个晦涩定义的例子是萨缪尔·约翰森博士关于“网”这个词的著名定义：“在交点之间有等距离空隙的任何栅格状的或交叉成 X 形的东西。”

例 2：“信任”的意思是真的相信。

这个定义就是有歧义的，因为包含了一个有两种可能含义的词。“真的相信”在这的意思是“真诚的或真正的相信”还是“相信它是真的而不是假的”，两种意思在“信任”定义的上下文中似乎都可以。

【案例】

“生命”与“进化”

英国哲学家斯宾塞的给出了以下两个定义：

生命是内在关系对外在关系的不断适应。

进化就是物质以及伴随着运动的耗费这两者的整合，在这个整合过程中，物质从不确定的、不一致的同质性转化成为确定的、一致的异质性，而且，在这个整合过程中，那个仍在进行的运动经历了平行的转换。

这两个定义都很模糊，缺乏明晰性，让人感觉不知所云，人们很难从这个定义中知道“生命”“进化”这个两概念究竟是什么含义。

（5）定义不能用比喻

排除定义的模糊歧义还要求在定义中不能使用比喻或者隐喻。违反了这条规则将会犯“用比喻下定义”的错误。

因为通过比喻不能指出概念的内涵，任何含有或者依赖比喻性语言的定义，都不可能是对被定义项的精确解释。这样通过比喻来对概念下定义，人们还是不能了解这些概念本身确切的内涵和外延，它们就是不合适的定义。

例：下面这些句子作为一般的句子，是好的句子，甚至含有深刻的意义，但这是修辞，作为定义却是糟糕的：

- 眼睛是心灵的窗户。
- 面包是生命的拐杖。
- 建筑是凝固的音乐。
- 音乐是流动的建筑。
- 儿童是祖国的花朵。
- 书是人类进步的阶梯。
- 记忆像一条狗，躺在它怡然自得的地方。
- 爱情是一根魔杖，能把最无聊的生活点成黄金。
- 艺术是人类心灵中贮藏的蜜，聚集在苦难和艰苦生活的翅膀上。

在定义中使用比喻或隐喻可以表达关于被定义项用法的一些情感，可以是有趣的、生动的，但是却不能对被定义项的意义给出清楚解释。任何一个事物都可以比喻为任何一个其他的事物，但通过这样的比喻，却不能真正认识一个事物，或者弄清楚一个概念。

（6）定义尽量不用否定

定义在可以用肯定的地方就不应当用否定定义。除非必要，定义不能用否定形式或负概念。

给概念下定义是把一个概念的内涵和外延圈定在一定的范围之内，而不是把概念的意义排除在某个范围之外。把一个概念的意义排除在某个范围之外，一般来说，我们还是没有确定这个概念的意义。

定义是要说明一个概念具有什么意义，而不是要说明它没有什么意义。通过定义，我们是要弄明白一个事物本身是什么，而不是它不是什么。因为一个事物除了是它本身之外，不是世界上其他的一切事物，而这样的事物是列举不完的。

例 1：将“长椅”定义为“一件既不是床也不是椅子的家具”来说明它的意义，就是一个完全失败的定义，因为还有其他很多种既不是床也不是椅子的家具，“长椅”

这个词也不意指它们。

例 2：下面是用否定作定义的一些不合适的定义例子：

- 圆是不方的几何图形。
- 平行四边形不是三角形。
- 商品不是为自己使用或消费而生产的劳动产品。
- 健康就是没有不良的自我感觉。
- 忠诚是你相信的某些不真实的东西。
- 矿物是一种非动物、非蔬菜的物质。
- 哺乳动物是一种非爬行类动物、非两栖类动物以及非鸟类的动物。

【案例】

真理

德国哲学家黑格尔曾有一句名言：真理不是口袋中现存的铸币。

它具有深刻的哲理，但不能作为“真理”的定义。黑格尔的意思是：真理不是唾手可得的，真理是一个过程，人们要真正学会、领悟一个真理，就必须以压缩的形式去重复人类认识和掌握这个真理的全过程。因此，他说：同一句格言，在一位初涉人世的小伙子嘴里说出来，与在一位饱经风霜的老人嘴里说出来，具有完全不同的内涵。

需要特别指出的是，一个相对肯定性的定义比一个相对否定性的定义更有信息含量，因而它是首选的。然而，有些概念本质上的意义就是否定的，对于这类概念，这个规则就是例外，它们只能用否定的方式来定义。

例：适合用否定的定义举例如下：

- “秃头”意指缺乏头发。
- “黑暗”意指缺乏光亮；
- “孤儿”这个词的意思是“没有父母的孩子”；
- “未婚妇女”一词被定义为“一个从未结过婚的年长妇女”。

（7）定义应该避免情感的用辞

情感用辞是指各种煽动受众情感的用法，包括讽刺和幽默以及任何其他种类的能影响看法的语言。

例：“有神论”意指相信天空中的那位伟大慈祥的圣诞老人。

上述定义用了带有情感的用辞，因此不是合适的定义。

（三）定义的评价与判断

定义是对于一种事物的本质特征或一个概念的内涵和外延所作的确切表述，是认识主体使用判断或命题的语言逻辑形式，确定一个认识对象或事物在有关事物的综合分类系统中的位置和界限，使这个认识对象或事物从有关事物的综合分类系统中彰显出来的认识行为。

1. 定义评价

对定义的评价需要批判性思维，推理和论证的关键步骤往往就是定义的澄清或者再定义的过程。定义澄清之后原来的论证就改变了。可以通过对定义的思考和讨论，从而对问题的认识进一步深化。

【案例】

替富人说话

经济学者茅于轼指出如今社会上有仇富心理，这正是历史上中国穷的原因之一，所以他要“替富人说话，替穷人办事”。为此他遭到一些人的批评。记者访问他：

记者：但现在民众中有不少认为富人“为富不仁”的观点。

学者：我这里所说的富人不包括贪污盗窃、以权谋私、追求不义之财的那些人，而是指诚实致富，特别是兴办企业致富的企业家和创业者。我愿意为这样的富人说话，那些是寄生虫甚至害虫的不在此列。

通过澄清他的富人概念，是诚实致富的人，而不是那些“寄生虫甚至害虫”，学者愿意为这样的富人说话，看来是有道理的，他的批评者会少得多。然而，这样一来，原来说的社会的“仇富心理”还指的什么呢？有没有可能那些民众的“仇富”是指“为富不仁”的富人，而不是这位学者要保卫的“诚实致富”的富人？所以，概念澄清之后，问题就转化了，他面临的任务，是要证明：他说的那种有危害的社会“仇富”倾向，仇视的是正当致富的人，而不是为富不仁者。

下面列出一些对定义进行深入思考的问题，以助于我们更加深刻地认识概念。

- 如何准确理解概念的定义？
- 定义的标准是什么？
- 定义是否揭示了种概念的区别性特征？
- 定义是否清晰、精确？
- 在对词语的解释中有无一定的约定俗成性？
- 如何通过语词解释判定不同概念之间的区别？
- 是否存在曲解概念？是否存在偷换或混淆概念？
- 定义是在何种语境下完成的？
- 如何发现和评价定义中的价值冲突？

2. 定义判断

定义判断是公务员等相关考试固定测试的一种题型，具体考查的是应试者运用标准进行判断的能力。在每一道定义判断题中，上文先给出一个概念的定义，然后再给出一组事件或行为的例子，要求应试者根据上文中给出的定义，从备选项中选出一个最为符合或最不符合该定义的典型事物或行为。其解析要点如下：

①上文给出的这个定义假设是正确的，不容置疑的。

②紧扣题目中给出的定义，尤其是定义中那些含有重要内涵的关键词。

③然后再阅读下面给出的事例选项，把选项依次和定义对照，判断选项是否符合定义

的规定与要求。如果能够区分开哪些符合、哪些不符合，则正确答案不难得到。

例 1：根据学习在动机形成和发展中所起的作用，人的动机可分为原始动机和习得动机两种。原始动机是与生俱来的动机，它们是以人的本能需要为基础的，习得动机是指后天获得的各种动机，即经过学习产生和发展起来的各种动机。

根据以上陈述，以下哪项最可能属于原始动机？

Ⅰ. 尊敬老人，孝敬父母。

Ⅱ. 窈窕淑女，君子好逑。

Ⅲ. 不入虎穴，焉得虎子。

分析：上文断定，原始动机是与生俱来的动机，它们是以人的本能需要为基础的。

“窈窕淑女，君子好逑”是与生俱来的，属于原始动机。其余两项说法都是后天获得的动机。

例 2：如果一个用电单位的日均耗电量超过所在地区 80%用电单位的水平，则称其为该地区的用电超标单位。近三年来，湖州地区的用电超标单位的数量逐年明显增加。

如果以上断定为真，并且湖州地区的非单位用电忽略不计，则以下哪些断定也必定为真？

Ⅰ. 近三年来，湖州地区不超标的用电单位的数量逐年明显增加。

Ⅱ. 近三年来，湖州地区日均耗电量逐年明显增加。

Ⅲ. 今年湖州地区任一用电超标单位的日均耗电量都高于全地区的日均耗电量。

分析：由上文，湖州地区用电单位中，超标单位占 20%，不超标单位占 80%。又近三年来，湖州地区的用电超标单位的数量逐年明显增加，因此，显然可以得出结论：近三年来，湖州地区不超标的用电单位的数量逐年明显增加。所以Ⅰ一定为真。

Ⅱ不一定为真。因为由上文，一个单位是否为用电超标单位，不取决于自己的绝对用电量，而取决于和其他单位比较的相对用电量。因此，用电超标单位的数量的增加，并不一定导致实际用电量的增加。

Ⅲ不一定为真。例如，假设该地区共有 10 个用电单位，其中 8 个不超标单位分别日均耗电 1 个单位，2 个超标单位中，一个日均耗电 2 个单位，另一个日均耗电 30 个单位。这个假设完全符合上文的条件，但日均耗电 2 个单位的超标单位，其日均耗电量并不高于全地区的日均耗电量（8+2+30）/10 = 4 个单位。

二、定义方法

给概念下定义有很多方法，从外延角度的定义方法大致有示例定义、实指定义和准实指定义；从内涵定义的方法大致有同义定义、操作定义和属加种差定义等。

其中，属加种差的定义方法是一种最常见的形式。

1. 属加种差定义的方式

属加种差定义就是把一个指称一个属的词与一个或一组意涵一种种差的词组合起来，以便该组合确定指称该种的那个词项的意义。

先找出被定义词项的属词项，然后找出它与同一个属下的其他物种之间的区别，简称“种差”。属加种差定义的方式是：

被定义的概念＝种差＋邻近的属

属加种差定义很容易构造。只要选择一个比要定义的词项更一般的词项，然后把它变窄使它意指与要定义的词项相同的事物。

属和种是生物学上的概念，是生物分类“界、门、纲、目、科、属、种”系列中的最后两位。在逻辑中，属和种具有与生物学中略微不同的意义。在逻辑中，属只是意指一个相对较大的类，而种意指属的一个相对较小的子类。换句话说，属和种不过是相对的分类。

我们在定义的基本概念中，提到类和子类、属和种的概念，属加种差的定义方法就是建立在这些概念的基础之上的，属加种差定义是外延定义和内涵定义的综合应用。

例：以下几个定义都可以看作是属加种差的实例：

- 商品是用来交换的劳动产品。
- 数学是研究现实世界中的空间形式和数量关系的科学。
- 质数就是任何大于 1 而且又仅能为它自己或 1 整除的自然数。
- 圆是在平面上绕一定点作等距离运动而形成的封闭曲线。
- 社会生物学是以生物学知识为手段，深入探索社会现象的一门科学。
- 彗星是围绕太阳运行的一种质量较小的天体。它的形状很像一把倒立的扫帚，民间俗称“扫帚星”。

通过属加种差来定义概念的可能性取决于有很多属性的复杂事实，即它们可以分析为两个或更多的其他属性。这种复杂性和可分析性可以依据类这个概念而得到最好的说明。

2. 属加种差定义的步骤

属加种差的定义方法可以描述为：如果我们在给一个词项下定义的时候，被定义项是由这样两部分构成：一个部分是该定义项的属，即定义项是这个属的子类；另一个部分是该定义项和这个属的种差，即属并不具有的性质。

可见，通过属加种差来定义一个概念，一般需要两个步骤：

第一步，必须找出一个属，即包括被定义的那个种的较大的类。

给一个词项进行属加种差的定义首先要找出这个词项的邻近的属，一个比被定义项更大的类，被定义的这个词项作为这个更大的类的种，或者是子类，包含在大类之中。即选择一个比被定义的词项更一般的词项，这个词项叫作属。

第二步，找出种差，即将被定义的那个种的元素与那个属的其他所有种的元素区分开来的性质。正是这个性质为被定义的词项所具有，而其上属的词项其他成员都不具有。即找出一个词或短语来识别同一属中相关的种和别的种不同的属性。

种（species）仅仅是属（genus）的真子类。这些术语在这里的使用不同于它们在生物学意义上的使用。

真子类是指，X 类是另外一个 Y 类的子类，即 X 中的每一元素也是 Y 中的元素。

例：牧羊犬这个类是犬类的子类。即 X 中的每一元素也是 Y 中的元素，并且 Y

拥有X所没有的元素。这样，牧羊犬类是犬类的真子类。

种差（difference）（或具体差别）就是区分开同一个属当中某一种的元素与另一种的元素的属性。由于一个类就是具有某些共同特征事物的一个汇集，所以给定的属的所有元素都具有某些共同特征。一般地，一个给定的属的所有种的元素共享某些属性，这些共享属性使它们成为该属的元素；但是，任何一个种的元素都共享某些更进一步的属性，而这些属性将它们与该属的任何其他种的元素区分开来。那种用来区分它们的性质叫“种差”。

换种说法，如果两个词项的外延是类和子类的关系，也就是它们属于属和种之间的关系，种词项的外延包含在属词项的外延之中，但种词项的内涵则要多于属词项的内涵。由此，这两个具有子类和类之间关系的词项内涵的差别就可以描述为，种概念总有一个属概念所不具有的性质，这个性质就是种差。种差就是在一个属里区别各不相同的种的那个或那些属性，由于种差是区别那些种的东西，当一个属被一种种差限定的时候，就认定了一个种。

例1：人是有理性的动物。

这里，属是“动物”，“人”是其下的种，通过理性把人与其他所有的种区别开来。

例2：生产关系是指人们在生产过程中所发生的社会关系。

在上述给“生产关系”这个概念下定义时，“社会关系”是属概念，“人们在生产过程中所发生”这一性质，就是区别生产关系和一切其他社会关系的种差。

例3：在很多情况下，种差是一个复杂的属性，需要许多词语去描述，举例如下：

种	种差	属
哺乳动物	以分泌乳汁喂养初生后代的	脊椎动物
恐龙	一种中生代的拥有四肢和一个长长的尖端很细的尾巴的已绝种的	爬行动物
核能	在核反应过程中，原子核结构发生变化所释放出来的	能量
质谱仪	分析各种元素的同位素并测量其质量及含量百分比的	仪器
摩擦学	研究相对运动的作用表面间的摩擦、润滑和磨损，以及三者间相互关系的理论与应用的	学科

3. 属加种差定义的类型

属加种差定义有多种表现形式。这些不同表现形式，从不同的认识需要和认识角度出发，把不同类的事物区别开来。

①发生定义：从被定义词项所指称的事物的发生、来源方面揭示种差的定义形式。

例：配位化合物，指由过渡金属的原子或离子与含有孤对电子的分子或离子通过配位键结合形成的化合物

②功用定义：以某种事物的特殊用途作为种差的定义形式。

例：自整角机是利用自整步特性将转角变为交流电压或由交流电压变为转角的感

应式微型电机。

③关系定义：以事物之间的特殊关系作为种差的定义。

例：原子量，即原子的质量。科学家规定以一个碳原子（指碳-12）重量的十二分之一为标准，其他的原子重量同该标准相对照得出相对重量，称为这个原子的原子量。

第二章 词项逻辑

所谓词项，就是表示事物名称和事物性质的名词类语词，在逻辑中，凡是能充当简单命题主项和谓项的词或词组，都称为词项。如果要研究命题内部结构的简单命题的推理，就必须把命题分解为词项。词项逻辑的主要内容包括直言命题及其推理、直言三段论等。

第一节 直言推理

逻辑研究的命题分成简单命题与复合命题（不严格地说，这种分法有点类似于语言中的单句与复句之分）。简单命题就是指自身不再包含其他命题的命题。对简单命题来说，其组成成分是词项，它不再包含命题，因此，我们也可以把简单命题称作“原子命题”。直言命题是典型的简单命题，是演绎理论的基石，而直言推理是关于直言命题的推理。

一、直言命题

直言命题也叫性质命题或直言判断、性质判断，是断定对象具有或不具有某种性质的简单命题。

（一）直言命题的组成

直言命题由主项、谓项、量项和联项四种词项组成。

1. 直言命题的标准式

标准式直言命题的一般模式由四个部分组成：首先是量项，其次是主项，再次是联项，最后是谓项。可以记为：

量项、主项、联项、谓项。

例：所有的金属都是导体。

其中：量项就是量词，“所有”“没有”“有”这些词被称为量词，因为它们明白列示主项类有多大部分包含或排除于谓项类。如上例中的“所有”是量项。

主项是表示直言命题中事物对象的概念。通常用大写字母“S”表示主项。如上例中的“金属”是主项。

联项是表示直言命题中联结主项和谓项的动词，包括肯定联项和否定联项。一般情况下，肯定联项为“是”，否定联项为“不是”，当然，依据不同的措辞需要，有时可能用其他形式的联项更为适当。如上例中的“是”是联项。

谓项是表示直言命题中事物性质的概念。通常用大写字母“P”表示谓项。如上例中的“导体”是谓项。

在直言命题中，谓项要对主项有所断定，因此，称这种命题为直言命题。从命题形式的角度说，直言命题可以看作是表达主项和谓项的包含关系的。如上例可以看作是断定了金属的集合包含于导体的集合之中。

下面再列表举例说明：

	量项	主项	联项	谓项
所有哺乳动物都是恒温动物	所有	哺乳动物	是	恒温动物
所有哺乳动物都不是冷血动物	所有	哺乳动物	不是	冷血动物
有些哺乳动物是冷血动物	有些	哺乳动物	是	冷血动物
有些哺乳动物不是恒温动物	有些	哺乳动物	不是	恒温动物

需要注意的是，“主项”和“谓项”在逻辑中的所指不同于“主语”和“谓语”在语法中的所指。上述陈述的主语包括量词“所有”在内，而主项不包括。同样，谓语包括系词“是”在内，而谓项不包括。

2. 直言命题的质与量

(1) 质

每个标准式直言命题或是肯定的，或是否定的，这叫作命题的质。

如果一个命题肯定了类与类间的包含于关系，不管是全部地、还是部分地肯定，那么，它的质就是肯定的。因此全称肯定命题和特称肯定命题的质都是肯定的。它们的简写名称，即 A 和 I，分别来自于拉丁文。

如果一个命题否定类与类间的包含关系，不管是全部地还是部分地否定，那么，它的质就是否定的。因此全称否定命题和特称否定命题的质都是否定的。它们的简写名称，即 E 和 O。

(2) 量

每个标准式直言命题或是全称的，或是特称的，这称为直言命题的量。

如果一个命题述及主项所指称的类的所有元素，那么，它的量就是全称的。因此 A 命题和 E 命题的量都是全称的。

如果一个命题只述及主项所指称的类的某些元素，那么，它的量就是特称的。因此 I 命题和 O 命题的量都是特称的。

(二) 直言命题的种类

直言命题从质分，有肯定和否定两种；从量分，有全称、特称和单称三种。

由此，直言命题可分为六种基本类型：

	逻辑形式	写为	简称	例如
①全称肯定判断	所有 S 都是 P	SAP	“A”判断	所有胎生的动物都是哺乳动物
②全称否定判断	所有 S 都不是 P	SEP	“E”判断	所有冷血动物都不是恒温动物
③特称肯定判断	有 S 是 P	SIP	“I”判断	有的哺乳动物是卵生的
④特称否定判断	有 S 不是 P	SOP	“O”判断	有的哺乳动物不是胎生的
⑤单称肯定判断	某个 S 是 P	SaP	“a”判断	鸭嘴兽是哺乳动物
⑥单称否定判断	某个 S 不是 P	SeP	“e”判断	鸭嘴兽不是恒温动物

直言命题是关联两个类或范畴的命题，所说的类分别被叫作主项和谓项，而该命题主项的类全部或部分包含在谓项的类之内，或者排除在其外。从这个角度来看，单称命题作为全称命题的特例来处理。这样，直言命题的主要类型为四种：

	逻辑形式	形式简称	含义
①全称肯定判断	所有 S 都是 P	A	断言整个主项类包含在谓项类之内
②全称否定判断	所有 S 都不是 P	E	断言整个主项类排除在谓项类之外
③特称肯定判断	有 S 是 P	I	断言部分主项类包含在谓项类之内
④特称否定判断	有 S 不是 P	O	断言部分主项类排除在谓项类之外

（三）直言命题的标准化

在日常语言中，直言命题的表达形式并不是那么规范的，存在着大量的不规范的、非标准的表达方式。因此，在考察直言命题的特征和直言命题间的关系时，需要把不规范的、省略的、非标准的直言命题变换为规范的、标准的直言命题表达形式。下面举例来说明：

日常用语	标准逻辑语言	形式简称
低碳技术都绿色	所有低碳技术都是绿色的技术	A
没有低碳技术是绿色的	所有低碳技术都不是绿色的技术	E
有低碳技术是绿色的	有的低碳技术是绿色的技术	I
有低碳技术不绿色	有的低碳技术不是绿色的技术	O

由于日常语言内容丰富、形式多样，因而无法找出一套通用的翻译规则。在各种情形中，最关键的是理解已知的非标准命题的真实含义，这样才能按照原意翻译成直言命题的标准式。虽然没有统一的翻译规则，但仍有处理一些特定种类的非标准直言命题的翻译技巧，下面分别简述：

①标准形式的各成分都出现，却没有按标准顺序排列的陈述句。

这需要把各个成分重新排列一下，使之成为标准式直言命题。

例：“爬行动物全是冷血动物”可翻译为“所有爬行动物都是冷血动物”。

②具有各种全称量项的直言命题。

全称量项的标准表达形式是“所有”，在自然语言中，“每一”“任何”“每人”“任何人”“无论谁”“不管是谁”“每个……的人”等等，表达的意思都是全称。

例：“每只雄鹿都有角”可翻译为“所有雄鹿都是有角的动物”。

③具有各种特称量项的直言命题。

特称量项的标准表达形式是“有”“有的”“有些”，在自然语言中，有时候把对象的数量或范围更加具体化一些，例如“极少”“很少”“几个”“少数”“一半”“许多”“大多数”“绝大多数”“几乎全部”，这些表达都可转化为“有些……是”；而“不都是”则可表达为“有些……不是”等等。

例：“几个警察在场”，一般只述及某些警察，转化为标准形式为“有的警察是在场的人”。

④不含量词的直言命题。

这种情况只有考察该陈述所处的语境才能确定其含义。

例：“羊是草食动物”，很可能述及了所有的羊，可以转化为“所有羊都是草食动物”。

⑤谓项为形容词或形容词短语，而非名词或类词项的直言命题。

这种情况，需要把形容词或形容词短语替换为指称由所有具有形容词表示之属性的事物所组成的类这样的词项。

例 1：“有树叶是黄色的”，其相应的标准式直言命题是“有树叶是黄色的事物”。

例 2：“没有科学家是懒惰的”，其相应的标准式直言命题是“所有科学家都不是懒惰的人”。

⑥主要动词不是标准的联项“是”或“不是”的直言命题。

转化的方法是把主项和量项之外的所有成分看作类的定义特征。

例：“所有人都追寻幸福”，其相应的标准式直言命题可翻译成，“所有人都是幸福的追寻者”。

⑦排斥命题。

含有“只”“只有”的直言命题通常叫作排斥命题，一般可以按以下途径转化为 A 命题：将主、谓项互换位置，把“只有”换为“所有”。因此“只有 S 是 P”通常被理解为“所有 P 是 S”。

例：“只有知识分子能成为科学家”转化为标准形式是“所有能成为科学家的都是知识分子”。

当然，在某些语境中，“只”“只有”被用于表达某种更多的含义，这个时候就需要语境的辅助了。

⑧完全不像标准式直言命题但也可以有标准式翻版的命题。

例 1：“玫瑰不都是红色的”可以翻译成“有的玫瑰不是红色的花”。

例 2：“没有人能逃过死亡的宿命”可以翻译成“所有人都逃不过死亡的宿命”，进一步翻译成标准式“所有人都是逃不过死亡的宿命的人”。

二、对当关系

从概念的外延间的关系来说，判断主项“S”的外延与谓项“P”的外延之间的关系，共存在五种：全同关系、被包含关系、包含关系、交叉关系和全异关系。

逻辑学中可把单称命题作为一种特殊的全称命题处理，因为从对主项概念的断定看，全称和单称命题有共同性。因此，直言命题的主要类型分为四种：全称肯定判断、全称否定判断、特称肯定判断、特称否定判断。归纳起来，可列表如下：

类型	全同关系	被包含关系	包含关系	交叉关系	全异关系
	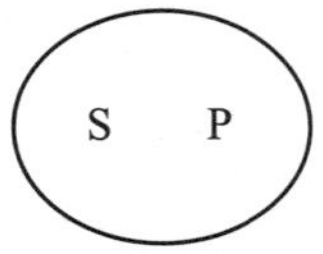 S P	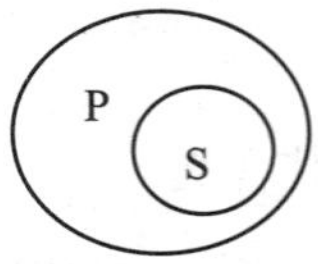 P S	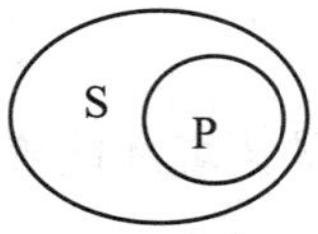 S P	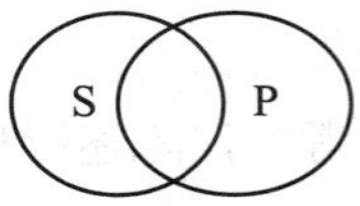 S P	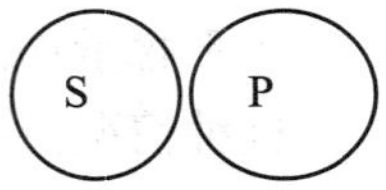 S P
SAP	真	真	假	假	假
SEP	假	假	假	假	真
SIP	真	真	真	真	假
SOP	假	假	真	真	真

根据上表，可以清楚地看出具有同一素材的 A、E、I、O 四种判断之间的真假关系。

（一）对当方阵及其推理关系

对当关系就是具有同一素材的 A、E、I、O 四种判断之间的真假关系。根据对当关系，我们可以从一个判断的真假，推断出同一素材的其他判断的真假。

第一，所谓同一素材的判断，就是指具有相同主项和谓项的判断，S、P 不变，仅逻辑常项变化。

第二，这里所谓的真假，并不是各种判断内容的真假，而是同一素材的 A、E、I、O 四种判断之间的一种相互制约关系。

四种主要的直言命题之间的真假关系可归纳为四种对当关系，分别是矛盾关系、反对关系、下反对关系以及从属关系。逻辑学中，用一个重要且广为应用的图示来表示，称为“对当方阵”，如图：

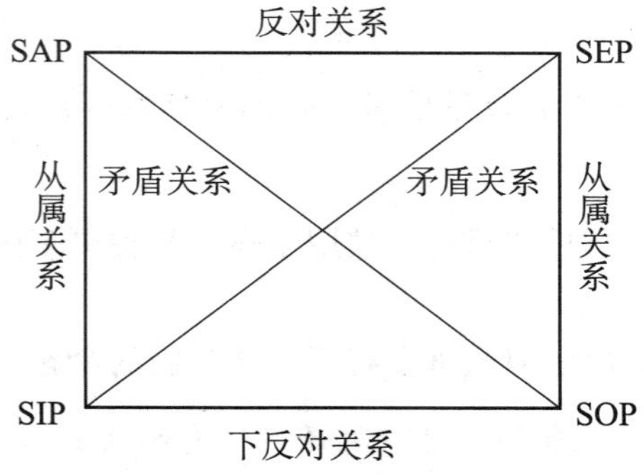

根据上图，可以清楚地看出具有同一素材的A、E、I、O四种判断之间的真假关系。直言命题的对当关系具体描述如下。

1. 矛盾关系

矛盾关系是A和O、E和I之间存在的不能同真、不能同假的关系。

例1："我们班所有同学都学过逻辑"与"我们班有些同学没学过逻辑"之间是矛盾关系。

例2："有些绿色科技是高科技"与"所有绿色科技都不是高科技"之间是矛盾关系。

(1) 矛盾关系的真假推理

A和O之间，E和I之间，必然是一真一假。其真假制约关系如下：

若A真则O假，若A假则O真。

若O真则A假，若O假则A真。

若E真则I假，若E假则I真。

若I真则E假，若I假则E真。

(2) 负命题

①负命题就是通过对原命题断定情况的否定而做出的命题。

若用P表示原命题，则 $\neg$P表示负命题，其真值表如下：

P	$\neg$P
1	0
0	1

任何一个命题都可对其进行否定而得到一个相应的负命题。

②双重否定就是肯定。用公式表示为：$\neg\neg P=P$。

③日常语言的意义经常是含混的并且随语境而变化，而逻辑算子的意义是清楚的、准确的、不变的。

④矛盾关系是真正意义上的逻辑否定，这一点可能与日常语言中的否定不大相同。日常生活中经常有否定特称判断以强调全称判断的情况。

例：考察下面的对话。

甲：有些来上学的人是为了学习科学知识。

乙：不对。应该是所有来的人都是为了这个目的。

在形式逻辑意义上，上面的反对是错误的，因为，乙的反对最终含义是：所有来的人都不是为了这个目的。

⑤直言命题的负命题也不等于直言命题的否定命题。否定命题所否定的只是一个概念，而负命题所否定的则是一个完整的命题。

例：并非"发亮的东西都是金子"；等值于"有的发亮的东西不是金子"。(不等于"发亮的东西都不是金子")

（3）负命题与矛盾关系

直言命题的负命题实质上即为对当关系中相应的矛盾关系命题。用公式表示如下。

① ¬SAP↔SOP 包括两个推理：

公式	意义	举例
¬SAP→SOP	SAP 的负命题是 SOP	从“并非所有哺乳动物都是胎生的”，可以推出“有些哺乳动物不是胎生的”。
SOP→ ¬SAP	SOP 是 SAP 的负命题	从“有些哺乳动物不是胎生的”，可以推出“并非所有哺乳动物都是胎生的”。

② ¬SOP↔SAP 包括两个推理：

公式	意义	举例
¬SOP→SAP	SOP 的负命题是 SAP	从“并非有些被子植物不是种子植物”，可以推出“所有被子植物都是种子植物”。
SAP→ ¬SOP	SAP 是 SOP 的负命题	从“所有被子植物都是种子植物”，可以推出“并非有些被子植物不是种子植物”。

③ ¬SEP↔SIP 包括两个推理：

公式	意义	举例
¬SEP→SIP	SEP 的负命题是 SIP	从“并非所有哺乳动物都不是卵生的”，可以推出“有的哺乳动物是卵生的”。
SIP→ ¬SEP	SIP 是 SEP 的负命题	从“有的哺乳动物是卵生的”，可以推出“并非所有哺乳动物都不是卵生的”。

④ ¬SIP↔SEP 包括两个推理：

公式	意义	举例
¬SIP→SEP	SIP 的负命题是 SEP	从“并非有的孢子植物是种子植物”，可以推出“所有孢子植物都不是种子植物”。
SEP→ ¬SIP	SEP 是 SIP 的负命题	从“所有孢子植物都不是种子植物”，可以推出“并非有的孢子植物是种子植物”。

2. 从属关系

从属关系又称差等关系，这是 A 和 I、E 和 O 之间的关系。其真假制约关系如下：

①如果全称判断真，则特称判断真。

当 A“所有被子植物都是种子植物”真，则 I“有的被子植物是种子植物”也必为真；

当 E“所有孢子植物都不是种子植物”真，则 O“有的孢子植物不是种子植物”也必真。

②如果特称判断假，则全称判断假。

当Ⅰ“有的孢子植物是种子植物”假，则A“所有孢子植物都是种子植物”必为假。

当O“有的被子植物不是种子植物”假，则E“所有被子植物都不是种子植物”也假。

③如果全称判断假，则特称判断真假不定。

当A“所有哺乳动物都是卵生的”假，则Ⅰ“有的哺乳动物是卵生的”真假不定。

当E“所有哺乳动物都不是胎生的”假，则O“有的哺乳动物不是胎生的”真假不定。

④如果特称判断真，则全称判断真假不定。

当Ⅰ“有的哺乳动物是卵生的”真，则A“所有哺乳动物都是卵生的”真假不定。

当O“有的哺乳动物不是胎生的”真，则E“所有哺乳动物都不是胎生的”真假不定。

3. 反对关系

反对关系是A和E之间不能同真，可以同假的关系。其真假制约关系如下：

①在A、E两个判断中，如果其中一个是真的，就可推知另一个是假的。

当A“所有被子植物都是种子植物”真，则E“所有被子植物都不是种子植物”假。

当E“所有孢子植物都不是种子植物”真，则A“所有孢子植物都是种子植物”假。

②在A、E两个判断中如果我们知道其中一个是假的，那么另一个真假不定。

当A“所有哺乳动物都是卵生的”假，则E“所有哺乳动物都不是卵生的”真假不定。

当E“所有哺乳动物都不是胎生的”假，则A“所有哺乳动物都是胎生的”真假不定。

4. 下反对关系

下反对关系是Ⅰ和O之间可以同真但不能同假的关系。其真假制约关系如下：

①在Ⅰ、O两个判断中，如果其中一个是假的，那就可以断定另一个是真的。

当Ⅰ“有的孢子植物是种子植物”假，则O“有的孢子植物不是种子植物”为真。

当O“有的被子植物不是种子植物”假，则Ⅰ“有的被子植物是种子植物”为真。

②在Ⅰ、O两个判断中，如果其中一个是真的，那么另一个真假不定。

当Ⅰ“有的哺乳动物是卵生的”真，则O“有哺乳动物都不是卵生的”真假不定。

当O“有的哺乳动物不是胎生的”真，则Ⅰ“有的哺乳动物是胎生的”真假不定。

【案例】

道歉启事

美国的著名作家马克·吐温，1870 年，在《镀金时代》这部长篇小说发表后，他在一次酒会上答记者问时说："美国国会中有些议员是狗娘养的。"记者把这句话在报上发表之后，华盛顿的议员们大为愤怒，纷纷要求马克·吐温道歉或予以澄清，否则将以法律手段对付。

过了几天，《纽约时报》上果然刊登了马克·吐温致联邦议员的"道歉启事"。全文如下：日前鄙人在酒席上发言，说"美国国会中有些议员是狗娘养的。"事后有人向我兴师问罪。我考虑再三，觉得此话不妥，而且也不符合事实。故特登报声明，把我的话修改如下："美国国会中有些议员不是狗娘养的。"

分析："美国国会中有些议员是狗娘养的"是 I 判断；"美国国会中有些议员不是狗娘养的"是 O 判断；I 判断的负命题并不是 O 判断，马克·吐温故意违反逻辑规则来讽刺国会议员。

需要说明的是，如果涉及同一素材的单称判断，那么对当关系要稍加扩展：虽然一般来说，单称命题作为全称命题的特例来处理。但是，在考虑严格的对当关系时，单称命题不能等同于全称命题。对同质的命题来说，单称肯定判断和单称否定判断是矛盾关系；全称判断和单称判断是从属关系，单称判断和特称判断是从属关系。

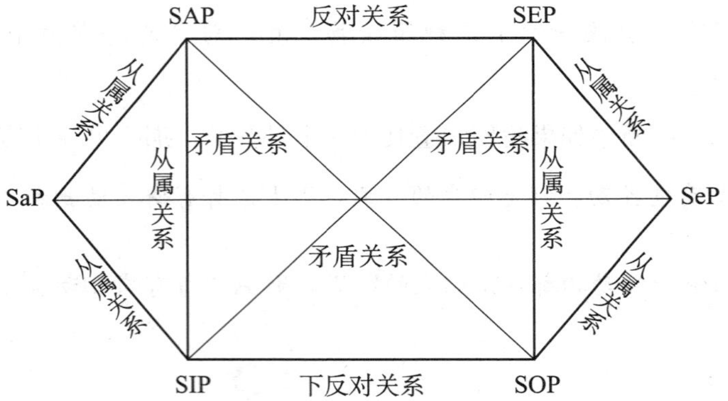

（二）特称量项的逻辑意义

逻辑语言是指形式逻辑中的语言，自然语言是指日常用语，逻辑语言只表示自然语言的真值抽象。形式逻辑要求我们只能按照其语言的字面意思来理解，而不能考虑其"言外之意"。也就是说，对逻辑语言来说，陈述中说到的一定有，没说到的则不一定。而自然语言（日常语言）则要考虑日常语言的隐含关系。

在自然语言中，当我们说"有些 S 是 P"时，一般理解为"仅仅有些是"，因此它同时还意味着"有些 S 不是 P"。反之亦然。即日常语言往往带有隐含，日常用语中的"有些"，大多指"仅仅有些"，因而当讲"有些是什么"的时候，往往意味着"有些不是什么"。

但在逻辑语言中，不存在隐含。特称量项"有的"或"有些"的意思仅仅局限于"存在”或“有”，因此特称命题又被称为“存在命题”。特称命题的“有些”则只是表明判断对象肯定“存在着”，至于存在多少不一定，可能是一些，也可能是全部，但至少有一个“存在”。因此，当我们判断“有S是P”这样的命题的时，只表明至少有一个S是P，并没有同时断定“有S不是P”。同样，从“有些S不是P”，也不能推出“有些S是P”。即特称量项“有些”只是对主项的部分外延做了断定，并没有对它的全部外延做断定。即形式逻辑里的“有些”，则是指“至少有些”“至少有一个”，只表示一类事物中有对象被断定具有或不具有某种性质，而对这类对象的具体数量究竟有多少，则没有做出断定。也许有“一个”，也许有“几个”，也许“所有”。

例1：日常语言“我班有些同学学过物理化学”，可能隐含了“我班有些同学没学过物理化学”这个意思。从形式逻辑上讲，“我班有些同学学过物理化学”只知道确实“有些同学学过物理化学”，至于“其他同学学过还是没学过物理化学”并没告诉我们，我们就不知道其他同学是否学过物理化学。

例2：“有些哺乳动物是恒温动物”，这只是说“至少有些哺乳动物是恒温动物”（也可能包含了“所有哺乳动物都是恒温动物”这样的情况），它并不意味着“有些哺乳动物不是恒温动物”。

（三）对当关系的直接推理

逻辑推理可以分为直接推理和间接推理。如果从唯一的前提出发，不经过任何中介推得结论，这样的推理叫作直接推理，而包括一个以上前提的推理叫作间接推理。

直接推理是一种最简单的演绎推理，是以一个命题为前提而推出结论的推理。直言命题的直接推理，是以一个直言命题为前提而推出一个直言命题的结论的直接推理。

1. 运用对当方阵的直接推论

以对当方阵为基础，可以得到许多直接推论。即给定任一标准式直言命题的真假情况，就可以直接得到其他某个或者所有其他相应命题的真假情况。具体推论结果如下：

①如果A真，那么，E假，I真，O假；

②如果A假，那么，O真，E、I真假不定；

③如果E真，那么，A假，I假，O真；

④如果E假，那么，I真，A、O真假不定；

⑤如果I真，那么，E假，A、O真假不定；

⑥如果I假，那么，A假、E真、O真；

⑦如果O真，那么，A假，E、I真假不定；

⑧如果O假，那么，A真，E假、I真。

根据逻辑方阵，我们可以由其中一命题的真假推知其他命题的真假。

例：已知“有些树叶有叶绿素”为真，则：

有些树叶没有叶绿素。（不确定）

所有树叶都有叶绿素。（不确定）

所有树叶都没有叶绿素。（假）

柳树叶没有叶绿素。（不确定）

杨树叶有叶绿素。(不确定)

2. 直言推理中的形式谬误

直言推理中的形式谬误是指无效的直言推理，即违反直言命题的对当关系的推理规则所犯的谬误。

例 1：所有喜欢数学的学生都喜欢自然科学，所以，有些学生喜欢数学但是不喜欢自然科学。

分析："所有喜欢数学的学生都喜欢自然科学"与"有些学生喜欢数学但是不喜欢自然科学"矛盾，因此，上述推理错误。

例 2：中国运动员也有人获得法国网球公开赛（简称法网）的冠军。所以，有的中国运动员不能获得法网冠军。

分析：上述论证的前提是，有的中国运动员获得法网冠军。"有的"表示存在，可以是全部，可以是有些，也可以只是一个。因此，从这一前提推不出"有的中国运动员不能获得法网冠军"。

例 3：死亡是我们共同的宿命，没有人能逃过这个宿命；所以，并非人都不能逃过死亡的宿命。

分析：没有人能逃过死亡的宿命，这意味着，所有人都逃不过死亡的宿命。

并非人都不能逃过死亡的宿命，意思是，有的人能逃过死亡的宿命。

这两个意思矛盾，因此，上述推理错误。

3. 直言推理的步骤

从陈述中给出的内容出发，从中抽象出同属于对当关系的逻辑形式，根据对当关系来分析判断。

①要把非标准的日常语言转为标准的逻辑语言。

②看清问题的条件和推理方向。审查问题时要注意两点：

一是，注意问题的条件：如上述断定为真，还是为假；

二是，注意问题的方向：下列哪项一定为真，一定为假，还是可能为真（即真假不确定）。

③从已知直言命题的真假，根据对当关系，来确定其他直言命题的真假。

例 1：企鹅是鸟，但企鹅不会飞。

根据这个事实，以下哪项一定为假？

Ⅰ. 不会飞的鸟一定是企鹅。

Ⅱ. 鸵鸟是鸟，但鸵鸟不会飞。

Ⅲ. 不存在不会飞的鸟。

分析：根据"企鹅是鸟，但企鹅不会飞"，可得出：存在不会飞的鸟。

因此，Ⅲ项所述"不存在不会飞的鸟"必定是假的。

其余两项陈述都不能确定为假，都有可能为真（注意：逻辑推理只是根据前提来推得结果，不能用日常知识来推理）。

例 2：蝴蝶是一种非常美丽的昆虫，大约有 14 000 余种，大部分分布在美洲，尤其在亚马逊河流域品种最多，在世界其他地区除了南北极寒冷地带以外都有分布。在亚洲，台湾也以蝴蝶品种繁多著名。蝴蝶翅膀一般色彩鲜艳，翅膀和身体有各种花斑，头部有一对棒状或锤状触角。最大的蝴蝶翅展可达 24 厘米，最小的只有 1.6 厘米。

根据以上陈述，可以得出以下哪项？

Ⅰ. 有的昆虫翅膀色彩鲜艳。

Ⅱ. 最大的蝴蝶是最大的昆虫。

Ⅲ. 蝴蝶品种繁多，所以各类昆虫的品种繁多。

分析：根据所给断定，第一，蝴蝶是一种昆虫；第二，蝴蝶翅膀一般色彩鲜艳。从而可推出：有的昆虫（比如某些蝴蝶）翅膀色彩鲜艳。即可推出Ⅰ项。

其余两项从以上陈述不能必然推出。

例 3：已知“基本粒子不都可分”真，则据此可以确定真假的命题是下列哪项？

Ⅰ. 所有的基本粒子都可分

Ⅱ. 所有的基本粒子都不可分

Ⅲ. 有的基本粒子可分

分析：基本粒子不都可分＝有的基本粒子不可分，这是 O 命题。

由 O 命题为真，可进一步推出：

Ⅰ. 所有的基本粒子都可分。这是 A 命题，必为假。即该项可以确定真假。

Ⅱ. 所有的基本粒子都不可分。这是 E 命题，不能确定真假。

Ⅲ. 有的基本粒子可分。这是 I 命题，不能确定真假。

第二节　三段论

三段论是直言命题推理的核心理论，它不仅是演绎逻辑理论的重要组成部分，而且是言语交际中广泛使用的一种推理。

一、结构形式

直言三段论是由包含一个共同的项的两个直言命题推出一个新的直言命题的推理。由于直言命题又叫性质命题，所以直言三段论又叫性质三段论。

（一）三段论的结构组成

三段论是常见的科学思维方法之一，是以一个一般性的原则（大前提）以及一个附属于一般性的原则的特殊化陈述（小前提），由此引申出一个符合一般性原则的特殊化陈述（结论）的过程。

1. 三段论的组成

三段论由大前提、小前提和结论组成，具体包括：一个包含大项和中项的命题（大前提）、一个包含小项和中项的命题（小前提）以及一个包含小项和大项的命题（结论）三部分。

例：所有的偶蹄目动物都是脊椎动物，所有的牛都是偶蹄目动物，所以，所有的牛都是脊椎动物。

分析：上述是一则直言三段论。

结论中的主项叫作小项，用“S”表示，如上例中的“牛”；

结论中的谓项叫作大项，用“P”表示，如上例中的“脊椎动物”；

两个前提中共有的项叫作中项，用“M”表示，如上例中的“偶蹄目动物”。

在三段论中，含有大项的前提叫大前提，如上例中的“所有的偶蹄目动物都是脊椎动物”；含有小项的前提叫小前提，如上例中的“所有的牛都是偶蹄目动物”。

三段论推理是根据两个前提所表明的中项 M 与大项 P 和小项 S 之间的关系，通过中项 M 的媒介作用，从而推导出确定小项 S 与大项 P 之间关系的结论，如图所示。

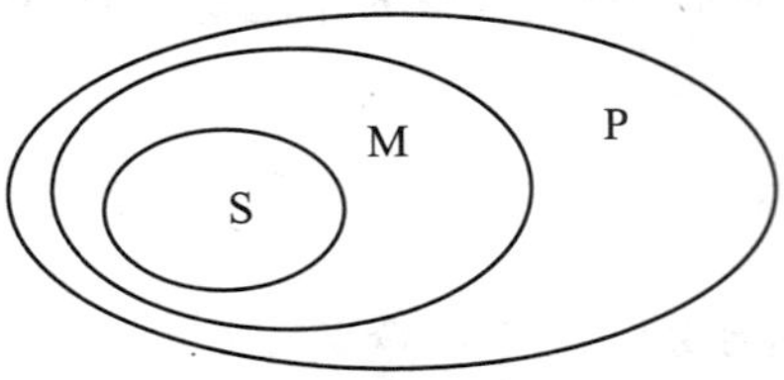

如果注意这些项所指的对象范围（外延），就会发现它们的大小是按照 S<M<P 的顺序排列的。由于在这里见到的这种外延的关系，所以分别称之为小项、中项和大项。

【案例】

草食动物

居维叶是法国古生物学家，又是比较解剖学的奠基者。有一次，他在睡午觉，被一阵怪里怪气的声音吵醒了。他发现窗口上有一个狰狞怪物，便仔细打量了一番，只见那怪物头上长角，脚上一双蹄子，于是笑道：“有角和蹄子的动物呀，都不是吃肉的。我才不怕呢。”说完又高枕而卧。这是一个调皮学生在跟老师捣蛋，但他没料到游戏这样轻易被戳穿。原来，根据比较解剖学，草食动物外表的特点是有蹄子，而凡是有蹄子的动物都有草食特性，而且性情温和。因此，在居维叶脑子里很快就形成了一个正确的三段论推理：

凡是有角和蹄子的动物都是不吃肉的，这个动物是有角和蹄子的动物，所以，这个动物是不吃肉的。

2. 三段论的格

由于中项在前提中位置的不同而形成的三段论的各种形式称作三段论的格。如果中项在前提中的位置确定了，那么大项、小项的位置随之也可以确定了。因此，三段论的格也可以定义为由于各个项在前提中位置的不同而形成的各不相同的三段论形式。

根据中项在前提中的不同位置，三段论可分为以下四个格：

第一格	第二格	第三格	第四格
M—P	P—M	M—P	P—M
S—M	S—M	M—S	M—S
S—P	S—P	S—P	S—P

可见，在这四个格中，结论中的主项和谓项的位置（在下面）是固定的。这些格的主要区别是，前提中的中项的位置不同。其中，第一格的主谓项前提与结论没有发生变化，第二格的中项都是谓项，第三格的中项都是主项，第四格的主谓项位置都发生颠倒。

3. 三段论的式

同一格的三段论也有差异，即它们的前提和结论中所涉及的直言命题的量词（全称、特称）和质（肯定、否定）是不同的，也就是说它们的“式”是不同的。

三段论的式就是构成三段论前提和结论的直言命题的组合形式。即，由于 A、E、I、O 四种命题在前提和结论中组合的不同而形成的三段论的各种形式称为三段论的式。例如，如果有一个三段论，其大前提为 E 命题，小前提为 A 命题，结论为 O 命题，那么这个三段论的式为 EAO 式。

例 1：所有的绿叶植物都是富含维生素的，所有的油麦菜都是绿叶植物，所以，所有的油麦菜都是富含维生素的。（第一格 AAA 式）

例 2：所有的偶蹄目动物都不是昆虫，牛是偶蹄目动物，所以，牛都不是昆虫。（第一格 EAE 式）

例 3：鸵鸟不会飞，鸵鸟是鸟，所以，一些鸟不会飞。（第三格 EAO 式）

例 4：有些不会飞的动物是鸵鸟，鸵鸟是鸟，所以，有的鸟是不会飞的动物。（第四格 IAI 式）

逻辑学把单称命题作为一种特殊的全称命题处理。因为从对主项概念的断定看，全称和单称命题有共同性，即都具有周延性。在三段论中，单称判断常常作全称处理。

由于三段论的大、小前提及结论均可为 A、E、I、O 四种命题，其组合数量是：4×4×4=64。因此，就其可能性而言，每格有 64 个式。由于三段论有四个格，因此三段论的可能式有 4×64=256 个。

当然，三段论的可能式，并非都是有效的。事实上，其大部分是无效的。经后续的三段论规则的检验，符合三段论规则的有效式只有 24 个，其余为无效式。

三段论的 24 个有效式如下表：

第一格	第二格	第三格	第四格
AAA	AEE	AAI	AAI
EAE	EAE	EAO	EAO
AII	AOO	AII	AEE
EIO	EIO	EIO	EIO
（AAI）	（AEO）	IAI	IAI
（EAO）	（EAO）	OAO	（AEO）

验证一个三段论正确的方法是：一个三段论是有效的，必须实现，当且仅当它是这个 24 个式中的一个。

上述 24 个有效式中，有 5 个带括号，称为弱式。所谓弱式，是指本来可以得出全称的结论，但却只得出了特称的结论。在逻辑学中，可以不把弱式看成是独立的有效式。这样，如果不算 5 个弱式，三段论共有 19 个“有效式”。

三段论的各个有效式，没必要一个个地熟记。其实，判定三段论是否有效，依据后续讲解的三段论的推理规则或者图示法就可以正确判断了。

（二）三段论的标准形式

直言三段论是由三个直言命题组成、能够被翻译成标准形式的演绎论证。

1. 标准形式三段论的满足条件

标准形式的直言三段论符合下面四个条件：

①所有三个陈述都是标准形式的直言命题。

②每个词项的两次出现都是相同的。

③在整个论证中每个词项始终在同一意义上被使用。

④首先列出大前提，其次列出小前提，最后列出结论。

例：下面的三段论由于违反第四个条件而不具标准形式：

所有的外科医生都是医术精湛的医生。

有的外科医生是协和医科大学八年制的博士毕业生。

所以，有些医术精湛的医生是协和医科大学八年制的博士毕业生。

把这个三段论弄成标准形式，则须颠倒前提的次序。必须首先列出大前提（含有作为结论的谓项的“协和医科大学八年制的博士毕业生”的那个前提），其次列出小前提（含有作为结论的主项的“医术精湛的医生”的那个）。

2. 三段论结构分析的方法步骤

给出一个三段论，要能准确地分析出它的标准形式结构，其分析步骤如下：

①首先找出结论，确定大项 P 和小项 S。

根据逻辑联结词或论述重心来确定三句话中哪一句为结论，注意结论不一定是最后一句话，也可以是第一或第二句话。

确定了结论，也就确定了 S、P。

结论的谓项为 P，即三段论的大项。

结论的主项为 S，即三段论的小项。

②然后确定中项 M 和大、小前提。

剩下的两句话为大、小前提，其共有的项即为中项 M。

确定大前提，即含有大项 P 的前提；

确定小前提，即含有小项 S 的前提。

③再将三段论写成标准的形式结构。

列出三段论的顺序：第一位是大前提，第二位是小前提，结论在最后。

最后分别确定大前提、小前提和结论的 AEIO 判断类型，并写出它们的标准形式，也就确定了这个三段论的式与格。

注意：

第一，大、小前提的顺序不影响三段论结构。

第二，如果三段论不是三个概念，其中出现相反的概念，把它们转化为三个概念，化为标准形式。

第三，在三段论中，单称判断近似作全称处理。

例 1：写出以下三段论的结构形式。

没有核潜艇是商船，所以，没有战船是商船，因为所有核潜艇是战船。

分析：

第一步：找出结论，确定大、小项。

结论是“没有战船是商船”。

“商船”是结论的谓项，因此是整个三段论的大项。

“战船”是结论的主项，因此是整个三段论的小项。

第二步：确定中项和大、小前提。

除结论外的剩下两个命题为前提，其共有的项“核潜艇”为中项。

大前提即含有大项的前提，是“没有核潜艇是商船”。

小前提即含有小项的前提，是“所有核潜艇是战船”。

第三步：写成标准形式。

没有核潜艇是商船，

所有核潜艇是战船，

所以，没有战船是商船。

最后抽象成标准的形式结构：

MEP

MAS

SEP

此三段论的三个命题依次为：E 命题、A 命题和 E 命题。中项“核潜艇”在两个前提中都做主项，所以，这个三段论为第三格。总之，此三段论的式与格是：EAE—3。

例 2：所有的克里特岛人都说谎，约翰是克里特岛人，所以，约翰说谎。

上述三段论的推理结构是：MAP，SAM，所以，SAP。

（其中 S 为“约翰”，单称近似作全称；M 为“克里特岛人”；P 为“说谎”）

【案例】

谋财杀人案

查理是个亿万富翁，有一天，他两岁的独生子突然失踪了，不久查理也暴病身亡。查理的妻子玛丽继承了丈夫的全部遗产。但玛丽有严重的心脏病，随时都可能死去。她日夜盼望失踪的儿子归来。十年后，她失踪的“儿子”回来了，脖子上挂着一个带有金项链的金盒子，小盒子里嵌着母亲玛丽的照片。玛丽验证后，确实无误，悲喜交集，就认下了儿子。并准备立一份她死后由儿子继承全部财产的遗嘱。玛丽的朋友建议她先化验一下儿子的血型再立遗嘱。遗憾的是，为他家服务多年的家庭医生一个月前辞职了。她们只得到医院去化验，经过化验，新来的儿子是 A 型血，玛丽是 O 型血，按照血型遗传法则，O 型血的母亲是可以生出 A 型血的子女的，但是只知道母亲一方的血型，还不能完全断定儿子的真假，而其父查理已死多年，除了家庭医生谁也不知道查理的血型，可家庭医生辞职后已不知去向。但聪明的玛丽千方百计查找到了早已故去的查理父母的血型，其父母都是O型。按照血型遗传法则，父母双方都是O型血的，子女只能是O型血，所以查理必然是O型血。

查理是O型，玛丽是O型，那么他们的儿子也应该是O型，而新来的少年是A型。因此可以断定：这个新来的少年不是十年前玛丽失踪的儿子。这些疑团使玛丽下决心把这件事情查个水落石出，最后真相大白：原来十年前她儿子的失踪，她丈夫的暴病而亡，十年后“儿子”的归来，都是家庭医生精心策划的骗局。如果不是查清了查理的血型，就无法识破这个骗局，查理的亿万财产就会被家庭医生窃取。

分析：三段论推理是根据已知的一般原理、普遍规则，推断到尚未认知的特殊事例，从而获得关于特殊事例的新知识，在进行上述三段论推理之前，查理的血型怎么样、他们儿子的血型怎么样、新来的少年是不是他们的儿子，这些特殊事例的情况都是未知的。通过三段论推理，才获得了关于这些特殊事例的新知识，而获得这些新知识是解决问题的关键所在。

首先，确定查理的血型，运用的是三段论推理的第一格：凡父母均为O型血的子女为O型血，查理是父母均为O型血的子女，所以，查理是O型血。

其次，确定查理夫妇儿子的血型，运用的也是三段论推理的第一格：凡父母均为O型血的子女是O型血，查理夫妇的儿子是父母均为O型血的子女，所以，查理夫妇的儿子是O型血。

再次，确定新来的少年不是查理夫妇的儿子，运用的是三段论推理的第二格：查理夫妇的儿子是O型血，新来的少年不是O型血（是A型），所以，新来的少年不是查理夫妇的儿子。

3．三段论的标准式化归

直言三段论出现在日常用语中时，往往偏离标准形式，即并不是按照标准形式的三段论措辞的，因此，要对其进行逻辑考察，必须转化为规范的标准化形式。

若日常语言中看起来有三段论的论证形式，但包含着三个以上的词项，那么不能简单地把它看成犯了四项谬误的无效论证。只有化归为三段论的标准式才能根据规则判定是否有效。因此，需要考察包含着三个以上的词项的论证能不能被化归为与之逻辑上等价的只有三个词项的标准形式三段论，这样的方法叫作三段论词项数量的归约。完成这样的翻译要掌握以下两种方法：

（1）去除同义词

同义词并非不同的词项，应该翻译成相同的词项，即应当去除日常三段论论证中的同义词。

例：没有穷人是科研人员。

所有流浪者都是贫困者。

所以，没有游民是科研工作者。

其中包含着“穷人”“流浪者”和“科研人员”的同义词。去除同义词之后，该论证可翻译为：

没有穷人是科研人员。

所有流浪者都是穷人。

所以，没有流浪者是科研人员。

这个三段论的式与格是标准的 EAE—1，论证是有效的。

（2）去除补类

日常三段论论证中若有补类的词项，可以运用换质法、换位法、换质位法，从而减少词项的数量。

例：所有爬行动物是冷血动物。

没有鸟类是冷血动物。

所以，所有鸟类都是非爬行动物。

分析：上述论证含有四个词项，不是标准形式，不能直接用三段论规则检验。首先把它翻译为标准形式，四个词项中有两个（“爬行动物”和“非爬行动物”）互为补类。如果将结论进行换质，就可以减少词项的数量。翻译的结果是原论证的一个标准式翻版：

所有爬行动物是冷血动物。

所有鸟类都不是冷血动物。

所以，所有鸟类都不是爬行动物。

这个标准式三段论与原来的论证在逻辑上是等价的，其形式为 AEE—2，遵守所有三段论推理规则，因而是有效的。

当然，标准式翻译版并不是唯一的，但三段论标准形式的化归都是通过换位法、换质法、换质位法等直接推论而实现的，不管何种形式的标准式翻译版，与原论证都是等价的，其是否有效的判定结果是相同的。

例：所有工程师是非科学家。

有教授是科学家。

所以，有非工程师不是非教授。

分析：这个三段论不具标准形式，因为它有六个词项：“工程师”“教授”“科学家”“非工程师”“非教授”和“非科学家”。下面用字母表示词项，重写上述论证，然后为了消去加否定的字母而将第一个前提换质，将结论换质位，从而得到归约了的论证：

符号化的原论证	归约了的论证
所有 P 是非 M。 有 S 是 M。 有非 P 不是非 S。	所有 P 都不是 M。 有 S 是 M。 有 S 不是 P。

归约了的论证与原来的论证在逻辑上等值，该论证是标准的三段论形式，通过推理规则评价，表明归约了的论证是有效的，因此，原来的论证也是有效的。

在减少词项的数目方面要注意，换位和换质位不得用于会产生未定的结果的陈述。具体而言，换位不得用于 S 和 O 陈述，换质位不得用于 S 和 I 陈述。被允许的运算可总结如下：

	原命题	变换后的等值命题
换位	没有S是P。	没有P是S。
	有S是P。	有P是S。
换质	所有S是P。	没有S是非P。
	没有S是P。	所有S是非P。
	有S是P。	有S不是非P。
	有S不是P。	有S是非P。
换质位	所有S是P。	所有非P是非S。
	有S不是P。	有非P不是非S。

例：没有非种子植物是被子植物。

所有非被子植物是非水果树。

所以，所有水果树都是种子植物。

首先把第一个前提换位再换质，把第二个前提换质位，于是得到如下一个标准式直言三段论：

所有被子植物都是种子植物。

所有水果树都是被子植物。

所以，所有水果树都是种子植物。

这个三段论论证显然是有效的。

4. 三段论推理结构比较

三段论结构比较着重考虑从具体的、有内容的思维过程的论述中抽象出一般形式结构，即用命题变项表示其中的单个命题，或用词项变项表示直言命题中的词项，每一个推理中相同的命题或词项用相同的变项表示，不同的命题或词项用不同的变项表示。进行三段论的结构比较时只需考虑抽象出推理结构和形式，而无需考虑其叙述内容的真实与否。

例 1：所有的金属都导电，铁导电，所以，铁是金属。

以下哪项与上述推理结构最为相似？

Ⅰ. 所有的金属都导电，铜是金属，所以，铜导电。

Ⅱ. 所有的鸟都是动物，人是动物，所以，人是鸟。

Ⅲ. 所有的鸟都不是植物，麻雀是鸟，所以麻雀不是植物。

分析：这需要比较上文和各项的推理结构，下面是其标准化后的三段论结构：

上文推理结构为：PAM，SaM，所以，SaP。

Ⅰ项推理结构为：MAP，SaM，所以，SaP。

Ⅱ项推理结构为：PAM，SaM，所以，SaP。

Ⅲ项推理结构为：MEP，SaM，所以，SeP。

可见，其中只有第Ⅱ项与上文结构相同。

例 2：科学不是宗教，宗教都主张信仰，所以主张信仰都不科学。

以下哪项最能说明上述推理不成立？

Ⅰ. 所有渴望成功的人都必须努力工作，我不渴望成功，所以我不必努力工作。

Ⅱ. 商品都有使用价值，空气当然有使用价值，所以空气当然是商品。

Ⅲ. 台湾人不是北京人，北京人都说汉语，所以，说汉语的人都不是台湾人。

分析：这需要比较题干和各项的推理结构，下面是其标准化后的三段论结构：

题干的推理形式是：PEM，MAS，所以，SEP。

Ⅰ项的推理结构是：MAP，SeM，所以，SeP。

Ⅱ项的推理结构是：PAM，SAM，所以，SAP。

Ⅲ项的推理形式是：PEM，MAS，所以，SEP。

可见，其中只有第Ⅲ项与题干结构相同，同时该项的推理明显地前提真而结论假。因此，该项最能说明题干的推理不成立。

例3：患红绿色盲的人不可能分辨绿色和褐色，G不能分辨绿色和褐色，所以，G是患红绿色盲的人。

以下哪项中的推理与上述论证中的最相似?

Ⅰ. 白皮肤的人易于被太阳灼伤，W是白皮肤，所以，W易于被太阳灼伤。

Ⅱ. 患鼻窦炎的人不能辨别味道，M不能辨别味道，所以，M是患鼻窦炎的人。

Ⅰ. 肝炎患者不能献血，J是个献血者，所以，J没有患肝炎。

分析：这需要比较题干和各项的推理结构，下面是其标准化后的三段论结构：

题干的推理结构是：PEM，SeM，所以，SaP。

Ⅰ项的推理结构是：PAM，SaM，所以，SaP。

Ⅱ项的推理结构是：PEM，SeM，所以，SaP。

Ⅲ项的推理结构是：PEM，SaM，所以，SeP。

可见，其中只有第Ⅱ项与题干结构相同。

二、推理规则

一个直言三段论并非都能推得其结论，为避免推理错误，人们制定了一系列规则用来规范三段论推理。在三段论论证中，必须谨防违反推理规则，避免产生谬误。三段论谬误是指无效的直言三段论推理，即违反直言三段论的推理规则所犯的谬误。

（一）直言命题的周延性

为了更好地把握直言命题的逻辑特点和直言三段论的推理规则，首先要搞清直言命题的周延性。

1. 什么是周延性

如果一个概念的外延在命题中被全部做出了断定，那么这个概念就是一个周延的项；反之，则是一个不周延的项。具体对直言命题来说，其主谓项的周延性问题就是指主项和谓项概念的外延在命题中被断定的情况。在直言命题中，如果断定了一个词项的全部外延，则称它是周延的，否则就是不周延的。

关于直言命题的周延性问题，应注意以下两点：

①主、谓项的周延性是直言命题的形式决定的，而不是相对于直言命题所断定的对象

本身的实际情况而言的。

②只有直言命题的主项和谓项才有周延与否的问题，离开直言命题的一个单独词项，就不存在是否周延的问题。

只有把这个概念置身于与它相关的那个判断的关系，使其在思维中构成一个完整的有内在联系的判断形式，才能从本质上确立是周延或不周延这个问题。

例：在直言命题“有些金属不是固体”中，我们可以谈论词项“金属”“固体”是否周延；但我们无法谈论独立存在的概念“笔记本电脑”“机器人”“天气”究竟是周延还是不周延。

2. 直言命题主项和谓项的周延情况

直言命题主项和谓项的周延情况分析如下：

(1) 全称命题（A、E）的主项周延

全称命题的逻辑形式是“所有S都是（不是）P”，既然其中有“所有的S……”出现，那么，总是断定了主项“S”的全部外延，因此S在其中是周延的。

例：所有金属都是导体

这一全称命题的主项“金属”是周延的，因为该直言命题对“金属”的全部外延做出了断定。

(2) 特称命题（I、O）的主项不周延

特称命题的逻辑形式是“有的S是（不是）P”，它断定了至少有一部分外延是谓项P的部分外延或全部外延，没有指明主项“S”的全部外延，很明显地只涉及S的一部分外延，所以，主项S在其中是不周延的。

例：①有的金属是固体。②有的金属不是固体。

这两个特称命题的主项“金属”的外延，仅仅一部分被肯定或被否定是谓项“固体”的外延，所以“金属”是不周延的。

(3) 肯定命题（A、I）的谓项不周延

肯定命题的逻辑形式是“所有（有的）S是P”，不论谓项P具体代表什么，它只断定了所有或某个数量的“S是P”，并没有具体说明究竟是全部的P还是一部分P，即断定了主项S的全部或部分外延是谓项P的部分外延，并没有断定主项S的全部或部分外延是谓项P的全部外延，因此谓项P在其中总是不周延的。

例：①所有金属都具有延展性。②有的金属具有延展性。

这两个肯定命题的谓项“延展性”仅仅一部分被肯定为主项“金属”的全部或部分外延，所以“延展性”是不周延的。

(4) 否定命题（E、O）的谓项周延

否定命题的逻辑形式是“所有（有的）S不是P”，该命题断定了所有或某个数量的S“不是P”，那么P也一定不是这个数量的S，即把所有P都排除在这些S之外。即该命题否定了主项S的全部或部分外延是谓项P的全部外延，也就是说谓项P的全部外延都不是主项S的全部或部分的外延，这就断定了谓项P的全部外延，所以，谓项P是周延的。

例：①所有的事物都不是静止的。②有的事物不是静止的。

不管命题的主项“事物”的外延是全部还是部分，它都不具有谓项“静止”的属性，即把谓词的外延全部排除在外。所以，谓项“静止”是周延的。

3. 四种直言命题的周延情况

基于以上分析，A、E、I、O四种直言命题主项和谓项的周延情况可概括如下表：

命题类型	命题形式	主项S	谓项P
全称肯定命题	SAP	周延	不周延
全称否定命题	SEP	周延	周延
特称肯定命题	SIP	不周延	不周延
特称否定命题	SOP	不周延	周延

下面再分别论述：

(1) A命题的周延性

全称肯定命题的主项周延，谓项不周延。

例：所有被子植物都是种子植物。

该命题断定了任何一个被子植物都是种子植物。整个被子植物的类都包含在种子植物的类之内。由于全称肯定命题述及了主项指称的类的全部元素，因此可以说全称肯定命题的主项是周延的。同时，由于断定了所有被子植物的类被包含在种子植物的类之内，因此，它并没有涉及谓项指称的类的全部元素。

(2) E命题的周延性

全称否定命题的主项周延，谓项也周延。

例：没有孢子植物是种子植物。

该命题断定了任何一个孢子植物都不是种子植物。整个孢子植物的类都被排除在种子植物的类之外。由于全称否定命题述及了主项指称的类的全部元素，因此可以说全称否定命题的主项是周延的。同时，由于断定了整个孢子植物的类被排除在种子植物的类之外，这个命题也就断定了整个种子植物的类也被排除在整个孢子植物的类之外。

(3) I命题的周延性

在特称肯定命题中，主项、谓项都是不周延的。

例：有哺乳动物是冷血动物。

该命题既没有对所有哺乳动物进行断定，也没有对所有冷血动物进行断定。不能说一个类完全包含于另一个类之中，也不能说完全排除在外。

(4) O命题的周延性

特称否定命题的谓项是周延的，但主项不周延。

例：有哺乳动物不是恒温动物。

该命题并没有说所有的哺乳动物，而只述及主项指称的类的一些元素。它说的是所有哺乳动物中被排除在恒温动物之外的那一部分，亦即这部分被排除在后一个类的全体之外。假如谈的只是特定的这部分哺乳动物，那么，任何一个是恒温动物的元素都不在这部分之中。说某事物被排除在一个类之外，也就述及了这个类的全部。

周延问题在处理整个直言命题推理时是非常重要的。周延的用处是在推理中，结论周延的项，前提中该词项也必须周延。否则，如果结论周延的项，前提中该词项不周延，这样的推理一定是错误的。因为演绎推理是一种必然性推理，它的结论是从前提中抽引出来的，因而结论所断定的情况不能超出前提所断定的。这一点在直言命题推理中的表现就是要求“在前提中不周延的项在结论中不得周延”，否则推理的有效性就得不到保证，就会犯逻辑错误。

【案例】

一切鸡蛋都是圆的

《伊索寓言》中有这样一段文字：有一只狗习惯于吃鸡蛋。久而久之，它认为“一切鸡蛋都是圆的”。有一次，它看见一个圆圆的海螺，以为是鸡蛋，于是张开大嘴，一口就把海螺吞下肚去，肚子疼得直打滚。

分析：这只狗为什么上当？逻辑上讲，就是它把不周延的项变成周延的。在“一切鸡蛋都是圆的”这个全称肯定判断中，其谓项“圆的”不周延。而当它由这个判断进而得出：“圆的就是鸡蛋”时，就把“圆的”变成周延了。在直言命题推理中，要求“在前提中不周延的项在结论中不得周延”，所以狗犯了逻辑错误。

（二）三段论的推理规则

直言三段论的推理规则是进行三段论推理时必须遵守的规则，违反三段论的任一条规则，都不能得出正确的结论。

1. 在一个三段论中，必须有而且只能有三个项

这个规则的依据是，一个有效的标准式直言三段论，必须仅仅包含三个项，即大项、中项和小项，三段论的实质就是借助于一个共同项即中项作为媒介，使大、小项发生逻辑关系，从而导出结论的。如果一个三段论只有两个词项或四个词项，那么大、小项就找不到一个联系的共同项，因而无从确定大、小项之间的关系。因此，一个正确的三段论仅允许有三个不同的词项。在整个论证中，每一个项都须在相同的意义上使用。即三个项所对应的三个概念，在其分别重复出现的两次中，所指的必须是同一个对象，具有同一的外延。

违背这条推理规则，就要犯“四概念错误”。所谓四概念错误就是指在一个三段论中出现了四个不同的概念。这种谬误通常源于语词歧义，即用同一个词或短语表达两种不同的含义。最常见的是中项的含义发生转换，中项的概念未保持同一而引起的，即同一个词以某种用法与小项发生联系，而以另一种用法与大项发生联系。这样一来，与结论中的两个项发生联系的是两个不同的项（而不是同一个中项），所以结论断定的关系也就不能

成立。

例 1：我国的大学是分布于全国各地的；清华大学是我国的大学；所以，清华大学是分布于全国各地的。

分析：这个三段论的结论显然是错误的，但其两个前提都是真的。为什么会由两个真的前提推出一个假的结论呢？原因就在中项（我国的大学）未保持同一，出现了四概念的错误。即"我国的大学"这个语词在两个前提中所表示的概念是不同的。在大前提中它是表示我国的大学总体，表示的是一个集合概念。而在小前提中，它可以分别指我国大学中的某一所大学，表示的不是集合概念，而是一个个体概念。因此，它在两次重复出现时，实际上表示着两个不同的概念。这样，以其作为中项，也就无法将大项和小项必然地联系起来而推出正确的结论。

例 2：有角论证：

"你没有失去的东西，就是你具有的东西；你没有失去角；所以，你头上有角"。

分析：这则论证是古希腊的诡辩家欧布利德的诡辩"你头上有角"，我们将其整理成下面一个三段论的形式：

凡是你没有失去的东西就是你具有的东西；

角是你没有失去的东西；

所以，角是你具有的东西。

在这个三段论中，中项"你没有失去的东西"在大前提中是指"原来你有这种东西"，在小前提中是指"原来你没有的东西"。原来没有的东西无所谓"失去"。显然，这则论证犯了"四概念错误"。

2. 中项在前提中至少必须周延一次

这个规则的依据是小项和大项之间的联系需要中项做中介。而要建立这种联系，结论的主项或者谓项就必须与中项所指称类的全部对象相关联。

违背这条推理规则，就要犯"中项不周延"谬误。因为如果中项在前提中一次也没有周延，那么，中项在大、小前提中将会出现部分外延与大项相联系，并且部分外延与小项相联系，这样大、小项的关系就无法确定。因而推出结论所需要的词项关联就不能建立，从而无法通过推理得出确定的结论。

例 1：大学生都是青年；小张是青年；所以……

这个三段论是无法得出确定结论的。原因在于作为中项的"青年"在前提中一次也没有周延（在两个前提中，都只断定了"大学生""小张"是"青年"的一部分对象），因而"小张"和"大学生"究竟处于何种关系就无法确定，也就无法得出必然的确定结论。

例 2：一切金属都是可塑的；塑料是可塑的；所以，塑料是金属。

在这个三段论中，中项的"可塑的"在两个前提中一次也没有周延（在两个前提中，都只断定了"金属""塑料"是"可塑的"的一部分对象），因而"塑料"和"金属"究竟处于何种关系就无法确定，也就无法得出必然的确定结论，所以这个推理是错误的。

【案例】

绅士

富兰克林（18 世纪美国著名科学家）有一次曾十分鄙夷地对客人说：“绅士都是些能吃、能喝、又能睡，可什么也不干的东西。”这话让他的仆人听到了。

过了几天，仆人对富兰克林说：“主人，我现在终于明白了原来猪都是绅士，因为它们都是些能吃、能喝、又有睡，可什么也不干的东西。”

富兰克林听后大笑起来。

分析：在这则幽默中，仆人的推理是这样的：“绅士都是能吃、能喝、又能睡，可什么也不干的东西；猪都是能吃、能喝、又能睡，可什么也不干的东西；所以，猪都是绅士。”

仆人的逻辑错误在于违反了“中项在前提中必须周延一次”的逻辑规则。

3. 在前提中不周延的词项，在结论中不得周延

这个规则的依据是有效的论证要求其前提必须能逻辑地推出结论，结论绝不能比前提断定得更多。

违背这条推理规则，就要犯“不当周延”的谬误。因为如果前提中的大项或小项是不周延的，那么它们的大项或小项的外延就没有被全部断定，若结论中的大项或小项变为周延的，那么就等于断定了大项或小项的全部外延。这样，就造成了前后不一致，结论所断定的对象范围就超出了前提所断定的对象范围，结论所断定的就不是从前提中所必然推出的，前提的真实就不能保证结论的必然真实，也就是不能得出必然的结论。“不当周延”的谬误可分为两类：

（1）大项不当周延

“大项不当周延”也叫“大项不当扩大”或“非法大项”，举例如下。

例 1：金属都是导电体，橡胶不是金属，所以橡胶不是导电体。

分析：这个论证不对，“导电体”在前提中不周延，但在结论中周延了，所以此处的谬误就是“非法大项”。

例 2：所有的狗是动物，没有猫是狗，所以，没有猫是动物。

分析：很明显，这个论证是不对的，但错在哪里呢？就错在结论是对所有动物的断言，即结论断定的是所有动物都在猫的类之外，而前提并没有对所有动物做出断言，故结论不当地超出了前提的断定。

例 3：科学家需要懂得科学思维方法；我不是科学家；所以，我不需要懂得科学思维方法。

分析：这个推理从逻辑上说错在哪里呢？主要错在“需要懂得科学思维方法”这个大项在大前提中是不周延的（即“科学家”只是“需要懂得科学思维方法”中的一部分人，而不是其全部），而在结论中却周延了（成了否定命题的谓项）。这就是说，它的结论所断定的对象范围超出了前提所断定的对象范围，因而在这一推理中，结论就不是由其前提所能推出的。其前提的真也就不能保证结论的真。这种错误逻辑上称

为“大项不当扩大”的错误。

(2) 小项不当周延

“小项不当周延”也叫“小项不当扩大”或“非法小项”，举例如下。

例 1：凡薯类都是高产作物，凡薯类都是杂粮，所以，凡杂粮都是高产作物。

在这个三段论推理中，小前提是一个肯定判断，因而小项“杂粮”在小前提中是不周延的。但是，结论是一个全称判断，小项“杂粮”在结论中却是周延的。因此，这个三段论推理的结论不是必然地推导出来的，它犯了“小项不当周延”的逻辑错误。

例 2：所有传统教徒都是原教旨主义者，所有传统教徒都是宽容堕胎行为的，所以，所有宽容堕胎行为的都是原教旨主义者。

我们立刻会感觉到这个论证也有问题，其错误就在于：结论断定了所有堕胎行为的宽容者，而在前提中并没有这样的断言，没有述及所有宽容堕胎行为者的情况。这样，结论就不能为前提所担保。这个例子中“宽容堕胎行为的”是小项，所以此处的谬误就是非法小项。

【案例】

吃鱼的好处

甲：“吃鱼的好处是什么?”

乙：“可以预防近视”。

甲：“为什么?”

乙：“你见过猫有近视的吗?”

分析：在这个幽默中，乙的话隐含着这样一个直言推理：

猫都不是近视的；猫都是吃鱼的；所以，吃鱼的都不近视。

猫都是吃鱼的，“吃鱼的”这个小项在小前提中是肯定判断的谓项，不周延。

吃鱼的都不近视，“吃鱼的”变成全称判断的主项，周延了。

乙的推理把只断定部分外延的项，扩大为断定全部外延，犯了“小项不当周延（小项扩大)”的逻辑错误。

4. 两个否定前提推不出结论

这个规则的依据是直言否定命题都否认类的包含关系，断定一个类的部分或者全部被排除在另一类的全体之外，因此，由两个断定这种排斥性的前提不能得出结论中的联系。

违背这条推理规则，就要犯“两个否定前提”谬误。因为如果两个前提都是否定的，那么中项同大、小项都发生排斥。这样，中项就无法起到联结大、小前提的作用，小项同大项的关系也就无法确定，因而推不出结论。

例 1：中学生不是大学生，这些学生不是中学生，所以，这些学生……

分析：上例不能推出必然性的结论，因为，如果推出“这些学生是大学生”，但也有可能这些学生刚好是小学生呢，小学生显然也不是中学生；如果推出“这些学生不是大学生”，但也有可能这些学生刚好是大学生呢，大学生显然也不是中学生。

例 2：请分析下面两例的推理是否正确。

①铜都不是绝缘体，铁不是铜，所以铁不是绝缘体。

②羊不是肉食动物，虎不是羊，所以虎不是肉食动物。

分析：上面两例的前提都是真实的，但都有“两个否定前提”，由于形式无效，所以推出的结论不具有必然性。

5. 前提之一是否定的，结论也应当是否定的。如果结论是否定的，则前提中必有一个是否定的

这条规则的依据如下：

第一，如果前提中有一个是否定命题，另一个则必然是肯定命题（否则，两个否定命题不能得出必然结论）。这样，中项在前提中就必然与一个项（大项或小项）是否定关系，与另一个项是肯定关系。这样，大项和小项通过中项联系起来的关系自然也就只能是一种否定关系，因而结论必然是否定的了。

第二，如果结论是否定的，那一定是由于前提中的大、小项有一个和中项结合，而另一个和中项排斥。这样，大项或小项同中项相排斥的那个前提就是否定的，所以结论是否定的，则前提之一必定是否定的。

这条规则还可派生出如下两个意思：第一，两个肯定的前提推不出否定的结论。第二，肯定的结论只能由两个肯定的前提得到。

违背这条推理规则，就要犯“不正确的肯定或否定”谬误。

例 1：有些动物是哺乳动物，哺乳动物是胎生动物，所以，有些胎生动物不是哺乳动物。

分析：这个例子从两个肯定的前提中得出了否定的结论，违反了规则，因此是不正确的推理。

例 2：没有医生是工程师，有科学家是医生，所以，有科学家是工程师。

分析：这个例子从一个肯定前提和一个否定前提得出了肯定的结论，违反了规则，因此是不正确的推理。

6. 两个特称前提推不出结论

这个规则的依据是如果两个前提都是特称的，那么前提中周延的项最多只能有一个（因为两个前提中最多只可以有一个是否定命题，而这一否定命题的谓项是周延的，其余的项都是不周延的）。而这就不可能满足正确推理的条件。

违背这条推理规则，就要犯“两个特称前提”谬误。

例 1：有的技术员是球迷，有的球迷是影星，所以，有的技术员是影星。

分析：由这两个特称前提，我们无法必然推出确定的结论。因为，在这个推理中的中项（“球迷”）一次也未能周延。

例 2：有的同学不是南方人，有的南方人是商人，所以……

分析：这里，虽然中项有一次周延了，但仍无法得出必然结论。因为，在这两个前提中有一个是否定命题，按前面的规则，如果推出结论，则只能是否定命题；而如

果是否定命题，则大项“商人”在结论中必然周延，但它在前提中是不周延的，所以必然又犯大项扩大的错误。

7. 前提之一是特称的，结论必然是特称的。如果结论是特称的，则前提中必有一个是特称的

这个规则的依据是当前提中有一个判断是特称命题时，如果结论是全称命题，就必然会违反三段论的另几条规则（如出现大、小项不当扩大的错误等）。

违背这条推理规则，就要犯“不正确的特称或全称”谬误。

例 1：所有大学生都是青年，有的职工是大学生，所以，所有职工是青年。

分析：这个例子从一个全称前提和一个特称前提中得出了全称的结论，违反了规则，因此是不正确的推理。

例 2：所有宠物都是家养动物，所有独角兽都不是家养动物，所以，有独角兽不是宠物。

分析：这个例子从两个全称前提得出了特称的结论，违反了规则，因此是不正确的推理。

小结

三段论规则可分为关于词项的规则和关于前提的规则两个部分。为方便记忆，将三段论的上述七个规则总结如下：

（1）三个规则是关于词项的，要求“三个词项，一个周延，一个不周延”。

即关于词项的规则包括两个方面：

一方面有且只能有三个不同的项。

另一方面，要满足词项的周延性：①中项在前提中至少周延一次；②在前提中不周延的项在结论中也不得周延。

具体包括上述第 1 到第 3 条三条规则。

（2）四个规则是关于前提的，要求“两否无结，一否则否；两特无结，一特则特”。

即关于前提的规则包括两个方面：

一方面，要有正确的质（肯定或否定）：①两句前提都否定，得不出结论；②两句前提一肯定一否定，结论必然否定；③两句前提都肯定，结论必然肯定。

另一方面，要有正确的量（全称或特称）：①两句前提都特称，得不出结论；②两句前提一全称一特称，结论必然特称；③两句前提都全称，结论必然全称。

具体包括上述第 4 到第 7 条四条规则。

以上给出的规则只适用于标准式直言三段论，用以检验三段论论证的有效性。对于任一标准式直言三段论，如果违反了任一规则就是无效的。

例：请判定下列三段论推理是否有效？

Ⅰ. 所有具有延展性的都是可塑的，金属是可塑的，所以，金属是具有延展性的。

Ⅱ. 所有具有延展性的都是可塑的，木头不可塑，所以，木头具有延展性。

Ⅲ. 所有具有延展性的都是可塑的，有的金属是具有延展性的，所以，所有金属是可塑的。

分析：

Ⅰ. 中项在两个前提中都不周延，违反了规则 2，推理无效。

Ⅱ. 前提之一否定，结论却肯定，违反了规则 5，推理无效。

Ⅲ. 前提之一是特称，结论却是全称，违反了规则 7，推理无效。

三、推理方法

直言命题还可以组成更复杂的推理，不过，推理的依据仍然是词项之间的关系。其中，复合三段论推理涉及到多个直言命题，需要连续运用三段论才能得出结论。省略三段论则需要补充省略的部分，再来考察三段论推理是否有效。三段论的推理除了可应用上述推理规则外，还可以借助图示法。

（一）三段论的图示法

前面所述，欧拉图可以表示任意两个概念之间的外延关系，而直言命题只不过是对两个概念（主项或谓项）之间外延关系的一种断定，因此，可以用欧拉图去表示任一直言命题中主项和谓项之间的外延关系。

欧拉图直观上相当清楚：圆之间的包含、相离表示全称，相交表示特称。这种方法既可以表示非空非全的类之间的关系，也可以揭示三段论和表示直接推理。因此，一个直言三段论推理是否有效，可以用欧拉图进行辅助判定。

当然，欧拉图也有其局限。人们可以通过处置欧拉图来帮助解决有关于三段论推理的问题，但难于表示更复杂的推理关系。因为欧拉图不能表示全类和空类、不能表示补运算，而且无法穷尽两个词项之间一切可能的关系。

直言三段论的有效判定可以通过欧拉图示法来辅助推理，具体作图步骤为：

①先判定题目中每两个概念的外延关系。

②在此基础上画出能从整体上反映这几个概念彼此之间外延关系的综合图形。

首先，用实线画固定的部分；其次，用虚线画不固定的部分。

③在每个圆圈的适当位置上标注。

由于欧拉图示法有时不具有唯一性，因此，图示法只能是帮助思考的辅助方法。作图后要注意以下两点：

①实线是否有重合的可能，即概念是否有同一关系的可能。

②虚线可能出现的位置。有时适合题目要求的情形不止一种，此时可用虚线表示，但要考虑到虚线可出现的多个位置的可能性。

例 1：有一种长着红色叶子的草，学名叫艾博拿，在地球上极稀少。北美的人都认识一种红色叶子的草，这种草在那里很常见。

从上面的事实不能得出以下哪项结论？

Ⅰ. 北美的那种红色叶子的草就是艾博拿。

Ⅱ. 艾博拿可能不是生长在北美。

Ⅲ. 并非所有长红色叶子的草都稀少。

分析：根据题意，艾博拿极稀少。北美的人都认识的那种红色叶子草在那里很常见。可以推出，北美的那种红色叶子的草不是艾博拿。因此，Ⅰ项得不出。

其他选项都能从上文推出来。从上文信息得不出艾博拿是不是生长在北美，因此可以推出Ⅱ项，艾博拿可能不是生长在北美。从“北美的人都认识一种红色叶子的草，这种草在那里很常见”显然可以推出Ⅲ项，如图所示。

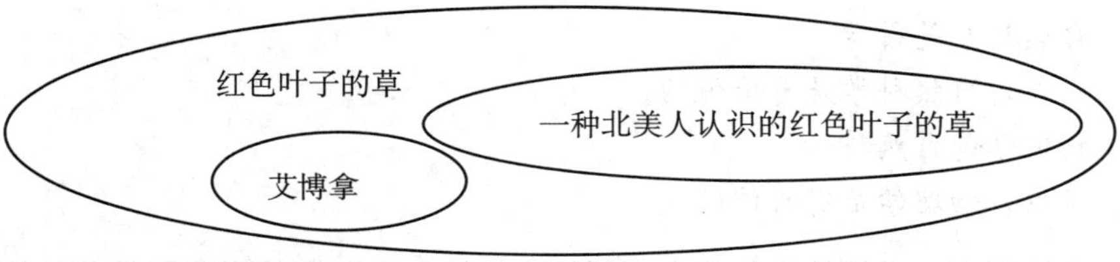

例 2：近期流感肆虐，一般流感患者可采用抗病毒药物治疗。虽然并不是所有流感患者均需接受达菲等抗病毒药物的治疗，但不少医生仍强烈建议老人、儿童等易出现严重症状的患者用药。

如果以上陈述为真，则以下哪项一定为假？

Ⅰ. 有些流感患者需接受达菲等抗病毒药物的治疗。

Ⅱ. 并非有的流感患者不需接受抗病毒药物的治疗。

Ⅲ. 老人、儿童等易出现严重症状的患者不需要用药。

分析：上文断定：

第一，并不是所有流感患者均需接受抗病毒药物的治疗。即，有的流感患者不需接受抗病毒药物的治疗。

第二，不少医生建议老人、儿童等易出现严重症状的患者用抗病毒药。

根据第二个断定，可得Ⅰ为真。

根据第一个断定，可知，有的流感患者不需接受抗病毒药物的治疗。因此，Ⅱ为假。

根据第二个断定，只能说明不少医生建议严重患者用药，但不能说明此建议一定有充足理由，也即不能确定出现严重症状的患者是否需要用药，因此，Ⅲ不能确定为假，如图所示。

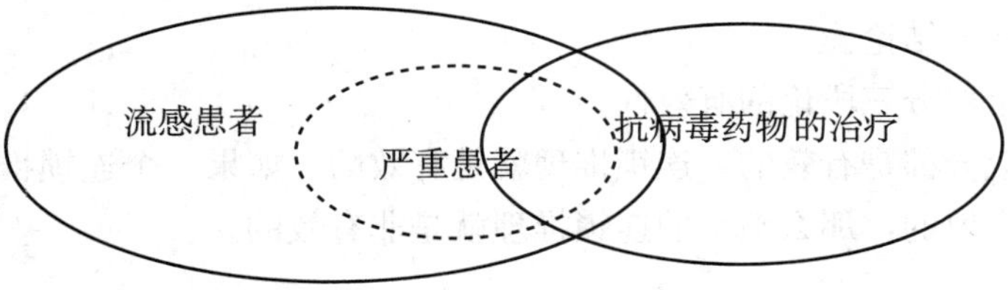

（二）复合三段论

复合三段论是由两个或两个以上的三段论构成的特殊的三段论形式。其中前一个三段论的结论组成后一个三段论的前提。它有以下两种形式：

1. 复合三段论的类型

(1) 前进式的复合三段论

它是以前一个三段论的结论作为后一个三段论的大前提的复合三段论。

例：一切造福于人类的知识都是有价值的。

科学是造福于人类的知识。

所以，科学是有价值的。

自然科学是科学。

所以，自然科学是有价值的。

物理学是自然科学。

所以，物理学是有价值的。

在这个推理中，思维的进程是由范围较广的概念逐渐推移到范围较狭的概念，由较一般的知识推进到较特殊的知识。

(2) 后退式的复合三段论

它是以前一个三段论的结论作为后一个三段论的小前提的复合三段论。

例：物理学是自然科学。

自然科学是科学。

所以，物理学是科学。

科学是造福于人类的知识。

所以，物理学是造福于人类的知识。

一切造福于人类的知识都是有价值的。

所以，物理学是有价值的。

在这个推理中，思维的进程是由范围较窄的概念逐渐推移到范围较广的概念，由较特殊的知识推进到较一般的知识，即其思维推移的顺序正好和前提式相反。

2. 连锁三段论

把复合三段论的一系列中间结论都省略掉，只保留最后一个总结论，则构成连锁三段论。评价连锁三段论的步骤包含三步：

①把连锁推理置于标准形式。

②引入中间的结论。

③检验每个成分三段论的有效性。

如果每个成分都是有效的，连锁推理就是有效的。如果一个连锁推理中的任何一个成分三段论是非有效的，那么整个的连锁推理就是非有效的。

例：所有蝙蝠是哺乳动物。

所有哺乳动物是温血动物。

没有鳄鱼是温血动物。

所以，没有鳄鱼是蝙蝠。

分析：标准形式的连锁推理是一个连锁推理，其中每一个成分命题都具标准形式，每个词项都出现两次，结论的谓项出现在第一个前提中，而且每个后继的前提都具有一个与前一个前提共同的词项。

前两个前提有效地蕴含中间的结论“所有蝙蝠是温血动物”。如果这个中间的结论随后被当做前提并且与第三个前提放到一起，那就有效地推出最后的结论。

所有蝙蝠是哺乳动物。

所有哺乳动物是温血动物。

所以，所有蝙蝠是温血动物。

没有鳄鱼是温血动物。

所以，没有鳄鱼是蝙蝠。

故而这个连锁推理由两个有效的直言三段论组成，因此是有效的。

3. 推出直言三段论的结论

在日常实际思维中，有时会进行一连串的推理，即同时运用几个三段论。在此过程中，要遵守三段论的推理规则来保证其推理的有效性。

例 1：青海湖的湟鱼是味道鲜美的鱼，近年来由于自然环境的恶化和人的过度捕捞，数量大为减少，成了珍稀动物。凡是珍稀动物都是需要保护的动物。

如果以上陈述为真，以下陈述都必然为真，除了

Ⅰ. 有些珍稀动物是味道鲜美的鱼。

Ⅱ. 有些需要保护的动物不是青海湖的湟鱼。

Ⅲ. 有些味道鲜美的鱼是需要保护的动物。

分析：湟鱼是珍稀动物，凡是珍稀动物都是需要保护的动物。可得：湟鱼是需要保护的动物。

由题意，“珍稀动物”和“湟鱼”和“需要保护的动物”三者可以是全同关系，因此，Ⅱ项不必然为真。

其余两项都必然为真。上文说湟鱼是味道鲜美的鱼，湟鱼是珍稀动物，可以推出Ⅰ项；再加上珍稀动物都是需要保护的动物，可推出Ⅲ项，如图所示。

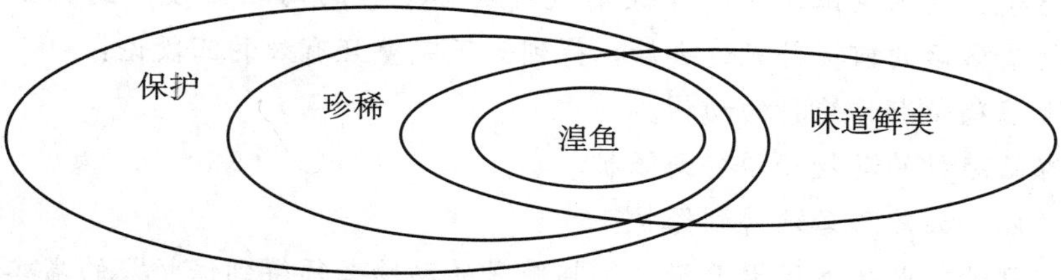

例 2：人应对自己的正常的行为负责，这种负责甚至包括因行为触犯法律而承受制裁。但是，人不应该对自己不可控制的行为负责。

以下哪项能从上述断定中推出？

Ⅰ. 人的有些正常行为会导致触犯法律。

Ⅱ. 人对自己的正常行为有控制力。

Ⅲ. 不可控制的行为不可能触犯法律。

分析：Ⅰ可以从上文的前两句话推出来。因为，人应对自己的正常行为负责，这

种负责甚至包括因行为触犯法律而承受制裁，所以，人的有些正常行为会导致触犯法律。

Ⅱ也可以从上文中推出来。上文当中的已知条件“不应该对不可控制的行为负责”，从中可以推出“负责的行为都是可以控制的”。再加上上文中的第一句话“对自己正常的行为应该负责”，然后我们就可以推出“人对自己正常的行为有控制力”。

Ⅲ从上文中推不出来。因是上文的已知“触犯法律的行为”，这个是不周延的，而选项第三句话当中该触犯法律的行为是周延的了，如图所示。

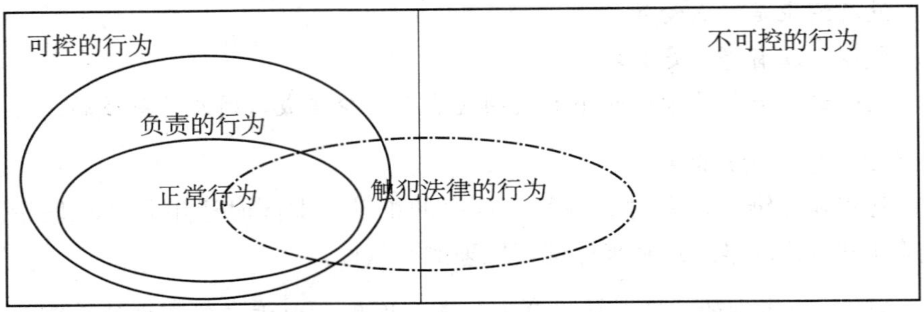

（三）省略三段论

三段论作为演绎推理的重要形式，实际上我们每个人经常运用它。在日常语言中，人们时常运用省去一个前提或结论的三段论，即省略三段论。省略三段论的前提或结论并不明确地陈述，具有简洁明了的特征，所以，被人们广泛地应用着。

1. 出现省略式的原因

在日常话语甚至科学中，许多推论都是省略式的，因为有相当一部分命题是公共知识。被省去的部分往往带有众所周知或不言而喻的性质，听众和读者很容易就能想到并且补充完整，说话者和写作者就不再重复以减少麻烦。因此，在这种推理中，虽然推理的某个部分被省去了，但整个推理还是容易为人们所理解的。

例：大熊猫有濒临绝种的危机，所以，我们必须保护大熊猫。

分析：这则论证是省略了大前提“濒临绝种的动物必须得到保护”的省略三段论，把省略后的前提补充进去后，得到如下完整且有效的三段论：

大熊猫是濒临绝种的动物。

濒临绝种的动物必须得到保护。

所以，大熊猫必须得到保护。

这则论证是省略了大前提“濒临绝种的动物必须得到保护”的省略三段论。

2. 省略式可能隐藏逻辑谬误

由于省略三段论中省去了三段论的某一构成部分，因此，如果运用不当，就容易隐藏以下两种逻辑错误。

①被省略的前提实际上是不成立的。

例：老蜘蛛结网效果退化了，所以，老蜘蛛的大脑退化了。

分析：该论证省略的前提是：蜘蛛结网受大脑控制。

但科学研究发现，蜘蛛结网只是一种本能的行为，并不受大脑控制。所以，该省略的前提并不成立，也许老蜘蛛结网效果退化是身体衰弱所造成的。

②省略三段论所使用的推理形式是无效的。

例：有人说："我又不是科研人员，我不需要学习科学知识。"

分析：把这人的三段论推理补全了，就是：

科研人员需要学习科学知识。

我不是科研人员。

所以，我不需要学习科学知识。

这个结论显然是错误的，这个三段论在逻辑上犯了"大项不当扩大"的错误。

3. 省略三段论的类型

（1）省略大前提的形式

三段论的第一种省略体指不出现大前提的情形。当大前提是众所周知的一般原则时，大前提常常被省略。

例：我是不相信伪科学的，因为我是真正的科学工作者。

分析：这个推理就是省略了大前提："凡真正的科学工作者都是不相信伪科学的"。现恢复其完整形式为：

凡真正的科学工作者都是不相信伪科学的。

我是真正的科学工作者。

所以，我是不相信伪科学的。

（2）省略小前提的形式

三段论的第二种省略体保留大前提和结论，而不出现小前提。当小前提所表示的是一个非常明显的事实时，小前提往往被省略。

例：一切技术都是要尊重客观规律，所以，一切信息技术都是要尊重客观规律。

分析：这个推理省略了表示非常明显事实的小前提："一切信息技术都是技术"。现恢复其完整形式为：

一切技术都是要尊重客观规律。

一切信息技术都是技术。

所以，一切信息技术都是要尊重客观规律。

（3）省略结论的形式

三段论的第三种省略体中两个前提都出现，但未表述结论。当结论不说出来反而更有效果时，它就常被省略。

例：你是严重违纪，而严重违纪都是将被严厉处分的。

分析：这个推理省略了非常明显的事实的结论："你是将被严厉处分的"，现恢复其完整形式为：

凡严重违纪都将被严厉处分的。

你是严重违纪。

所以，你将被严厉处分的。

4. 省略三段论恢复完整的步骤

由于三段论的省略式不完整，所以，要检验其三段论的有效性必须找到被省略的部分，即把省略的三段论补充为完整的三段论，然后看其前提真不真，推理过程是否有效。

恢复省略三段论理论上的步骤是：

①首先确定结论是否被省略。

②如果结论没有省略，那就省略了前提。

③最后把省略的部分补充进去，并作适当的整理，就得到了省略三段论的完整形式。

在做了这些工作之后，再看被省略的前提是否真实，推理过程是否正确。

5. 揭示直言三段论的省略前提

三段论的省略式经常出现的是省略前提，补充省略前提时最重要的原则是：论证者（说话人或作者）确实认为听者或读者可以接受这个命题为真。在做这种补充时，往往存在多种选择，这时应该坚持“仁慈原则”，即尽可能地把论证者设想为一个正常的、有理性的人，除非故意，他一般不会使用假的前提，一般不会进行无效的推理。

揭示三段论的省略前提的常规步骤如下：

①抓住结论和前提。

按陈述的顺序依次对前提和结论做出准确的理解。

②揭示省略前提。

查看已知前提与结论中有没有重合的两个项，将其联结起来。依据合理性原则，凭语感揭示出被省略的前提。

③检验推理的有效性。

把省略的前提补充进去，并作适当的整理，将推理恢复成标准形式，根据三段论的演绎推理规则检验上述推理是否有效。验证选项时，相对便捷的办法是借助作图法帮助判断。

例 1：有些通信网络维护涉及个人信息安全，因而，不是所有通信网络的维护都可以外包。

以下哪项可以使上述论证成立？

Ⅰ. 所有涉及个人信息安全的都不可以外包。

Ⅱ. 有些涉及个人信息安全的不可以外包。

Ⅲ. 有些涉及个人信息安全的可以外包。

分析： 上文是个省略三段论，补充省略前提后构成一个有效的三段论推理：

上文前提：有些通信网络维护涉及个人信息安全。

补充Ⅰ项：所有涉及个人信息安全的都不可以外包。

得出结论：有些通信网络维护不可以外包。

所以，不是所有通信网络的维护都可以外包（如图所示）。

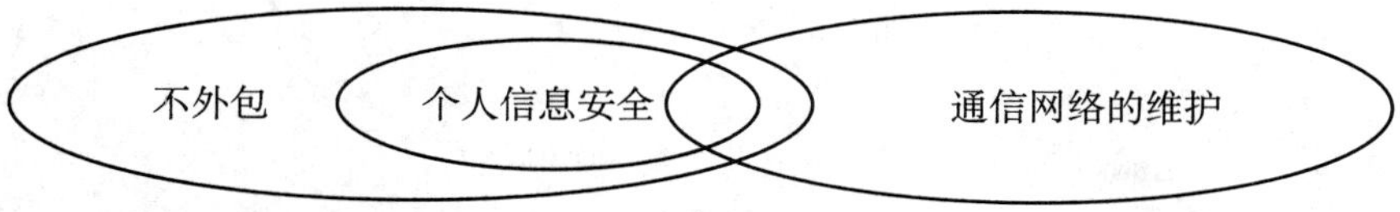

例 2：没有数学命题能由观察而被证明为真，因而，任何数学命题的真实性都不得而知。

如果以下列哪项为假设，能使上文结论合逻辑地得出？

Ⅰ. 只有能被证实为真的命题才能知其为真。

Ⅱ. 仅凭观察不能用来证明任何命题的真实性。

Ⅲ. 知道某一命题为真需要通过观察证明其为真。

分析：上文是个省略三段论，补充省略前提后构成有效的三段论推理：

上文前提：没有数学命题能由观察而被证明为真。

补充Ⅲ项：知道某一命题为真需要通过观察证明其为真。

上文结论：任何数学命题的真实性都不得而知。

补充其他选项都不能使上文结论合逻辑地得出（如图所示）。

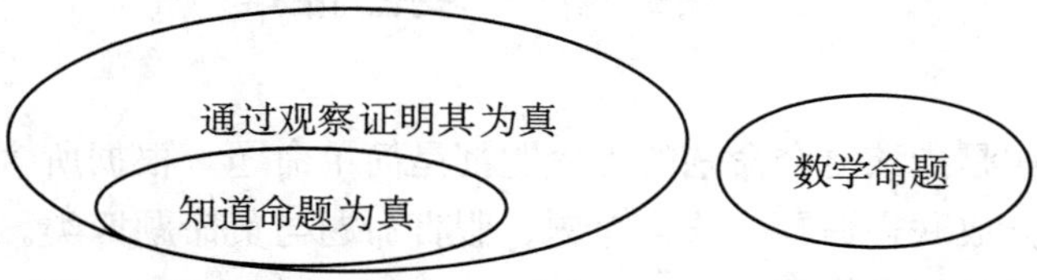

例 3：所有的物质实体都可以再分，而任何可以再分的东西都是不完美的。因而，灵魂并非物质实体。

以下哪个选项是使上文结论成立的假设？

Ⅰ. 所有可以再分的东西都是物质实体。

Ⅱ. 没有任何不完美的东西是不可再分的。

Ⅲ. 灵魂是完美的。

分析：上文是个省略三段论，补充假设后构成有效的三段论推理：

上文前提一：所有的物质实体都可以再分。

上文前提二：任何可以再分的东西都是不完美的。

推出结论：物质实体是不完美的。

补充Ⅲ项：灵魂是完美的。

得出结论：灵魂并非物质实体。

补充其他选项都不能合乎逻辑地推出上文中的结论（如图所示）。

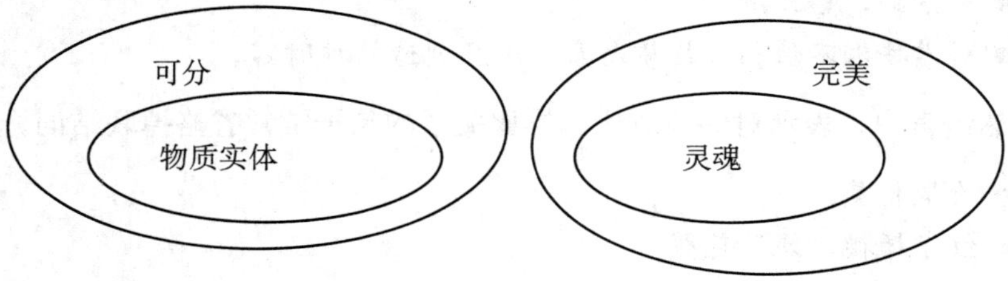

第三章 命题逻辑

命题逻辑是演绎逻辑最核心的组成部分，研究由命题和命题联结词构成的复合命题以及研究命题联结词的逻辑性质和推理规律。命题逻辑涉及对假言、联言、选言、模态、负命题及相关等值推理的综合运用。由于推理形式是命题形式之间的关系，因此，为研究推理的有效性，就要对命题的形式进行分析。

第一节 复合推理

基本复合命题是指该复合命题的支命题都是简单命题，根据所含联结词的不同，我们将基本复合命题分成联言命题、选言命题、假言命题与负命题四类。以基本复合命题为前提或结论的推理就是复合推理。

一、联言推理

联言命题是反映事物的若干种情况或者性质同时存在的命题，一般是由“并且”这类联词连接两个支命题形成的复合命题。

例 1：“鲸是水生动物，并且是哺乳动物。”就断定了“鲸是水生动物”和“鲸是哺乳动物”这两种情况同时存在。

例 2：“有效的医疗既要诊治准确，又要抢救及时”就断定了“有效的医疗要诊治准确”和“有效的医疗要抢救及时”这两种情况同时存在。

在自然语言中，联言命题的语言表达形式是多种多样的：

①并列关系的复合命题。

并列关系的复合命题由两个或两个以上的分句并列组合而成。例：

- 天下雨，路又滑。
- 科学技术不但创造物质财富，而且创造精神财富。

在自然语言中，表示对偶、对比、排比关系的句子常常省略掉联结词。例：

- 价廉物美。
- 红了樱桃，绿了芭蕉。

②承接关系的复合命题。

承接关系涉及时间和空间的顺序。例：

- 吃完晚饭，小张便上操场了。
- 旧的矛盾解决了，新的矛盾又出现了。

③转折关系的复合命题。

转折关系有强调的作用。例：

- 事情干成了，不过身体也弄坏了。
- 虽然销量上升了，利润却下降了。

④递进关系的复合命题。

递进关系旨在补充和强调。例：

- 自然是伟大的，然而人类更加伟大。
- 海底不但景色奇异，而且物产丰富。

1. 联言命题的形式

联言命题又称为合取命题。在自然语言中，联言命题表达了支命题之间的内容、意义，甚至语气上的相互关联。逻辑显然不能处理这些相互关联，它只研究支命题与复合命题在真假方面的相互关系。我们把“P并且Q”看作它的标准表达形式，其中P、Q为联言支。

联言命题的形式可表示为：P而且Q。逻辑上则表示为：P∧Q（读作P合取Q）。

联言命题的逻辑值（即真假值）与其联言支逻辑值的关系可用下表来刻画，其中“1”代表“真”，“0”代表“假”。

P	Q	P∧Q
1	1	1
1	0	0
0	1	0
0	0	0

联言命题的逻辑含义：

①联言命题真，则联言支命题真；联言命题假，则联言支命题不确定。

②联言支命题都真，联言命题真；联言支命题只要有一个假，联言命题就假。

③相互矛盾判断组成的联言支必然为假，如P且非P，不论P是什么内容，该联言判断必然为假。

【案例】

三兄弟锁橱门

张一、张二、张三是三胞胎，爸爸为他们三人做了一个共用的橱柜，然后发给他们三个每人一把锁和开这把锁的钥匙。有一天，爸爸对他们三人说：“我这里有一个条件，如果你们能做到的话，我明天就去买一只小足球给你们踢。而这个条件是：如果你们要踢球的话，只有当三个人都在的时候才能把足球拿出去踢。你们该怎样做才能达到这个条件?”这时，老大张一说了：“爸爸，我们只要采取一种锁法，就能符合你提出的条件。”

请问三兄弟应该怎样锁橱门呢?

分析：只有在张一打开自己的锁，而且张二打开自己的锁，而且张三打开自己的锁的时候，橱门才会被打开。这实际上是联言判断逻辑原理的应用。

2. 合取词与日常语言

联言命题的联结词有：并且，和，也，然后，不但……而且，虽然……但是，不仅……还，然而，此外，尽管，不过等等。

在现代汉语中用这些联结词所联结而成的联言命题并不完全等同于用“∧”所联结而成的合取式。要注意合取词与各种日常语言中的联言联结词的异同：

①合取词“∧”只保留了所表示的联言命题与其支命题之间的真假关系。

合取词是对联言命题联结词在真值方面的一种逻辑抽象，仅仅保留了“断定事物若干情况存在”这一意义，与联言支之间在内容上的联系无关，舍去了它们可能表示的并列、承接、递进、转折、对比等意义。因而用“∧”所表示的联言命题的真假与联言支之间在内容上的联系无关。

例：“1＋1＝2，并且雪是白的”在逻辑上可以为真。因为，对于联言命题来说，在真值方面的唯一要求就是看其所有联言支是否为真，虽然二者无意义上的联系。

②合取交换律成立，P∧Q 与 Q∧P 总是取同样的真值。

即一个合取命题成立与否，与其中合取支的顺序无关，舍弃了在日常语言中的意义上的关联。

例：下述两例的两个陈述虽然语意并不一样，但其逻辑真值是一样的。

- 虽然认罪态度较好，但是犯罪情节严重。
- 虽然犯罪情节严重，但是认罪态度较好。

3. 联言推理的形式

联言推理有两种形式：

（1）分解式

这是根据一个联言命题为真而推出其各联言支为真。公式是：

P∧Q；所以，P（所以，Q）

例：某同志曾有如下议论：既然大家都认为每个人既有优点又有缺点的看法是正确的，那么我说老张是有缺点的，这又有什么不对呢?

（2）组合式

这是根据一个联言命题的各个联言支为真而推出该联言命题为真。公式是：

P，Q；所以，P∧Q

例：我们要研究科学，我们要开发技术，所以，我们既要研究科学，又要开发技术。

4. 联言推理的逻辑应用

根据上述联言命题及其推理的形式、含义与推理规则，下面举例说明其逻辑应用。

例1：张珊喜欢喝绿茶，也喜欢喝咖啡。他的朋友中没有人既喜欢喝绿茶，又喜欢喝咖啡，但他的所有朋友都喜欢喝红茶。

如果上述断定为真，则以下哪项不可能为真？

Ⅰ. 张珊喜欢喝的饮料，他有一个朋友也喜欢喝。

Ⅱ. 张珊的所有朋友喜欢喝的茶在种类上完全一样。

Ⅲ. 张珊有一个朋友既不喜欢喝绿茶，也不喜欢喝咖啡。

分析：上文断定：

第一，张珊既喜欢喝绿茶，又喜欢喝咖啡。

第二，他的朋友中没有人既喜欢喝绿茶，又喜欢喝咖啡。

由此可推出，不存在与他一样既喜欢喝绿茶，又喜欢喝咖啡的朋友。也即Ⅰ不可能真。

例2：男士不都爱看科幻电影，女士都不爱看科幻电影。

如果已知上述第一个断定真，第二个断定假，则如何确定以下陈述的真假？

Ⅰ. 男士都爱看科幻电影，有的女士也爱看科幻电影。

Ⅱ. 有的男士爱看科幻电影，有的女士不爱看科幻电影。

Ⅲ. 有的男士不爱看科幻电影，女士都爱看科幻电影。

分析：本题存在两个直言命题的推理。

上文第一个断定"男士不都爱看科幻电影"为真，等同于"有的男士不爱看科幻电影"。根据直言命题的推理，可知"男士都爱看科幻电影"为假，不能确定"男士都不爱看科幻电影"与"有的男士爱看科幻电影"的真假。

上文第二个断定"女士都不爱看科幻电影"为假，可推出"有的女士爱看科幻电影"为真，不能确定"有的女士不爱看科幻电影"与"女士都爱看科幻电影"的真假。

Ⅰ是一个联言命题，其中"男士都爱看科幻电影"假，整个复合命题为假。

Ⅱ和Ⅲ不能确定真假。

二、选言推理

选言命题是断定事物若干种可能情况的命题。选言命题也叫析取命题或析取句，是由两个以上的支判断所组成的，包含在选言命题里的支命题称为选言支。

（一）相容选言命题及其推理

相容选言命题也叫析取命题，是断定事物若干种可能情况中至少有一种情况存在的命题。

例：某学者预测十年内，或者北美玳瑁会灭绝，或者西伯利亚虎会灭绝。

该学者预测的意思就是，十年内，北美玳瑁和西伯利亚虎有可能其中的一种会灭绝，也有可能两种都灭绝。

1. 相容选言命题的形式

相容选言命题的联结词有："或者……或者……""要么……要么……""也许……也许……""可能……也可能……"等等。

相容选言命题在逻辑上表示为：P∨Q（读作"P析取Q"）。

相容选言命题的逻辑值与其选言支的逻辑值之间的关系可表示如下：

P	Q	P∨Q
1	1	1
1	0	1
0	1	1
0	0	0

由于相容选言命题的各个支所断定的情况是可以并存的，因此，在相容选言判断中，可以不止有一个选言支是真的。

【案例】

三兄弟锁橱门

张一、张二、张三都爱好养蚕。他们兄弟三人各自养了一盒，并把蚕养在三兄弟共用的橱里。爸爸在他们养蚕时就与他们约定，爸爸妈妈由于工作忙，所以他们的蚕要自己想办法喂养。于是，他们三个约好，谁先回家谁就先给蚕喂桑叶。

请问在这种情况下，三兄弟应该怎样锁橱门？

分析：只要在张一打开自己的锁，或张二打开自己的锁，或张三打开自己的锁的时候下，橱门就会被打开。

在这里，实际上是相容选言判断原理的具体运用。用逻辑语言来表达，即：只要张一、张二、张三三人中，有一人打开自己的锁为真时，"橱门打开"就为真。只有当三人中没有一个人打开自己的锁，即张一、张二、张三打开自己的锁全为假的时候，橱门才不会被打开（即"橱门打开"才为假）。

2. 相容选言命题的逻辑含义

根据相容选言命题的逻辑性质，相容选言命题的逻辑含义如下：

①当全部选言支所断定的情况至少有一个存在时，这个选言命题就是真的。

这意味着，若肯定一个选言支，则必须肯定包含这个选言支的任一选言命题；选言支命题都真或部分真，相容选言命题真；选言支命题都假，相容选言命题才假。

例1：对于天气预报"明天或者刮风或者下雨"。只要第二天既刮风又下雨、只刮风没下雨、没刮风却下雨这三种情况有一个出现，这个天气预报就报得好。只有第二天"刮风"与"下雨"这两种情况都不存在时，这个天气预报才可以说是报错了。

例2：如果事实上"鲸不是鱼""蝙蝠不是鸟"。那么"鲸不是鱼或蝙蝠是鸟""鲸是鱼或蝙蝠不是鸟”“鲸不是鱼或蝙蝠不是鸟”都是真的；只有“鲸是鱼或蝙蝠是鸟”是假的。

②相容选言命题并非直接肯定某个支命题为真，而是说至少它们当中有一个是真的。这意味着，选言命题真，则选言支命题不确定；选言命题假，则选言支命题假。

3. 相容选言三段论

相容选言三段论是指有一个相容选言命题作为大前提，一个简单命题作为小前提，并且根据相容选言命题的逻辑特征推出另一个简单命题作为结论的推论方法。

相容选言三段论的推理规则如下：

①否定一部分选言支，就要肯定另一部分选言支。

相容选言三段论只有一种正确的推论方法，即“否定肯定式”。“否定肯定式”是通过否定相容选言命题的其他支命题，进而肯定剩余的支命题的推论方法。

P或者Q	或	P或者Q
非P		非Q
所以，Q		所以，P

例1：此刻灯不亮或是因为停电，或是因为电路故障。

现已查明，没有停电。

所以，灯不亮是由电路故障引起的。

分析：在这个选言三段论中，“此刻灯不亮或是因为停电，或是因为电路故障”是一个相容选言命题。该推理通过否定其中的一个支命题“没有停电”，进而肯定另一个支命题“灯不亮是由电路故障引起的”。

例2：被告人或犯贪污罪，或犯受贿罪。

既然被告人不是贪污罪。

可见，被告人是受贿罪。

分析：在这个选言三段论中，“被告人或犯贪污罪，或犯受贿罪”是一个相容选言命题，因为这两种罪可能同为一人所犯。该推理通过否定其中的一个支命题“被告人不是贪污罪”，进而肯定另一个支命题“被告人是受贿罪”。

在科学实验中，也在大量使用着选言推理。任何科学研究都是一个根据材料提出各种可能，做出选言判断，然后再逐步验证并排除掉不可能的因素，最后得出符合实际的结论的过程。在医疗诊治和案件的侦破中，这种方法是常用的，其所运用的推理方式就是选言推理的否定肯定式。

②肯定一部分选言支，不能否定另一部分选言支。

不正确的选言三段论：P或Q；P，所以，非Q。

例1：犯错误或者是主观原因或者是客观原因，张三犯错误是主观原因；所以，张三犯错误不是客观原因。

上述推理是无效的，因为很可能张三犯错误，两种原因都存在。

例2：被告人或犯贪污罪，或犯受贿罪；既然被告人是贪污罪，可见，被告人不是受贿罪。

上述推理是无效的，因为一个犯贪污罪的人并不一定不犯受贿罪。

4. 相容选言推理的逻辑应用

根据上述相容选言命题及其推理的形式、含义与推理规则，下面举例说明其逻辑应用。

例 1：最近，新西兰恒天然乳业集团向政府报告，发现其一个原料样本含有肉毒杆菌。事实上，新西兰和中国的乳粉检测项目中均不包括肉毒杆菌，也没有相关产品致病的报告。恒天然自曝家丑，可能是出于该企业的道德良心，也可能是担心受到处罚，因为在新西兰，如果企业不能及时处理食品安全问题，将受到严厉处罚。由此可见，恒天然自曝家丑并非真的出于道德良心。

以下哪个推理与上述推理有相同的逻辑错误？

Ⅰ. 鱼和熊掌不可兼得，取熊掌而舍鱼也。

Ⅱ. 作案人或者是甲，或者是乙。现已查明作案人是甲，所以，作案人不是乙。

Ⅲ. 如果一个人沉湎于世俗生活，就不能成为哲学家。所以，如果你想做哲学家，就应当放弃普通人的生活方式。

分析：题中“可能是出于该企业的道德良心，也可能是担心受到处罚”是相容选言命题，不能在肯定一个选言支时，否定另外一个选言支。Ⅱ与其一致。

例 2：有医学病例证明，饲养或者经常近距离接触鸽子容易感染隐球菌性肺炎。隐球菌既有可能存在于鸽粪中，也可能通过空气进行传播，此外，经常与隐球菌携带者接触也有可能因被感染而发病。同时有隐球菌健康携带者的存在。小张患了急性肺炎，经医生诊断为隐球菌性肺炎。

如果以上断定为真，以下哪项也一定是真的？

Ⅰ. 小张的邻居饲养了十几只信鸽，每天都会产生大量的鸽粪，小张一定是感染了鸽粪中的隐球菌。

Ⅱ. 小张从来不和有病的人接触，所以他的病如果不是受鸽粪中的隐球菌感染，那就一定是被空气传播感染的。

Ⅲ. 小张性格自闭，从不接触外人，而他的家人中没有隐球菌患者和隐球菌携带者，所以他的病或者是由鸽粪引起的，或者是因为空气传播而感染的。

分析：本例给出了得隐球菌性肺炎的三种途径：鸽粪传播、空气传播或隐球菌健康携带者传播。Ⅲ指出了小张得隐球菌性肺炎不会是第三种途径，当然就只能是前两种途径种的任何一种了。因此，一定为真。

其余两项陈述不一定真，比如，Ⅱ不一定真，因为不和病人接触，但有可能与有隐球菌健康携带者接触，或小张本人就是隐球菌携带者。

例 3：在印度的歇格特地区发现了一些罕见的陨石。其结构表明它们来自水星、金星、火星等地质活动剧烈的行星。因为水星接近太阳，任何从它表面分离出来的东西都会被太阳所俘获，而不会坠入地面成为陨石。这些陨石也不可能来自金星，因为金星的重力太大，足以防止从它表面脱离的物体进入外层空间。因而这些陨石有可能是火星与某一大型物质相撞后脱离的物体坠入地球而形成的。

上述论证导出其结论的方法是通过：

Ⅰ. 举出某一理论的反例。

Ⅱ. 排除其他可供选择的解释。

Ⅲ. 对目前与过去的情况进行比较。

分析： 上文论证用的是选言证法，又称排除法或淘汰法。在诸选项中，只有Ⅱ说明了这一点。

（二）不相容选言命题及其推理

不相容的选言命题是断定事物若干可能情况中有而且只有一种情况存在的命题。如：

“一个物体要么是固体，要么是液体，要么是气体。”

“一个三角形，要么是钝角三角形，要么是锐角三角形，要么是直角三角形。”

上述命题都表达了不相容的选言命题，它们断定的关于事物的几种可能情况是不能并存的。

1. 不相容选言命题的形式

不相容选言命题的联结词有：“要么……要么……二者必居其一”“或者……或者……二者必居其一”“不是……就是……”等等。

不相容选言命题的标准形式：“要么 P，要么 Q，二者必居其一”

用符号“&”（读作强析取）来代表其联结词，不相容的选言命题就可表示为公式：P&Q。其真值表如下：

P	Q	P&Q
1	1	0
1	0	1
0	1	1
0	0	0

由于不相容的选言命题断定了事物若干可能情况中，有而且只有一种情况存在，这样，一个不相容的选言命题为真，当且仅当恰好有一个选言支为真。当所有的选言支都为假或超过一个选言支为真时，整个不相容的选言命题便为假。

例：不相容选言判断“一个人的世界观要么是唯物的，要么是唯心的，二者必居其一”，在“一个人的世界观既唯物又唯心”和“一个人的世界观既不唯物又不唯心”的情况下是假的，在其余情况下都是真的。

2. 不相容选言三段论

不相容选言三段论是指前提中有一个不相容选言命题作为大前提，一个简单命题作为小前提，并且根据不相容选言命题的逻辑特征推出另一个简单命题作为结论的推论方法。不相容选言推理有两条规则：

①否定一个选言支以外的选言支，就要肯定未被否定的那个选言支。

否定肯定法是通过否定不相容选言命题的其他支命题，进而肯定剩余的一个支命题的推论方法。

要么P，要么Q　　或　　要么P，要么Q
非P　　　　　　　　　非Q
——————　　　　　　——————
所以，Q　　　　　　　所以，P

例1：要么改革开放，要么闭关锁国。
我们不能闭关锁国。
所以，我们只能改革开放。
例2：要么老虎吃掉武松，要么武松打死老虎。
老虎没有吃掉武松。
所以，武松打死老虎。

②肯定一个选言支，就要否定其余的选言支。

肯定否定法是通过肯定不相容选言命题的一个支命题，进而否定剩余的支命题的推论方法。

要么P，要么Q　　或　　要么P，要么Q
P　　　　　　　　　　Q
——————　　　　　　——————
所以，非Q　　　　　　所以，非P

例1：要么改革开放，要么闭关锁国。
我们坚持改革开放。
所以，我们不能闭关锁国。
例2：小张现在要么在北京，要么在广州。
小张现在是在北京。
小张现在不在广州。

三、选言推理的应用

选言推理的应用及其注意事项。

1. 相容选言命题和不相容选言命题的区分

区分相容选言命题和不相容选言命题，不能只看联结词，而应重点看它们的真值情况。各个选言支能够同时为真的，是相容选言命题；不能同时为真的，是不相容选言命题。当识别一个选言命题究竟是相容还是不相容时，要依靠相关背景知识去辨别各个支命题能否同时成立。

【案例】

土耳其商人和帽子

据说爱因斯坦提出过一个逻辑推理题，内容如下：

有一个土耳其商人，想找个协助他经商的伙伴。有两个人前来报名。土耳其商人想知道这两人中谁更聪明，于是想出一个办法来测验他们。他把两人带进一间屋子，这间屋子用灯照明，没有镜子，也没开窗户。商人指着一个盒子说道：“这里面有五顶帽子，两顶红的，三顶黑的。现在我把电灯关掉，打开盒子，我们三人每人摸一顶帽子戴在自己头上。然后我盖上盒子，开亮电灯，你们俩尽快地说出自己头上戴的帽子是什么颜色。”当电灯开亮之后，那两个人看见商人头上戴一顶红色帽子。两人相互看了看，无法判断。过了一刹那，其中一个喊道：“我的是黑的！”这个人的判断是正确的，他于是被选中了。

分析：解这道题，所用的是不相容选言推理。帽子只有两种颜色，不是戴红帽，就是戴黑帽。现在商人戴的是红帽，就是说还剩下一顶红帽。假定甲看见乙戴的也是红帽子，那他立刻就可以推断自己是戴黑帽的。但是甲看见乙头上的帽子后不吱声，说明甲看到乙戴的是黑帽，于是乙马上悟到自己头上戴的是黑帽子。

2. 选言命题的表述方式

在日常语言中，选言命题有很多表述方式：

①联结词“要么……要么……”一般在不相容意义上使用：

- 物质要么是混合物，要么是纯净物。
- 黑客没有第三条道路可选——要么当黑客，要么当安全专家。

但“要么……要么……”有时也可在相容意义上使用，如：

- “明天要么刮风，要么下雨”（等同于“明天或者刮风，或者下雨”）

②联结词“或者……或者……”一般在相容意义上使用：

- 或为玉碎，或为瓦全。

但也可在不相容意义上使用。“或者”有时也用来表达了陈述之间不相容的关系，这样使用时一般会增加诸如“二者必居其一”，或者“二者不可兼得”这样的限制。如果这样的限制被省略，则需要依据具体的语境来辨别。如：

- 掷硬币，或者正面向上，或者反面向上。

该陈述等同于“掷硬币，要么正面向上，要么反面向上”。

③联结词“不是……就是……”（问句变体：“是……还是……？”）表示不相容意义。

- 不是鱼死，就是网破。
- 不自由，毋宁死！

3. 选言命题的注意事项

选言命题的选言支有一个是否穷尽的问题。一个选言命题的选言支穷尽，是指这个选言命题的选言支包括了所有可能的情况；一个选言命题的选言支不穷尽，是指这个选言命题的选言支没有包括所有可能的情况。

①一个选言命题，如果选言支是穷尽的，这个命题就是真的；而选言支不穷尽的选言命题就不必然真。

例 1：“三角形或者是直角三角形，或者是锐角三角形，或者是钝角三角形”，这个选言命题的选言支是穷尽的，因为从角的情况看，三角形只有这三种情况。

例 2：“天体或者是行星，或者是恒星”，这个命题的选言支是不穷尽的，因为天体除了行星和恒星外，还有卫星、彗星、流星、星云物质等等。

②如果一个选言命题是真的，它的选言支不一定要穷尽。因为选言命题是断定在几种可能的事物情况中至少有一个事物情况存在，一个选言命题，如果它的选言支里有一个是真，虽然它的选言支没有穷尽一切可能，但这个选言命题仍然是真的。

例："庐山或者在江西，或者在福建。"这个选言命题的支命题虽然没有穷尽，但它已经包含了真的支命题"在江西"，所以这个命题是真的。

③假若选言支不穷尽，就不能保证至少有一个选言支是真的，则选言推理有可能为假。

例：他没有评上先进，所以他肯定是个落后分子。

"先进"与"落后"之外还有"中等"一类，选言前提假，结论不必然为真。

④选言支是否穷尽这一点，也是很多脑筋急转弯或智力测验中经常出现的测试点。我们要突破思维的盲点，从而出奇制胜。

例 1：一只瞎了左眼的山羊，左边放一块猪肉，右边放一块牛肉，它会吃哪块？

答案是都不吃，因为山羊不吃肉。

例 2：一位先生去考驾照。口试时，主考官问："当你看到一只狗和一个人在车前时，你是轧狗还是轧人？"

那位先生不假思索地回答："当然是轧狗了。"

主考官摇摇头说："你下次再来考试吧。"

那位先生很不服气："我不轧狗，难道轧人吗？"

主考官大声训斥道："你应该刹车。"

例 3：一家巴士公司规定乘客不能携带超过 2 米的物品上车，一位乘客如何将一根 2.5 米长的竹竿在不折断的情况下带进车而又不违规？

答案是可以找一个比如是 2 米长、1.5 米宽的行李箱，把竹竿斜放进去就不会违反规定了，当然如果这样的箱子不好找的话，也可以拿块 2 米长、1.5 米宽的板，把竹竿斜着固定在板上也可以。

例 4：有一辆载重卡车要从桥下通过，由于货物装得太高，超出了 10 毫米。司机下车看了很久，正考虑是把货物卸下来，开过去重新装车呢，还是改道绕行多走 30 公里。这时马路旁一个小孩说："你把轮胎的气放掉一点，开慢车就过去了。"

可见，司机做出的选言判断是不穷尽的，他没有找到最佳方案。放气的办法对司机来说是思考问题的盲点。

【案例】

伽利略破案

意大利的伽利略是近代实验物理学的巨匠，他的聪明才智在破案上也闪耀过光芒，却不大为人所知。有一天，一位家里养有很多鸟的富翁在郊外别墅举行宴会。宴会开始不久，来宾中一位伯爵夫人遗失了一只钻戒。她是在洗手前把钻戒放在三楼客厅的桌子上，但从洗手间回到客厅时钻戒不见了，桌上却多了一支小牙签。以前这里也发生过一件相同的事情，同样在遗失钻戒的地方，放着一支小牙签。

钻戒确实被偷，这不是虚报。大家议论纷纷。小偷或者从门里进来，或者是从窗上爬进来。但是，这间三楼客厅，两次丢失钻戒时，都上了锁，小偷用钥匙开门的可能性也被排除，窗外没有梯子和其他攀登工具。钻戒真可说是不翼而飞。

正当来宾们迷惑不解的时候，伽利略送来富翁所订购的最新式望远镜。有人对他说："伽利略先生，你有超人的智慧，能不能帮我们侦破这案子？不然，我们都成了嫌疑犯。"

伽利略听了两次失窃的介绍后，问："发生失窃时，别墅里的养鸟人在哪里？"富翁说："他在院子那边的小屋中，也没来过。"伽利略说："他就是失窃案的主谋，一定不会错！"

养鸟人供认不讳。人们赞叹伽利略不愧为有头脑的科学家，既敏捷又思路开阔。

原来，养鸟人暗中训练了他喂养的鸟，让鸟飞到三楼去衔钻戒，为了防止鸟叫，就让它衔住一支小牙签。如果鸟儿行窃时被捉，人们也不会加以追究。

客人们的议论"小偷或者是开门进来，或者是从窗上进来"，是一个不穷尽的选言判断。它恰恰遗漏了真的那个选言支。

4. 选言命题的直接推理

选言命题的直接推理除了上述所描述的，有时还涉及几类元素的组合，要在分析组合的所有情况的基础上进行推断。

例 1：某山区发生了较大面积的森林病虫害。在讨论农药的使用时，老许提出："要么使用甲胺磷等化学农药，要么使用生物农药。前者过去曾用过，价钱便宜，杀虫效果好，但毒性大；后者未曾使用过，效果不确定，价钱贵。"

从老许的提议中，不可能推出的结论是以下哪项？

Ⅰ. 如果使用化学农药，那么就不使用生物农药。

Ⅱ. 或者使用化学农药，或者使用生物农药，两者必居其一。

Ⅲ. 化学农药比生物农药好，应该优先考虑使用。

分析：根据上文断定，要么使用甲胺磷等化学农药，要么使用生物农药。必然可推出Ⅰ、Ⅱ。上文断定了这两类农药各有优缺点，Ⅲ意思与此相悖，因此，不能从上文断定中推出。

例 2：一位体育明星发现将其形象宣传和赛事结合在一起，会产生许多麻烦，所以，他停止将两者联系在一起，不再允许书店的形象宣传和比赛在同一巡回的同一城市中出现。本周，他将去伦敦参加一项重要赛事，所以，他在伦敦停留期间，伦敦的任何书店中不会出现他的形象宣传。

以下哪一项运用的推理形式与上文中的最相似？

Ⅰ. 无论 AB 杀虫剂出现在哪里，许多黄蜂都会被杀死。Z 家的花园中有 AB 杀虫剂，所以，所有留在花园里的黄蜂都会很快被杀死。

Ⅱ. 医院急诊人员参加较轻的紧急事件的处理的唯一时间是当时没有严重的紧急

情况需要处理。星期一晚上，急诊人员参加了一系列较轻的紧急事件的处理，所以，当晚肯定没有严重的紧急情况需要处理。

Ⅲ. 西红柿需要炎热的夏季才能长得旺盛，所以，在夏季较冷的Y国农场中，西红柿可能不会长得很旺盛。

分析：上文推理结构是，P和Q两件事不相容，所以，有Q就没P。

Ⅲ项的推理结构与此类似。

例3：一桩投毒谋杀案，作案者要么是甲，要么是乙，二者必有其一，所用毒药或者是毒鼠强，或者是乐果，二者至少其一。

如果上述断定为真，则以下哪项推断一定成立？

Ⅰ. 该投毒案不是甲投毒鼠强所为，因此一定是乙投乐果所为。

Ⅱ. 在该案侦破中发现甲投了毒鼠强，因此案中的毒药不可能是乐果。

Ⅲ. 该投毒案的作案者不是甲，并且所投毒药不是毒鼠强，因此一定是乙投乐果所为。

分析：由条件，投毒情况有以下六种，列表如下：

	毒鼠强	乐果	毒鼠强且乐果
甲			
乙			

Ⅰ不成立。不是甲投毒鼠强，也可能是甲投乐果，或者乙投毒鼠强。

Ⅱ不成立。上文断定，所用毒药，或者是毒鼠强，或者是乐果，二者至少其一。因此，可以同时用这两种毒药。发现了毒鼠强，毒药中也不能排除乐果。

Ⅲ成立。不是甲投毒，那必然是乙；毒药不是毒鼠强，那必然是乐果。也一定是乙投。

四、假言推理

假言命题是断定事物情况之间条件关系的命题，所以又称“条件命题”。假言命题中，表示条件的支命题称为假言命题的前件，表示依赖该条件而成立的命题称为假言命题的后件。假言命题因其所包含的联结词的不同而具有不同的逻辑性质。

（一）充分条件假言命题及其推理

充分条件假言命题是指前件是后件的充分条件的假言命题。所谓前件是后件的充分条件是指：只要存在前件所断定的事物情况，就一定会出现后件所断定的事物情况，即前件所断定的事物情况的存在，对于后件所断定的事物情况的存在来说是充分的。

例：只要物体间发生摩擦，那么物体就会生热。

这就是一个充分条件的假言命题。因为，在这种假言命题中，前件“发生摩擦”，就是后件“生热”的充分条件。因为物体间发生摩擦，物体就必然会生热。但是，如果物体间没有发生摩擦，物体是否会生热呢？在这一命题中则未作断定。

1. 充分条件假言命题的形式

联结词：只要……就……，若……则……，假如……就……，假如……便……，若是……就……，当……，要是……那……，一……就……，每一个（所有）……都……，倘若……便……，哪怕……也……，就算……也……，一旦……，在……时候……

有时，表达充分条件关系的联结词还可以省略，例："锲而不舍，金石可镂""人心齐，泰山移""留得青山在，不怕没柴烧""招手即停"等等。

我们用符号"→"（读作"蕴含"）表示充分条件假言命题的逻辑联结词，充分条件假言命题可表示为下述这样一个公式：P→Q（读作"P 蕴含 Q"）。其真值表如下：

P	Q	P→Q
1	1	1
1	0	0
0	1	1
0	0	1

如上定义的蕴含称为"实质蕴含"。它告诉我们，一个充分条件的假言命题，只有当它的前件真，后件假时，该假言命题才是假的。在其他情况下，充分条件假言命题都是真的。比如，充分条件假言命题"如果天下雨，那么会议延期"，只有在天下雨但会议未延期的情况下才是假的，在其他情况下都是真的。

例 1：请考察"如果天下雨，那么地上湿"这一命题在不同情况下的真假。

可对照真值表，说明如下：

P	Q	P→Q	如果天下雨，那么地上湿。
1	1	1	当事实上天下雨，并且事实上地上也湿了时，"如果天下雨，那么地上湿"这整个句子是真的。
1	0	0	当事实上发生了这样的事，即同我们的经验相反，天下着雨，但地上却不湿，在这种情形下，我们才说"如果天下雨，那么地上湿"是假的。
0	1	1	当事实上没有下雨，而地上湿了，这整个句子仍是真的。因为它没有排除其他原因会造成地上湿，例如可能由于洒水车洒了水。
0	0	1	当事实上没有下雨，地上也不湿时，整个句子还是真的。因为这一假言判断根本没有断定下着雨或地上湿，而仅仅是说：如果天下雨，那么地上湿。

例 2：已知：如果天湖的水变暖了，天鹅就会飞回来。

若上述断定为真，请判断下列陈述的真假？

Ⅰ. 现在"天湖的水变暖了"，且"天鹅飞回来了"。可以吗？可以。

Ⅱ. 现在"天湖的水变暖了"，且"天鹅没有飞回来"。可以吗？不可以。

Ⅲ. 现在"天湖的水没有变暖"，且"天鹅却飞回来"可以吗？可以。

Ⅳ. 现在"天鹅飞回来了"，且"天湖的水没有变暖"可以吗？可以。

Ⅴ. 现在"天鹅没有飞回来"，且"天湖的水一定没有变暖了"可以吗？一定。

Ⅵ. 现在“天鹅没有飞回来”，且“天湖的水已经变暖了”可以吗？不可以。

可对应如下真值表判断：

P	Q	P→Q	
天湖的水变暖了	天鹅就会飞回来	天湖的水变暖了→天鹅就会飞回来	
1	1	1	Ⅰ
1	0	0	Ⅱ、Ⅵ
0	1	1	Ⅲ、Ⅳ
0	0	1	Ⅴ

【案例】

算命仙的神机妙算

从前，在某个市集里住着一位算命仙。

他家门口挂了一个招牌写着：“神机妙算，一回一千元！如果算得不准，保证退钱”。

商人们看了，都争相来算命。

第一个来算命的是卖碗的商人。算命仙收了一千元后，假装念了一些咒语，说：“啊哈！如果碰到从东方来的人，你就会赚到钱。”商人想到今天会赚钱，就开开心心地离开了。

之后又有卖麦芽糖的商人、卖糕饼的商人与卖肉的商人前来算命，算命仙都对他们依样画葫芦，假装念了一些咒语，然后说：“啊哈！如果碰到从东方来的人，你就会赚到钱。”

当天晚上，卖碗商高兴地跑来找算命仙。

“真是谢谢您，我真的碰到来自东方的人，结果赚了很多钱，您真是太准了。”

算命仙笑着说：“那是当然的，以后欢迎再来算命啊。”

当卖碗商回去后，麦芽糖商人气呼呼地找来了。

“根本就不准嘛！我今天遇到从东方来的人，却一毛钱也没赚到！”

算命仙摸着下巴说：“那就奇怪了，不过既然不准，钱就还给你吧。”

当麦芽糖商人回去后，糕饼商人也怒气冲天地跑进来。“今天我都没赚到钱，把我的钱还给我！”

算命仙停顿了一下，问说：“那么，是否有碰到来自东方的人呢？”

糕饼商搔着头说：“没有，只碰到来自南方的人。”

“那就对啦，我是说你如果碰到从东方来的人就会赚钱，可没说碰到从南方来的人会赚钱啊。”

糕饼商听这话似乎有理，就回去了。

最后卖肉的商人也来了。“今天我的确是赚到了钱，但不是碰到来自东方的人，而是来自北方的人。所以你算错了吧？”

算命仙露出一副不可理喻的表情说：“嘿，这位兄弟，我是说你如果碰到从东方来的人就会赚钱，何时说你碰到从北方来的人就不会赚钱啊？我可没这么说喔。”

卖肉商人觉得有理，点点头回去了。

当所有商人回去后，算命仙露出笑容：“赚钱真是简单啊！四个人来算命都给一样的答案，竟然有三个是准确的，足足赚了三千啊。嘻嘻嘻！”

2. 实质蕴含的理解

把“如果P，那么Q”的条件句称为“蕴含式”复合句。从充分条件真值表可以看出，当P假或Q真时，P→Q是真的。对于蕴含词的这样一种解释，被称为“实质蕴含”。关于这里实质蕴含，要求我们必须按照其真假关系制约来理解，而不能考虑其“言外之意”。因此，要注意与日常语言中假言命题的区别和联系。

(1) 实质蕴含的意义

第一，实质蕴含P→Q是一种真假制约关系，而不管P和Q是否有内容、意义上的关联。

“P→Q”不完全等同于“如果P，那么Q”，这两者的含义也有所区别，前者只是对后者的一个真值抽象。具体而言，“P→Q”只表示P、Q之间的真假关系，条件句“P→Q”的真假情况是：只有P出现了，但却没有导致Q，它们之间的这个关系不存在，条件句“P→Q”，才为假。

第二，“如果P，那么Q”除了表示P、Q之间的真假关系外，根据具体的语境，还可表示P、Q之间的其他联系。

自然语言中用“如果……那么……”表示条件句，有很多含义，其中主要有：条件关系、因果关系、推理关系、假设关系、时序关系、允诺、威胁甚至是打赌等等。在日常语言中，条件句表达两种状态间的一种“关联”的存在。

例：“如果刮风，那么起浪”的意思是刮风会“导致”起浪的状态关系。它的意思并不是说现在刮风了，也不是说现在起浪，而是说这个关系存在。没有刮风但起浪的情况不能表明这个关系是假的。因为它只是说刮风会导致起浪，并不排除别的因素导致起浪（比如潮汐、地震等）。因此，要否定这个条件句，就要否定这个关系，即断定刮风但没有起浪的情况，这个关系才被证明为假。

人们在实际思维过程中运用一个充分条件假言命题时，并不只是考虑其前后件的真假关系，同时还必须考虑其前后件之间在内容上的联系。

例：“如果水银是金属，那么，蝙蝠不是鸟。”从纯淬的逻辑角度来看，这是一个充分条件假言命题。而且，根据充分条件假言命题的真值表，由于其前后件都真，因而也是一个真的充分条件假言命题。

(2) 蕴含怪论的理解

日常思维中所考虑和运用的充分条件假言命题总是适应着一定实际情况的需要，有其具体内容的。从日常思维来看，若前后件的具体内容之间并没有条件联系，因而认为是没有意义的。一些在日常思维中不能接受为真的命题，而在实质蕴含的意义上被确认为真，我们叫作“蕴含怪论”。

为进一步理解实质蕴含，下面举例说明：

	P	Q	P→Q	举例
第一种情况	1	1	1	如果太阳从东边出来，则白马是马。
第二种情况	1	0	0	如果太阳从东边出来，则白马不是马。
第三种情况	0	1	1	如果太阳从西边出来，则白马是马。
第四种情况	0	0	1	如果太阳从西边出来，则白马不是马。

人们一般对第二种情况“当P真Q假时，P→Q为假”不持异议，但对于承认“当P假或Q真时，P→Q为真”却有很大保留，按实质蕴含的真值表，这些命题都是真的，似乎不大好理解，下面分别论述：

第一种情况：如果太阳从东边出来，则白马是马。

这种情况虽然从意义上不大好理解，但从实质蕴含规则来说，前件与后件均为真，那么这一命题就是真的。

第二种情况：如果太阳从东边出来，则白马不是马。

这种情况当然是假的，相对容易理解。

第三种情况：如果太阳从西边出来，则白马是马。

这种情况虽然从意义上也不大好理解，但从实质蕴含规则来说，前件假，后件真，那么这一命题就是真的。如果对这句话稍做改动“即使太阳从西边出来，白马也是马”，这样就相对好理解，这句话强调的是“白马是马”为真。

第四种情况：如果太阳从西边出来，则白马不是马。

这种情况类似虚拟条件句，通常被称为反事实条件句。从实质蕴含规则来说，前件与后件均为假，那么这一命题就是真的。这句话强调的是“白马不是马”与“太阳从西边出来”一样荒谬。

下面结合实质蕴含规则来进一步论述：

①真命题为一切命题所蕴含。

其意思是：若后件真，则不论前件真假，若P则Q永真。

我们结合上例的第一、第三种情况来理解：

第一种情况：如果太阳从东边出来，则白马是马。

第三种情况：如果太阳从西边出来，则白马是马。

这两句话加在一起的意思是：不管太阳是不是从东边出来，白马都是马，也就是说，后者与前者没有关系。

也就是说：当Q真时，无论P真还是P假，相应的蕴含式P→Q只不过是Q真的强调说法。

②假命题蕴含一切命题。

其意思是：若前件假，则不论后件真假，若P则Q永真。

我们结合上例的第三、第四种情况来理解：

第三种情况：如果太阳从西边出来，则白马是马。

第四种情况：如果太阳从西边出来，则白马不是马。

这两句话的意思是，如果太阳从西边出来，因为前件是假的，永远没有机会被证伪，所以，不管后件的真假，我们就不能说这两句话是假话。

【案例】

数学难题

“在什么条件下，二加三不等于五?”这个问题一下子把大家难住了。

沉默了一会，张明说：“负二加负三就不等于五。”数学老师说：“不能用负数，‘二’和‘三’都是正整数。”同学们很奇怪：“正整数的二与三相加，怎么会不等于五呢?”孙敬脑筋一转，来了灵感，他想，老师出的题目可能是脑筋急转弯，于是回答说：“当两只狼和三只兔子放在一起时，就不等于五只动物，因为狼会把兔子吃掉的。”王东等受到了启发，也说：“两只猫加三只老鼠也不等于五，还有……”“不对不对，你们想偏了。”老师连连摇头。大家想出了各种答案，都被数学老师否定了。“好了好了，我们服输了，老师您公布答案吧!”同学们急切地问。

“这个答案就是，”老师停顿了一下，慢慢地说，“如果一加一不等于二，那么，二加三就不等于五。”“哈哈哈!”全班同学哄堂大笑。大家笑过之后，数学老师问：“难道我说得不对吗？请同学们想一想其中的道理。”王东说：“老师，您用的是充分条件假言命题。”“这个充分条件假言命题是真的还是假的?”“当然是真的。”王东肯定地说。“为什么呢?”“因为它的前件‘一加一不等于二’是假的。充分条件假言命题的前件是假的，不管后件是真是假，整个命题总是真的。”

“说得很对。大家知道，‘二加三不等于五’是一个众所周知的假命题。为了使以这个命题为后件的充分条件假言命题为真，就必然要求前件也是一个假命题. 所以我就将‘一加一不等于二’这个假命题，作为它的前件。”

孙敬说：“这样的话。您的这个问题就不止一个答案，‘一加一不等于二’可以换成‘二加二等于五’‘太阳从西方升起’‘海枯石烂’等等。”

“完全正确!”

3. *充分条件假言三段论*

充分条件假言三段论是指由一个充分条件假言命题作为大前提，一个简单命题作为小前提，并且根据充分条件假言命题的逻辑特征推出另一个简单命题作为结论的推论方法。充分条件假言三段论即充分条件假言推理可以归纳成两条规则：

第一，从肯定前件可以肯定后件，从否定后件可以否定前件。

第二，不得从否定前件到否定后件，也不得从肯定后件到肯定前件。

（1）两类正确的推理

充分条件假言三段论有两类正确的推论方法，即肯定前件式和否定后件式。

①肯定前件式。

如果 P，那么 Q

P____________

所以，Q

例 1：水受热，则体积膨胀。现在水受热。所以，水的体积膨胀。

例 2：如果患肺炎，那么就会发高烧。小张患了肺炎。所以，小张会发高烧。

例 3：如果爱因斯坦是物理学家，那么他是科学家。爱因斯坦是物理学家。因此，爱因斯坦是科学家。

关于肯定前件式，值得注意的是前提的次序并不影响推理；其次，包含在肯定前件式中的条件句也可以长而复杂。

②否定后件式。

如果 P，那么 Q

非 Q

所以，非 P

例 1：如果患肺炎，那么就会发高烧。小张没发高烧。所以，小张没患肺炎。

例 2：若你喜欢他，当你见到他的时候你的心跳会加速。当你见到他的时候你的心跳并没有加速。所以，你不喜欢他。

【案例】

难产诉讼

一位妇女死于难产，她丈夫起诉医生。法庭上，她丈夫请的律师和医生有如下对话：

律师：她在怀孕检查时，你是不是认为她生孩子是安全的？

医生：是的。

律师：也就是说，如果她受到正确的护理，她是可以安全生孩子的。

医生：是的。

律师：她是不是受到你的护理？

医生：是的。

律师：我没有问题了，谢谢！

分析：律师的问询运用了蕴含命题推理的否定后件式，是有效的推理。从表面上看，律师的问询似乎没有结果就结束了，实际上它蕴含着“她没有得到正确的护理”这个结论。具体推理如下：

如果孕妇受到正确的护理（P），她是可以安全生孩子的（Q）。

她没有安全生孩子。

所以，她没有受到正确的护理（省略）。

（2）两类错误的推理

充分条件假言三段论有两类错误的推论方法，即否定前件谬误和肯定后件谬误。

①否定前件谬误。

如果 P，则 Q

非 P

所以，非 Q

例 1：如果患肺炎，那么就会发高烧。小张没患肺炎。所以，小张不会发高烧。

这个推理不一定正确，小张可能得了感冒，也会发烧。

例 2：若你喜欢他，当你见到他的时候你的心跳会加速。你不喜欢他。所以，你见到他的时候你的心跳不会加速。

这个推理不一定正确，虽然你并不喜欢他，但却有可能见到他的时候，因非常讨厌他而导致心跳加速。

【案例】

丢皮箱者的推理

有一个人不小心把自己的皮箱丢了，皮箱里还装有许多贵重物品。别人都替他着急，忙着帮他四处寻找。他却一点也不着急。有人问他为什么这样沉得住气，他竟然说：慌什么？开箱子的钥匙还在我这里，别人捡了去也没有用！

分析：上述故事中，那位丢皮箱者的思维方式让人觉得好笑。之所以这样，就是因为他的思维方式不合事理、不合逻辑。丢皮箱者的思维活动包含了下面这样一个推理：

如果有开那皮箱的钥匙，就可以打开那皮箱（被省略了的假言前推）；

捡到那皮箱的人没有钥匙；

所以，捡到那皮箱的人打不开那皮箱。

这个推理误用了从否定前件到否定后件的充分条件假言推理，不能必然得出结论。从常识看，这个推理也是非常可笑的：有钥匙固然可以打开皮箱，没有钥匙难道就无法打开皮箱？撬开、砸烂难道也要钥匙。从逻辑的角度看，充分条件假言推理从否定前件不能必然地否定后件。因此，丢皮箱者的推理是一个无效的推理。

②肯定后件谬误。

如果 P，则 Q

Q
———————
所以，P

例：如果得了阑尾炎，腹部就会剧痛。他腹部剧痛。所以，他得的是阑尾炎。

腹部剧痛固然可能因阑尾炎引起，但也可能因外伤、寄生虫危害等原因引起。如果医生像上面那样通过肯定后件来肯定前件，根据病人腹部剧痛就给病人割阑尾，那么，病人就只得“敬鬼神而远之”了。

【案例】

猎人的逻辑

13 世纪时，英国有个猎人，太太难产生下个孩子就死了，这个猎人养了一条忠实而凶猛的狗，非常聪明。有一次猎人外出打猎，留下狗照管自己的孩子。

他到了别的乡村，因遇大雪，当日不能回来。第二天才赶回家，狗立即闻声出来迎接主人。猎人把房门开一看，到处是血，抬头一望，床上也是血，孩子不见了，狗在身边，满口也是血，猎人发现这种情形，以为狗性发作，把孩子吃掉了，大怒之下，拿起刀来向着狗头一劈，把狗杀死了。

之后，忽然听到孩子的哭声，又见他从床下爬了出来，于是抱起孩子；虽然孩子的身上有血，但并未受伤。他很奇怪，不知究竟是怎么一回事。

再看看狗，腿上的肉没有了，旁边有一只狼，口里还咬着狗的肉。原来主人不在时，闯进了一只狼，狗为了救小主人，与狼搏杀，最后把狼咬死了。但忠实的狗却被猎人误杀了，这真是天下最令人伤心的误会。

分析：误会的产生，是因为这个猎人不懂逻辑，猎人的推理是这样的：

如果狗吃了小孩，那么它的嘴上有血，屋里也有血，孩子不见了；

现在，狗的嘴上确实有血，屋里也有血，孩子不见了；

所以，狗吃了小孩。

这是一个肯定后件式的谬误。

（二）必要条件假言命题及其推理

必要条件的假言命题是断定某一事物情况的存在为另一事物情况存在的必要条件的复合判断，即是指前件是后件的必要条件的假言命题。

例 1：只有由细菌引起的疾病，才能用抗生素治疗。

例 2：处理后的污水只有达到了城市污水处理标准才可以排入城市污水处理厂。

可见，所谓前件是后件的必要条件是指：如果不存在前件所断定的事物情况，就不会有后件所断定的事物情况，即前件所断定的事物情况的存在，对于后件所断定的事物情况的存在来说是必不可少的。

1. 必要条件假言命题的形式

在日常语言中，表达必要条件假言命题的联结词有：只有……才……，（仅当、必须）……才……，没有（不）……没有（不）……，唯若……才……，必须……才……，除非……才……，……是……的重要前提，……对于……来说是必不可少的，……取决于……，除非……否则不（则不、不、才）……

我们用符号“←”（读作“反蕴含”或“逆蕴含”）表示必要条件假言命题的逻辑联结词，必要条件假言命题就可表示为下述这样一个公式：P←Q。其真值表如下：

P	Q	P←Q
1	1	1
1	0	1
0	1	0
0	0	1

它告诉我们，一个必要条件的假言命题，只有当它的前件假，后件真时，该假言命题才是假的。在其他情况下，必要条件假言命题都是真的。

例 1：必要条件假言命题“除非考试及格，否则不予录取”，只有在“考试不及格却予以录取”的情况下才是假的，在其他情况下（例如“考试及格却未予录取”）都是真的。

例 2：如果有人坚持说：“只有乡下人才长寿”，但经调查发现，城市里有不少人是百岁寿星，这一事实就证明那个人所说的话是假的。但如果发现有的乡下人不长寿，却不能证明该人的话为假。

例 3：妈妈对小明说：只有做完作业，才能去游泳。

根据妈妈的意思，判断下面情况的真假：

Ⅰ. 小明做完作业，去游泳了（真）

Ⅱ. 小明做完作业，没能去游泳（真）

Ⅲ. 小明没做完作业，就去游泳了（假）

Ⅳ. 小明没做完作业，没去游泳（真）

2. 必要条件假言三段论

必要条件假言三段论，是指由一个必要条件假言命题作为大前提，一个简单命题作为小前提，并且根据必要条件假言命题的逻辑特征推出另一个简单命题作为结论的推论方法。必要条件假言三段论即必要条件假言推理，可以归纳成两条规则：

第一，从否定前件可以否定后件，从肯定后件可以肯定前件。

第二，不得从肯定前件到肯定后件，也不得从否定后件到否定前件。

（1）两类正确的推理

必要条件假言三段论有两类正确的推论方法，即否定前件式和肯定后件式。

①否定前件式。

只有 P，才 Q

非 P
———————

所以，非 Q

例 1：只有由细菌引起的疾病，才能用抗生素治疗。小张的疾病不是由细菌引起的，所以，不能用抗生素治疗。

例 2：只有年满十八岁，才有选举权。小张不到十八岁，小张没有选举权。

例 3：贮藏的土豆只有接触乙烯，才会发芽。这批贮藏的土豆没有接触乙烯，所以，这批贮藏的土豆不会发芽。

【案例】

蜘蛛网

1794 年深秋，拿破仑的一支军队进军荷兰。在强敌入侵的紧急关头，荷兰人打开了所有运河的闸门，用滚滚洪水阻挡了敌军进攻。法军不得不撤退。但是撤退刚刚开始，法军统帅夏尔·皮舍格柳（拿破仑的老师）突然发布命令，停止撤军。因为他已获得一项报告：有人看见蜘蛛在大量吐丝结网。不久，寒潮来临，滚滚江河，一夜之间顿失滔滔。法国军队踏冰越过瓦尔河，一举攻克荷兰要塞乌得勒支城。

分析：一支军队的行动怎么取决于蜘蛛是否吐丝结网呢？有经验的人们知道，在深秋，只有当干冷天气即将到来的时候，蜘蛛才会大量吐丝结网。就是说干冷天气是蜘蛛大量吐丝结网的一个必要条件。人们根据蜘蛛在结网，就可推断干冷天气即将到来。法军统帅夏尔·皮舍格柳做了一个肯定式必要条件假言推理：

只有干冷天气即将到来时，蜘蛛才会大量吐丝结网。

现在蜘蛛大量吐丝结网。

干冷天气快要到来。

②肯定后件式。

只有 P，才 Q

Q

所以，P

例 1：只有由细菌引起的疾病，才能用抗生素治疗。小张的疾病用抗生素治疗，所以，小张的疾病是由细菌引起的。

例 2：只有年满十八岁，才有选举权。小张有了选举权，小张年满十八岁了。

例 3：贮藏的土豆只有接触乙烯，才会发芽。这批贮藏的土豆发芽了，所以，这批贮藏的土豆接触了乙烯。

（2）两类错误的推理

必要条件假言三段论有两类错误的推论方法，即肯定前件谬误和否定后件谬误。

①肯定前件谬误。

只有 P，才 Q

P

所以，Q

例 1：只有由细菌引起的疾病，才能用抗生素治疗。小张的疾病是由细菌引起的，所以，小张的疾病要用抗生素治疗。

这一结论不能必然推出，也许可以用别的办法治疗。

例 2：只有年满十八岁，才有选举权。小张年满十八岁。小张有了选举权。

这个推理不正确，也许小张是个精神病患者，虽年满十八岁了，也没有选举权。

例 3：多施肥才能多打粮。今年多施了肥。所以，今年定能多打粮。

要取得“多打粮”的结果，不能光依靠“施肥”这一个条件。所以，这一推理错误。

②否定后件谬误。

只有 P，才 Q

非 Q

所以，非 P

例 1：只有由细菌引起的疾病，才能用抗生素治疗。小张的疾病不能用抗生素治疗，所以，小张的疾病不是由细菌引起的。

这个推理不正确，也许小张对抗生素过敏，虽然得了细菌引起的疾病，也不能用抗生素治疗。

例 2：只有年满十八岁，才有选举权。小张没有选举权。小张不满十八岁。

这个推理不正确，也许小张是个精神病患者，虽然没有选举权，但年满十八岁了。

例 3：多施肥才能多打粮。今年没多打粮。所以，今年没多施肥。

通过否定“多打粮”的结果，就来否定“施肥”这个必要条件的存在，忽略了这样一种可能：“今年没多打粮”的原因是由于没有选用良种，或是由于自然灾害……

（三）充要条件假言命题及其推理

充要条件假言命题即充分必要条件假言命题，是断定某一事物情况的存在为另一事物情况存在的充分必要条件的复合命题。

例 1：当且仅当一个三角形是等角的，则它是等边的。

例 2：如果一种理论是真理，那么它经得起实践检验；并且只有它是真理，它才经得起实践检验。

例 3：为了防止圆管内流动的水发生结冰，则需要且只需要保持圆管内壁面的最低温度在某一温度以上。

1. 充要条件假言命题的形式

充要条件假言命题联结词有：当且仅当……则……，不……不……若……则（必）……，如果……则……并且只有……才……，如果……就……如果不……就不……，只要并且只有……才……，只有而且只要……就……

我们一般用“当且仅当”来表示充分必要条件，可表示为：当且仅当 P，则 Q。

例：当且仅当竞争对手甲退出投标时，乙才会报一个较高的价位。

我们用符号“↔”（读作“等值于”）表示充要条件假言命题的逻辑联结词，充分条件假言命题就可表示为下述这样一个公式：P↔Q（读作“P 等值于 Q”）。其真值表如下：

P	Q	P↔Q
1	1	1
1	0	0
0	1	0
0	0	1

充要条件说的是，有前件必有后件，无前件必无后件。它强调的是，只有这个条件才能产生这个结果。具体而言，P 是 Q 的充分必要条件是指：有 P 必有 Q，无 P 必无 Q（因而有 Q 必有 P，无 Q 必无 P）。

2. 充要条件假言推理

充要条件假言三段论，是指由一个充要条件假言命题作为大前提，一个简单命题作为小前提，并且根据充要条件假言命题的逻辑特征推出另一个简单命题作为结论的推论方法。充要条件假言三段论即充要条件假言推理可以归纳成两条规则：

第一，肯定前件可以肯定后件，肯定后件也可以肯定前件。

第二，否定前件可以否定后件，否定后件也可以否定前件。

由此，充要条件假言三段论有四种正确的推论方法，论述如下。

（1）肯定前件式

P 当且仅当 Q

P

所以，Q

例 1：一个数是偶数当且仅当它能被 2 整除；这个数是偶数，所以，这个数能被 2 整除。

例 2：发生地震当且仅当出现蓝色闪光；发生了地震，所以，出现了蓝色闪光。

（2）肯定后件式

P 当且仅当 Q

Q

所以，P

例 1：一个数是偶数当且仅当它能被 2 整除；这个数能被 2 整除，所以，这个数是偶数。

例 2：发生地震当且仅当出现蓝色闪光；出现了蓝色闪光，所以，发生了地震。

（3）否定前件式

P 当且仅当 Q

非 P

所以，非 Q

例 1：一个数是偶数当且仅当它能被 2 整除；这个数不是偶数，所以，这个数不能被 2 整除。

例 2：发生地震当且仅当出现蓝色闪光；没有发生地震，所以，没有出现蓝色闪光。

（4）否定后件式

P 当且仅当 Q

非 Q

所以，非 P

例 1：一个数是偶数当且仅当它能被 2 整除；这个数不能被 2 整除，所以，这个数不是偶数。

例 2：发生地震当且仅当出现蓝色闪光；没有出现蓝色闪光，所以，没有发生地震。

（四）条件关系的理解与逻辑解释

客观事物总是有各种各样的联系，其中能够导致其他情况出现的现象叫作条件，由先前现象引起的后继现象叫作结果。人们认识了事物现象之间的这种条件联系，就形成了假言命题。

1. 条件句的特征

条件陈述在逻辑学种简称为“条件句”。条件句有以下几个重要特征：

第一，一个条件句的前件和后件均并不包括逻辑联结词。

第二，条件句在本质上是假设性的。在断定一个条件句时，人们并没有断定其前件是真的，人们也没有断定其后件是真的。

第三，在日常语言中，表达一个条件句有多种方式。可用不同的逻辑联结词和语序来断定同一个条件关系。

第四，条件句断定的是前件与后件的真假制约关系，不等于先后关系，更不等于因果关系。

因果关系是先后关系，但原因是结果的条件关系包括充分条件、必要条件、充要条件、既非充分也非必要条件这四种。应注意不要颠倒了条件和结果的关系，假言判断的条件和结果是客观对象因果关系的反映，颠倒了条件和结果的关系，就是倒果为因、不合事理。

2. 条件关系的类型

在P与Q两种基本关系组合下，条件句中的蕴含关系有四种可能：

第一种情况：P是Q的充分条件，但不是必要条件。

第二种情况：P是Q的必要条件，但不是充分条件。

第三种情况：P是Q的充分条件，又是必要条件。

第四种情况：P既不是Q的充分条件，也不是Q的必要条件。

下面分别就这四种情况详细讲述，以防止混淆不同的条件关系。

（1）充分条件

充分条件表明，如果前件真，那么后件也真。所谓充分条件就是仅有这条件就足以带来结果，无需考虑别的条件了。其意义包括：

①有前件必有后件。即有这个条件就一定有结果。

如果前项P是后项Q的充分条件，那么只要P存在，Q就存在。这就是说，如果P真，那么就保证Q也真。用箭头表示这种有P就有Q的蕴含关系，就是：

$P \rightarrow Q$（如果下雨，路就会湿。）

②无前件未必无后件。即没这个条件不一定没有结果。

上述充分条件关系本身并不意味着，如果P不真，Q也不真；P的不存在并不等于Q一定不存在。没有下雨，路也可能因为别的原因打湿。

一个充分条件关系表明，这个条件足以导致这个结果；但是它并不意味着，这个充分条件是唯一足够导致这个结果的条件。

下雪或者溃堤，都足以打湿道路。另一方面，从充分条件关系可以看出，既然有P必然有Q，无一例外，那么，可以推理，如果Q没有出现，就说明P没有出现，用“$\neg$”代表没有，则没有看到Q，就表明P没有出现的关系表示为：

$\neg Q \rightarrow \neg P$（如果路没有湿，那么没有下雨。）

③如果前件和后件是充分条件的关系（前件蕴含后件：P→Q），那么可以推导出，后件和前件是必要条件关系（后件的否定蕴含前件的否定：¬Q→ ¬P），反之亦然。

P→Q ＝ ¬Q→ ¬P（用＝表示等同）

比如，如果下雨意味着路就会湿，那么，路没有湿就意味着没有下雨，反之亦然。

④充分条件强调的是，多种条件可以分别产生同一个结果。充分条件假言推理反映了客观世界中多因与其结果间的制约关系。一个结果可以由许多不同的原因中的任何一个原因产生。

例：加热是水汽化的充分条件。

这意味着：第一，只要不断加热，不需要其他条件，就能使水汽化。第二，不加热，用别的方法（比如抽真空），也能使水汽化。

运用充分条件假言推理时要注意，在通常情况下，充分条件假言命题的前件反映的只是能分别独立导致后件结果的若干条件之一，这种关系可图示如下：

P↘

R→Q

S↗

由图可知，P、R、S都可分别独立导致Q，所以，在没有P时并不一定没有Q（因为有R或S也会有Q），在有Q时也并不一定就有P（因为Q可由R或S所致）。可见，我们不可通过肯定一个充分条件假言命题的后件来肯定其前件，也不可通过否定一个充分条件假言命题的前件来否定其后件。

例：当在微波炉中加热时，不含食盐的食物，其内部可以达到很高的、足以把所有引起食物中毒的细菌杀死的温度；但是含有食盐的食物的内部则达不到这样高的温度。

假设以下提及的微波炉都性能正常，则上述断定可推出以下所有的结论，除了

Ⅰ. 食盐可以有效地阻止微波加热食物的内部。

Ⅱ. 当用微波炉烹调含盐食物时，其原有的杀菌功能大大减弱。

Ⅲ. 经过微波炉加热的食物如果引起食物中毒，则其中一定含盐。

分析：

Ⅲ项没有断定“充分加热”这个条件，因而不能从上文推出。事实上，根据上文的条件，完全可能存在这样一种食物，它不含盐，也经过微波炉加热，但由于未充分加热而造成了食物中毒。其余两项均能从上文推出。

（2）必要条件

必要条件表明，如果前件假，那么后件也假。所谓必要条件就是没有这个条件，就一定没有这个结果。其意义包括：

①无前件必无后件。P是Q的必要条件是指无P必无Q。

如果P是Q的必要条件，表示P必须出现，才可以有Q。

例：你必须亲自做科学实验，才能真正体会其中的意义。

只要P不存在，Q就不存在。这就是说，如果P不真，那么就保证Q也不真。表示

这个没有P就没有Q的关系便是：$\neg P \to \neg Q$（你不亲自做科学实验，你就不可能真正体会其中的意义。）

②有前件未必有后件。P是Q的必要条件还意味着有P未必有Q。

必要条件关系并不意味着，如果P真，Q也一定真；P的存在只是Q存在的一个不可或缺的条件，但还需要别的条件才能导致Q出现。比如你亲自做了实验，但还得取决于你经过认真思考，你才能真正体会其中的意义。

③从前件和后件的必要条件关系可以看出，因为P是Q的不可或缺的条件，所以如果Q存在，我们可以知道P也存在了。

表达这样有Q就可以蕴含P的关系是：

$\neg P \to \neg Q = Q \to P$（如果你真正体会了其中的意义，说明你亲自做了科学实验。）

④必要条件强调的是，多种条件合起来才能产生一个结果。

必要条件假言推理反映了客观世界中复因与其结果间的制约关系。一个结果的产生需要许多原因，缺一不可。这许多条件，就是复因。复因中的各个原因要联合起来，才能产生结果，只有复因之一，不能产生结果。

例：阳光、二氧化碳和水分都是光合作用的必要条件。

必要条件假言命题的前件反映的情况通常只是后件情况必不可少的条件之一，它往往需要与其他条件相结合才能共同导致后件所反映的情况，这种关系可图示如下：

$$\left.\begin{array}{c} P \\ + \\ R \\ + \\ S \end{array}\right\} \to Q \qquad \text{（当且仅当P、R、S，才Q）}$$

由图可知，要使Q成立，需P、R、S都同时成立。所以，仅有P，不一定有Q（因为也许没有R或S）；没有Q也不一定就没有P（因为没有R或S时，也就没Q）。

例：美国食品和药物管理局（FDA）管理在市场中引入的新治疗药剂，它在提高美国人的健康保健方面起了非常关键的作用。那些在学院里和政府研究团体内的人的职责是从事长期的研究，以图首先发现新的治疗药剂，并对它们进行临床验证，而使实验室里的新发现比较容易地转移到市场上是FDA的作用和职责。新的重要的治疗方法只有在转移之后才能有助于病人。

下面哪一个陈述可从上述文中推出？

Ⅰ. FDA有责任确保任何销售到市场上的治疗药剂在当时都处于受控状态。

Ⅱ. 在新的治疗药剂到达市场之前，它们不能帮助病人。

Ⅲ. 如果一新的医药发现已从实验室转移到了市场上，那么它将有助于病人。

分析：上文的结论是，只有在新药转移到市场上之后，它们才能有助于病人。

也就是在新药转移到市场上是它们有助于病人的必要条件。所以，新药在转移到市场上之前，它们无法帮助病人，也即Ⅱ项正确。

其余两项均不能从上文的论述中合理地推出。比如，Ⅲ项的主要错误是混淆了充分条件与必要条件，新的医药发现转移到市场只是它们有助于病人的必要条件，它们有助于病人，还要受其他条件的制约。

(3) 充分且必要条件

P既是Q的充分条件，又是必要条件，意味着：

①P不仅蕴含Q，而且只有P能蕴含Q。

②P是Q的唯一必要和充分的条件。这也就是说不仅$P \to Q$，而且$Q \to P$。

③不仅$\neg P \to \neg Q$，而且$\neg Q \to \neg P$。可用条件关系式表达为：$P \leftrightarrow Q = \neg P \leftrightarrow \neg Q$。

例："单身汉就是未婚成年男子"，这是个必要和充分的关系：是单身汉就是未婚成年男子，不是单身汉就不是未婚成年男子；是未婚成年男子就是单身汉，不是未婚成年男子就不是单身汉。两者等同。

生活中，人们不常使用准确的语言来表述充分必要条件，而是只强调充分必要条件的充分性，或者只强调充分必要条件的必要性。

例：防止圆管内流动的水发生结冰的唯一条件是保持圆管内壁面的最低温度在某一温度以上。

人们通常会说，只要保持圆管内壁面的最低温度在某一温度以上，就能防止圆管内流动的水发生结冰（强调充分性）；

或者人们会说，只有保持圆管内壁面的最低温度在某一温度以上，才能防止圆管内流动的水发生结冰（强调必要性）。

(4) 既非充分又非必要条件

P既不是Q的充分条件，也不是Q的必要条件。似乎说两者无关，但实质上P和Q既没有充分条件，也没有必要条件的关系，并不等于无关。比如在统计性因果关系中，即使没有这样的充分和必要关系，P可以是Q的原因中的一个因素，它们相关。

例：吸烟并不一定导致肺癌，不少吸烟的人没有得肺癌；吸烟也不是肺癌的必要条件，不少不吸烟的人也得肺癌；所以吸烟既不是肺癌的充分条件，也不是它的必要条件。但是我们认为吸烟和肺癌有关系，吸烟对肺癌产生的概率有影响，虽然具体到每一个人影响会有不同。

3. 条件关系的理解

有关条件关系的理解，要注意以下几点：

(1) 所有的必要条件就是充要条件

必要条件强调的是若干条件之和才能产生后件，即：$P1 \wedge P2 \wedge P3 \wedge \cdots\cdots \to Q$。

因此，所有的必要条件合起来就是充分条件，也是充要条件。

例：生物学家："如果森林继续以目前的步伐消失，树袋熊就会濒临灭绝。"

政治家："所以，拯救树袋熊需要作的所有事情就是停止毁伐森林。"

以下哪项陈述与生物学家的主张相符但与政治家的主张不符？

Ⅰ. 继续毁伐森林并且树袋熊会灭绝。

Ⅱ.停止毁伐森林并且树袋熊会灭绝。

Ⅲ.开始重新造林并且树袋熊会存活。

分析：上文陈述的条件关系如下：

生物学家：毁伐森林→树袋熊就会灭绝

政治家：拯救树袋熊↔停止毁伐森林

Ⅱ项：停止毁伐森林并且树袋熊会灭绝。这与生物学家的主张相符，但与政治家的主张不符。

其余两项陈述均与生物学家的主张相符，也与政治家的主张相符。

(2) 唯一的充分条件就是充要条件

充分条件强调的是若干前提之一都能产生后件，即：P1∨P2∨P3∨……→Q。

充分条件如果是唯一的，即唯一条件，那就是充要条件。

例 1：各类兴奋剂出口的唯一条件是有合法用途。

分析：满足“有合法用途”，必然“兴奋剂能出口”；不满足“有合法用途”，必然“兴奋剂不能出口”，所以“唯一条件”就是充分必要条件的意思。

例 2：如果大众公司不得不在产品生产的旺季改变它的供货商，那么今年公司赢利的情况肯定要比去年差得多。年终核算的结果表明，公司今年的赢利情况确实要比去年差得多，所以，大众公司肯定是在产品生产的旺季改变了它的供货商。

请考察上述论证的缺陷是什么？

分析：上文论证的推理形式：如果 P，则 Q；Q，所以 P。(其中 P 为“在产品生产的旺季改变它的供货商”，Q 为“今年公司赢利的情况肯定要比去年差得多”)。

上述论证犯了充分条件假言推理的肯定后件的错误，推理是无效的。其错误实质是以上论证没有说明产生一种现象的条件是导致这种现象产生的唯一条件。由于唯一的充分条件就是充要条件，因此，若使论证的结论成立，必须假设 P 是 Q 的唯一条件。

4. 条件关系的图示法

充分条件的假言命题与全称直言命题可以互相转化。这可以用作图的方法帮助判断（一般而言，当主项相同的判断具有充分或必要条件时，充分条件是小圈，必要条件是大圈）。

(1) P→Q ＝ P∧Q

若由 P 可以推出 Q，即 P→Q，则称 P 是 Q 的充分条件，Q 是 P 的必要条件。

若 P、Q 用集合表示，即 P 包含于 Q，如图所示。

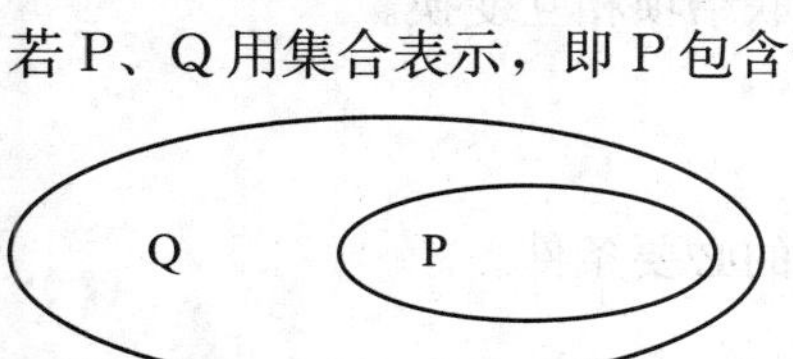

于是，如果 P 那么 Q＝所有 P 都是 Q

例 1：如果骄傲那么就要落后＝所有骄傲的人都要落后。

例 2：如果你的笔记本计算机是 1999 年以后制造的，那么它就带有调制解调器

=所有1999年以后制造的笔记本计算机都带有调制解调器。

(2) $\neg P \to \neg Q = P \leftarrow Q = Q \land P$

若由 $\neg P$ 可以推出 $\neg Q$，即 $\neg P \to \neg Q$，则称P是Q的必要条件。

若P、Q用集合表示，即P包含Q，如图所示。

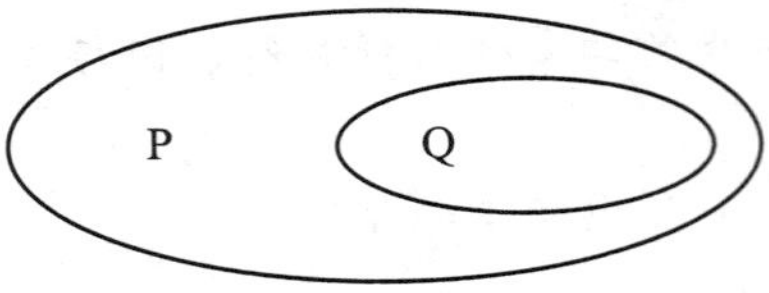

于是，只有P才Q = 没有P就没有Q = 所有Q是P = 所有非P不是Q

例1：没有证件不能进入=所有能进入的人都有证件。

例2：只有小轿车才准超车=所有准许超车的都是小轿车

=所有非小轿车都不准超车。

第二节　等值推理

等值推理包括基本复合命题的等价推理、复合命题的负命题及其等值推理等。

一、等价推理

基本复合命题的等价推理包括假言直接推理以及选言命题与假言命题之间的等价转换。

(一) 假言直接推理

1. 假言直接推理的类型

假言直接推理包括：假言易位推理、假言换质推理、假言易位换质推理。

下面分别论述假言直接推理的这几种类型：

(1) 假言易位推理

假言易位推理就是将前提中一个充分条件的假言命题的前件和后件的位置进行交换，从而推出结论的假言推理。假言易位推理的规则是：

第一，对调假言判断前、后件的位置。

第二，充分条件假言命题联结项和必要假言命题联结项相互变换。

假言易位推理的逻辑形式如下：

①如果P，那么Q=只有Q，才P。

即若前件是后件的充分条件，那么后件就是前件的必要条件。

写成条件关系式是：$P \to Q = Q \leftarrow P$

例1："如果张三患肺炎，那么他发烧"等值于"只有张三发烧，他才患肺炎"。

例2：要让我给你买礼物，你就得听话；所以，你只有听话，我才给你买礼物。

②只有P，才Q=如果Q，那么P。

即若前件是后件的必要条件，那么后件就是前件的充分条件。

写成条件关系式是：P←Q=Q→P

例：“只有年满十八岁，才有选举权”等值于“如果他有选举权，那么他一定年满十八岁”。

(2) 假言换质推理

假言换质推理是只改变假言判断前、后件的真值，而不改变它们的位置的假言直接推理。假言换质推理的规则是：

第一，改变假言判断前、后件的真值。

第二，改变假言判断的逻辑联结项。如果前提是充分条件假言判断的联结项，那么结论改变为必要条件假言判断的联结项；反之，如果前提是必要条件假言判断的联结项，那么结论改变为充分条件假言判断的联结项。

假言换质推理的逻辑形式如下：

①如果 P，那么 Q=只有非 P，才非 Q。

写成条件关系式是：P→Q= ￢P← ￢Q

例：如果李经理出席会议，则张经理就会出席会议；所以，只有李经理不出席会议，张经理才不出席会议

②只有 P，才 Q=如果非 P，那么非 Q。

写成条件关系式是：P←Q= ￢P→ ￢Q

例：只有年满十八周岁，才有选举权；所以，如果未满十八周岁，就没有选举权。

(3) 假言易位换质推理

假言易位换质推理是既改变假言判断前、后件的位置，又改变它们的真值的假言直接推理。假言易位换质推理的规则是：

第一，对调假言判断前、后件的位置。

第二，改变假言判断前、后件的真值。

假言易位换质推理的逻辑形式如下：

①如果 P，那么 Q=如果非 Q，那么非 P。

写成条件关系式是：P→Q= ￢Q→ ￢P

例：如果天下雨，那么马路湿；所以，如果马路没湿，那么天没下雨。

②只有 P，才 Q=只有非 Q，才非 P。

写成条件关系式是：P←Q= ￢Q← ￢P

例：只有年满十八周岁，才有选举权；所以，只有没有选举权，才未满十八周岁。

2. 假言直接推理的步骤与方法

假言直接推理的步骤如下：

(1) 根据题意写出原命题的条件关系式

将自然语言形式化，注意元素符号化，收敛思维。

①有联结词的，根据联结词写出条件关系式；

②没有联结词的，就根据题意，根据充分和必要条件的理解写出关系式。

（2）写出逆否命题的条件关系式

	充分条件假言命题	必要条件假言命题
原命题	$P \rightarrow Q$	$P \leftarrow Q$
逆命题	$Q \rightarrow P$	$Q \leftarrow P$
否命题	$\neg P \rightarrow \neg Q$	$\neg P \leftarrow \neg Q$
逆否命题	$\neg Q \rightarrow \neg P$	$\neg P \leftarrow \neg Q$

①原命题与逆否命题为等价命题。

即如果一个命题正确，那么它的逆否命题也一定正确。

充分条件逆否命题就由否定后件式而来，$P \rightarrow Q = \neg P \leftarrow \neg Q$

必要条件逆否命题就由否定前件式而来，$P \leftarrow Q = \neg P \rightarrow \neg Q$

②原命题与逆命题、否命题均不等价。

（3）条件理解

①充分条件和必要条件是相对的。

在假言命题中，充分条件假言命题和必要条件假言命题之间是可以相互转换的，若P是Q的充分条件，则Q是P的必要条件；反之，若P是Q的必要条件，则Q是P的充分条件。

②根据箭头推理的方向来确定条件间的关系。

符合原命题和逆否命题这两个箭头顺推方向的陈述与原陈述等价，逆着这两个箭头推理方向的陈述与原陈述不等价。

> 例：若下雨则街道湿。
>
> 等价于：如果街道不湿，则一定没下雨。
>
> 但是，若街道湿，那么是否一定下雨了呢？则不一定，可能是洒水车洒的水呢。

③上述原则同样适用前件或后件含有否定的变形推理。

$P \rightarrow \neg Q = \neg P \leftarrow Q$

$\neg P \rightarrow Q = P \leftarrow \neg Q$

> 例1：以下两例，其前后两句均为等价命题。
>
> - 通则不痛，痛则不通。
> - 真人不露相，露相不真人。
>
> 例2：如果不下雨，我就去图书馆。
>
> 等价于：如果我没去图书馆，则一定下雨了。
>
> 但是，下雨了我去不去图书馆呢？则不一定，下雨我也照样可以去图书馆。

3. 假言命题的多种等价陈述

根据原命题和逆否命题的两个推理方向，可有四种表达角度，使用不同逻辑联结词，同一个句子可以至少有十多种等价的陈述。而把两个推理方向搞反后，可至少也有十多种与原命题不等价的陈述。

（1）充分条件假言命题的等价陈述

$P \rightarrow Q = \neg P \leftarrow \neg Q$

由此，充分条件假言命题存在四种等价的陈述方式：

第一，P 是 Q 的充分条件。

第二，Q 是 P 的必要条件。

第三，非 P 是非 Q 的必要条件。

第四，非 Q 是非 P 的充分条件。

下面把充分条件假言命题的等价陈述和不等价陈述归纳如下表：

“P→Q”的语言陈述对照表

	推理方向	陈述角度	意义	陈述举例
等价陈述	$P \rightarrow Q$ （原命题）	从 P 出发陈述	P 是 Q 的充分条件 $P \rightarrow Q$ （原命题）	如果 P，那么 Q 只要 P，就 Q P，必然导致（必须）Q
		从 Q 出发陈述	Q 是 P 的必要条件 $Q \leftarrow P$ （假言易位推理）	只有 Q，才 P 没有 Q，就没有 P 除非 Q，否则不 P
	$\neg P \leftarrow \neg Q$ （逆否命题）	从 $\neg$P 出发陈述	$\neg$P 是 $\neg$Q 的必要条件 $\neg P \leftarrow \neg Q$ （假言换质推理）	只有非 P，才非 Q 没有非 P，就没有非 Q 除非非 P，否则不会非 Q
		从 $\neg$Q 出发陈述	$\neg$Q 是 $\neg$P 的充分条件 $\neg Q \rightarrow \neg P$ （假言易位换质推理）	如果非 Q，那么非 P 只要非 Q，就非 P 非 Q，必然导致（必须）非 P
不等价陈述	$P \leftarrow Q$ （逆命题）	从 P 出发陈述	P 是 Q 的必要条件 $P \leftarrow Q$	只有 P，才 Q 没有 P，就没有 Q 除非 P，否则不 Q
		从 Q 出发陈述	Q 是 P 的充分条件 $Q \rightarrow P$	如果 Q，那么 P 只要 Q，就 P Q，必然导致（必须）P
	$\neg P \rightarrow \neg Q$ （否命题）	从 $\neg$P 出发陈述	$\neg$P 是 $\neg$Q 的充分条件 $\neg P \rightarrow \neg Q$	如果非 P，那么非 Q 只要非 P，就非 Q 非 P，必然导致（必须）非 Q
		从 $\neg$Q 出发陈述	$\neg$Q 是 $\neg$P 的必要条件 $\neg Q \leftarrow \neg P$	只有非 Q，才非 P 没有非 Q，就没有非 P 除非非 Q，否则不会非 P

例：如果刮风，就下雨。

分析：

①刮风→下雨②

③ $\neg$刮风← $\neg$下雨④

其等价陈述如下：

	推理方向	陈述角度	意义	陈述举例
等价陈述	P→Q （原命题）	①从P出发陈述	P是Q的充分条件 （刮风是下雨的充分条件）	如果刮风，那么下雨。 只要刮风，就下雨。 刮风必然导致下雨。
		②从Q出发陈述	Q是P的必要条件 （下雨是刮风的必要条件）	只有下雨，才说明刮风了。 没有下雨，就没有刮风。 除非下雨，否则就没刮风。
	¬P←¬Q （逆否命题）	③从¬P出发陈述	¬P是¬Q的必要条件 （不刮风是不下雨的必要条件）	只有不刮风，才不下雨。 没有不刮风，就没有不下雨。 除非不刮风，否则不会不下雨。
		④从¬Q出发陈述	¬Q是¬P的充分条件 （不下雨是不刮风的充分条件）	如果没下雨，那么就没刮风。 只要没下雨，就没刮风。 没下雨，必然没刮风。

其不等价陈述是把上述两个顺推方向搞反。

①刮风←下雨②

③ ¬刮风→¬下雨④

其不等价陈述如下：

	推理方向	陈述角度	意义	陈述举例
不等价陈述	P←Q （逆命题）	①从P出发陈述	P是Q的必要条件 （刮风是下雨的必要条件）	只有刮风，才下雨。 没有刮风，就没有下雨。 除非刮风，否则不下雨。
		②从Q出发陈述	Q是P的充分条件 （下雨是刮风的充分条件）	如果下雨，那么刮风。 只要下雨，就刮风。 下雨，必然刮风了。
	¬P→¬Q （否命题）	③从¬P出发陈述	¬P是¬Q的充分条件 （不刮风是不下雨的充分条件）	如果没刮风，那么没下雨。 只要没刮风，就没下雨。 不刮风，必然不下雨。
		④从¬Q出发陈述	¬Q是¬P的必要条件 （不下雨是不刮风的必要条件）	只有没下雨，才没刮风。 没有不下雨，就没有不刮风。 除非没下雨，否则不会没刮风。

（2）必要条件假言命题的等价陈述

P←Q＝¬P→¬Q

由此，必要条件假言命题存在四种等价的陈述方式：

第一，P是Q的必要条件。

第二，Q是P的充分条件。

第三，非P是非Q的充分条件。

第四，非Q是非P的必要条件。

下面把必要条件假言命题的等价陈述和不等价陈述归纳如下表：

"P→Q"的语言陈述对照表

	推理方向	陈述角度	意义	陈述举例
等价陈述	P←Q （原命题）	从 P 出发陈述	P 是 Q 的必要条件 P←Q （原命题）	只有 P，才 Q 没有 P，就没有 Q 除非 P，否则不 Q
		从 Q 出发陈述	Q 是 P 的充分条件 Q→P （假言易位推理）	如果 Q，那么 P 只要 Q，就 P Q，必然导致（必须）P
	¬P→¬Q （逆否命题）	从¬P 出发陈述	¬P 是¬Q 的充分条件 ¬P→¬Q （假言换质推理）	如果非 P，那么非 Q 只要非 P，就非 Q 非 P，必然导致（必须）非 Q
		从¬Q 出发陈述	¬Q 是¬P 的必要条件 ¬Q←¬P （假言易位换质推理）	只有非 Q，才非 P 没有非 Q，就没有非 P 除非非 Q，否则不会非 P
不等价陈述	P→Q （逆命题）	从 P 出发陈述	P 是 Q 的充分条件 P→Q	如果 P，那么 Q 只要 P，就 Q P，必然导致（必须）Q
		从 Q 出发陈述	Q 是 P 的必要条件 Q←P	只有 Q，才 P 没有 Q，就没有 P 除非 Q，否则不 P
	¬P←¬Q （否命题）	从¬P 出发陈述	¬P 是¬Q 的必要条件 ¬P←¬Q	只有非 P，才非 Q 没有非 P，就没有非 Q 除非非 P，否则不会非 Q
		从¬Q 出发陈述	¬Q 是¬P 的充分条件 ¬Q→¬P	如果非 Q，那么非 P 只要非 Q，就非 P 非 Q，必然导致（必须）非 P

例：不入虎穴，焉得虎子。

分析：

①入虎穴←得虎子②

③¬入虎穴→¬得虎子④

其等价陈述如下：

	推理方向	陈述角度	意义	陈述举例
等价陈述	P←Q （原命题）	①从 P 出发陈述	P 是 Q 的必要条件 （入虎穴是得虎子的必要条件）	只有入虎穴，才能得虎子。 没有入虎穴，就不能得虎子。 除非入虎穴，否则不得虎子。
		②从 Q 出发陈述	Q 是 P 的充分条件 （得虎子是入虎穴的充分条件）	如果得了虎子，那么入了虎穴。 只要得了虎子，就入了虎穴。 要得虎子，必须入虎穴。

续前表

	推理方向	陈述角度	意义	陈述举例
等价陈述	¬P→¬Q（逆否命题）	③从¬P出发陈述	¬P是¬Q的充分条件（不入虎穴是不得虎子的充分条件）	如果不入虎穴，那么不得虎子。只要不入虎穴，就不得虎子。没入虎穴，必然没得虎子。
		④从¬Q出发陈述	¬Q是¬P的必要条件（不得虎子是不入虎穴的必要条件）	只有没得虎子，才没入虎穴。没有不得虎子，就没有不入虎穴。除非没得虎子，否则不会没入虎穴。

其不等价陈述是把上述两个顺推方向搞反。

①入虎穴→得虎子②

③¬入虎穴←¬得虎子④

其不等价陈述如下：

	推理方向	陈述角度	意义	陈述举例
不等价陈述	P→Q（逆命题）	①从P出发陈述	P是Q的充分条件 P→Q	如果入虎穴，那么就得虎子。只要入虎穴，就得虎子。入虎穴，必然得虎子。
		②从Q出发陈述	Q是P的必要条件 Q←P	只有得了虎子，才入了虎穴。没有得虎子，就没有入虎穴。除非得了虎子，否则没入虎穴。
	¬P←¬Q（否命题）	③从¬P出发陈述	¬P是¬Q的必要条件 ¬P←¬Q	只有不入虎穴，才不得虎子。没有不入虎穴，就没有不得虎子。除非没入虎穴，否则不会没得虎子。
		④从¬Q出发陈述	¬Q是¬P的充分条件 ¬Q→¬P	如果没得虎子，那么就没入虎穴。只要没得虎子，就没入虎穴。没得虎子，必然没入虎穴。

4. 假言直接推理的逻辑应用

根据上述假言命题及其推理的形式、含义与推理规则，下面举例说明其逻辑应用。

例1：有关数据显示，2011年全球新增870万结核病患者，同时有140万患者死亡。因为结核病对抗生素有耐药性，所以对结核病的治疗一直都进展缓慢。如果不能在近几年消除结核病，那么还会有数百万人死于结核病。如果要控制这种流行病，就要有安全、廉价的疫苗。目前有12种新疫苗正在测试之中。

根据以上信息，可以得出以下哪项？

Ⅰ. 2011年结核病患者死亡率已达16.1%。

Ⅱ. 只有在近几年消除结核病，才能避免数百万人死于这种疾病。

Ⅲ. 如果解决了抗生素的耐药性问题，结核病治疗将会获得突破性进展。

分析：上文断定：

如果不能在近几年消除结核病，那么还会有数百万人死于结核病。

＝只有在近几年消除结核病，才能避免数百万人死于这种疾病。

因此，Ⅱ项正确。

例 2：野生动物保护组织：没有买卖就没有杀戮；没有杀戮，人与自然才能和谐相处。

如果以上陈述为真，以下哪一项陈述一定为真？

Ⅰ. 只要有杀戮，就一定有买卖。

Ⅱ. 只要禁止了买卖，人与自然就会和谐相处。

Ⅲ. 只有禁止了买卖，人与自然才会和谐相处。

分析：上文断定：

①如果没有买卖，就没有杀戮；

②只有没有杀戮，人与自然才能和谐相处。

其中断定①可以通过假言互换，可转换为：只要有杀戮，就有买卖。因此，Ⅰ项正确。其余两项均不一定为真。

例 3：如果把一杯酒倒入一桶污水中，你得到的是一桶污水；如果把一杯污水倒入一桶酒中，你得到的依然是一桶污水。在任何组织中，都可能存在几个难缠人物。他们存在的目的似乎就是把事情搞糟。如果一个组织不加强内部管理，一个正直能干的人进入某低效的部门就会被吞没。而一个无德无才者就能将一个高效的部门变成一盘散沙。

根据上述信息，可以得出以下哪项？

Ⅰ. 如果不将一杯污水倒进一桶酒中，你就不会得到一桶污水。

Ⅱ. 如果一个正直能干的人进入组织，就会使组织变得更为高效。

Ⅲ. 如果一个正直能干的人在低效部门没有被吞没，则该部门加强了内部管理。

分析：上文断定：

如果一个组织不加强内部管理，一个正直能干的人进入某低效的部门就会被吞没。＝如果一个正直能干的人在低效部门没有被吞没，则该部门加强了内部管理。

因此，Ⅲ项正确。

（二）复合命题间的等价转换

假言命题与选言命题可以互相进行等价的转换，下面进行分别论述。

1. 相容选言命题的等价命题

由于相容选言命题存在着否定肯定式的推理，这时候就存在选言命题和假言命题的等价关系。

P或者Q＝如果非P，则Q＝如果非Q，则P。

（1）基本公式

$P \vee Q = \neg P \to Q = \neg Q \to P$

可用真值表来证明：

P	Q	P∨Q	¬P	Q	¬P→Q
1	1	1	0	1	1
1	0	1	0	0	1
0	1	1	1	1	1
0	0	0	1	0	0

在日常语言中，“不是P就是Q”既可以理解为“P或者Q”，也可以理解为“如果¬P则Q”。这就是说，“P∨Q”与“¬P→Q”是等值的。这在直观上也是显然的。

（2）变形公式

该等价转换的变形如下：

① $\neg P \vee Q = P \to Q$

② $P \vee \neg Q = \neg P \to \neg Q$

③ $\neg P \vee \neg Q = P \to \neg Q$

例1：或者股票大涨，或者我将破产。

＝如果股票没有大涨，那么我将破产。

＝如果我不会破产，那么股票将会大涨。

例2：今年暑假我或者去张家界，或者去北戴河。

＝如果今年暑假我不去张家界，那一定去北戴河。

＝如果今年暑假我不去北戴河，那一定去张家界。

例3：或者调查，或者没有发言权。

＝如果没有调查，那么就没有发言权。

＝如果有发言权，那么就一定调查了。

2. 不相容选言命题的等价命题

要么P，要么Q＝当且仅当非P，才Q＝当且仅当非Q，才P。

（1）基本公式

$P \& Q = \neg P \leftrightarrow Q = P \leftrightarrow \neg Q$

可用真值表来证明：

P	Q	P&Q	¬P	Q	¬P↔Q
1	1	0	0	1	0
1	0	1	0	0	1
0	1	1	1	1	1
0	0	0	1	0	0

（2）变形公式

该等价转换的变形如下：

① ¬P&Q=P↔Q

②P&¬Q=P↔Q

例 1：你要么去北京，要么去南京。

= 当且仅当你不去北京，你才去南京。

= 当且仅当你不去南京，你才去北京。

例 2：这次大会，我们要么选老王做主席，要么选老李做主席。

=这次大会，当且仅当我们不选老王做主席，才选老李做主席。

= 这次大会，当且仅当我们不选老李做主席，才选老王做主席。

例 3：要么支持甲提案，要么不支持乙提案。

= 当且仅当支持甲提案，才支持乙提案。

= 当且仅当支持乙提案，才支持甲提案。

3. 充分条件假言命题的等价命题

如果 P，那么 Q = 或者非 P，或者 Q。

（1）基本公式

P→Q = ¬P∨Q

可用真值表来证明：

P	Q	P→Q	¬P	Q	¬P∨Q
1	1	1	0	1	1
1	0	0	0	0	0
0	1	1	1	1	1
0	0	1	1	0	1

这一等价公式还可以从两个角度来理解：

第一，一个充分条件假言命题，只要其前件是假的，或者其后件是真的，它本身就是真的，即“如果 P，那么 Q”等值于“或者非 P，或者 Q”。

第二，“或者非 P，或者 Q”这一相容选言命题成立，根据否定肯定式，否定非 P 就要肯定 Q，即有 P 就有 Q，可理解为“若有 P 则有 Q”。这就是说，“¬P∨Q”与“P→Q”是等值的。

（2）变形公式

该等价转换的变形如下：

① ¬P→Q = P∨Q

②P→ ¬Q= ¬P∨ ¬Q

例 1：如果我有足够的钱，我就可以买到一切。

= 或者我没有足够的钱，或者我可以买到一切。

例 2：如果你不接受这种治疗，那么就要拒绝这种治疗。

=你或者接受这种治疗，或者拒绝这种治疗。

4. 必要条件假言命题的等价命题

只有 P，才 Q = 或者 P，或者非 Q。

（1）基本公式

$P \leftarrow Q = P \vee \neg Q$

可用真值表来证明：

P	Q	P←Q	P	¬Q	¬P∨Q
1	1	1	1	0	1
1	0	1	1	1	1
0	1	0	0	0	0
0	0	1	0	1	1

（2）变形公式

该等价转换的变形如下：

① $\neg P \leftarrow Q = \neg P \vee \neg Q$

② $P \leftarrow \neg Q = P \vee Q$

例 1：只有该厂工人，才会经常进出该厂。

= 或者是该厂工人，或者不经常进出该厂。

例 2：只有海水变红，海獭才不吃蛤。

= 或者海水变红，或者海獭吃蛤。

5. 复合命题等价转换的逻辑应用

根据上述复合命题等价转换的推理形式、含义与推理规则，下面举例说明其逻辑应用。

例 1：如果这匹马儿不吃饱草，那么这匹马儿不能跑。

以上断定如果为真，则除了以下哪项外，其余选项都必然为真？

Ⅰ. 只要这匹马儿不吃饱草，这匹马儿就不能跑。

Ⅱ. 只有这匹马儿吃饱草，这匹马儿才能跑。

Ⅲ. 或者这匹马儿吃饱草，或者这匹马儿不能跑。

Ⅳ. 既要这匹马儿跑，又要这匹马儿不吃饱草，这是办不到的。

Ⅴ. 除非这匹马儿跑，否则，这匹马儿没有吃饱草。

分析：上文关系式为：¬吃→ ¬跑。等价于：吃←跑

Ⅰ可表示为：¬吃→ ¬跑，符合题意，必然为真。

Ⅱ可表示为：吃←跑，符合题意，必然为真。

Ⅲ可表示为：吃∨ ¬跑 = ¬吃→ ¬跑，符合题意，必然为真。

Ⅳ可表示为：¬（跑∧¬吃）=吃∨¬跑= ¬吃→ ¬跑，符合题意，必然为真。

Ⅴ可表示为：¬跑→¬吃，不符合题意。

例2：逻辑学家说：如果2+2=5，则地球是方的。

以下哪项和逻辑学家所说的同真？

Ⅰ．如果地球是方的，则2+2=5。

Ⅱ．如果地球是圆的，则2+2≠5。

Ⅲ．2+2≠5，或者地球是方的。

分析：把“2+2=5”表示为P，“地球是方的”表示为Q，则上文推理为P→Q。

Ⅰ可表示为：Q→P

Ⅱ可表示为：R→¬P（其中R表示“地球是圆的”，R与¬Q不等同）；上文推理正确，该项也一定正确，但该项并不是上文的逆否命题，因此，与上文并不完全等价。

Ⅲ可表示为：¬P∨Q，这与上文推理是完全等价的。

例3：如果高层管理人员本人不参与薪酬政策的制定，公司最后确定的薪酬政策就不会成功。另外，如果有更多的管理人员参与薪酬的政策的制定，告诉公司他们认为重要的薪酬政策，公司最后确定的薪酬政策将更加有效。

以上陈述如果为真，以下哪项陈述不可能有假？

Ⅰ．除非有更多的管理人员参与薪酬政策的制定，否则，公司最后确定的薪酬政策不会成功。

Ⅱ．或者高层管理人员本人参与薪酬政策的制定，或者公司最后确定的薪酬政策不会成功。

Ⅲ．如果高层管理人员本人参与薪酬政策的制定，公司最后确定的薪酬政策就会成功。

分析：上文断定，高层管理人员本人不参与薪酬政策的制定→公司最后确定的薪酬政策就不会成功。

由于P→Q等价于¬P∨Q，因此，上式等价于：或者高层管理人员本人参与薪酬政策的制定，或者公司最后确定的薪酬政策不会成功。所以，Ⅱ必然正确，不可能有假。

其他两项均不能从上文必然推出。

二、摩根定律

否定一个命题，也就是肯定了一个与被否定命题相矛盾的命题。所以，一个负命题与其支命题的矛盾命题在逻辑上是等值的。我们总是可以从一个负命题推得一个与它等值的新命题，这就是等值推理。

近代数学家、逻辑学家德·摩根明确陈述了各种基本复合命题的负命题公式，即摩根定律，可表述如下：

① ¬(P∧Q)↔¬P∨¬Q

② ¬(P∨Q)↔¬P∧¬Q

③ $\neg(P\&Q) \leftrightarrow (P\wedge Q)\vee(\neg P\wedge\neg Q)$

④ $\neg(P\rightarrow Q) \leftrightarrow P\wedge\neg Q$

⑤ $\neg(P\leftarrow Q) \leftrightarrow \neg P\wedge Q$

⑥ $\neg(P\leftrightarrow Q) \leftrightarrow (P\wedge\neg Q)\vee(\neg P\wedge Q)$

下面分别进行论述。

(一）联言命题的负命题及其等值推理

由于联言命题只要其支命题有一个为假，该命题就是假的。因此，联言命题的负命题是一个相应的选言命题。

1. 联言命题的负命题

并非“P并且Q”等值于“非P或者非Q”。

用公式表达为：$\neg(P\wedge Q)=\neg P\vee\neg Q$

举例如下：

- 并非“物美价廉”等值于“物不美，或者价不廉”。
- 并非“这块玉是纯洁无瑕的”等值于“这块玉不纯洁或有瑕”。
- 并非“蝙蝠既是鸟类又是哺乳动物”，所以，“或者蝙蝠不是鸟类，或者蝙蝠不是哺乳动物”。

2. 联言命题负命题的推论

因为，$\neg P\vee\neg Q=P\rightarrow\neg Q=Q\rightarrow\neg P$

所以，$\neg(P\wedge Q)=\neg P\vee\neg Q=P\rightarrow\neg Q=Q\rightarrow\neg P$

例：并非“小张既会唱歌，又会跳舞”。

＝小张或者不会唱歌，或者不会跳舞。

＝如果小张会唱歌，那么小张就不会跳舞。

＝如果小张会跳舞，那么小张就不会唱歌。

3. 联言命题负命题的变形推理

并非“非P并且非Q”＝“P或者Q”

$\neg(\neg P\wedge\neg Q)=P\vee Q=\neg P\rightarrow Q=\neg Q\rightarrow P$

例：并非“客人既不喜欢川菜又不喜欢粤菜”。

＝客人或者喜欢川菜，或者喜欢粤菜。

＝客人如果不喜欢川菜，那么就喜欢粤菜。

＝客人如果不喜欢粤菜，那么就喜欢川菜。

4. 思维训练

例1：某高校对所有报名参加国庆检阅方阵的学生进行了体检，没有发现心脏异常者。

如果以上陈述为假，请判断以下陈述哪些必为真？

Ⅰ. 虽然有的报名者没有体检，但是还是发现了心脏异常者。

Ⅱ. 或者有的报名者没有进行体检，或者在报名者中发现了心脏异常者。

Ⅲ. 只要对所有的报名者都进行体检，就会发现有心脏异常者。

分析：设 P：对所有报名参加国庆检阅方阵的学生进行了体检；Q：没有发现心脏异常者。上述断定为假，可表示为：$\neg(P\wedge Q) = \neg P\vee\neg Q = P\rightarrow\neg Q = Q\rightarrow\neg P$。

并非“对所有报名参加国庆检阅方阵的学生进行了体检，没有发现心脏异常者”。

＝“或者有的报名者没有进行体检，或者在报名者中发现了心脏异常者”。

＝“只要对所有的报名者都进行体检，就会发现有心脏异常者”。

因此，Ⅱ和Ⅲ必然为真。而Ⅰ为：$\neg P\wedge\neg Q$，不必然真。

例 2：根据诺贝尔经济学奖获得者、欧元之父蒙代尔的理论，在开放经济条件下，一国的独立货币政策、国际资本流动、货币相对稳定的汇率，不能三者都得到，即存在所谓的“不可能三角关系”。

我国经济已经对外开放，如果蒙代尔的理论正确，以下哪项陈述一定为真？

Ⅰ. 我国坚持独立的货币政策并保持人民币相对稳定的汇率，同时不让国际资本流入中国。

Ⅱ. 如果我国坚持独立的货币政策并且国际资本流动的趋势不可逆转，则无法保持人民币相对稳定的汇率。

Ⅲ. 虽然国际资本流动的趋势不可逆转，我国仍坚持独立的货币政策，但无法保持人民币相对稳定的汇率。

分析：蒙代尔的理论是，在开放经济条件下，一国的独立货币政策（P）、国际资本流动（Q）、货币相对稳定的汇率（R），不能三者都得到。可表示为：

$\neg(P\wedge Q\wedge R)$

$= \neg(P\wedge Q)\ \vee\neg R$

$= (P\wedge Q)\rightarrow\neg R$

因此，在我国对外开放条件下，如果前两者成立，货币相对稳定的汇率则无法保持。即Ⅱ必然为真。其余两项都不能必然被推出，均不能确定为真。

例 3：欧几里德几何系统的第五条公理判定：在同一平面上，过直线外一点可以并且只可以作一条直线与该直线平行。在数学发展史上，有许多数学家对这条公理是否具有无可争议的真理性表示怀疑和担心。

要是数学家的上述怀疑成立，以下哪项必须成立？

Ⅰ. 在同一平面上，过直线外一点可能无法作一条直线与该直线平行。

Ⅱ. 在同一平面上，过直线外一点作多条直线与该直线平行是可能的。

Ⅲ. 在同一平面上，如果过直线外一点不可能作多条直线与该直线平行，那么，也可能无法只作一条直线与该直线平行。

分析：令 P 表示“过直线外一点可以作一条直线与该直线平行”，Q 表示“过直线外一点只可以作一条直线与该直线平行”。

第五公理是断定“P 并且 Q”。

要使对第五公理的怀疑成立，“P 并且 Q”必须是假命题。

$\neg(P \wedge Q) = \neg P \vee \neg Q$

即“P 并且 Q”是假命题，当且仅当 P 和 Q 之中至少有一个假命题，但 P 自身不必须是假命题，Q 自身也不必须是假命题。

Ⅰ断定 P 是假命题。要使对第五公理的怀疑成立，Ⅰ不必须成立。

Ⅱ断定 Q 是假命题。要使对第五公理的怀疑成立，Ⅱ不必须成立。

否定Ⅰ与否定Ⅱ都不会否定数学家的上述怀疑。

但否定Ⅲ，数学家的怀疑肯定不成立。因为Ⅲ即是 $Q \rightarrow \neg P$。否定Ⅲ，即 $\neg(Q \rightarrow \neg P) = Q \wedge P$ 成立，此时，“$\neg P \vee \neg Q$”肯定不成立。

（二）选言命题的负命题及其等值推理

选言命题分为相容选言命题和不相容选言命题两种，因此相应地也有两种负命题及其等值推理。

1. 相容选言命题的负命题及其等值推理

由于相容选言命题只要其支命题中有一个为真，则整个选言命题就是真的，故相容选言命题的负命题不能是一个相应的选言命题，而必须是一个相应的联言命题。

（1）相容选言命题的负命题

并非“P 或者 Q”等值于“非 P 并且非 Q”。

用公式表达为：$\neg(P \vee Q) = \neg P \wedge \neg Q$

举例如下：

● 并非“这个学生或者是球迷，或者是影迷。”等值于“这个学生既不是球迷，又不是影迷。”

● 并非“或者北美玳瑁会灭绝，或者西伯利亚虎会灭绝”，所以，北美玳瑁不会灭绝，并且，西伯利亚虎也不会灭绝。

（2）相容选言负命题的变形推理

并非“非 P 或者非 Q”等值于“P 并且 Q”。

用公式表达为：$\neg(\neg P \vee \neg Q) = P \wedge Q$

例：并非“小张不会下象棋，或不会下围棋。”等值于“小张既会下象棋又会下围棋。”

（3）思维训练

例 1：仙客来是一种著名的观赏花卉，在气候炎热的地带很难生长。在干旱的地区很难种植水稻。在某个国家的大部分地区，或者仙客来很容易生长，或者很容易种植水稻。

如果以上陈述为真，以下哪一项陈述一定为假？

Ⅰ. 这个国家有一半的地区既干旱又炎热。

Ⅱ. 这个国家大部分地区的气候是寒冷的。

Ⅲ. 这个国家的某些地区既不炎热也不干旱。

分析：上文断定：

第一，仙客来在炎热的地带很难生长。水稻在干旱的地区很难种植。

第二，在某个国家的大部分地区，或者仙客来很容易生长，或者很容易种植水稻。

从而推出：在某个国家的大部分地区，或者气候不炎热，或者不干旱。

$\neg(\neg$炎热$\vee\neg$干旱$)=$炎热$\wedge$干旱

由此可推出：在该国家的少部分地区，既干旱又炎热。

因此，不可能"这个国家有一半的地区既干旱又炎热"，即Ⅰ项一定为假。

例2：总经理：根据本公司目前的实力，我主张环岛绿地和宏达小区这两项工程至少上马一个，但清河桥改造工程不能上马。

董事长：我不同意。

以下哪项，最为准确地表达了董事长实际同意的意思？

Ⅰ. 环岛绿地、宏达小区和清河桥改造这三个工程都上马。

Ⅱ. 环岛绿地和宏达小区两个工程至多上马一个，如果这点做不到，那也要保证清河桥改造工程上马。

Ⅲ. 环岛绿地和宏达小区两个工程都不上马，如果这点做不到，那也要保证清河桥改造工程上马。

分析：令P表示"环岛绿地工程上马"；Q表示"宏达小区工程上马"；R表示"清河桥改造工程上马"。

总经理的意见是：$(P\vee Q)\wedge(\neg R)$。

董事长的意见是：$\neg((P\vee Q)\wedge(\neg R))$

$$=\neg(P\vee Q)\vee\neg(\neg R)$$

$$=(\neg P\wedge\neg Q)\vee R$$

$$=\neg(\neg P\wedge\neg Q)\rightarrow R$$

这就是Ⅲ所断定的：环岛绿地和宏达小区两个工程都不上马，如果这点做不到，那也要保证清河桥改造工程上马。该陈述准确地表达了董事长实际同意的意思。

2. 不相容选言命题的负命题及其等值推理

由于不相容选言命题只有当选言支仅有一个是真的时，整个选言命题才是真的，当选言支同真或同假时，它就是假的。

(1) 不相容选言命题的负命题

并非"要么P，要么Q"等值于"P并且Q，或者，非P并且非Q"。

用公式表达为：$\neg(P\&Q)=(P\wedge Q)\vee(\neg P\wedge\neg Q)$

例：并非"要么刮风，要么下雨。"等值于"既刮风又下雨，或者，既不刮风又不下雨"。

(2) 不相容选言负命题的推论

$\neg(P\&Q) = (P\wedge Q) \vee (\neg P\wedge\neg Q)$

$= \neg(P\wedge Q) \rightarrow (\neg P\wedge\neg Q)$

$= \neg(\neg P\wedge\neg Q) \rightarrow (P\wedge Q)$

例 1：并非“要么小张当选，要么小李当选。”

= 小张和小李都当选，或者，小张和小李都不当选。

= 如果不可能小张和小李都当选，那么，小张和小李都不当选。

= 如果不可能小张和小李都不当选，那么，小张和小李都当选。

例 2：某汽车司机违章驾驶，交警向他宣布处理决定：“要么扣留驾驶执照三个月，要么罚款 1 000 元。”司机说：“我不同意。”

如果司机坚持己见，那么，以下哪项实际上是他必须同意的？

Ⅰ. 既罚款又扣照。

Ⅱ. 既不罚款也不扣照。

Ⅲ. 如果做不到既不罚款也不扣照，那么就必须接受既罚款又扣照。

分析： $\neg(P\&Q) = (P\wedge Q) \vee (\neg P\wedge\neg Q) = \neg(\neg P\wedge\neg Q) \rightarrow (P\wedge Q)$

并非“要么罚款要么扣照”

= 罚款且扣照，或者，既不罚款也不扣照

=如果做不到既不罚款也不扣照，那么就必须接受既罚款又扣照

因此，Ⅲ是司机必须同意的。

（三）假言命题的负命题及其等值推理

假言命题分为充分条件假言命题、必要条件假言命题和充要条件假言命题三种，因此相应地也有三种负命题及其等值推理。

1. 充分条件假言命题的负命题及其等值推理

由于充分条件假言命题只有当其前件真后件假时，它才是假的，因此，一个充分条件假言命题的负命题，只能是一个相应的联言命题。

（1）充分条件假言命题的负命题

并非“如果 P，那么 Q”等值于“P 并且非 Q”。

用公式表达为：$\neg(P\rightarrow Q) = P\wedge\neg Q$

举例如下：

- “如果起风了，就会下雨”，其负命题为“起风了，并未下雨”。
- 并非“如果出现彗星，就会发生灾难”等值于“出现彗星，但没有发生灾难”。
- 并非“如果谎言重复多遍，就能成为真理”等值于“谎言重复多遍，也不能成为真理”。

（2）充分条件假言负命题的变形推理

① $\neg(P\wedge Q\rightarrow R) = (P\wedge Q) \wedge\neg R$

② $\neg(P\vee Q\rightarrow R) = (P\vee Q) \wedge\neg R$

(3) 思维训练

例1：有一种心理学理论认为，要想快乐，一个人必须与另一个人保持亲密关系。然而，世界上最伟大的哲学家们孤独地度过了他们一生中的大部分时光，并且没有亲密的人际关系。因此，这种心理学理论一定是错误的。

以下哪一项是上面的结论所必须假设的？

Ⅰ. 世界上最伟大的哲学家们情愿避免亲密的人际关系。

Ⅱ. 具有亲密的人际关系的人很少孤独地度过自己的时光。

Ⅲ. 世界上最伟大的哲学家们是快乐的。

分析：心理学理论可表示为：

要想快乐→与另一个人保持亲密。

要质疑这个理论不成立，就要找其反例，即找上述推理的负命题，即为：

快乐且不与另一个人保持亲密。

由Ⅲ，最伟大的哲学家们是快乐的；加上上文所说，伟大的哲学家并没有亲密的人际关系；因此，这种心理学理论一定是错误的。可见，Ⅲ是上文推理所必须假设的，否则，如果世界上最伟大的哲学家们是不快乐的，那么，上文的论证就不成立。

例2：胡晶：谁也搞不清楚甲型流感究竟是怎样传入中国的，但它对我国人口稠密地区经济发展的负面影响是巨大的。如果这种疫病在今秋继续传播蔓延，那么，国民经济的巨大损失将是不可挽回的。

吴艳：所以，要想挽回这种损失，只需要阻止疫病的传播就可以了。

以下哪项陈述与胡晶的断言一致而与吴艳的断言不一致？

Ⅰ. 疫病的传播被阻断而国民经济遭受了不可挽回的损失。

Ⅱ. 疫病继续传播蔓延而国民经济遭受了不可挽回的损失。

Ⅲ. 疫病的传播被阻断而国民经济没有遭受不可挽回的损失。

分析：胡晶认为“如果疫病传播，那么，损失将不可挽回”。

可表示为：传播→损失

吴艳认为“要想挽回这种损失，只需要阻止疫病的传播就可以了”，即只要满足“阻止疫病的传播”这个条件，就可以得出“挽回损失”了。

可表示为：$\neg$传播→$\neg$损失

Ⅰ可表示为：$\neg$传播∧损失。这是吴艳的断言的负命题，即与吴艳的断言不一致，但与胡晶的断言相一致。

例3：2010年上海世博会盛况空前，200多个国家场馆和企业主题馆让人目不暇接，大学生王刚决定在学校放暑假的第二天前往世博会参观。前一天晚上，他特别上网查看了各位网友对相关热门场馆选择的建议，其中最吸引王刚的有三条：

(1) 如果参观沙特馆，就不参观石油馆。

(2) 石油馆和中国国家馆择一参观。

(3) 中国国家馆和石油馆不都参观。

实际上，第二天王刚的世博会行程非常紧凑，他没有接受上述三条建议中的任何一条。

关于王刚所参观的热门场馆，以下哪项描述正确？

Ⅰ. 参观沙特馆、石油馆，没有参观中国国家馆。

Ⅱ. 沙特馆、石油馆、中国国家馆都参观了。

Ⅲ. 沙特馆、石油馆、中国国家馆都没有参观。

分析： 上文中网友对相关热门场馆选择的建议是：

(1) 沙特→ ¬石油。

(2) 石油 & 国家

(3) ¬(国家∧石油)

王刚没有接受任何一条建议，就是对上述三个命题求负命题，则意味着他同时接受以下三条：

(1) 既参观沙特馆又参观石油馆。

(2) 或者既参观石油馆又参观中国国家馆；或者，既不参观石油馆又不参观中国国家馆。

(3) 既参观中国国家馆又参观石油馆。

可见，他实际上沙特馆、石油馆、中国国家馆都参观了。因此，Ⅱ项描述正确。

2. 必要条件假言命题的负命题及其等值推理

由于必要条件假言命题只有当其前件假而后件真时，它才是假的。因此，一个必要条件假言命题的负命题，只能是一个相应的联言命题。

(1) 必要条件假言命题的负命题

并非"只有 P，才 Q"等值于"非 P 并且 Q"。

用公式表达为：$\neg(P \leftarrow Q) = \neg P \wedge Q$

举例如下：

- "只有下雪天气才冷"其负命题为："没有下雪天气也冷"。
- 并非"只有天才，才能创造发明"等值于"不是天才，也能创造发明"。
- "只有受过高等教育，才能成为科学家。事实并非如此"，等值于"没有受过高等教育，也能成为科学家"。

(2) 必要条件假言负命题的变形推理

① $\neg(P \wedge Q \leftarrow R) = \neg(P \wedge Q) \wedge R = (\neg P \vee \neg Q) \wedge R$

② $\neg(P \vee Q \leftarrow R) = \neg(P \vee Q) \wedge R = (\neg P \wedge \neg Q) \wedge R$

例 1：在报考研究生的应届生中，除非学习成绩名列前三位，并且有两位教授推荐，否则不能成为免试推荐生。

以下哪些项如果为真，说明上述决定没有得到贯彻？

Ⅰ. 余涌学习成绩名列第一，并且有两位教授推荐，但未能成为免试推荐生。

Ⅱ. 方宁成为免试推荐生，但只有一位教授推荐。

Ⅲ. 王宜成为免试推荐生，但学习成绩不在前三名。

分析：上文断定，要成为免试推荐生，“成绩列前三位”同时“有两位教授推荐”这两个必要条件必须同时满足。即：

成绩前三位∧两位教授推荐←成为免试推荐生。

没有得到贯彻就是求其负命题，即：

¬（成绩前三位∧两位教授推荐）∧成为免试推荐生

也就是要找满足“不是前三位或者没有达到两位教授推荐却成为免试推荐生”的选项。Ⅱ和Ⅲ不能同时满足这两个必要条件，却成了免试推荐生，说明上述决定没有得到贯彻。

例 2：在今年夏天的足球运动员转会市场上，只有在世界杯期间表现出色并且在俱乐部也有优异表现的人，才能获得众多俱乐部的青睐和追逐。

如果以上陈述为真，以下哪项不可能为真？

Ⅰ. 老将克洛泽在世界杯上以 16 球打破了罗纳尔多 15 球的世界杯进球纪录，但是仍然没有获得众多俱乐部的青睐。

Ⅱ. 西罗获得了世界杯金靴，他同时凭借着俱乐部的优异表现，在众多俱乐部追逐的情况下，成功转会皇家马德里。

Ⅲ. 罗伊斯因伤未能代表德国队参加巴西世界杯，但是他在德甲俱乐部赛场上有着优异表现，在转会市场上得到了皇家马德里、巴塞罗那等顶级豪门的青睐。

分析：上文断定：

在世界杯期间表现出色∧在俱乐部有优异表现←获得青睐。

如果以上陈述为真，那不可能为真的一定是其负命题。

上文的负命题为：

¬（在世界杯期间表现出色∧在俱乐部有优异表现）∧获得青睐

＝（¬在世界杯期间表现出色∨¬在俱乐部有优异表现）∧获得青睐

Ⅲ项表明，¬在世界杯期间表现出色∧获得青睐，这符合上文陈述的负命题，因此不可能为真。

3. 充要条件假言命题的负命题及其等值推理

由于充分必要条件假言命题其前件既是后件的充分条件，又是后件的必要条件，因而，对于一个充分必要条件的假言命题来说，其负命题既可以是相应的充分条件假言命题的负命题，也可以是相应的必要条件假言命题的负命题。

（1）充要条件假言命题的负命题

并非“当且仅当 P，才 Q”等值于“P 并且非 Q，或者，非 P 并且 Q”。

用公式表达为：$\neg(P\leftrightarrow Q) = (P\wedge\neg Q)\vee(\neg P\wedge Q)$

举例如下：

● 并非“当且仅当得了肺炎才会发高烧”等值于“或者得了肺炎但不发高烧，或者没有得肺炎但却发高烧”。

● 并非“发生地震当且仅当出现蓝色闪光”，所以，“发生地震但不出现蓝色闪光，或者不发生地震但出现了蓝色闪光”。

● 并非“当且仅当解决一个问题需要某一个措施时，才采用这个措施”等值于“解决一个问题需要某一个措施时但没采用这个措施，或者，解决一个问题不需要某一个措施时却采用这个措施”。

（2）充要条件假言负命题的推论

$\neg(P\leftrightarrow Q)$

$=(P\wedge\neg Q)\vee(\neg P\wedge Q)$

$=\neg(P\wedge\neg Q)\rightarrow(\neg P\wedge Q)$

$=\neg(\neg P\wedge Q)\rightarrow(P\wedge\neg Q)$

例：并非“当且仅当喜鹊叫，才有客人来”。

＝喜鹊叫但没有客人来，或者喜鹊不叫但客人来了。

＝如果不可能喜鹊叫但没有客人来，那么，喜鹊不叫但客人来了。

＝如果不可能喜鹊不叫但客人来了，那么，喜鹊叫但没有客人来。

4. 条件误解

在日常思维中，在反驳对方时，经常把对方所表达的充分条件误解为必要条件，或者把对方所表达的必要条件误解为充分条件。若我们准确掌握了上述假言命题的负命题，那么一方面自己不会犯这样的错误，另一方面也容易识别他人的逻辑错误。

例 1：教授：如果父母都是 O 型血，其子女的血型也只能是 O 型，这是遗传规律。

学生：这不是真的，我的父亲是 B 型血，而我则是 O 型血。

学生最有可能把教授的陈述理解为以下哪项？

Ⅰ. 只有 O 型血的人才会有 O 型血的孩子。

Ⅱ. O 型血的人不可能有 B 型血的孩子。

Ⅲ. B 型血的人永远都会有 O 型血的孩子。

分析：上述对话可表达如下：

教授认为：父母 O 型→子女 O 型。

学生质疑：¬父母 O 型∧子女 O 型（我父亲是 B 型血，而我则是 O 型血）。

学生的质疑对教授并没有反驳作用，实际上，学生的质疑是下列命题的负命题：

父母 O 型←子女 O 型

也就是学生把教授的陈述理解为，只有 O 型血的人才会有 O 型血的孩子。

例 2：一些人类学家认为，如果不具备应付各种自然环境的能力，人类在史前年代不可能幸存下来，然而相当多的证据表明，阿法种南猿，一种与早期人类有关的史前物种，在各种自然环境中顽强生存的能力并不亚于史前人类，但最终灭绝了。因此，人类学家的上述观点是错误的。

上述推理的漏洞也类似地出现在以下哪项中？

Ⅰ. 大张认识到赌博是有害的，但就是改不掉。因此，“不认识错误就不能改正错误”这一断定是不成立的。

Ⅱ. 已经找到了证明造成艾克矿难是操作失误的证据。因此，关于艾克矿难起因于设备老化、年久失修的猜测是不成立的。

Ⅲ. 大李图便宜，买了双旅游鞋，穿不了几天就坏了。因此，怀疑“便宜无好货”是没有道理的。

分析：上述对话可表达如下：

人类学家认为：史前人类具备应付各种自然环境的能力←幸存下来

作者质疑：阿法种南猿具备应付各种自然环境的能力∧¬幸存下来

可见，作者的质疑对人类学家并没有反驳作用，实际上是作者的质疑是下列命题的负命题：

史前人类具备应付各种自然环境的能力→幸存下来

也就是作者把人类学家的陈述“具备应付各种自然环境的能力”是“幸存下来”必要条件误解为充分条件。

同样，Ⅰ项“不认识错误就不能改正错误”表明，“认识错误”是“改正错误”的必要条件，而其反驳的例子“大张认识到赌博是有害的，但就是改不掉”，实际上反驳了“认识错误”是“改正错误”的充分条件。

第三节　混合推理

混合推理指的是针对多重复合命题的推理。多重复合命题是指支命题为复合命题的复合命题。支命题是构成复合命题的命题，支命题可以是简单命题，也可以是复合命题。如果一个复合命题的支命题是包含两个或两个以上命题联结词的复合命题，则被称为多重复合命题。在日常思维中，单纯地使用某一种特定的复合命题或复合命题推理的情况是很少的，我们更多地用多重复合命题来表达我们的思想。

一、间接推理

假言推理是前提中至少有一个假言命题，并根据假言命题的逻辑性质而推出结论的演绎推理。假言推理分为假言直接推理（前面已论述）和假言间接推理。其中：假言间接推理包括：假言三段论、假言连锁推理、假言选言推理等。

（一）假言三段论

假言三段论包括前面所述的充分条件的假言推理、必要条件假言推理、充要条件假言推理，其推理规则在前面已有论述。假言三段论推理又可分为推出假言三段论的结论和导出假言三段论的省略前提两种推理。

1. 推出假言三段论的结论

假言三段论的推论就是运用演绎推理的规则，推出假言推理的结论。

例：判断下列假言三段论是否有效（判断结果有效则打“√”，无效则打“×”）。

序号	假言三段论	判断结果
1	如果是鸟则会飞；它是鸟，所以，它会飞。	√
2	如果是鸟则会飞；它不是鸟，所以，它不会飞。	×
3	如果是鸟则会飞；它不会飞，所以，它不是鸟。	√
4	如果是鸟则会飞；它会飞，所以，它是鸟。	×
5	只有会飞才是鸟；它不会飞，所以，它不是鸟。	√
6	只有会飞才是鸟；它会飞，所以，它是鸟。	×
7	只有会飞才是鸟；它是鸟，所以，它会飞。	√
8	只有会飞才是鸟；它不是鸟，所以，它不会飞。	×

（1）推出充分条件假言三段论的结论

推出充分条件假言三段论的结论需要符合充分条件假言三段论的演绎规则，下面举例说明：

例：宿舍楼的高度为二层到六层不等，如果宿舍在二楼以上，它就有安全通道。

如果上面陈述属实，则下面哪项也是正确的？

Ⅰ. 位于第二层的宿舍没有安全通道。

Ⅱ. 位于第三层的宿舍没有安全通道。

Ⅲ. 位于第四层的宿舍有安全通道。

分析：上文推理为：二层以上→安全通道。

根据题意可知，二楼以上（不包括二楼）必然有安全通道。

二层或二层以下的有没有安全通道的情况不知道，是未知事件。

Ⅰ项，位于第二层，根据上述断定，不能确定是否有安全通道。

Ⅱ项，位于第三层，根据上述断定，必然有安全通道，因此该项错误。

Ⅲ项，位于第四层，根据上述断定，必然有安全通道，因此该项正确。

（2）推出必要条件假言三段论的结论

推出必要条件假言三段论的结论需要符合必要条件假言三段论的演绎规则，下面举例说明：

例 1：古希腊柏拉图学院的门口竖着一块牌子“不懂几何者禁入”。这天，来了一群人，他们都是懂几何的人。

如果牌子上的话得到准确的理解和严格的执行，那么以下诸断定中，只有一项是真的。这一真的断定是：

Ⅰ. 他们可能不会被允许进入。

Ⅱ. 他们一定不会被允许进入。

Ⅲ. 他们一定会被允许进入。

分析：上文断定：不懂几何→禁入

其等价于：懂几何←允许进入

可见，进入的一定是懂几何的。而懂几何的人，则未必允许进入。

因此，Ⅰ为正确答案。其余两项均不一定为真。

例 2：早期宇宙中含有最轻的元素：氢和氦。像碳这样比较重的元素只有在恒星的核反应中才能形成，并且在恒星爆炸时扩散。最近发现的一个星云中含有几十亿年前形成的碳，当时宇宙的年龄不超过 15 亿年。

以上陈述如果为真，以下哪项必定为真？

Ⅰ. 最早的恒星中只含有氢。

Ⅱ. 在宇宙年龄还不到 15 亿年时，有些恒星已经形成了。

Ⅲ. 这个星云中的碳后来构成了某些恒星中的一部分。

分析：上文断定如下：

第一：只有在恒星的核反应中才能形成碳元素；

第二：一个星云中含有几十亿年前形成的碳，当时宇宙的年龄不超过 15 亿年。

对一个必要条件的假言推理，肯定后件就要肯定前件，即可以得出结论：那时存在恒星的核反应。因此，Ⅱ正确。

其余两项陈述的内容上文都没有提及，不能确认为真。

例 3：植物必须先开花，才能产生种子，有两种龙蒿——俄罗斯龙蒿和法国龙蒿，它们看起来非常相似，俄罗斯龙蒿开花而法国龙蒿不开花，但是俄罗斯蒿的叶子却没有那种使法国龙蒿成为理想的调味品的独特香味。

从以上论述中一定能推出以下哪项结论？

Ⅰ. 作为观赏植物，法国龙蒿比俄罗斯龙蒿更令人喜爱。

Ⅱ. 俄罗斯龙蒿的花可能没有香味。

Ⅲ. 由龙蒿种子长出的植物不是法国龙蒿。

分析：上文条件关系为：

开花←种子（植物必须先开花，才能产生种子）

则其等值的逆否命题为：不开花→没有种子

既然法国龙蒿不开花，那么法国龙蒿一定没有种子，当然也就不能由种子生长出来，所以，由龙蒿种子长出的植物不是法国龙蒿，即Ⅲ正确。

（3）推出充要条件假言三段论的结论

推出充要条件假言三段论的结论需要符合充要条件假言三段论的演绎规则，下面举例说明：

例：当且仅当汤姆在法国时，列宾在英国且麦克不在西班牙；当且仅当麦克在西班牙时，劳力斯不在电视台露面；当且仅当劳力斯不在电视台露面，马力在剧场演出或者露丝参加蒙面舞会。

如果马力在剧场演出，下面哪项一定是真的？

Ⅰ. 汤姆不在法国。

Ⅱ. 麦克不在西班牙。

Ⅲ. 列宾在英国。

分析：上文陈述的条件关系如下：

（1）汤姆↔列宾∧ ¬麦克

(2) 麦克↔ ¬劳力斯

(3) ¬劳力斯↔马力∨露丝

既然马力在剧场演出，由（3）就可推出劳力斯不在电视台露面，再由（2）进一步推出麦克在西班牙，再由（1）可推出汤姆不在法国。即Ⅰ为真。

2. 导出假言三段论的省略前提

假言推理的省略形式是省略了某个推理步骤的假言推理，这里指的是省去一个前提的假言三段论推理。

导出假言三段论的省略前提的推理步骤如下：

①抓住结论和前提。

根据既有陈述依次对前提和结论做出准确的理解，并列出条件关系式。

②揭示省略前提。

依据合理性原则，凭语感揭示出被省略的前提。

③检验推理的有效性。

把省略的前提补充进去，并作适当的整理，将推理恢复成标准形式，根据假言推理的演绎推理规则检验上述推理是否有效。

例 1：土卫二是太阳系中迄今观测到存在地质喷发活动的 3 个星体之一，也是天体生物学最重要的研究对象之一。德国科学家借助卡西尼号土星探测器上的分析仪器发现，土卫二发射的微粒中含有钠盐。据此可以推测，土卫二上存在液态水，甚至可能存在“地下海”。

以下哪项如果为真，最能支持上述推测？

Ⅰ. 只有存在“地下海”，才可能存在地质喷发活动。

Ⅱ. 只有存在液态水，才可能存在钠盐微粒。

Ⅲ. 如果没有地质喷发活动，就不可能发现钠盐。

分析：上文是个省略的假言三段论，补充省略前提后构成一个有效的推理：

上文陈述：土卫二发射的微粒中含有钠盐。

补充Ⅱ项：只有存在液态水，才可能存在钠盐微粒。

得出结论：土卫二上存在液态水。

例 2：没有一个宗教命题能够通过观察或实验而被验证为真，所以，无法知道任何宗教命题的真实性。

为了合乎逻辑地推出上述结论，需要假设下面哪一项为前提？

Ⅰ. 如果一个命题能够通过观察或实验能被证明为真，则其真实性是可以知道的。

Ⅱ. 只凭观察或实验无法证实任何命题的真实性。

Ⅲ. 要知道一个命题的真实性，需要通过观察或实验证明它为真。

分析：上文是个省略的假言三段论，补充省略前提后构成一个有效的推理：

上文前提：没有一个宗教命题能够通过观察或实验而被验证为真。

补充Ⅲ项：要知道一个命题的真实性，需要通过观察或实验证明它为真。

得出结论：无法知道任何宗教命题的真实性。

其余两项作为前提，均不能推出上文结论。比如，Ⅰ项可表示为“通过观察或实验证明它为真→知道一个命题的真实性”，条件弄反了，无法构成正确的推理。

例3：在两座“甲”字形大墓与圆形夯土台基之间，集中发现了5座马坑和1座长方形的车马坑。其中2座马坑各葬6匹马。1座坑内骨架分南北两侧两排摆放整齐，前排2匹，后排4匹，由西向东依序摆放；另1座坑内马骨架摆放方式比较特殊，6匹马两两成对或相背放置，头向不一。比较特殊的现象是在马坑的中间还放置了1个牛角，据此推测该马坑可能和祭祀有关。

以下哪项如果为真，最能支持上述推测？

Ⅰ. 牛角是古代祭祀时的重要物件。

Ⅱ. 祭祀时殉葬的马匹必须头向一致。

Ⅲ. 只有在祭祀时，才在马坑放置牛角。

分析：上文是个省略的假言三段论，补充省略前提后构成一个有效的推理：

上文陈述：在马坑的中间放置了1个牛角。

补充Ⅲ项：只有在祭祀时，才在马坑放置牛角。

得出结论：该马坑和祭祀有关。

（二）假言连锁推理

假言连锁推理又叫作纯假言推理、纯假言三段论，是由两个或两个以上同种条件关系的假言命题为前提，推出一个新的假言命题为结论的推理。

假言连锁推理的前提和结论全部由假言命题构成，要求前提中的第一个假言命题的后件必须与第二个假言命题的前件相同，因此这种推理的合理性是建立在条件关系的传递性基础上的。实际上，假言连锁推理所显示的推理关系的传递性可以一直进行下去，直到满足需要为止。

1. 充分条件假言连锁推理

充分条件假言连锁推理是以充分条件命题为前提的假言连锁推理。

（1）肯定式

如果P，那么Q

如果Q，那么R

———————————

所以，如果P，那么R

例1：如果学费继续上涨，那么只有富人能够负担上大学。

如果只有富人能够负担上大学，那么等级划分将加剧。

因此，如果学费继续上涨，那么等级划分将加剧。

例2：如果此处是罪犯作案的现场，那么此处就留有罪犯作案的痕迹。

如果此处就留有罪犯作案的痕迹，那么就能找到罪犯作案的证据。

所以，如果此处是罪犯作案的现场，那么就能找到罪犯作案的证据。

【案例】

火山爆发与粮食涨价

1982年2月，墨西哥的一座火山爆发了。美国政府的决策部门马上决定，囤积粮食，削减种植面积，促使粮食涨价。这二者之间是什么关系呢？原来，美国人经研究，认为火山爆发必然产生火山灰。大量火山灰进入大气，将遮住大量阳光，使地球气候变冷。同时尘埃在大气中形成了可使水蒸气凝结的“核”，水蒸气得以聚集，成为雨，全球降雨量就增加了。一些地区低温多雨又引起另一些地区干旱少雨，这样就会导致世界性的粮食减产。

事情的发展正如美国人所预料的一样，1983年世界气候恶化，农业歉收，不少国家要求从美国进口粮食，美国人达到了囤积居奇的目的，狠狠地赚了一笔。

分析：美国政府决策部门的分析是这样的：

如果火山爆发，则会产生火山灰。(P→Q)

如果火山灰进入大气，就会使一些地区低温多雨。(Q→R)

如果一些地区低温多雨，另一些地区就会干旱少雨。(R→S)

如果一些地区干旱少雨，就会导致世界性粮食减产。(S→A)

如果出现世界性粮食减产，则不少国家要向美国买粮食。(A→B)

如果不少国家要向美国买粮食，则美国可以提高粮食价格大赚一笔。(B→C)

这是一个假言连锁推理：

(P→Q)，(Q→R)，(R→S)，(S→A)，(A→B)，(B→C)，

所以，(P→C)

结论为，如果火山爆发，则美国可以提高粮食价格大赚一笔。

（2）否定式

如果P，那么Q

如果Q，那么R

所以，如果非R，那么非P

例：如果你犯了法，你就会受到法律制裁。

如果你受到法律制裁，别人就会看不起你。

所以，如果别人看得起你，你就没有犯法。

2. 必要条件假言连锁推理

必要条件假言连锁推理是以必要条件命题为前提的假言连锁推理。

（1）肯定式

只有P，才Q

只有Q，才R

所以，只有P，才R

例：只有发现问题，才能分析问题。

只有分析问题，才能解决问题。

所以，只有发现问题，才能解决问题。

（2）否定式

只有 P，才 Q

只有 Q，才 R

所以，如果非 P，那么非 R

例：只有树立坚定信心，才能不畏艰难险阻。

只有不畏艰难险阻，才能登上科学高峰。

所以，如果不树立坚定信心，就不能登上科学高峰。

3. 思维训练

根据上述假言连锁推理的形式、含义与推理规则，下面举例说明其逻辑应用。

例 1：血液中的高浓度脂肪蛋白含量的增多，会增加人体阻止吸收过多的胆固醇的能力，从而降低血液中的胆固醇。有些人通过有规律的体育锻炼和减肥，能明显地增加血液中高浓度脂肪蛋白的含量。

以下哪项，作为结论从上文中推出最为恰当？

Ⅰ. 有些人通过有规律的体育锻炼降低了血液中的胆固醇，则这些人一定是胖子。

Ⅱ. 有些人可以通过有规律的体育锻炼和减肥来降低血液中的胆固醇。

Ⅲ. 体育锻炼和减肥是降低血液中高胆固醇的最有效的方法。

分析：上文断定：

第一，有些人通过体育锻炼和减肥，能增加血液中的高浓度脂肪蛋白。

第二，血液中的高浓度脂肪蛋白含量的增多，会降低血液中的胆固醇。

由此可以推出，有些人可以通过体育锻炼和减肥来降低血液中的胆固醇。因此，Ⅱ作为上文的推论是恰当的。

Ⅲ和Ⅱ类似，但其所做的断定过强，作为从上文推出的结论不恰当。

例 2：尼禄是公元一世纪的罗马皇帝。每一位罗马皇帝都喝葡萄酒，且只用锡壶和锡高脚酒杯喝酒。无论是谁，只要使用锡器皿去饮酒，哪怕只用过一次，也会导致中毒。而中毒总是导致精神错乱。

如果以上陈述都是真的，以下哪项陈述一定为真？

Ⅰ. 不管他别的方面怎么样，尼禄皇帝肯定是精神错乱的。

Ⅱ. 那些精神错乱的人至少用过一次锡器皿去饮葡萄酒。

Ⅲ. 在罗马王朝的臣民中，中毒是一种常见现象。

分析：上文断定：尼禄是罗马皇帝；罗马皇帝都必然用锡器皿喝酒；用锡器皿喝酒必然中毒；中毒必然精神错乱。

由此必然推出：尼禄皇帝肯定是精神错乱的。因此，Ⅰ一定为真。

例 3：正是因为有了第二味觉，哺乳动物才能够边吃边呼吸。很明显，边吃边呼吸对保持哺乳动物高效率的新陈代谢是必要的。

以下哪种哺乳动物的发现，最能削弱以上的断言？

Ⅰ. 有高效率的新陈代谢和边吃边呼吸的能力的哺乳动物。

Ⅱ. 有低效率的新陈代谢和边吃边呼吸的能力的哺乳动物。

Ⅲ. 有高效率的新陈代谢但没有第二味觉的哺乳动物。

分析： 在上文中"第二味觉"是"边吃边呼吸"的必要条件，而"边吃边呼吸"又是"高效率的新陈代谢"的必要条件，因此，"第二味觉"是"高效率的新陈代谢"的必要条件。即上文推理是：

第二味觉（P）←边吃边呼吸←高效率的新陈代谢（Q）

"P←Q"，那么"非 P 且 Q"是它的负命题，这正是Ⅲ所断定的，该项所举的哺乳动物不具备"第二味觉"这一必要条件，又有"高效率的新陈代谢"的特征，是上文中断言的反例，严重地削弱了上文中的断言。

（三）假言选言推理

假言选言推理也称为二难推理，是由两个假言命题和一个有两个选言支的选言命题做前提构成的推理。

因为这种推理有时反映左右为难的困境，故称二难推理。在辩论中人们经常运用这种推理形式，辩论的一方常常提出具有两种可能的大前提，对方不论肯定或否定其中的哪一种可能，结果都会陷入进退两难的境地。

【案例】

鳄鱼悖论

以下是根据古希腊斯多葛派提出的"鳄鱼悖论"改编的童话故事。

一位年轻的母亲带着女儿在河边玩耍。突然，鳄鱼咬着了她的女儿。母亲要求鳄鱼放了她女儿。鳄鱼说："你如果能猜对我的心思，我就放了你的女儿。"心思是隐性的，难以捉摸的，鳄鱼很是狡猾。这位聪明的母亲想：只有让鳄鱼处于两难，才能救回女儿。于是她说："我猜你想吃掉我女儿。"这么一说，使鳄鱼左右为难，如果鳄鱼说"猜对了"，那根据猜对就要放人的约定，应该放了女孩；如果它说"没猜对"，那就是说，它不想吃掉她女儿，根据约定也应该放了女孩，鳄鱼或说"猜对了"，或说"没猜对"，无论鳄鱼怎样回答，它都得放了女孩。

分析： 这个故事，体现了这位年轻母亲的智慧，也说明她正确地运用逻辑二难推理的技巧。

1. 二难推理的基本形式

二难推理有如下四种基本形式：

（1）简单构成式

两个假言前提有不同的前件，但有相同的后件，因此肯定其前件，就可以推出其相同的后件（结论）。

①简单构成式的一般推理结构可表述如下：

如果 P，那么 R

如果 Q，那么 R

P 或 Q
____

所以，R

例：如果天上的神明没有欲求，那么他们就会很满足；

如果他们有欲求而能完全实现，那么他们也会很满足；

他们或者没有欲求或者能完全实现欲求；

总之，他们都会很满足。

②简单构成式的简约式可表述如下：

如果P，那么R

如果非P，那么R

所以，R

例1：针对上帝是否是万能能，有如下的推理：

如果上帝不能创造出一块他自己都不能搬动的石头，则他不是万能的；

如果上帝能创造出一块他自己都不能搬动的石头，则他同样不是万能的；

上帝或者能创造出一块他自己都不能搬动的石头，或者不能，二者必居其一。

因此，上帝不是万能的。

例2：理查德·费曼是一位著名的物理学家，他在回忆1986年"挑战者"号爆炸的调查时，猛烈地抨击了（美国）国家航空航天局（NASA）的管理失误，他用的就是下面的二难推论："我们每次问起高层管理者，他们都会说关于手下发生的事，他们什么都不知道……或者最高领导团确实不知道，这样他们就不知道应该知道的事，或者他们知道，这样他们就在对我们说谎。"

分析：如此的质问就将对手（此处指的是国家航空航天局的管理者们）推入二难境地，令他们无地自容。其中唯一明确表述的前提是一个析取命题，但析取支必定有一个为真，或者他们知道或者他们不知道手下发生的事。不管选择哪一方，结果对对手来说都是不利的。

（2）简单破坏式

这种形式是，在这个推理中，两个假言前提有不同的后件，但有相同的前件，因此不论否定哪一个后件，结果总是否定了相同的前件。这个推理的结构可表述如下：

如果P，那么Q

如果P，那么R

非Q或非R

所以，非P

例：如果某人真正认识了错误，那么他会诚恳地承认错误；

如果某人真正认识了错误，那么他会自觉地改正错误；

某人没有诚恳地承认错误或者没有自觉地改正错误；

所以，他没有真正认识错误。

（3）复杂构成式

这种形式是，两个假言前提有不同的前件和不同的后件，因此肯定这个或那个前件，结论便肯定这个或那个的后件。它的推理形式可表述如下：

如果P，那么R

如果Q，那么S

P或Q

所以，R或S

例1：如果别人的意见是正确的，那么你就应当接受；

如果别人的意见是错误的，那么你就应当反对；

别人的意见或者是正确的，或者是错误的；

所以，你或者应当接受，或者应当反对。

例2：如果我相信上帝，则如果上帝存在，我就有所得；如果上帝不存在，我也无所失。

如果我不相信上帝，则如果上帝存在，我就有所失；如果上帝不存在，我无所得。

因此，我如果相信上帝，我或者有所得，或者无所失；而如果我不相信上帝，则我或者有所失，或者无所得。

【案例】

庸芮的游说

魏丑夫是战国时期秦国宣太后芈月的男宠。秦昭襄王四十二年，宣太后生病将要死去，于是拟下遗命："如果我死了，一定要让魏丑夫为我殉葬。"魏丑夫听说此事，忧虑不堪，幸亏有秦臣庸芮肯为他出面游说宣太后："太后您认为人死之后，冥冥之中还能知觉人间的事情吗？"宣太后说："人死了当然什么都不会知道了。"庸芮于是说："像太后这样明智的人，明明知道人死了不会有什么知觉，为什么还要故意把自己所爱的人置于死地呢？假如死人还知道什么的话，那么先王早就对太后恨之入骨了。太后赎罪还来不及呢，哪里还敢和魏丑夫有私情呢。"宣太后觉得庸芮说得有理，就放弃了魏丑夫为自己殉葬的念头。

分析：庸芮为了营救魏丑夫，就运用了简单破斥式的二难推理，其推理形式为：

如果太后死后无知，那么让魏丑夫殉葬会白白葬送生前喜爱的人；

如果太后死后有知，那么让魏丑夫殉葬会触怒先王；

或者太后死后无知，或者太后死后有知；

所以，让魏丑夫殉葬，那么，或者会白白葬送生前喜爱的人，或者触怒先王；

总之，让魏丑夫殉葬不好。

所以，就没必要让魏丑夫殉葬了。

（4）复杂破坏式

这种形式是，两个假言前提有不同的前件和不同的后件，因此否定这个或那个后件，结论便否定这个或那个前件，它的推理形式可表述如下：

如果P，那么R

如果Q，那么S

非R或非S

所以，非P或非Q

例：如果上帝是全能的，他就能够消除罪恶；

如果上帝是全善的，他就愿意消除罪恶；

上帝或者没能消除罪恶，或者不愿消除罪恶；

所以，上帝或者不是全能的，或者不是全善的。

2. 二难推理的应用

任何形式的二难推理，必须具备前提真实和形式有效，才是正确的，不具备这两个条件的二难推理必是错误的。上述四种形式的二难推理都是二难推理的有效的推理形式。即只要其前提是真实的，那么运用这四种形式都能得出必然可靠的结论。

二难推理是日常语言中的一种常见论证，从古代沿袭下来。在古代，逻辑和修辞的关系较现在紧密得多。从单纯的逻辑观点看，二难推理没有什么特别重要的地方。但从修辞角度看，二难推理是一种最有力量的说服工具之一，可谓论战中的一种致命性武器。争论过程中，二难推理使得对手必须做出选择，但无论选择什么，都会得出一个他不能接受的结论。

【案例】

囚徒困境

在博弈和决策活动中，决策者必须根据所掌握的关于局势和其他决策者可能的行动选择的信息，做出与自身目标一致的行动选择。这一过程的关键是推理，它也是博弈分析和决策分析的基础。下面是博弈论中非常有名的“囚徒二难”博弈。

甲乙两名犯罪嫌疑人被分别关在两间牢房里。如果他们都坦白，则每人将判3年徒刑；如果只有一人坦白，则坦白者作为污点证人被释放，另一人将判4年徒刑；如果两人都不坦白，则两人都因证据不足被判1年徒刑。

以徒刑期为效用值，囚徒困境可表示为双矩阵：

	乙不坦白	乙坦白
甲不坦白	−1，−1	−4，0
甲坦白	0，−4	−3，−3

（坦白、坦白）是这个博弈的唯一的纳什均衡，因为无论囚徒甲（囚徒乙）选择什么，囚徒乙（囚徒甲）选择坦白都会有最大效用。但是（坦白，坦白）的效用值是（−3，−3），明显低于（不坦白，不坦白）的效用值（−1，−1）。这就是说，均衡结果并不总是帕累托最优的结果，理性选择在策略性互动环境中并不总是遵循效用最大化原则。

分析：这个博弈中，两个囚徒在确定自己的策略时都运用了二难推理：囚徒甲认为，如果乙选择“坦白”，则自己的最优行动是“坦白”；如果乙选择“不坦白”，则自己的最优行动仍然是“坦白”。因此，无论乙选择“坦白”或者选择“不坦白”，自己的最优行动总是“坦白”。

对于囚徒乙，他的推理与甲完全一样，结论同样是选择“坦白”。

因此，这个博弈的结局是两个囚徒都选择“坦白”，它给两个囚徒各带来 3 年徒刑。相对于其他可能的结局，这个结局对两个囚徒是不利的，但却是理性选择的结果。囚徒博弈中二难推理体现了博弈中决策的互动性，这正是博弈与单人决策活动的区别所在。

3. 避开或驳斥二难推理的三种常用方法

由于二难推理是一种很有用的推理，是论辩中的一种有力工具，因此在人们的实际思维中经常地使用它，论辩者可能用它来为对手设置圈套。但是并非人人都能正确地使用这种推理形式，而且诡辩论者也经常利用二难推理进行诡辩，所以对于不正确的二难推理必须避开或加以驳斥。

避开或驳斥二难推论的结论常用的方法有三种，都与二难的两个“死角”有关。分别称为“绕过犄角法”“直击犄角法”“避开犄角法”。

(1)“绕过犄角法”：证明析取前提为假

二难推理的主要特征是通过小前提所提供的非此即彼或亦此亦彼的选择而体现出来，若指出选言支不穷尽，即在 P 或者 Q 这两个选言支以外，还有第三种选言情况存在，这样就从二难的犄角间逃脱了。

例：有教师对学生开展课外活动做出了这样一个二难推理：

如果课外活动搞得过多，那么会影响学生基础课的学习；

如果课外活动搞得过少，那么会影响学生知识面的拓宽；

或者课外活动搞得过多，或者课外活动搞得过少。

所以，或者会影响学生基础课的学习，或者会影响学生知识面的拓宽。

分析：这个选言前提的选言支没有穷尽所有的可能情况，它遗漏了课外活动搞得适中这种可能，而这种可能又是搞课外活动应遵循的一种可能。

(2)“直击犄角法”：指出其假言前提的虚假

这种方法就是要证明二难的犄角为假，即“抓住犄角”。具体而言，是指出二难推理的前提不真实，指出对方预设的前提标准不真实。即充分条件假言命题的前件、后件之间不具有充分条件关系，这需要具体知识来完成。

例：旧西藏的乌拉差役制度中，有的寺庙规定农奴每年都要请喇嘛念冰雹经，祈求免除冰雹灾害。寺庙长老给农奴立下规矩：

如果天不下冰雹，是念经有功，那么要交费酬谢；

如果天下冰雹，是民心不纯，那么要交罚款；

天或不下冰雹，或下冰雹。

所以，农奴或要交酬谢费，或要交罚款。

分析：在上面这个二难推理的复杂构成式中，两个充分条件假言判断的前件都不是后件的充分条件。因为天是否下冰雹，跟喇嘛念经根本没有关系。换言之，它的前提是虚假的，是喇嘛为剥削农奴而人为捏造出来的。

(3)“避开犄角法”：构造一个反二难推理

构造一个反二难推理，将自己从二难困境中解脱出来。即避开对方顶来的两个犄角，重新构造一个与对方结构相同的二难推理，却推出与对方相反的结论，使对方处于同样的二难困境，从而把对方顶过来的犄角再顶回去。

【案例】

父亲的劝诫

古希腊雅典有一位青年，他能言善辩，四处奔波，到处发表演说。一天，他父亲忧心忡忡地对他说："孩子，你可得当心！你那么热衷于演说，不会有好结果。说真话吧，富人或显贵会恨死你；说假话吧，贫民们不会拥护你。可是既要演说，你就只能是或者讲真话，或者讲假话，因此，不是遭到富人显贵们的憎恨，就是遭到贫民们的憎恨，总之是有百弊而无一利啊！"

儿子是这样反驳父亲的："父亲，您老不用担心。如果我说真话，那么贫民们就会赞颂我；如果我说假话，富人显贵们就会赞颂我。虽然我不是说真话，就是说假话，但不是贫民们赞颂我，就是富人显贵们赞颂我，何乐而不为呢？"

分析：在这个案例中父亲劝儿子就使用了一个二难推理，形式是：

如果你说真话，那么富人们憎恨你；

如果你说假话，那么贫民们憎恨你；

或者你说真话，或者你说假话；

总之，有人憎恨你。

儿子反驳父亲则使用了一个反二难推理，形式是：

如果我说真话，那么贫民们就会赞颂我；

如果我说假话，那么富人们就会赞颂我；

或者我说真话，或者我说假话；

总之，有人赞颂我。

儿子通过构造一个反二难推理，得出与他父亲截然相反的结论，这就将父亲的责难有力地顶了回去。

其实构造反二难推理并不足以推翻一个给定的二难推理，因为它并没有对最初的二难推理的可靠性提出任何质疑，它只是显示不同的路径可以导致同样的问题。如果更细致地研究，就会发现它们的结论并不像初看上去那样对立。第一个二难推理的结论是儿子会被憎恨（被富人们或者被贫民们），而反二难的结论是儿子会被赞颂（被贫民们或者被富人们）。实际上两者完全是相容的。反驳用的反二难推理仅仅是建构了一个结论不同的论证而已。两个结论可能都是真的，只能说明看问题的视角不同，并非对事实状况的意见不一致，因而这里并没有达成真正的反驳。即如此反驳并不能驳倒原有推理，而只是将注意力引向同一事情的不同方面。

【案例】

半费之讼

在雅典民主制时期，传说有一个叫欧提勒士的人，向著名的辩者普罗塔哥拉斯学习法律。两人订下合同：欧提勒士分两次付清学费，开始学习时先付一半，另一半等欧提勒士毕业第一次出庭打官司打赢了再付。但是欧提勒士毕业后迟迟不出庭打官司。普罗塔哥拉斯等得不耐烦，准备向法院提出诉讼。他对欧提勒士说：

"我要到法院告你。如果我打赢了官司，那么按照法庭判决，你应该付给我另一半学费；如果我打输了官司，那么按我们的合同，你也应该付给我另一半学费；不论这场官司我是赢还是输，反正，你应付给我另一半学费。"

欧提勒士也不示弱，他针锋相对说："只要你到法院告我，我可以不给你另一半学费。因为，如果我的官司打赢了，那么按照法庭的判决，我不应付给你另一半学费；如果我的官司打输了，那么，按我们的合同，我也不应付给你另一半学费；不论这场官司我是赢是输，反正，我不应付你另一半学费。"

据说，这场官司后来难倒了法官，以至无法做出判决。

分析：这就是逻辑史上著名的"半费之讼"。从形式上看，师生双方都是用二难推理进行诡辩。

初看起来，师生双方的主张都有道理，但是仔细推敲我们不难发现，他们都是采用了双重标准。当法庭判决对自己有利的时候，他们就以法庭的判决为准，当契约对自己有利的时候，就以契约为准。也就是说，老师普罗塔哥拉斯看到自己胜诉的时候就主张以法庭判决为准，要求学生付费；当老师败诉的时候，就根据契约要求学生付费。学生的主张与老师相反，当他败诉的时候，也就是老师胜诉要求以法庭判决为准的时候，他要求以契约为准，所以，不必付费；而当他胜诉的时候，也就是老师败诉要求以契约为准的时候，他要求按照法庭的裁决为准，也就是说不必付费。

普罗塔哥拉斯与他的学生欧提勒士得出了完全相反的结论，究其原因，是因为他们的前提中包含着不一致：一个是承认合同的至上性，一是个承认法庭判决的至上性，哪一项对自己有利就利用哪一项，而这两者是相互矛盾的。这里的问题就是他们双方都默认"约定"和"判决"可以同时而且等效地来解决他们的纠纷，这是他们共同的前提。从逻辑上化解它们的办法就是选择其中的一个进行最终裁决。

4. 二难推理的逻辑应用

二难推理虽然不是基本的逻辑推理形式，它往往是为了说明结果的二难处境或者是为了强调某一结论所进行的推理，但是一种实用的推理。根据上述二难推理的形式、含义与推理规则，下面举例说明其逻辑应用。

例 1：爱因斯坦发表狭义相对论时，有人问他：预计公众会有什么反应。他答道：很简单，如果我的理论是正确的，那么，德国人会说我是德国人，法国人会说我是欧洲人，美国人会说我是世界公民；如果我的理论不正确，那么，美国人会说我是欧洲人，法国人会说我是德国人，德国人会说我是犹太人。

如果爱因斯坦的话是真的，以下哪项陈述一定为真？

Ⅰ. 有人会说爱因斯坦是世界公民。

Ⅱ. 法国人会说爱因斯坦是欧洲人。

Ⅲ. 有人会说爱因斯坦是德国人。

分析：爱因斯坦的陈述：

如果我的理论是正确的，那么，德国人会说我是德国人，法国人会说我是欧洲人；

如果我的理论不正确，那么，美国人会说我是欧洲人，法国人会说我是德国人；

对任何一个理论来说，或者正确，或者不正确；

总会有人说爱因斯坦是德国人，也总会有人说爱因斯坦是欧洲人。

因此，Ⅲ一定为真。

例 2：2013 年 7 月 16 日，美国“棱镜门”事件揭秘者斯诺登正式向俄罗斯提出避难申请。美国一直在追捕斯诺登。如果俄罗斯接受斯诺登的申请，必将导致俄美两国关系恶化。但俄罗斯国内乃至世界各国有很高呼声认为斯诺登是全球民众权利的捍卫者，如果拒绝他的申请，俄罗斯在道义上和国家尊严方面都会受损。

如果以上陈述为真，以下哪项陈述一定为真？

Ⅰ. 俄罗斯不希望斯诺登事件损害俄美两国关系。

Ⅱ. 如果俄罗斯不想使俄美两国关系恶化，它在道义上和国家尊严方面就会受损。

Ⅲ. 如果接受斯诺登的避难申请，俄罗斯在道义上或国家尊严方面就不会受损。

分析：俄罗斯面临两个选择：

接受斯诺登申请→俄美两国关系恶化

拒绝斯诺登申请→道义和国家尊严受损

俄罗斯或者接受或者拒绝，总之，或者俄美两国关系恶化，或者道义和国家尊严受损。

选言命题否定其中一项，就要肯定另外一项。这意味着，如果俄罗斯不想使俄美两国关系恶化，它在道义上和国家尊严方面就会受损。因此Ⅱ一定为真。

二、复合推演

复合推演是指复合命题的混合推理，推理步骤是先把各种陈述翻译成符号逻辑的记法，然后使用逻辑演绎推出一个结论。

（一）演绎有效性与推理方法

复合推演是典型的逻辑演绎问题，逻辑演绎的正确推理必须保证推理形式有效，推理形式的有效性也称保真性，是指一个正确有效的演绎推理必须确保从真前提只会得到真结论。具体而言，一个推理形式是有效的，当且仅当该推理形式确保：只要按照这种形式进行推理，无论从具体有什么样内容的前提出发，只要这些前提是真的，推出的结论必定是真的。

命题逻辑常用的演绎推理方法和步骤如下：

1. 通过自然语言的符号化写出条件关系式

抽象思维是形式推理的基本方法，逻辑推理是排斥形象思维的。对问题的抽象指的是把文字叙述转化为形式化的表达，也就是用一些符号、字母来表达事物间的联系，具体要结合语境，进行理解分析。写条件关系式的基本步骤如下：

第一，确定复合命题所包含的所有不同的原子命题。在命题推理中，事实上在整个命题逻辑中，原子命题作为最基本的单位，它的内部结构不再分解。

第二，用同一命题变项表示所有相同的原子命题，用不同的命题变项分别表示所有不同的原子命题。

第三，分别写出各个前提和结论的真值形式。确定复合命题所断定的支命题之间的逻辑关系，并用相应的真值联结词加以表达。

第四，用合取号把各个前提的真值形式联结起来，所得的合取式，即前提的真值形式。

第五，依据确定的层次，写出整个复合命题的真值形式。用蕴含号把前提和结论的真值形式联结起来，所得的蕴含式，即是整个命题推理的真值形式。

2. 通过演绎推理规则来推出所需要的结果

命题逻辑演绎推理的过程主要包括以下几点：

第一，写出原条件关系式等值的逆否命题。

原命题与逆否命题为等价命题，如果一个命题正确，那么它的逆否命题也一定正确。

A→B1∨B2 的逆否命题为 ¬B1∧¬B2→ ¬A

A→B1∧B2 的逆否命题为 ¬B1∨ ¬B2→ ¬A

B1∨B2→A 的逆否命题为 ¬A→ ¬B1∧¬B2

B1∧B2→A 的逆否命题为 ¬A→ ¬B1∨ ¬B2

比如：¬A∧¬B→ ¬C∨D 的逆否命题为 A∨B←C∧¬D

再如：¬（A∧B） → ¬C∨D 的逆否命题为 A∧B←C∧¬D

第二，若原文陈述只有一个条件关系，往往只要结合原命题与逆否命题的理解即可推出结果。

要注意，顺着原命题和逆否命题这两个条件关系式箭头方向推出的结果都必然是正确的，不能逆着箭头方向推，得不到任何结果。

第三，若原文陈述有多个条件关系，则需要进行一定的逻辑命题演算，从而推导出答案。

从推理起点出发，列出推理链，通过串联多个条件关系式，从而推出必然的结果。

比如：A→B，C→ ¬B，可得出 A→ ¬C

另外，要注意运用对选言推理和假言推理的理解，包括前面所述的等价式，善于变形推理，进行公式互推。

（二）复合推演的逻辑应用

命题逻辑的复合推演主要包括演绎推论、补充前提、结构比较和评价描述等类型，下面分别进行举例分析。

1. 推出命题逻辑的结论

推出命题逻辑的结论即演绎推论，通常要求我们从上文出发，可以逻辑地推出什么结论（或不可能推出什么结论）。其主要步骤是：

首先，按原文的顺序陈述依次做出准确的理解，列出条件关系式。

然后，根据所列条件关系式，以及复合命题的演绎推理规则，推出结论。

例 1：太阳风中的一部分带电粒子可以到达 M 星表面，将足够的能量传递给 M 星表面粒子，使后者脱离 M 星表面，逃逸到 M 星大气中。为了判定这些逃逸的粒子，科学家们通过三个实验获得了如下信息：

实验一：或者是 x 粒子，或者是 y 粒子。

实验二：或者不是 y 粒子，或者不是 z 粒子。

实验三：如果不是 z 粒子，就不是 y 粒子。

根据上述三个实验，以下哪项一定为真？

Ⅰ. 这种粒子是 x 粒子。

Ⅱ. 这种粒子是 y 粒子。

Ⅲ. 这种粒子是 z 粒子。

分析：根据原文陈述列出如下条件关系式：

(1) $x \lor y$

(2) $y \lor \neg z$ 等价于 $z \to \neg y$

(3) $\neg z \to \neg y$

由 (2) (3) 二难推理可得 $\neg y$，再结合 (1)，推出 x。即Ⅰ项为真。

例 2：天然生成的化学物质结构一旦被公布，它就不能获得新的专利。但是，在一种天然生成的化学合成物被当做药物之前，必须通过与人工合成的药品一样严格的测试程序，这一程序的最终环节是在一份出版的报告中详细说明药品的结构和观察到的效果。

如果以上陈述为真，基于此的以下哪项也必然真？

Ⅰ. 一旦天然生成的化学物质结构公布于众，任何天然生成的化学物质都可以由人工合成。

Ⅱ. 如果人工生产的化学物质合成物取得专利，则其化学结构一定公布于众。

Ⅲ. 一旦天然生成的化合物被允许作为药物使用，它就不能取得新的专利。

分析：上文推理为：

(1) p（天然化学物质的结构被公布）→q（不能取得新的专利）。

(2) r（用天然化学合成物作药品）→s（通过测试程序）。

(3) s（通过测试程序）→ p（天然化学物质的结构被公布）。

联立上述三式，可推出：用天然化学合成物作药品→不能取得新的专利。

因此，Ⅲ必然为真。

例 3：某实验室一共有 A、B、C 三种类型的机器人，A 型能识别颜色，B 型能识别形状，C 型既不能识别颜色也不能识别形状。实验室用红球、蓝球、红方块和蓝方块对 1 号和 2 号机器人进行实验，命令它们拿起红球，但 1 号拿起了红方块，2 号拿起了蓝球。

根据上述实验，以下哪项断定一定为真？

Ⅰ.1号和2号都是C型

Ⅱ.1号和2号中有且只有一个是C型

Ⅲ.1号不是B型且2号不是A型

分析：上文断定：

(1) A型能识别颜色，说明A型是识别颜色的充分条件，即：A型→识别颜色。

意味着：不能识别颜色一定不是A型，能识别颜色不能确定为A型。

(2) B型能识别形状，说明B型是识别形状的充分条件，即：B型→识别形状。

意味着：不能识别形状一定不是B型，能识别形状不能确定为B型。

实验结果：命令它们拿起红球，结果是1号拿起了红方块，2号拿起了蓝球。

既然1号拿起了红方块，说明1号不能识别形状，由(2)，说明1号肯定不是B型；但不足以说明它能识别颜色（因为C型也有可能拿红方块），即使它能识别颜色也不能确定它是A型。

2号拿起了蓝球，说明2号不能识别颜色，由(1)，说明2号肯定不是A型；但不足以说明它能识别形状（因为C型也有可能拿蓝球），即使它能识别形状也不能确定它是B型。

因此，Ⅲ一定为真。

2. 揭示命题逻辑的省略前提

在日常论证中，所运用的演绎推理经常是不完整的，是省略前提的。省略的前提就是隐含的假设，要对论证的有效性做出评估，必须揭示出隐含的假设。

揭示复合命题演绎推理的省略前提的主要步骤如下：

第一步，抓住结论和前提。

按原文的顺序陈述依次对前提和结论做出准确的理解，列出条件关系式。

第二步，揭示省略前提。

依据合理性原则，凭语感揭示出被省略的前提。

第三步，检验推理的有效性。

把省略的前提补充进去，并作适当的整理，将推理恢复成标准形式，根据复合命题的演绎推理规则检验上述推理是否有效。当省略的前提条件为真时，结论就必然会被推出。

例1：如果米拉是考古专家，又考察过20座以上的埃及金字塔，则他一定是埃及人。

这个断定可根据以下哪项做出？

Ⅰ. 米拉考察过30座以上埃及金字塔。

Ⅱ. 埃及的考古专家考察过10座以上的埃及金字塔。

Ⅲ. 考古专家中只有埃及的考古专家考察过15座以上的埃及金字塔。

分析：上文是个省略的假言三段论，补充省略前提后构成一个有效的推理：

上文前提：米拉是考古专家，又考察过20座以上的埃及金字塔。

补充Ⅲ项：考古专家中只有埃及的考古专家考察过15座以上的埃及金字塔。

得出结论：他一定是埃及人。

例 2：凡是绿色或发芽的土豆中都含有较多的毒性生物碱——茄碱。没有一个经过检查的土豆是绿色的或发芽的。所以，经过检查的土豆都是可以安全食用的。

如果使用以下哪项陈述作为假设，上面推理的结论就可以符合逻辑地推出？

Ⅰ. 不是绿色也没有发芽的土豆都可以安全食用。

Ⅱ. 绿色或发芽的土豆都是不能安全食用的。

Ⅲ. 食用含有较多茄碱的土豆是不安全的。

分析： 上文前提是，没有一个经过检查的土豆是绿色的或发芽的。意思就是，所有经过检查的土豆都不是“绿色的或发芽的”。补充假设后，论证过程如下：

上文前提：经过检查→不是绿色∧没有发芽

补充Ⅰ项：不是绿色∧没有发芽的→可以安全食用

得出结论：经过检查→可以安全食用

3. 结构比较

复合命题推理的结构比较指的是推理形式上的相似比较，其主要思路如下：

①抽象思维。要从具体的、有内容的原文论述中抽象出一般命题逻辑的形式结构。

②忽略内容。即不必关注命题的真假、论证的内容及其真实与否，只考虑抽象出推理结构和形式，而不考虑其叙述内容的对错。

③相似比较。即比较诸选项的形式结构，根据问题要求，找出形式结构上与原文中类似或不类似的选项。

例：在印度发现了一些不平常的陨石，它们的构成元素表明，它们只可能来自水星、金星和火星。由于水星靠太阳最近，它的物质很可能被太阳吸引而不可能落到地球上；这些陨石也不可能来自金星，因为金星表面的任何物质都不可能摆脱太阳对它的引力而落到地球上。因此，这些陨石很可能是某次巨大的碰撞后从火星落到地球上的。

上述论证方式和以下哪些最为类似？

Ⅰ. 这起谋杀或是劫杀，或是仇杀，或是情杀。但作案现场并无财物丢失；死者家庭和睦，夫妻恩爱，并无情人。因此，最大的可能是仇杀。

Ⅱ. 如果张甲是作案者，那必有作案动机和作案时间。张甲确有作案动机，但没有作案时间。因此，张甲不可能是作案者。

Ⅲ. 此次飞机失事的原因，或是人为破坏，或是设备故障，或是操作失误。被发现的黑匣子显示，事故原因确实是设备故障。因此，可以排除人为破坏和操作失误。

分析： 上文论证形式为：或者 P，或者 Q，或者 R；非 P，非 Q；所以 R。

这实际上是我们所用的排除法。其方法是列出各种可能情况构成一选言命题，然后根据所给信息，运用“否定肯定式”排除其他可能，最后得出确定的结论。

各选项中只有选项Ⅰ与上文的论证形式一致，其余两项与上文的论证形式均不同。

4. 评价描述

评价描述主要是要求识别原文演绎论证的结构方法以及推理缺陷等，需要用逻辑的语言来描述给出的推理过程或逻辑错误。

针对命题逻辑的评价描述主要考察两个方面：一是在假言推理中充分条件和必要条件是否运用正确；二是复合命题推理是否有效，即是否符合复合命题的演绎推理规则。

例：只有计算机科学家才懂得个人电脑的结构，并且只有那些懂得个人电脑结构的人才赞赏在过去10年中取得的技术进步。也就是说只有那些赞赏这些进步的人才是计算机科学家。

下面哪一点，最准确地描述了上述论述中的推理错误？

Ⅰ. 上述论述没有包含计算机科学家与那些赞赏在过去10年中取得技术进步的人之间的明确的或含蓄的关系。

Ⅱ. 上述论述忽视了这样的事实：有一些计算机科学家可能并不赞赏在过去10年中取得的技术进步。

Ⅲ. 上述论述忽视了这样的事实：计算机科学家除了赞赏在过去10年中取得的技术进步之外，还会赞赏其他事情。

分析： 上文前提是：计算机科学家←懂得个人电脑的结构←赞赏技术进步。

结论是：赞赏技术进步←计算机科学家。

这一推理是错误的，把条件弄反了，Ⅱ指出了这一缺陷，因此为正确答案。

第四章 逻辑分析

逻辑分析本质上均属于演绎推理，具体指根据已知信息进行逻辑演绎和分析，从而必然地推出确定性的结论。

第一节　数学推理

数学作为一种演绎系统，本身就属于演绎逻辑，数学内容是以逻辑意义相关联的，数学中基本的概念、性质、法则、公式等都是遵循科学的逻辑性构成的。因此，数学推理能力是逻辑思维能力的一个重要表现。

一、数据分析

数据分析是指对所给文字陈述中的数据进行分析，大致可以分为两类：一类是，可列出所给陈述中所包含的数学关系，然后通过必要的分析和计算便可得必然性的结果；另一类是，有些问题并不涉及计算或存在明显数学关系式的运算，仅提供一些数据或一些描述性的条件，但解决这类问题通常也可要用数学思维来进行演绎和推理。

例 1：对一种新药疗效的试验检验结果是：

	服药组	安慰剂对照组
康复	200 人	50 人
未康复	75 人	15 人

问：这个新药有疗效吗？

分析：根据上文陈述：

实验组的康复概率是 200/275＝0.727。

对照组的康复概率是 50/65＝0.769。

实验组的康复概率低于对照组的康复概率，因此，此药无效。

例 2：假设某病毒性疾病是一种严重的疾病，人口中的患病率是千分之一。某种方法可以有效地诊断此病，诊断正确率是 95%，就是说，这种方法错误地将一个健康人判断为有病的概率是 5%。

当某人这项化验结果为阳性（有病）时，他确实患有此病的概率是多少？

Ⅰ. 约 95%。　　　　Ⅱ. 约 50%。　　　　Ⅲ. 约 2%。

分析： 许多人错误地选择了Ⅰ，实际上正确的选择是Ⅲ。

注意，题目中的一个条件是“人口中的患病率是千分之一”。如果没有患病的 999 人被测试，那么，根据 5%的错判率，其中大约有 50 人（0.05×999）将被错判为有病。就是说，1 000 人中测试为阳性的 50 个人中，只有一个人是确实患病，约占 2%。

例 3：烧一根均匀的绳，从头烧到尾总共需要 1 个小时。现在有若干条材质相同的绳子，问如何用烧绳的方法来计时一个小时十五分钟呢？

分析： 根据上文陈述，解决步骤如下：

第一步：同时点燃第一根绳的两端与第二根绳的一端；

第二步：第一根绳烧完后，点燃第二根绳的另一端；

第三步：第二根绳烧完后，同时点燃第三根绳子两端。

第三根绳烧完后，整个过程耗时 30＋15＋30＝75 分钟，计时完成。

例 4：假设有一个池塘，里面有无穷多的水。现有 2 个空水壶，容积分别为 5 升和 6 升。

问：如何只用这 2 个水壶从池塘里取得 3 升的水。

分析： 根据上文陈述，解决步骤如下：

第一步：把 6 升的空水壶装满，再倒入 5 升的水壶中，里面还剩 1 升；

第二步：把 5 升水壶里的水全部倒出，把 6 升水壶里剩下的 1 升水倒入 5 升的水壶；

第三步：把 6 升的水壶再次装满，倒入 5 升的水壶，直至装满，5 升水壶里原来有 1 升水，那么装满它还需 4 升，这样装 6 升的水壶里还剩下 2 升水；

第四步：再把 5 升水壶里的水全部倒出，把 6 升水壶里剩下的 2 升水倒进去；

第五步：把 6 升水壶装满，倒入装有 2 升水的 5 升水壶里，直至装满，6 升水壶里就剩 3 升水了。

例 5：一人拿一张百元钞票到商店买了 25 元的东西，该东西总成本为 20 元。店主由于手头没有零钱，便拿这张百元钞票到隔壁的小摊贩那里换了 100 元零钱，并找回了那人 75 元钱。那人拿着 25 元的东西和 75 元零钱走了。过了一会儿，隔壁小摊贩找到店主，说刚才店主拿来换零的百元钞票为假币。店主仔细一看，果然是假钞。店主只好又找了一张真的百元钞票给小摊贩。

问：在整个过程中，店主一共亏了多少钱财？

分析： 没有必要被题目中过多的条件限制住，可把问题想简单些：即假设没有换零钱这个步骤。隔壁小摊贩是个干扰。分析步骤如下：

（1）隔壁小摊贩肯定是不亏不赚，排除；

（2）只剩下两个人了；

（3）顾客占多少便宜，店主就亏多少；

（4）顾客用“一张废纸”换回 75 元的钱和总成本 20 元的东西，也就是说占了 95 元便宜；

（5）店主亏了 95 元。

例 6：参加某国际学术研讨会的 60 名学者中，亚裔学者 31 人，博士 33 人，非亚裔学者中无博士学位的 4 人。

根据上述陈述，参加此次国际研讨会的亚裔博士有几人？

分析： 设 x 为亚裔博士人数，y 为亚裔非博士人数，z 为非亚裔的博士人数。图示如下：

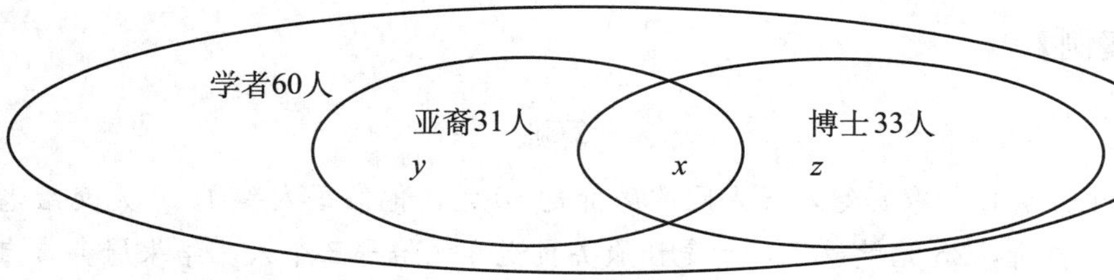

从而列出如下方程：

(1) $x+y+z+4=60$

(2) $x+y=31$

(3) $x+z=33$

由 (2) ＋ (3) － (1)，可推出 $x=8$

即参加此次国际研讨会的亚裔博士有 8 人。

例 7：某省大力发展旅游产业，目前已经形成东湖、西岛、南山三个著名景点，每处景点都有二日游、三日游、四日游三种路线。李明、王刚、张波拟赴上述三地进行 9 日游，每个人都设计了各自的旅游计划。后来发现，每处景点他们三人都选择了不同的路线：李明赴东湖的计划天数与王刚赴西岛的计划天数相同，李明赴南山的计划是三日游，王刚赴南山的计划是四日游。

根据以上陈述，可以得出以下哪项？

Ⅰ. 张波计划东湖四日游，王刚计划西岛三日游。

Ⅱ. 王刚计划东湖三日游，张波计划西岛四日游。

Ⅲ. 李明计划东湖二日游，王刚计划西岛二日游。

分析： 三个人每人进行 9 日游。列表如下：

	东湖	西岛	南山	合计
李明	S		3	9
王刚		S	4	9
张波				9

由于每个景点有 2、3、4 日游三种路线，因此，9 日游只有两种可能的组合 9＝3＋3＋3 或者 9＝2＋3＋4。

又由于每处景点他们三人都选择了不同的路线，从而进一步得到，李明、王刚在三个景点的路线组合都是 2、3、4。(因为如果李明是 3，3，3；则王刚就是 2，3，4；则西岛就都是 3 日游了)

这样就只能得出唯一的情况：

	东湖	西岛	南山	合计
李明	2	4	3	9
王刚	3	2	4	9

因此，Ⅲ为真。

【案例】

算账

有三个人去住一家宾馆，三人间的房价是 30 元，他们每人凑了 10 元交给老板，老板说那天刚好打折，25 元就够了，于是让服务员退 5 元给那三个人。结果服务员自己贪污了 2 元，把剩下 3 元退给那三个人每人 1 元。

问题：每人交了 10 元，每人又退了 1 元，也就是说他们每人付了 9 元，三个人总共付了 9×3=27 元，加上服务员贪污的 2 元，总共才 29 元，为什么会少 1 元钱？那 1 元钱哪去了呢？

分析：三个人最初是付了 30 元，但老板通过服务员各退给他们 1 块，可以理解为他们付了 27 元（9×3），分配方面，老板得了其中 25 块，服务生私吞了 2 块，25+2=27。可见与 30 并无收支上的关系；不能用 27+2 来算。

以服务员为交易的终点：三人最终付出 27 元一老板最终得到 25 元=服务员私吞的 2 元

以老板为交易的终点：三人最终付出 27 元一服务员私吞的 2 元=老板得到的 25 元

以顾客为交易的终点：三人先付出 30 元一服务员后来退还的 3 元（即：老板给了服务员 5 元一服务员私吞的 2 元）=顾客最终付出的 27 元

因此，实际住宿费（老板实收的住宿费）25 元+3 元（每人退回 1 元）+服务员私吞的 2 元=30 元。

二、数学推演

数学推演通常涉及关系相对复杂的数学相关问题，需要根据陈述，提取有用的数据信息，并进行必要的分析总结，有时需要列出多个数学关系式，通过推演而得出合理的推论。

例 1：桌上放着红桃、黑桃和梅花三种牌，共 20 张。

Ⅰ. 桌上至少有一种花色的牌少于 6 张。

Ⅱ. 桌上至少有一种花色的牌多于 6 张。

Ⅲ. 桌上任意两种牌的总数将不超过 19 张。

上述论述中，哪些是正确的？

分析：根据上文陈述，判断如下：

Ⅰ不正确。可以举例来说明，假设三种牌的张数分别是 6、6、8，就推翻了Ⅰ的论述。

Ⅱ正确。三种牌共 20 张，则三种牌的平均张数大于 6，所以至少有一种牌的张数大于 6。

Ⅲ正确。由于有三种牌共 20 张，如果其中有两种总数超过了 19，也就是至少达到了 20 张，那么另外一种牌就不存在了，这是与题意相矛盾的，由此可知Ⅲ正确。

例 2：据统计，去年在某校参加高考的 385 名文、理科考生中，女生 189 人，文科男生 41 人，非应届男生 28 人，应届理科考生 256 人。

由此可见，去年在该校参加高考的考生中：

Ⅰ. 应届理科男生多于 129 人。

Ⅱ. 应届理科女生多于 130 人。

Ⅲ. 应届理科女生少于 130 人。

分析：本题涉及三种分类：应届与非应届、文科与理科、男生与女生。列表如下：

	应届文科	非应届文科	应届理科	非应届理科	合计
男	P	Q	R	S	196
女			T		189
合计			256		385

由上文条件列出以下方程：

(1) $P+Q=41$

(2) $Q+S=28$

所以，$P+Q+Q+S=41+28=69$

即 $P+Q+S=69-Q\leqslant 69$

所以，$T=256-R=256-[196-(P+Q+S)]$

$=256-196+(P+Q+S)=60+(P+Q+S)\leqslant 60+69=129$

因此，应届理科女生少于 130 人。即Ⅲ为真。

例 3：有三个骰子，其中红色骰子上 2、4、9 点各两面，绿色骰子上 3、5、7 点各两面，蓝色骰子上 1、6、8 点各两面。两个人玩骰子的游戏，游戏规则是两人先各选一个骰子，然后同时掷，谁的点数大谁获胜。

那么，以下说法正确的是：

Ⅰ. 先选骰子的人获胜的概率比后选骰子的人高。

Ⅱ. 选红色骰子的人比选绿色骰子的人获胜概率高。

Ⅲ. 没有任何一种骰子的获胜概率能同时比其他两个高。

分析：根据上文，每个骰子出现各点数的概率都为 1/3。可分 3 种情况讨论：

(1) 选红、绿两色。红若出现 2 则必输；红若出现 4 的概率为 1/3，而此时绿出现 3 的概率为 1/3，此时赢的概率为 1/9；红若出现 9，则必赢，其赢的概率即为 9 出现的概率，为 1/3。因此，红赢的概率为 1/9+1/3=4/9；反之，绿赢的概率为 5/9。

(2) 选红、蓝两色。红若出现 2 同时蓝出现 1 的概率为 1/9；红若出现 4 同时蓝出现 1 的概率为 1/9；红若出现 9 的概率为 1/3。因此，红赢的概率为 1/9+1/9+1/3

=5/9；反之，蓝赢的概率为4/9。

(3) 选绿、蓝两色。绿若出现3同时蓝出现1的概率为1/9；绿若出现5同时蓝出现1的概率为1/9；绿若出现7同时蓝出现1或6的概率为1/3×2/3=2/9。因此，绿赢的概率为4/9；反之，蓝赢的概率为5/9。

由此可看出，没有任何一种骰子的获胜概率能同时比其他两个高。即Ⅲ正确。

例4：某研究所对该所上年度研究成果的统计显示：在该所所有的研究人员中，没有两个人发表的论文的数量完全相同；没有人恰好发表了10篇论文；没有人发表的论文的数量等于或超过全所研究人员的数量。

如果上述统计是真实的，则以下哪项断定也一定是真实的？

Ⅰ. 该所研究人员中，有人上年度没有发表1篇论文。

Ⅱ. 该所研究人员的数量，不少于3人。

Ⅲ. 该所研究人员的数量，不多于10人。

分析：上文的统计结论有三个：

结论一：没有两个人发表的论文的数量完全相同。

结论二：没有人恰好发表了10篇论文。

结论三：没有人发表的论文的数量等于或超过全所研究人员的数量。

设全所人员的数量为n，则由结论一和结论三，可推出：全所人员发表论文的数量必定分别为0，1，2，…，$n-1$。因此，Ⅰ成立。

又由结论二，可推出：该所研究人员的数量，不多于10人。否则，如果该所研究人员的数量多于10人，则有人发表的论文多于或等于10篇，则有人恰好发表了10篇论文，和结论二矛盾。因此，Ⅲ成立。

Ⅱ不成立。例如，如果研究人员的数量是2，其中一人未发表论文，另一个发表了一篇论文，上文的三个结论可同时满足。

【案例】

陨石重量

一位地质学家无意间捡到了三块陨石：A、B、C。当他试着准备为这三块石头称重量的时候，他发现自己的手上只有一个天平和两个砝码：一个1两、一个5两。这怎么称出来呢？地质学家思考了半天。

首先，他分别拿出A和B放在天平上称，结果他发现A与B都不足4两，但无论他怎么量都测不出A、B的真正重量。

无奈之下，他又想了一个办法，把C放在了天平的左侧，将A、B放在右侧测量。然后他又重新安排三块石头的位置并用上了砝码。终于，三块石头的真正重量都被他测了出来。

你知道这位地质学家是如何测出来的吗？三块陨石的重量又各是多少呢？

分析：若用1两和5两的砝码测量，都量不出来，而且A、B两块石头都不足4两。说明如果A、B两块石头的重量都是整数，那么不可能是1两和4两。如果是2两和3两，那么有3种可能：2两、2两，3两、3两，2两、3两。而用两个砝码可以测出的重量有1两、4两、5两、6两。所以这三种情况都不可能，所以答案一定是“非整数”了！

他拿C和A、B一起测，这是他第一次量C；之后又只量了一次，就知道答案。可见最后这次一定是平衡，确认了重量。不过最后一次三块石头都放上去，但那时他都还不知道A、B的重量，所以在这之前有C的那一次，一定是确认了C和A、B的相对关系，这答案只有一个情况能确定，那就是平衡！换句话说，有C参与的两次测量都是平衡的。第一次测量的结果是A加B等于C，确认了A、B和C的关系后，第二次放了砝码，确认了重量。只有这样才能确定结果。

另外，他还可以量出A、B的和是否大于1两。如果和大于1两，他还有很多种量法。当他量出A、B的和等于C时，便知道他要想量出A、B、C的正确重量，只有当它们3个的和等于1的时候才有可能。也就是A、B、C的和要等于一两。于是他将A、B、C都放在同一边，另一边放一两的砝码，结果真的平衡，A加B等于C，那么C就等于0.5两，A等于B，于是A与B就都等于0.5两。

第二节　分析推理

分析推理通常是上文给出若干条件，要求以这些条件为前提，符合逻辑地推出某种确定性的结论。推理技能可以通过训练来提高，分析推理训练的是整体和全面分析问题的能力，从宏观角度要求具备对整体框架的认识，从微观角度要求具备对每个条件的具体使用方法的灵活运用。

通常的思考步骤是：

首先，读取所给陈述和问题所给的所有条件。

其次，对条件间的关系进行逻辑分析，寻找其内在联系。

最后，逐步推理，直至推出结果。

一、要素分析

要素分析要求考生分析一些假想的情况，要求根据已知的人物、地点、事件等要素和项目中的关系进行演绎，得出结论。这些题设条件（关系）往往被假设成多种情形，且彼此相互联系。分析思考往往是个信息收集和推理的过程，大致分为三个步骤：

①阅读分析。即准确阅读并理解文字陈述，从复杂的文字中分析出条件信息。

②抽象思考。即对从阅读中获得的信息进行抽象提炼，并整理成清晰、完整的图表或条件推理关系。

③逻辑推理。即根据整理出来的图表、条件推理关系以及题目所给的附加条件，推理出新的信息。

在要素分析中，建构一个图示通常有助于问题的解决，通过设计的图表来贮备已知的信息和所引出来的中间结论，能把已知的信息和推出的信息整合并记录下来，随着推论的数目不断增长以及推理链条不断拉长，将不断有新的信息积累，并把已知信息和新信息逐步填入图表中，以表示所有相关的可能选择。

(一) 匹配分析

匹配分析题是相对基本的匹配对应类题。匹配对应类题型有三个特征：第一，给出一组对象、两种或者两种以上的情况因素；第二，给出了不同对象之间相关情况因素的判断；第三，推出确定的结论，即要求对象与情况因素进行一一匹配或对应。

匹配分析题的主要思考方法：

一是，演绎分析法。注意各类信息，必要时可以在草稿纸上用你设计的符号来表示推论过程，帮助你记住一些重要信息和推出正确结论。

二是，图表分析法。把已知条件列在一个图表上，再进一步推理。

例 1：世界田径锦标赛 3 000 米决赛中，始终跑在最前面的甲、乙、丙三人中，一个是美国选手，一个是德国选手，一个是肯尼亚选手，比赛结束后得知：

(1) 甲的成绩比德国选手的成绩好。

(2) 肯尼亚选手的成绩比乙的成绩差。

(3) 丙称赞肯尼亚选手发挥出色。

从中可以推出甲、乙、丙分别为哪国选手？

分析："肯尼亚选手的成绩比乙的成绩差""丙称赞肯尼亚选手发挥出色"，那么肯尼亚选手不是乙，也不是丙，即：肯尼亚选手是甲。

"甲（肯尼亚选手）的成绩比德国选手的成绩好""肯尼亚选手的成绩比乙的成绩差"，那么，三位选手的名次和国籍如下：

乙	>	甲	>	(丙)
(美国)		肯尼亚		德国

即甲、乙、丙依次为肯尼亚选手、美国选手和德国选手。

例 2：某宿舍住着四个研究生，分别是四川人、安徽人、河北人和北京人。他们分别在中文、国政和法律三个系就学。其中：

(1) 北京籍研究生单独在国政系。

(2) 河北籍研究生不在中文系。

(3) 四川籍研究生和另外某个研究生同在一个系。

(4) 安徽籍研究生不和四川籍研究生同在一个系。

以上条件可以推出四川籍研究生所在的系为哪个系？

分析：由条件 (1) (2) 推知：河北籍研究生在法律系；

由条件 (1) (3) (4) 推知：四川籍研究生和河北籍研究生在同在一个系；

因此，四川籍研究生在法律系。示意图如下：

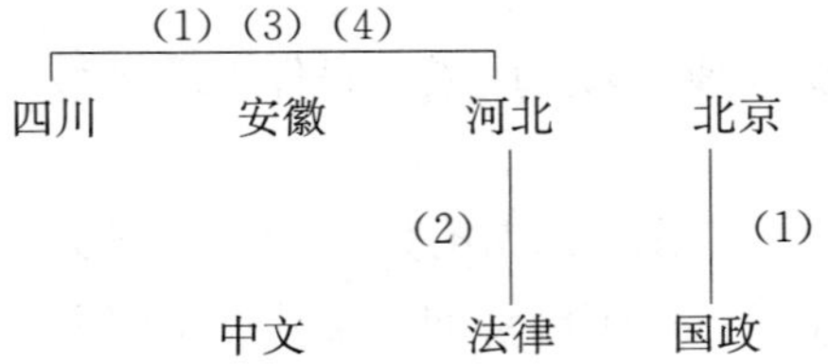

例 3：有甲、乙、丙三个学生，一个出生在 B 市，一个出生在 S 市，一个出生在 W 市。他们的专业，一个是金融，一是管理，一个是外语。已知：

（1）乙不是学外语的。

（2）乙不出生在 W 市。

（3）丙不出生在 B 市。

（4）学习金融的不出生在 S 市。

（5）学习外语的出生在 B 市。

根据上述条件，可推出甲出生在的城市和所学的专业分别是什么？

分析：由（4）“学习金融的不出生在 S 市”和（5）“学习外语的出生在 B 市”，可推出“学习金融的出生在 W 市”以及“学习管理的出生在 S 市”。列表如下：

	学外语的在 B 市	学管理的在 S 市	学金融的在 W 市
甲	√		
乙	×（1）	√	×（2）
丙	×（3）		√

又由“乙不是学习外语的”和“乙不出生在 W 市”，可推出“乙是学习管理的，出生在 S 市”。

又由“丙不出生在 B 市”，因此可推出“甲出生在 B 市，是学习外语的”。

（二）对应分析

对应分析题指相对复杂一些的匹配对应题，解答方法同样是演绎分析和图表分析的结合使用。具体思考步骤如下：

首先，阅读并对上文所给出的条件做出准确的理解。

其次，对上文给出的多种因素间的条件关系进行逻辑分析，寻找其内在关系。

再次，综合各个条件逐步进行分析与推理，直至推出必然性的答案。

例 1：有 A、B、O、AB 四种血型，血型相同的人之间可以互相输血，只有 O 型血的人可以输给任何血型的人，但只能接受 O 型血，而不能接受其他三种血型的血，只有 AB 型血的人可以接受任何一种血型的血，但是只能输给 AB 血型的人，其他三种血型的人都不能接受 AB 型的血。已知赵是 A 型血；钱不能接受赵的血，也不能输血给赵；孙能接受赵的血，但不能输血给赵；李不能接受赵的血，却能输血给赵。

根据上述条件，判断出钱、孙、李三人血型分别是什么？

分析：赵是 A 型血，钱不能接受赵的血，说明钱不是 A 和 AB 型；钱也不能输血给赵，也不能是 O 型；所以，钱只能为 B 型。

孙能接受赵的血，说明孙的血型可能是 A 或者 AB；但他不能输血给赵，也就不能为 A 型，所以，孙只能为 AB 型。

李不能接受赵的血，说明李不是 A 和 AB 型，只能是 O 或 B 型；李却能输血给赵，说明李只能为 O 型。

例 2：张霞、李丽、陈露、邓强和王硕一起坐火车去旅游，他们正好在同一车厢相对两排的五个座位上，每人各坐一个位置。第一排的座位按顺序分别记为1号和2号。第2排的座位按顺序分别记为3、4、5号。座位1和座位3直接相对，座位2和座位4直接相对，座位5不和上述任何座位直接相对。李丽坐在4号位置；陈露所坐的位置不与李丽相邻，也不与邓强相邻（相邻是指同一排上紧挨着）；张霞不坐在与陈露直接相对的位置上。

根据以上信息，张霞所坐的位置有多少种可能的选择？

分析：根据上文条件，李丽坐4号位置，陈露不与李丽相邻，所以只能坐1或2号位；陈露也不对邓强相邻，所以邓强只能坐3或5号位。

由于张霞不坐在与陈露直接相对的位置上。假设陈露坐1号位，张霞可以坐2或5位；假设陈露坐2号位，则张霞可坐1、3或5。

综合来看，张霞可有1、2、3、5号共4种可能的位置。

1	2	
3	4李	5

例3：航天局认为优秀宇航员应具备三个条件：第一，丰富的知识；第二，熟练的技术；第三，坚强的意志。现有至少符合条件之一的甲、乙、丙、丁四位优秀飞行员报名参选，已知：

（1）甲、乙意志坚强程度相同。

（2）乙、丙知识水平相当。

（3）丙、丁并非都是知识丰富。

（4）四人中三人知识丰富、两人意志坚强、一人技术熟练。

航天局经过考察，发现其中只有一人完全符合优秀宇航员的全部条件。他是哪位？

分析：由（2）乙、丙知识水平相当，由（4）四人中三人知识丰富；可推出：乙、丙知识丰富。

又由（3）丙、丁并非都是知识丰富；推出：丁知识不丰富，因此，甲知识丰富。

再由（1）甲、乙意志坚强程度相同，由（4）四人中两人意志坚强。意味着，要么甲、乙意志都坚强，要么甲、乙意志都不坚强。

丁的技术也不熟练，因为，如果丁的技术熟练，则由条件（4）“一人技术熟练”，则甲、乙、丙三人技术都不熟练，这样就没有符合条件的了。

因为甲、乙、丙、丁四人至少符合条件之一，所以，丁意志坚强。

由条件（1），甲、乙意志坚强程度相同，推得，甲、乙意志不坚强。因为如果都坚强的话，则就有甲、乙、丁三人意志坚强了，这与条件（4）“两人意志坚强”矛盾，所以，甲、乙意志不坚强。那么，丙的意志坚强。因此，只有丙完全符合条件。

	甲	乙	丙	丁
丰富的知识	√	√	√	×
熟练的技术	√	√	√	×
坚强的意志	×	×	√	√

（三）排列分析

排列问题是指，所给出的元素之间有明显的前后顺序关系，要求根据已知条件对各元素进行排列或者确定其中某些元素的相应位置。在分析排列问题时，我们要先使用确定条件，然后再使用连续条件，按下来使用先后条件，最后使用互斥条件或推导条件。思考的关键步骤是条件分析，也即隐含条件的推理。解题时要找出一个对整个排列起决定作用的条件，然后推出一个对排列起引导作用的隐含条件。把涉及先后位置的条件尽可能总结出来，对于各类特殊排列题应尽可能抓住其特点进行解题。解答这类题型时要注意：

①简化条件；

②读清问题，注意是对可能性还是对确定性做出回答；

③把每一个问题中的附加条件与条件分析中的隐含条件相结合；

④利用表格解题；

⑤运用排除法和填坑法则。

例 1：某局办公室共有 10 个文件柜按序号一字排开。其中 1 个文件柜只放上级文件，2 个只放本局文件，3 个只放各处室材料，4 个只放基层单位材料。

1	2	3	4	5	6	7	8	9	10

要求：

1 号和 10 号文件柜放各处室材料。

两个放本局文件的文件柜连号。

放基层单位材料的文件柜与放本局文件的文件柜不连号。

放各处室材料的文件柜与放上级文件的文件柜不连号。

已知 4 号文件柜放本局文件，5 号文件柜放上级文件。

请分析各个文件柜放的文件或材料分别是什么？

分析：根据上文信息，“1 号和 10 号文件柜放各处室材料”，可以确定 1 号和 10 号文件柜放处室材料。根据“4 号文件柜放本局文件，5 号文件柜放上级文件”，上文中“两个放本局文件的文件柜连号”可得本局另外一个文件柜不可能是 5，那么只能是 3。又根据上文要求“放基层单位材料的文件柜与放本局文件的文件柜不连号”，所以 2 号文件柜不能放基层文件，那么只剩 6、7、8、9 四个文件柜空，所以这四个柜子必然放基层文件。处室的另外一个文件柜只能是 2。列表如下：

1	2	3	4	5	6	7	8	9	10
处	（处）	（局）	局	上	（基）	（基）	（基）	（基）	处

例 2：有 6 件青花瓷器：S、Y、M、Q、K、X，每件的制作年代各不相同，从左至右，按年代最早至年代最晚依次排序展览，已知的排序条件信息如下：

（1）M 的年代早于 X。

（2）如果 Y 的年代早于 M，则 Q 的年代早于 K 和 X。

（3）如果 M 的年代早于 Y，则 K 的年代早于 Q 和 X。

(4) S的年代要么早于Y，要么早于M，二者不兼得。

①以下哪项列出的是可能的展览顺序？

Ⅰ.Q、M、S、K、Y、X。

Ⅱ.Q、K、Y、M、X、S。

Ⅲ.Y、S、M、X、Q、K。

Ⅳ.M、K、S、Q、Y、X。

②如果Y的年代是第二早的，以下哪项陈述可能真？

Ⅰ.K的年代早于S。

Ⅱ.K的年代早于Q。

Ⅲ.M的年代早于S。

Ⅳ.M的年代早于Y。

③以下哪项列出的不可能是年代最早的瓷器？

Ⅰ.M。

Ⅱ.Q。

Ⅲ.S。

Ⅳ.Y。

④如果X的年代早于S，以下哪项陈述可能真？

Ⅰ.Y的年代早于M。

Ⅱ.Y的年代早于Q。

Ⅲ.S的年代早于M。

Ⅳ.S的年代早于K。

⑤如果M的年代早于Q却晚于K，以下哪项陈述可能真？

Ⅰ.Y的年代早于S。

Ⅱ.S的年代早于M。

Ⅲ.Q的年代早于X。

Ⅳ.Y的年代早于M。

分析：条件表达如下：

(1) $M<X$

(2) $Y<M \rightarrow Q<K$，X

(3) $M<Y \rightarrow K<Q$，X

(4) $S<Y \& S<M$

①诸项中只有Ⅳ项与上文条件不矛盾，因此，为正确答案。

其余选项均不符合上文条件，其中，Ⅰ项违背条件(3)；Ⅱ项违背条件(4)；Ⅲ项违背条件(2)。

②$S\neq1$，否则违背条件(4)。又因为$Y=2$，所以，$S>Y$。

再由条件(4)得：$Y<S<M$。结合条件(1)得：$Y<S<M<X$。

再由条件(2)得：$Q<K$，X。

这样Q只能在1号位，因此，K、S、M、X在3到6号位。

1	2	3	4	5	6
Q	Y				

诸选项中只有Ⅰ项符合条件。其余选项均不可能为真。

③由条件（4）知，S的年代介于Y和M之间，所以，S不可能是年代最早的瓷器。因此，Ⅲ为正确答案。

④因为X<S，再结合条件（1）知：M<X<S。再结合条件（4），可得：M<X<S<Y。

再结合条件（3）可得：K<Q，X。

根据以上两个推出条件，可得：K<X<S<Y。

诸选项中只有Ⅱ项与上述条件不矛盾，因此，为正确答案。

其余选项均不符合上述条件，均不可能为真。

⑤因为K<M<Q，由条件（2）的逆否命题推得：M<Y。

再结合条件（4），推得：K<M<S<Y。

又由条件（1）M<X，所以，M< X，Q，S，Y

因此，M的右边有四个瓷器，左边只有一个K。

所以，K只能在1号位，M在2号位。

1	2	3	4	5	6
K	M				

诸选项中只有Ⅲ项与上述条件不矛盾，因此，为正确答案。

其余选项均不符合上述条件，均不可能为真。

（四）分组分析

分组问题就是把若干元素分成不同的组或从若干元素中选取出某些元素分成不同的组，通过元素之间相容或不相容等约束条件来确定各组的成员。

首先要搞清楚的是题目所给出的几个元素分成了几组，每组有几个元素。其次要注意的地方是限制性语句及确定性语句。与排列不同的是，分组不讲究元素之间的次序、队列等问题，而只考虑何种分组才是可能的，何种分组是不可能的，每组中所包含的元素个数是思考的关键所在。

1. 分组题的条件类型及其表达

①分组情况：表明题目所给出的元素可分成几组，每组几个元素等。

②确定性条件：它描述了某几个元素分组的确定信息。A在第一组，表示为A=1。

③捆绑条件：它描述了某两个或几个元素在分组上的相同（或互斥）。A与B同在第一组，表示为（AB）=1。

④互斥条件：表示某两个元素不能在同一组的条件。如“P与T不在同一组”，表示为P/T。

⑤推导条件：即若一个命题成立，则可推知另一个命题也成立，这类条件通常被表达为A→B。如P=1→T=2。

2. 解答分组题应注意的问题

①分组题的解答完全依赖于上面五类基础条件的使用。

②对分组情况的灵活使用是所有分组题的解题基础。需要根据已知条件来确定题目中所出现的元素如何分组，这是条件分析的第一步。分组问题的另一个突破口是分情况讨论。

③运用排除法。一方面要运用限制性条件来排除，另一方面，要注意是问题中出现的是“可能（不可能）”，还是“必然”，它们的排除是不一样的。

④运用填坑法则。对于捆绑条件和互斥条件主要是利用“填坑法则”把某个位置确定下来，从而把其他几个元素的分组问题简单化。

⑤充分性条件的逆否命题等价于原命题的运用。

例 1：有 7 名心脏病患者 E、F、G、H、I、J、K 要分配给 4 名医生负责治疗，他们是张医生、李医生、王医生和刘医生，每名患者只能由 1 位医生负责，每位医生最多负责 2 名患者的治疗，患者中 J 和 K 是儿童，其余 5 个是成年人；E、F 和 J 是男性，其余 4 个是女性，以下条件必须满足。

（1）张医生只负责治疗男性患者。

（2）李医生只能负责 1 名患者的治疗工作。

（3）如果某名医生负责治疗 1 名儿童患者，那么他必须负责与这个患儿性别相同的 1 名成人患者的治疗工作。

①根据上面的条件，以下哪项肯定为真？

Ⅰ. F 由李医生负责治疗。

Ⅱ. G 由刘医生负责治疗。

Ⅲ. J 由张医生负责治疗。

Ⅳ. H 由王医生负责治疗。

②以下每名患者都可以由李医生负责治疗，除了哪一位？

Ⅰ. E。

Ⅱ. G。

Ⅲ. I。

Ⅳ. K。

③如果 E 由王医生负责治疗，则以下哪一项肯定为真？

Ⅰ. F 由李医生负责治疗。

Ⅱ. G 由王医生负责治疗。

Ⅲ. H 由刘医生负责治疗。

Ⅳ. K 由刘医生负责治疗。

④如果李医生负责治疗 G，则以下哪项可能为真。

Ⅰ. E 和 F 由刘医生负责治疗。

Ⅱ. I 和 K 由王医生负责治疗。

Ⅲ. H 和 I 由刘医生负责治疗。

Ⅳ. E 和 K 由王医生负责治疗。

⑤根据上文，以下哪一项肯定为真？

Ⅰ. 王医生至少负责治疗1名女性患者。

Ⅱ. 王医生至少负责治疗1名儿童患者。

Ⅲ. 刘医生至少负责治疗1名男性患者。

Ⅳ. 刘医生至少负责治疗1名儿童患者。

分析：首先对本大题进行条件分析，列出下表：

	成人	儿童
男	E，F	J
女	G，H，I	K

由条件（2），李医生只负责1名患者，而每位医生最多负责2名患者的治疗，那么其余的医生就要各负责2名。

①答案为Ⅲ

由条件（1），张医生只能治疗E、F、J中的人。

张医生不可能同时负责E和F，否则违背条件（3），张医生一定治疗J和1名男性成年人（E或F），Ⅲ正确。

医生名	张	李	王	刘
病人人数	2男	1	2	2
病人名	J，E/F			

②答案为Ⅳ

K是女童，由条件（2）李医生只能治疗1个人，所以李医生一定不能治疗K，否则违背条件（3）。

③答案为Ⅳ

E由王医生负责治疗，而张医生只能治疗E、F、J中的人，并且由①题分析可知张医生一定治疗J和另外1名男性成年人，所以张医生一定治疗F、J；

E由王医生负责治疗，张医生一定治疗F、J，所以李医生治疗除K之外的另外3名女性之一，因为如果某名医生负责治疗1名儿童患者，那么他必须负责与这个患儿性别相同的1名成人患者的治疗工作，而王医生已经治疗了1名男性成人，所以他只能再治疗1名女性成人，那么剩下1名女性成人和K就只能由刘医生治疗。

④答案为Ⅱ

J和K是儿童，而K是女性，E、F和J是男性，因为如果某名医生负责治疗1名儿童患者，那么他必须负责与这个患儿性别相同的1名成人患者的治疗工作，Ⅰ和Ⅳ排除。

如果H和I都由刘医生治疗，而G由李医生治疗，而且如果某名医生负责治疗1名儿童患者，那么他必须负责与这个患儿性别相同的1名成人患者的治疗工作，剩下的女性儿童K将没有人能治疗，Ⅲ排除。因此，Ⅱ正确。

⑤答案为Ⅰ

由上面分析得J只能由张医生治疗，而且张医生还要治疗1名男性患者，那么只剩下1名男性患者，而李医生只能负责1名患者的治疗工作，因此王、刘两位医生必须各负责2位患者，因为剩下1名男性患者可分配，所以王、刘两位都至少要治疗1名女性患者。

例2：某单位在大年初一、初二、初三安排6个人值班，他们是G、H、K、L、P、S。每天需要2人值班。人员安排要满足以下条件：

(1) L与P必须在同一天值班。

(2) G与H不能在同一天值班。

(3) 如果K在初一值班，那么G在初二值班。

(4) 如果S在初三值班，那么H在初二值班。

①以下哪一项可以是这些人值班日期的一个完整且准确的安排？

Ⅰ. 初一：L和P；初二：G和K；初三：H和S。

Ⅱ. 初一：L和P；初二：H和K；初三：G和S。

Ⅲ. 初一：G和K；初二：L和P；初三：H和S。

Ⅳ. 初一：K和S；初二：G和H；初三：L和P。

②以下哪一项必然为真？

Ⅰ. G与S在同一天值班。

Ⅱ. S与H不在同一天值班。

Ⅲ. K与S不在同一天值班。

Ⅳ. K与G不在同一天值班。

③如果P在初二值班，以下哪一项可以为真？

Ⅰ. S在初三值班。

Ⅱ. H在初二值班。

Ⅲ. K在初一值班。

Ⅳ. G在初一值班。

④如果G和K在同一天值班，以下哪一项必然为真？

Ⅰ. S不在初三值班。

Ⅱ. K在初二值班。

Ⅲ. L在初一值班。

Ⅳ. H在初一值班。

⑤如果H在S的前一天值班，则以下哪一项不能为真？

Ⅰ. G在初二值班。

Ⅱ. P在初二值班。

Ⅲ. K在初一值班。

Ⅳ. H在初一值班。

分析：首先条件表达如下：

(1) (L，P)

(2) G/H

(3) K=1→G=2

(4) S=3→H=2

然后，进行条件分析，初一、初二、初三分别是1号、2号、3号位。

当K=2。此时（L，P）可以在1号，也可以在3号。

当K=3。此时（L，P）可以在1号，也可以在2号。

这样，可分为五种情况讨论：

第一种情况，K=1。

此时G=2，则L，P只能在3号位；再由（2），G只能在2号，这样H就只能在1号。

第二种情况，K=2且（L，P）在1号。

由（2），G，H分别占据2号和3号，S就只能在3号，又由（4）知，H就只能在2号。

第三种情况，K=2且（L，P）在3号。

由（2），G，H分别占据1号和2号，S就只能在1号。

第四种情况，K=3且（L，P）在1号。

由（2），G，H分别占据2号和3号，S就只能在2号。

第五种情况，K=3且（L，P）在2号。

由（2），G，H分别占据1号和3号，S就只能在1号。

综合以上分析，列表如下：

日期（初一到初三）		1	2	3
情况一	K=1	K，H	G，S	L，P
情况二	K=2且（L，P）=1	L，P	K，H	G，S
情况三	K=2且（L，P）=3	S，H/G	K，G/H	L，P
情况四	K=3且（L，P）=1	L，P	H/G，S	K，G/H
情况五	K=3且（L，P）=2	H/G，S	L，P	K，G/H

①答案为Ⅱ

Ⅱ项的安排是完全符合条件的。Ⅰ项违背条件（4）；Ⅲ项违背条件（3）；Ⅳ项违背条件（2）。

②答案为Ⅲ

K与S不在同一天值班是必然为真的，否则，如果K与S在同一天值班，由于（1），L与P必须在同一天值班，那么，剩下的G与H只能在同一天值班，这就与条件（2）矛盾了。

③答案为Ⅳ

如果P在初二值班，根据表格只能是第五种情况，此时，G在初一值班是可以的。其他选项都不可能。

④答案为Ⅰ

如果G和K在同一天值班，由（1）L与P必须在同一天值班，那么，S和H只能在同一天值班，又由条件（4）知，S不可能在初三值班。

⑤答案为Ⅱ

如果H在S的前一天值班，根据表格，只有情况一和情况二是可以的，此时，只有P在初二值班是不可能的，其他选项都是可以为真的，所以，选Ⅱ。

（五）规则分析

从n个元素中按照一定的规则选出m个来的问题，是规则问题，解决这类题时，要注意对下面这些条件的应用：

①首先，要注意原题目所给出的供选择的元素有几类，一共有多少个。

②其次，要注意选择元素的原则。

③再次，要注意对选出元素的数量的限制。

④然后，要注意常用的推理方法，如元素之间的互斥关系，逆否命题的转化，条件的传递性等。

⑤最后，若选出的元素还要进行排列或分组时，要注意利用排除法、填坑法等思考技巧。

例1：互联网好比一个复杂多样的虚拟世界，每台联网主机上的信息又构成了一个微观虚拟世界，若在某主机上可以访问本主机的信息，则称该主机相通于自身；若主机x能通过互联网访问主机y的信息，则称x相通于y。已知代号分别为甲、乙、丙、丁的四台联网主机有如下信息：

（1）甲主机相通于任一不相通于丙的主机；

（2）丁主机不相通于丙；

（3）丙主机相通于任一相通于甲的主机。

①若丙主机不相通于自身，则以下哪项一定为真？

Ⅰ．甲主机相通于乙，乙主机相通于丙。

Ⅱ．甲主机相通于丁，也相通于丙。

Ⅲ．只有甲主机不相通于丙，丁主机才相通于乙。

分析：丙不相通于丙，丁也不相通于丙，根据条件（1）甲主机相通于任一不相通于丙的主机，所以得出Ⅱ，甲相通于丙、丁。

②若丙主机不相通于任何主机，则以下哪项一定为假？

Ⅰ．丁主机不相通于甲。

Ⅱ．若丁主机不相通于甲，则乙主机相通于甲。

Ⅲ．若丁主机相通于甲，则乙主机相通于甲。

分析：由（3）丙主机相通于任一相通于甲的主机，而丙主机不相通于任何主机，由此可以得出结论：任何主机都不相通于甲。所以Ⅱ项一定假。

例2：晨曦公园拟在园内东南西北四个区域种植四种不同的特色树木，每个区域只种植一种。选定的特色树种为：水杉、银杏、乌柏和龙柏。布局和基本要求是：

（1）如果在东区或者南区种植银杏，那么在北区不能种植龙柏或乌柏。

（2）北区或东区要种植水杉或者银杏。

①根据上述种植要求，如果北区种植龙柏，以下哪项一定为真？

Ⅰ. 南区种植乌柏。

Ⅱ. 西区种植乌柏。

Ⅲ. 东区种植乌柏。

分析： 根据（1）如果在东区或者南区种植银杏，那么在北区不能种植龙柏或乌柏。

如果北区种植龙柏，则否定了后件，则前件也不出现，即银杏不种植在东区和南区。

而由于每个区域只种植一种，北区种植龙柏，则银杏必然种植在西区。

东	南	西	北
（水杉）	（乌柏）	银杏	龙柏

再根据（2）北区或东区要种植水杉或者银杏，则东区只能种植水杉。

最后得出Ⅰ：南区种植乌柏。

②根据上述种植要求，如果水杉必须种植于西区或南区，以下哪项一定为真？

Ⅰ. 南区种植乌柏。

Ⅱ. 东区种植银杏。

Ⅲ. 北区种植银杏。

分析： 根据（2）北区或东区要种植水杉或者银杏，意味着以下 4 种情况至少发生一种：北区种植水杉，北区种植银杏，东区种植水杉，东区种植银杏。

根据条件（1），如果在东区或者南区种植银杏，那么在北区不能种植龙柏或乌柏。假设东区种植银杏，则北区不能种植龙柏或乌柏，那么北区只能种植水杉，但水杉只能种植于西区或南区，导致矛盾。所以东区不能种植银杏。

既然水杉必须种植于西区或南区，可得出：东区不能种植水杉，北区也不能种植水杉。

排除以上 3 种情况后，必然推出Ⅲ：北区种植银杏。

二、分析推演

分析推演问题必须通过系统的推理才能得到解决，解答它们常常具有挑战性，通常需要锲而不舍地反复推理。可能需要找到一个推理系列，在这个系列中，所得的次结论被用做后来推理的前提。

【案例】

三个逻辑学家

三个逻辑学家走进酒吧，服务员问：“每个人都要来杯啤酒吗？”

第一、第二个逻辑学家都说：“我不知道。”第三个逻辑学家说：“是的！”

这时服务员应该端上几杯？

分析： 答案是三杯啤酒。服务员需要端来三杯啤酒，每个逻辑学家一杯。

为什么是三杯？思维严谨的逻辑学家发现，服务员的问题是："每个人都要来杯啤酒吗？"

第一个逻辑学家说"不知道"，因为他想给自己点杯啤酒，但不清楚剩下两个人要不要。如果他不想喝啤酒，回答"不"就好了。以此类推，第二个逻辑学家也想喝啤酒。

而第三个逻辑学家意识到，他的两个朋友都想喝啤酒，恰巧他也想喝啤酒，所以他回答了"好的！"，表示三个人都想喝酒，所以服务员要端来三杯。

（一）演绎分析

演绎分析指的是根据给出的信息直接推出确定性的结论。推理过程可能要求具有一定的洞察能力，要找到解决问题的路径需要对早先假设或发现的信息进行创造性的重组。

例 1：当化学药剂 VIANZONE 添加到任何透明的含有氯化钠的溶液中，溶液会变浑浊；当化学药剂 VIANZONE 添加到含有硝酸钾的透明溶液中，溶液会变浑浊；但是化学药剂 VIANZONE 不会改变含有苯的溶液。在一个实验中，化学药剂 VIANZONE 被添加到一种透明溶液中，溶液仍然保持透明。

根据以上实验，可以推断出以下哪项为真？

Ⅰ. 透明溶液含有硝酸钾。

Ⅱ. 透明溶液含有氯化钠和苯。

Ⅲ. 透明溶液不含有苯。

Ⅳ. 透明溶液不含有氯化钠。

分析：根据上文条件，可知：

化学药剂 VIANZONE ＋ 氯化钠→浑浊

化学药剂 VIANZONE ＋ 硝酸钾→浑浊

化学药剂 VIANZONE ＋ 苯 →透明

化学药剂 VIANZONE ＋ 一种透明溶液中→透明

显然可知，该透明溶液不含有氯化钠（否则会变浑浊），也不含有硝酸钾（否则也会变浑浊），而含有苯是可能的。因此，答案选Ⅳ。

例 2：一台安装了签名识别软件的电脑——这种软件仅限于那些在文档中签名的人进入计算机——不仅通过分析诸如签名的形状，而且通过分析诸如笔尖的压力和签名的速度等特征来识别某人的签名。即使是最机灵的伪造者也不能复制该程序能分析的所有特征。

以下哪项结论能符合逻辑地从上述陈述中推出？

Ⅰ. 大多数银行已经使用了装备这种软件的计算机了。

Ⅱ. 这种签名识别软件价值不凡，只有少量重要部门才使用。

Ⅲ. 没有人可以只通过伪造签名的技巧而进入安装了这种软件的计算机。

分析：上文论述：

只有在文档中签名的人才能进入计算机，而这种签名是不可能被复制的。

可见，签名是进入计算机的必要条件，而上文排除了他人复制签名的可能性，因此，显然可以得出：没有人可以只通过伪造签名的技巧而进入安装了这种软件的计算机，即Ⅲ正确。

例3：思考是人的大脑才具有的机能。计算机所做的事（如深蓝与国际象棋大师对弈）更接近于思考，而不同于动物（指人以外的动物，下同）的任何一种行为。但计算机不具有意志力，而有些动物具有意志力。

如果上述断定为真，则以下哪些陈述一定为真？

Ⅰ. 具备意志力不一定要经过思考。

Ⅱ. 动物的行为中不包括思考。

Ⅲ. 思考不一定要具备意志力。

分析：上文断定：

第一：思考是人的大脑才具有的机能。说明计算机和动物都不能思考。

第二：计算机不具有意志力，而有些动物具有意志力。

	人	计算机	动物
思考	√	×	×
意志力		×	√

有的动物具有意志力，但动物都不能思考，显然Ⅰ是成立的．

思考是人的大脑才具有的机能，所以动物不能思考，即动物的行为中不包含思考，显然Ⅱ成立。

由上文，由于计算机所做的事只是接近于思考，而不是真正的思考，因此，不能根据计算机不具备意志力，就得出结论：思考不一定要具备意志力，所以，Ⅲ不能由上文推出。

（二）矛盾分析

真假话问题的基本形式是上文给出若干陈述，并明确了其中真假的数量，要求考生从中推出结论。

真假话问题的思考方法主要分成三种：一是矛盾突破法，二是反对关系法，三是假设代入法。其中，假设代入法是难度比较高的题目，放到后面的智力推理型里论述。反对关系法和矛盾突破法类似，若确定了上文陈述中有反对或下反对关系，就知道了它们不同真或不同假，就找到了解题突破口。这里重点介绍矛盾突破型的真假话题，解答突破口是上文所给出的陈述中找出有互相矛盾的判断，从而必知其一真一假。

1. 矛盾关系的种类

互相矛盾的命题常分为直言命题的矛盾关系、复合命题的矛盾关系二种：

（1）直言命题的矛盾关系。根据对当关系，找出一对矛盾关系的直言命题。

（2）复合命题的矛盾关系。根据复合命题的负命题，找出一对矛盾关系的复合命题。

2. 解答步骤

第一步，确定矛盾。找出一对矛盾关系的命题，从而必知其一真一假。

第二步，绕开矛盾。根据已知条件从而知剩余说法的真假。

第三步，推出答案。

注意：

①逻辑矛盾与日常所说的矛盾不等同。

逻辑上的矛盾是原命题和负命题，就是数学里的原集和补集，是完全相反的两个命题。

日常语言中往往把包含有不一致的命题都叫矛盾，范围除逻辑矛盾关系外，还包括反对关系等，比如A、E。

②有时两个命题虽然不是矛盾的，但互相反对（或下反对），即不能同真（或不能同假），那就可以推出两个判断中至少有一个是假的（或者至少有一个是真的），这也同样可以成为解题的关键。

例1：桌子上有4个杯子，每个杯子上写着一句话：第一个杯子："所有的杯子中都有水果糖"；第二个杯子："本杯中有苹果"；第三个杯子："本杯中没有巧克力"；第四个杯子："有些杯子中没有水果糖"。

如果其中只有一句真话，那么以下哪项为真？

Ⅰ. 所有的杯子中都有水果糖。

Ⅱ. 所有的杯子中都没有水果糖。

Ⅲ. 第三个杯子中有巧克力。

分析：上文中第一和第四个杯子上的话是矛盾的，两句话中必有一真一假。

因此，四句中的一句真话必在第一和第四之中，所以第二和第三个杯子上的话必为假。

由第三个杯子上的话"本杯中没有巧克力"是假，可知Ⅲ中所说"第三个杯子中有巧克力"为真。

例2：某高校新生入学后进行了专项体检。关于肝功能的检查情况有以下几种判断：(1) 所有新生的肝功能都正常。(2) 有些新生的肝功能正常。(3) 有些新生的肝功能不正常。(4) 李刚的肝功能正常。后来经过详细检查，发现以上断定中只有两个正确。

以下哪项能够从上文中必然推出？

Ⅰ. 所有新生的肝功能都正常。

Ⅱ. 李刚的肝功能正常。

Ⅲ. 有些新生的肝功能不正常。

分析：直言命题的对当关系推理。其中：(1) 为A判断，(2) 为I判断，(3) 为O判断，(4) 为A判断。

(1) 必定为假。否则，若 (1) 真，则 (2)、(4) 均为真，这与上文条件只有两个真矛盾。然后，由 (1) 假可推出 (3) 真。所以，答案为Ⅲ。

例3：某矿山发生了一起严重的安全事故。关于事故原因，甲、乙、丙、丁四位负责人有如下断定：

甲：如果造成事故的直接原因是设备故障，那么肯定有人违反操作规程。

乙：确实有人违反操作规程，但造成事故的直接原因不是设备故障。

丙：造成事故的直接原因确实是设备故障，但并没有人违反操作规程。

丁：造成事故的直接原因是设备故障。

如果上述断定中只有一个人的断定为真，则以下断定都不可能为真，除了

Ⅰ. 甲的断定为真，有人违反了操作规程。

Ⅱ. 甲的断定为真，但没有人违反操作规程。

Ⅲ. 乙的断定为真。

分析：根据上述断定，列出如下条件关系式：

甲：设→违

乙：违∧¬设

丙：设∧¬违

丁：设

甲和丙的断定互相矛盾，其中必有一真一假。

又只有一人的断定为真，因此，乙和丁的断定为假。

由丁的断定假，可知：造成事故的直接原因不是设备故障。

由乙的断定假，可推知：或者没有人违反操作规程，或者造成事故的直接原因是设备故障。

由上述两个推断，¬设∧（¬违∨设），可推知：没有人违反操作规程。

这样，可得出结论：

第一，事实上造成事故的直接原因不是设备故障。

第二，事实上没有人违反操作规程。

因此，丙的断定为假，因而甲的断定为真。所以，Ⅱ项为真。

（三）假设分析

假设的思维方法是一种推测性很强的思维方法，可以把一个未知条件假设成已知条件，从而使题目中隐蔽或复杂的数量关系，趋于明朗化和简单化。这种思维在解答应用题的实践中，具有很大的实用性。

逻辑分析问题通常是给出一组前提条件，通过比较复杂的推理步骤，得到某个确定的结果。逻辑分析过程中，常用的方法是假设代入法。

【案例】

聪明的哲学家

从前，一个孤岛上有一个奇怪的风俗：凡是漂流到这个岛上的外乡人都要作为祭品被杀掉，但允许被杀的人在临死前说一句话，然后由这个岛上的长老判定这句话是真的还是假的。如果说的是真话，则将这个外乡人在真理之神面前杀掉；如果说的是假话，则将他在错误之神面前杀掉。有一天，一位哲学家漂流到了这个岛上，他说了一句话，使得岛上的人没有办法杀掉他。

该哲学家必定说了哪一句话？

分析：哲学家说的话是："我将死在错误之神面前"。

假设"我将死在错误之神面前"是真话：一方面，根据题意，他应在真理之神面前被杀掉；另一方面，按这句话本身是真话，他应在错误之神面前被杀掉。这就形成了矛盾，使得岛上的人没有办法杀掉他。

假设"我将死在错误之神面前"是假话：一方面，根据题意，他应在错误之神面前被杀掉；另一方面，按这句话本身是假话，推出他将死在真理之神面前。这就形成了矛盾，使得岛上的人没有办法杀掉他。

所以，无论何种情况，只要哲学家说了“我将死在错误之神面前”，岛上的人都没有办法杀掉他。

1. 方法介绍

所谓假设代入法，是指从一个命题的假设出发以求突破，即假设某个条件为真或为假，然后根据假设条件来推导，能推导出矛盾的即为假设错误，从而找到解答突破口，从中得出答案的方法。假设既可以由上文入手，也可以由选项入手，还可以是推导过程中的假设。

先假设某个前提或选项为真或者为假，看能否从中推出矛盾。如果能推出矛盾，则原来的假设不成立，该假设的否定成立；如果不能推出矛盾，则该假设可能成立，也可能不成立。

具体可分为归谬法和反证法两类方法：

（1）归谬法

归谬法即假设一个命题为真，推导出逻辑矛盾，那么该命题必定是假的。

归谬法是演绎反驳中经常使用的一种逻辑方法。这种方法，是先假定被反驳一方的论题成立，然后以该论题合乎逻辑地导出荒谬的结论，再根据蕴含命题推理的否定后件式，从而驳倒被反驳的一方的论题，说明其论题不成立的一种间接反驳方法。其论证的过程是：

被反驳的论题：P

假设：P 成立

推理：如果 P，则 Q

Q 不成立

所以，P 不成立

（2）反证法

反证法即假设一个命题为假，推导出逻辑矛盾，那么该命题必定是真的。

论题：P

反论题：非 P

证明：非 P 假

根据排中律，即可推定 P 真

【案例】

几只病猫

在一个偏僻的村里，共有 50 户人家，每户人家都有 1 只猫，50 只猫中必然有病猫的存在。每个人有能力直接观察并判断别人的猫是否有病，但无法直接判断自己的猫是否有病。已知每户人家观察一遍别人的猫需要一整个白天的时间。每户人家只有权利杀死自己的病猫，无权杀别人家的猫，也无权帮助别人判断其猫是否有病。

星期一，无任何事情发生。

星期二，也没有任何事情发生。

星期三，响起一阵枪声。

请问：这个村里有几只病猫？

分析：首先，若是有1只病猫的话，当病猫主人检查了其余49只猫无病后，就会断定自己的猫是病猫，但是在三天后响枪了，所以并不是只有1只病猫。

其次，若是有2只病猫的话，那么2只病猫的主人会看到其他49只猫中有1只病猫，就会在第二天将其杀死，但却没有。

再次，若是有3只病猫的话，3只病猫的主人会看到其他49只猫中有2只病猫，也就是在旁人看来则会多1只病猫存在。到了第二天，3只病猫的主人发现村里还是没有病猫被杀，就会意识到病猫的总数大于2，也就知道了自己家里存在着病猫，所以，在星期三的时候把病猫杀死了。

所以，这个村里总共存在着3只病猫。

2. 两种方式

对于解决逻辑推理类的选择题，假设代入法包括对题干条件的假设和对选项的假设代入两种方式：

(1) 选项假设法

对选项的假设代入，是假设选项是正确或错误的，然后代入到题干中，进行验证的方法。因为假设的选项要代入题干进行验证，因此选项假设法适用于选项简单而且明确的题目，一般只涉及单一元素。

①选项归谬：正向假设代入法。

当问题问从题干可以推出什么，选项归谬就是排除法，排除不可能选项。当问题问下面哪个选项是错误的，选项归谬就是找出答案。

②选项反证：反向假设代入法。

一般题干出现“一定会推出”“不可能为假”等字眼时才可能使用这种方法。假设某个选项为假，即将选项否定后代入题干，如果出现矛盾，则该选项一定为真。

(2) 题干假设法

所谓题干假设法就是假设题干中的某一条件是真或假，然后代入到题干中，进行验证的方法。

①条件归谬：正向假设代入法。

题干内部条件的归谬法。即设题干某个条件为真，若推出逻辑矛盾，则该条件为假。比如，假设甲真，可推出乙真，因为只有一真，所以，甲必假。从中可进一步推出某个结果。

②条件反证：反向假设代入法。

假设题干某个条件为假，若推出逻辑矛盾，则该条件为真，从中可推出某个结果。

题干真假话的条件分析，分两种情况，一句话要么是真话，要么是假话；若假设其中一个情况成立，从中推出逻辑矛盾，则这个情况一定不成立；那么，另一个情况一定成立。比如，甲、乙、丙、丁四个人有两人说了真话，另两人说了假话，但事先我们并不知道是谁说了真话，谁说了假话。在这种情况下，可先假设某一句话为真，以此为起点，然后进行推论，如果推出矛盾，就说明这个假设不能成立。再假设另一句话为真，进行推论。直至假设某一句话为真，推不出矛盾来，即可找到正确结果。

3. 解答思路

对于逻辑推理类的选择题，有以下解答思路：

（1）当问题问的是必然推出，比如“以下哪项一定正确?”“下面哪项为真?”“从上述断定能推出以下哪项结论?”等，选项确认和排除的策略如下：

①如何确认 A 是答案。

● （直接推理）根据已知条件，直接得到 A 是答案。
● （选项反证法）若 A 不是答案，将导致矛盾。
● （排除法）除 A 外，其余选项代入题干都出现矛盾。

②如何确认 A 不是答案。

● （归谬法）若 A 是答案，将导致矛盾。
● （排除法）已经有比 A 更佳的答案。

（2）当问题包括必然推不出，与必然推出相比较，选项确认和排除的策略如下：

问题	以下哪项一定正确? 下面哪项为真? 从上述断定能推出以下哪项结论?	以下哪项一定错误? 以下哪项不可能真? 从上述断定能推出以下各项，除了 以下哪项如果为真，最能反驳上述观点?
如何确认 A 是答案	Ⅰ.（直接推理）根据已知条件，直接得到 A 是答案。 Ⅱ.（选项反证法）若 A 不是答案，将导致矛盾。 Ⅲ.（选项归谬法/排除法）除 A 外，其余选项代入题干都出现矛盾。	Ⅰ.（直接推理）根据已知条件，直接得到 A 项错误，即为答案。 Ⅱ.（选项归谬法）若 A 项正确，将导致矛盾。
如何确认 A 不是答案	Ⅰ.（选项归谬法）若 A 是答案，将导致矛盾。 Ⅱ.（选项排除法）已经有比 A 更佳的答案。	Ⅰ.（直接推理）根据已知条件，直接得到 A 项正确。 Ⅱ.（选项反证法）若 A 错误，将导致矛盾。

例 1：大小行星悬浮在太阳系边缘，极易受附近星体引力作用的影响。据研究人员计算，有时这些力量会将彗星从奥尔特星云拖出。这样，它们更有可能靠近太阳。两位研究人员据此分别做出了以下两种有所不同的断定：一、木星的引力作用要么将它们推至更小的轨道，要么将它们逐出太阳系；二、木星的引力作用或者将它们推至更小的轨道，或者将它们逐出太阳系。

如果上述两种断定只有一种为真，可以推出以下哪项结论?

Ⅰ. 木星的引力作用将它们推至更小的轨道，并且将它们逐出太阳系。

Ⅱ. 木星的引力作用没有将它们推至更小的轨道，但是将它们逐出太阳系。

Ⅲ. 木星的引力作用将它们推至更小的轨道，但是没有将它们逐出太阳系。

分析：P 表示“木星的引力作用将它们推至更小的轨道”，Q 表示“木星的引力作用将它们逐出太阳系”，这样研究人员的断定可表示为以下两个：

断定（1）：要么P，要么Q

断定（2）：或者P，或者Q

假设（1）真，则可推出（2）真，而两个断定中只有一真，因此，必然是（1）假（2）真。

由（1）假得：P、Q两者都真，或两者都假。

由（2）真得：P、Q两者至少一个真。（意味着，“P、Q两者都假”不成立）

从而可推出：只能是“P、Q两者都真”这一种情况成立。因此，Ⅰ正确。

例2：一个密码破译员截获了一份完全由阿拉伯数字组成的敌方传递军事情报的密码，并且确悉密码中每个阿拉伯数字表示且只表示一个英文字母。

以下哪项最无助于破译这份密码？

Ⅰ. 知道英语中元音字母出现的频率。

Ⅱ. 知道英语中绝大多数军事专用词汇。

Ⅲ. 知道密码中奇数数字相对于偶数数字的出现频率接近于英语中R相对E的出现的频率。

分析：Ⅲ项无助于破译。因为如果确认Ⅲ项有利于破译，实际上就是推测密码中的偶数表示R而奇数表示E。如果这一推测成立，则这份密码破译后通篇只包含两个字母R和E，显然不能承载任何内容。

其余两项均有助于破译。其中，Ⅰ项有助于破译，因为这就有助于推测，如果密码中某些数字出现的频率接近已知的元音字母出现的频率，它们表示的英语字母就可能是元音字母。Ⅱ项有助于破译，因为这份密码传递的是军事情报。

例3：一对夫妻带着他们的一个孩子在路上碰到一个朋友。朋友问孩子：“你是男孩还是女孩？”

朋友没听清孩子的回答。孩子的父母中某一个说，我孩子回答的是“我是男孩”，另一个接着说：“这孩子撒谎，她是女孩。”这家人中男性从不说谎，而女性从来不连续说两句真话，也不连续说两句假话。

如果上述陈述为真，那么，以下哪项一定为真？

Ⅰ. 父母中第一个说话的是母亲。

Ⅱ. 父母中第一个说话的是父亲。

Ⅲ. 孩子是男孩。

分析：假设父母中第一个说话的是父亲，则第二个说话的是母亲。由于这家人中男性从不说谎，因此，由父亲说的话可推知，孩子的回答确实是“我是男孩”。如果孩子是男孩，则母亲连续说了两句假话；如果孩子是女孩，则母亲连续说了两句真话。可见，母亲的两句话要么都真，要么都假，这与上文的断定矛盾。

因此，假设不成立，即父母中第一个说话的不是父亲，而是母亲，即Ⅰ项为真，Ⅱ项为假。因为父母中第二个说话是父亲，又男性都说真话，因此事实上孩子是女孩，即Ⅲ项为假。

例4：甲说：“乙说谎”；乙说“丙说谎”；丙说：“甲和乙都说谎”。

下面哪一个选项是真的？

Ⅰ. 乙说谎。

Ⅱ. 甲和乙都说谎。

Ⅲ. 甲和丙说谎。

Ⅳ. 乙和丙都说谎。

分析：用假设代入法推理。假设乙说谎，则甲说真话，丙也说真话。既然丙也说真话，那么确实甲和乙都说谎。这就存在了内在矛盾，故这种情况不可能。

从而知，乙只能说真话。这样可推出：甲说谎，丙也说谎。

例 5：甲、乙、丙、丁四人的血型各不相同，甲说：“我是 A 型。”乙说：“我是 O 型。”丙说：“我是 AB 型。”丁说：“我不是 AB 型。”四个人中只有一个人的话是假的。

以下哪项成立？

Ⅰ. 甲的话假，可推出四个人的血型情况。

Ⅱ. 乙的话假，可推出四个人的血型情况。

Ⅲ. 丙的话假，可推出四个人的血型情况。

Ⅳ. 丁的话假，可推出四个人的血型情况。

分析：可用假设代入法进行分析：

若甲说的是假话，其余为真话，则表明甲不是 A，乙是 O，丙是 AB，丁不是 AB，不能确定四个人的血型情况。因此，Ⅰ不成立。

若乙说的是假话，其余为真话，则表明甲是 A，则乙不是 O，丙是 AB，丁不是 AB。由于四人的血型各不相同，这样，乙只能是 B，丁只能是 O，能确定四个人的血型情况。

若丙说的是假话，其余为真话，则表明甲是 A，则乙是 O，丙不是 AB，丁不是 AB，不能确定四个人的血型情况。因此，Ⅲ不成立。

若丁说的是假话，则表明丁是 AB，这与丙所说的相互矛盾，因此，Ⅳ不成立。

所以，只有选项Ⅱ成立。

		情况一		情况二		情况三		情况四	
甲	我是 A 型	×	非 A	√	A	√	A	√	A
乙	我是 O 型	√	O	×	非 O	√	O	√	O
丙	我是 AB 型	√	AB	√	AB	×	非 AB	√	AB
丁	我不是 AB 型	√	非 AB	√	非 AB	√	非 AB	×	AB

【案例】

黑帽子与白帽子

有甲、乙、丙、丁、戊五个人，每个人头上戴一顶白帽子或者黑帽子，每个人假定只能看见别人头上戴帽子的颜色，看不见自己头上戴帽子的颜色。并且，一个人戴白帽子当且仅当他说真话，戴黑帽子当且仅当说假话。已知：

甲说：我看见三顶白帽子和一顶黑帽子。

乙说：我看见四顶黑帽子。

丙说：我看见一顶白帽子和三顶黑帽子。

戊说：我看见四顶白帽子。

请问他们戴的分别是什么帽子?

分析：先假设甲的话为真，则甲戴白帽子，加起来共有四顶白帽子和一顶黑帽子，于是乙和丙的话就是假的，于是乙和丙都戴黑帽子，这与甲的话为真的结果（一顶黑帽子）矛盾，因此甲的话不可能为真，必定为假，甲戴黑帽子。

再假设乙的话为真，则他自己戴白帽子，共有一顶白帽子和四顶黑帽子，这样，由于丙看不见他自己所戴帽子的颜色，当他说“我看见一顶白帽子和三顶黑帽子”时，他所说的就是真话，于是他戴白帽子，这样，乙和丙都是戴白帽子，有两顶白帽子，与乙原来的话矛盾。所以，乙所说的只能是假话，乙戴黑帽子。

既然已经确定甲、乙都有戴黑帽子，则戊所说的“我看见四顶白帽子”就是假话，戊也是戴黑帽子。

现假设丙的话为假，则他实际看见的都是黑帽子，他自己也是戴黑帽子，于是五个人都是戴黑帽子，这样，乙的话就是真话；但我们已经证明乙的话不可能为真，因此丙的话也不可能为假，于是丙和没有说话的丁戴白帽子。

最后结果是：甲、乙、戊说假话，戴黑帽子；丙、丁说真话，戴白帽子。

下 篇

归纳逻辑

归纳逻辑是指对经验科学以及日常思维中非演绎论证类型的推理过程与方法的种种研究。前提必然蕴含结论的称为演绎，前提不必然蕴含结论或者说前提与结论的关系是或然的，称为非演绎。广义的归纳逻辑研究非演绎结论的推理过程，具体内容包括归纳推理、统计推理、因果推理、合情推理和科学假说等，从它们的前提出发虽然不能确保结论为真，但通过理性的批判性准则进行归纳推理，可以推出高概率的结论。

第五章 逻辑归纳

逻辑按推理类型，可分为演绎推理和广义归纳推理（即非演绎推理）。演绎是必然性推理，归纳是或然性推理。在必然性推理中，逻辑研究的核心是推理的有效性，凡是能从真实前提必然得到真实结论的推理，就是有效的，否则是无效的。在或然性推理中，逻辑研究的核心是推理的合理性，即如何提高结论的可靠程度。逻辑归纳是从不同的特定的事件中发展出普遍的原则（定律、定理或原理）的方法。

第一节　归纳推理

所谓归纳推理，就是根据一类事物的部分对象具有某种性质，推出这类事物的所有对象都具有这种性质的推理。

一、归纳概述

归纳推理的前提是一些关于个别事物或现象的命题，而结论则是关于该类事物或现象的普遍性命题。

（一）完全归纳推理

完全归纳推理，又称“完全归纳法”，是以某类中每一对象（或子类）都具有或不具有某一属性为前提，推出以该类对象全部具有或不具有该属性为结论的归纳推理。

其逻辑结构可表示如下：

S1——P

S2——P

……

Sn——P

（S1，S2，……，Sn 是 S 类的所有分子）

所以，S——P

（S 表示事物，P 表示属性）

比如，当天文学家对太阳系的大行星运行轨道进行考察的时候，他们发现：水星是沿着椭圆轨道绕太阳运行的，金星是沿着椭圆轨道绕太阳运行的，地球是沿着椭圆轨道绕太阳运行的，火星是沿着椭圆轨道绕太阳运行的，木星是沿着椭圆轨道绕太阳运行的，土星是沿着椭圆轨道绕太阳运行的，天王星是沿着椭圆轨道绕太阳运行的，海王星是沿着椭圆轨道绕太阳运行的，而水星、金星、地球、火星、土星、木星、天王星、海王星是太阳系的全部大行星。由此，他们便得出如下结论：所有的太阳系大行星都是沿着椭圆轨道绕太阳运行的。这一结论，就是运用完全归纳推理得出的。

完全归纳推理其实不是真正意义上的归纳推理，从思维方向上说，它是从个别推出一般，在这一点上，它属于归纳推理。但是，其前提所断定的范围和结论所断定的范围完全相同，其结论是根据前提必然得出的，其前提的真能够保证结论的真，因此，完全归纳推理具有演绎的性质。但这里还是按照“完全归纳法”这一名字所显示的，将其归入“归纳推理”的范畴。

【案例】

小高斯做题

德国数学家卡尔·弗里德里斯·高斯10岁那年，在小学上算术课时，老师给班里几十个孩子出了一道算术题，他要孩子们计算一下：1＋2＋3＋4＋…＋97＋98＋99＋100＝？老师心里想，要加的数目这么多，可得费些功夫，而且稍不留神，就会算错。可是出乎意料的是，老师刚把题目说完，小高斯就举起了手，报出了答案：5 050。老师非常吃惊，忙问小高斯是怎么算出来的。

小高斯说，他发现这100个数有一个特点，就是依次把头尾两个数加起来都等于101，而这样的数刚好有50对，因此，这100个数的总和就是101×50＝5 050。

高斯运用的是完全归纳推理，特点是：前提中考察了该类事物的每一个对象，它的结论是必然的。

运用完全归纳推理必须注意两点：

（1）前提所列举的应当包括该类事物的每一个个别对象，一个也不能遗漏。

（2）作为前提的每一个判断都应当是真的，即每一个个别对象都确实具有某种性质。

如果满足了这两条要求，那么完全归纳推理的结论就必然是真实的。否则，结论就不是必然真实的。

由于完全归纳推理要求对某类事物的全部对象一一列举考察，所以，它的运用是有局限性的，适用范围很小。它只适用于那些对象数目很小的类别，对它们作穷尽的考察。用完全归纳法得出一个全称结论，比较容易。例如某个班组、年级、学校、乡镇的所有人口。但是，假如所考察的那个类虽然是一个有穷类，但对象的数目很大，例如，由所有中国人所组成的类，其成员就有13亿之多，尽管在理论上我们还是可以对这个类作穷尽的考察，例如作一次全国人口普查，但实际操作起来很困难，社会成本太大。更进一步，假如所要考察的对象类是一个无穷类，例如自然数类，原则上就不可能穷尽地检查这个类，因为不管我们检查到哪一步，总有无穷多的对象仍在那里等待我们。对于这类对象，完全归纳法根本不适用，这时就只能运用不完全归纳推理了。

（二）不完全归纳推理

一般意义上，归纳推理指的是不完全归纳推理，不完全归纳推理是这样一种推理：根据对某类事物部分对象的考察，发现它们具有某种性质，因而得出结论说，该类事物都具有某种性质。

【案例】

《内经·针刺篇》记载的故事

有一个患头痛的樵夫上山砍柴，一次不慎碰破足趾，出了一点血，但头部不痛了。当时他没有引起注意。后来头痛复发，又偶然碰破原处，头痛又好了。这次引起了注意，以后头痛时，他就有意刺破该处，都有效应（这个樵夫碰的地方，即现在所称的“大敦穴”）。

现在我们要问，为什么这个樵夫以后头痛时就想到要刺破足趾的原处呢？从故事里可见，这是因为他根据自己以往的各次个别经验做出了一个有关碰破足趾能治好头痛的一个一般性结论。在这里，就其所运用的推理形式来说，就是一个不完全的归纳推理。具体过程是这样的：

第一次碰破足趾某处，头痛好了。

第二次碰破足趾某处，头痛好了。

（没有出现相反的情况，即碰破足趾某处，而头痛不好。）

所以，凡碰破足趾某处，头痛都会好。

由于不完全归纳推理前提和结论间不具有必然性关系，而是或然性的，也就是说，前提真不能保证结论必然真。这是因为，人类受主观和客观条件的限制，所考察的对象数量有限，不可能是无限的，而且单凭观察所获得的经验是不能证明事物的必然性的。

不完全归纳推理具有从已知到未知、从过去到未来的性质，或者说，它们的结论的内容，多于前提包括的内容。因此，人们把归纳推理看作是得到新知识的方法。

发现一类对象中的部分对象都具有某种属性，而且没有发现相反的情况，从而得出所有这类对象都具有这种属性，这是不完全归纳推理，它没有对该类对象的全部个体进行考察而得出某种结论。正因为归纳推理的结论是或然的，而归纳推理结论的可靠性又与观察事物的数量、范围以及对于观察对象的分析程度有着直接的关系，所以，一般来说，观察事例的数量愈多，范围愈大，对于观察对象的分析愈深入，归纳推理结论就愈可靠。

（三）归纳与演绎

除完全归纳推理这一种特殊的归纳推理之外，真正的归纳推理都是不完全的归纳，其结论所断定的知识范围超出了前提所断定的知识范围，因此，归纳推理的前提与结论之间的联系不是必然性的，而是或然性的。也就是说，其前提真而结论假是可能的，所以，归纳推理乃是一种或然性推理。

1. 归纳推理的特点

①前提必须是真实的。

②结论具有或然性。

③结论的真实并不一定为前提所保证。

④结论为真的概率受到前提多少的影响。

归纳推理再好，也不能像演绎推理一样保证结论一定是真，但是，这不表明有把握的可能性和没有把握的猜测之间没有重要区别，更不表明人不应该靠增加经验来增加能力。

2. 归纳与演绎的主要区别

归纳推理与演绎推理的主要区别概括如下：

	演绎推理	归纳推理
属性	必然性推理	或然性推理
衡量标准	有效性	合理性
从思维运动过程的方向来看	从一般性的知识的前提推出一个特殊性的知识的结论，即从一般过渡到特殊。	从一些特殊性的知识的前提推出一个一般性的知识的结论，即从特殊过渡到一般。这种推理对于扩展知识有重要价值。
从前提与结论联系的性质来看	演绎推理的结论不超出前提所断定的范围，其前提和结论之间的联系是必然的，一个演绎推理只要前提真实并且推理形式正确，那么，其结论就必然真实。	归纳推理（完全归纳推理除外）的结论所断定的知识范围超出了前提所断定的知识范围，其前提和结论之间的联系不是必然的，而只具有或然性，即其前提真而结论假是有可能的。

归纳推理与演绎推理虽有上述区别，但它们在人们的认识过程中是紧密联系着的，两者互相依赖、互为补充，比如说，演绎推理的一般性知识的大前提必须借助于归纳推理从具体的经验中概括出来，从这个意义上我们可以说，没有归纳推理也就没有演绎推理。当然，归纳推理也离不开演绎推理。比如，归纳活动的目的、任务和方向是归纳过程本身所不能解决和提供的，这只有借助于理论思维，依靠人们先前积累的一般性理论知识的指导，而这本身就是一种演绎活动。而且，单靠归纳推理是不能证明必然性的，因此，在归纳推理的过程中，人们常常需要应用演绎推理对某些归纳的前提或者结论加以论证。从这个意义上我们也可以说，没有演绎推理也就不可能有归纳推理。

二、归纳方法

归纳法是通过许多个别的事例，然后归纳出它们所共有的特性。常见的归纳方法主要有两类：一是，简单枚举法；二是，科学归纳法。

（一）简单枚举法

简单枚举法也叫简单枚举归纳推理，是仅根据在考察中没有碰到相反情况而进行的不完全归纳推理。

简单枚举归纳的论证形式如下：

S1——P

S2——P

S3——P

……

Sn——P

（S1，S2，S3，……，Sn 是 S 类部分对象，枚举中未遇相反情况。）

所以，S——P

应用简单枚举归法可以从一些个别事例中推导出普遍的规律性来，然而这充其量只是一种猜测，这种猜测是否正确，还必须进一步加以验证。

比如，对归纳理论有深入研究的哲学家穆勒曾说过，非洲的18万黑人在还没有碰到白人以前，显然以为所有人都是黑皮肤的；英国一个旅行家在加来上陆后遇到两个火红头发的法国人，在日记上写道："所有的法国人都是火红头发的。"

我们经常用简单枚举法建立因果连接。当一种现象的许多事例恒常地伴随着一特定类型的事态的时候，我们自然地得出在它们之间存在一个因果关系。

以下都是简单枚举归纳推理的具体运例子：

例1：我们每次都发现天下雨前，蚂蚁搬家，没有发现相反的情况（即蚂蚁搬家，天不下雨），于是得出结论，"凡蚂蚁搬家，天要下雨。"

例2：每年冬季下了大雪，第二年庄稼就获得丰收，没有发现相反情况（即前一年大雪，第二年不丰收的情况），于是得出结论"瑞雪兆丰年"。

例3：在我们班上，我不会讲德语，你不会讲德语，小丽不会讲德语，小强也不会讲德语，所以我们班没有人会讲德语。

例4：麻雀会飞，乌鸦会飞，大雁会飞，天鹅、秃鹫、喜鹊、海鸥等也会飞，所以，所有的鸟都会飞。

例5：我们摩擦冻僵的双手，手便暖和起来；我们敲击石块，石块会发出火光；我们用锤子不断地锤击铁块，铁块也能热到发红；古人还通过钻木取火。所以，任何两个物体的摩擦都能生热。

例6：人们早已知道，某些生物的活动是按时间的变化（昼夜交替或四季变更）来进行的，具有时间上的周期性节律，如鸡叫三遍天亮，青蛙冬眠春晓，大雁春来秋往，牵牛花破晓开放，等等。人们由此做出概括：凡生物的活动都受生物钟支配，具有时间上的周期性节律。

例7：19世纪中叶，德国业余天文学家施瓦布，根据他长年的观察宣布了一项重大发现：太阳是一个自行变化的星球，每隔11年左右有一次大的活动期，这时太阳黑子出现频繁，然后逐渐下降，11年后又上升到最大量。后经天文学家仔细检验，发现太阳的确每隔11年就有一次大的活动期，而且没有发现相反的情况。因此，进一步证实了施瓦布的发现是正确的。

简单枚举法是在经验观察基础上所做出的全称概括。简单枚举法的不确定性是与概括的广度成正比例关系的。如"所有地球上的天鹅是白的"同"所有亚洲的天鹅是白的"相比，前者的广度更高而不确定性更强，或者说，更容易被证伪。

例1：一项研究报告表明，随着经济的发展和改革开放，我国与种植、养殖有关的单位几乎都有从外国引进物种的项目。不过，我国华东等地作为饲料引进的空心莲子草，沿海省区为护滩引进的大米草等，很快蔓延疯长，侵入草场、林区和荒地，形成单种优势群落，导致原有植物群落的衰退。新疆引进的意大利黑蜂迅速扩散到野外，使原有的优良蜂种伊犁黑蜂几乎灭绝。

如果以上陈述为真，概括出什么样的结论最为合理？

分析：上面列举了两类事实。

一是，我国引进的空心莲子草、大米草等，很快蔓延疯长，导致原有植物群落的衰退。

二是，新疆引进的意大利黑蜂迅速扩散到野外，使原有的优良蜂种伊犁黑蜂几乎灭绝。

通过这些事实，我们通过简单枚举法的归纳推理得到这样的结论：引进国外物种可能会对我国的生物多样性造成巨大危害。

例 2：有不少医疗或科研机构号称能够通过基因测试疾病。某官方调查机构向 4 家不同的基因测试公司递送了 5 个人的 DNA 样本。对于同一受检者患前列腺癌的风险，一家公司称他的风险高于平均水平，另一家公司则称他的风险低于平均水平，其他两家公司都说他的风险处于平均水平。其中一家公司告知另外一位装有心脏起搏器的受检者，他患心脏病的概率很低。

如果以上陈述为真，引申出什么样的结论最为合理？

分析：根据同样的样本，4 家不同的基因测试公司得出的测试结果差异极大，从中可合理地引申和概括出这样的结论：基因检测技术还很不成熟，不宜过早投入市场运作。

（二）科学归纳法

人们的认识运动总是从认识个别事物开始，从个别中概括出一般，并进一步从庞杂的经验事实中间，探求了自然界的普遍性原则。自然科学中的很多定律和公式的发现，都离不开科学归纳法。

科学归纳法是在科学实验或科学分析基础上所做出的全称概括，是通过考察某类事物的部分对象，分析并找出这些对象之所以具有某种属性的原因，以研究对象内部的因果联系作根据，从而做出关于某类事物的全部对象都具有某种属性的一般性知识的结论。

1. 科学归纳法的特点

科学发现总是通过观察、研究个别事实并对它们进行总结的结果，科学归纳法是人们广泛使用的基本的思维方法，在科学认识中具有重要的意义。

科学归纳法是建立在对事物进行科学分析基础上的不完全归纳推理。具体而言，不是对某类事物的部分对象，碰到那个就考察那个（简单枚举归纳就是如此），而是按照事物本身的性质和研究的需要，选择一类事物中较为典型的个别对象加以考察，通过这种对部分对象的考察而做出某种一般性的结论。不只是根据没有碰到例外相反的情况，而是分析和发现所考察过的某类事物的部分对象何以具有某种性质的客观原因和内在必然性。

例 1：金受热后体积膨胀。

银受热后体积膨胀。

铜受热后体积膨胀。

铁受热后体积膨胀。

因为金属受热后，分子的凝聚力减弱，分子运动加速，分子彼此距离加大，从而导致膨胀，而金、银、铜、铁都是金属。

所以，所有金属受热后体积都膨胀。

例 2：很多年前，发生在某地的一起杀人碎尸案中，凶手将被害人碎成几十块，并抛撒多处。侦察人员首先将找到的 49 块骨复原，刻画出被害人的基本特征。同时请法医及有关医学专家做了模拟、切片等试验，结果发现死者是已萌生智齿的女性。根据国外文献记载，女性智齿萌生在 19 岁左右。该地区是否也这样，侦查人员在医务人员的配合下，专门调查了 52 位女青年，结果发现该地区的女青年萌生智齿都在 19 岁至 21 岁之间，没有发现有低于 19 岁和高于 21 岁的女青年萌生智齿。于是推断该死者是 19 岁至 21 岁之间的女青年。

上述两个例子在前提中不仅考察了一类事物的部分对象有某种属性，而且进一步指出了对象与属性之间的因果联系，由此推出结论。这就是科学归纳推理。

【案例】

候鸟迁徙

人们早已观察到燕子、大雁等候鸟一年一度春来秋往。每年春暖花开之时，燕雁北飞；每年秋寒叶落之时，燕雁南归。人们自然地把候鸟的迁徙与春秋两季的气候剧变联系起来，应用简单枚举归纳推理做出每年气温转暖候鸟北飞，每年气温转寒候鸟南归的一般性的结论。但是，加拿大洛文教授从 1924 年起花了二十多年工夫对候鸟迁徙之谜的进一步研究表明：实际上对候鸟迁徙起作用的不是气温的升降，而是昼夜的长短。

洛文观察一种候鸟黄脚鹬，这种候鸟每年来往于加拿大与南美洲阿根廷之间，长途跋涉 16 000 公里。据他 14 年的记录，这种黄脚鹬春天在加拿大首次下蛋总在 5 月 26～29 日三天之内。他考虑到如果温度是主要条件，决不会如此稳定，而在外界的各种可能因素中只有昼夜的长短每年是确定不变的。基于此，他得出了昼夜的长短是候鸟迁徙的原因的结论。

这个结论是运用科学归纳推理分析现象之间的因果联系而得出的，因而具有很高的可靠性。洛文教授又以下述的实验来验证他的观点：

他在 1924 年的秋天，在候鸟南回时，网罗了若干只乌鸦似的候鸟。他把这些候鸟分为两部分，一部分候鸟放在寻常环境里，这时冬季来临，昼长一天短似一天；而把另一部分候鸟置于日光灯下，人为地将白昼一天天延长。到了 12 月间，前一部分的候鸟很安静，而后一部分候鸟却大有春意，不但歌唱起来，而且内部生殖器腺系统发育到春天模样。这时把它们放出来，凡是经过日光灯照的统统向西北飞去，好似春天的候鸟一样，虽然这时气温是冰点以下 20 度；而未经过日光灯照的候鸟大都留在原地。

这个实验证明了昼夜的长短是候鸟迁徙的原因这一结论的可靠性。

2. 科学归纳法与简单枚举法的异同

简单枚举法依靠的是观察，它的结论依赖于观察例证的数量、分布范围和有没有反例，只要有一个反例，全称结论就被推翻。这样的办法太简单粗糙，缺乏分析思考，只知道积聚数量，扩大范围，从实际操作的角度看既不经济，还浪费人力物力，有时候甚至丧失发现真理的机遇。

因此，我们不能仅仅依靠不断重复的观察，而应该加进分析和思考。当我们观察到一些S具有性质P后，就应思考，为什么这些S会有性质P呢？这时应该进入实验室和研究室，根据当时的科学原理和知识状况，去弄清楚S和P究竟具有什么样的联系，是偶然联系还是本质性联系。如果我们通过科学研究得出结论说，S和P之间必然相互联系着，这时尽管也许只研究了少量的个例，仍然可以有把握地推出结论。可见，科学归纳法是根据某类事物中部分对象与某种属性间因果联系的分析，推出该类事物具有该种属性的推理。

比如，我们在分析一个城市的刑事案件发案特点时发现，在该市的几个点上刑事案件的发案率高于其他地区，而这几个地方都处于城乡结合部，再进一步调查发现城乡结合部社区管理比较薄弱、外来人口相对集中、地域空旷、环境偏僻等情况与发生刑事案件之间存在因果联系，在此基础上，可以得出结论：凡城乡结合部的刑事案件发案率都比较高。

如果仅根据一个城市不同地方的刑事案件发案率的统计数字的比较，就得出凡城乡结合部的刑事案件发案率都比较高这一结论，这种推理就属于简单枚举归纳推理。如果我们不满足于此，而是进一步去探求城乡结合部的发案率为什么会比其他地区高的原因，在此基础上得出凡城乡结合部的刑事案件发案率都比较高这一结论，这就属于科学归纳推理。

（1）科学归纳推理与简单枚举归纳推理的相同点是：

第一，两者都属于不完全归纳推理，都没有考察完某类事物的全部对象。

第二，结论的断定范围超出了前提的断定范围，因此，结论是或然的。

（2）科学归纳推理与简单枚举归纳推理的不同点是：

第一，得出结论的依据不同。简单枚举归纳推理是以经验认识（未遇到相反事例）为依据，而科学归纳推理的依据是分析现象间的因果联系。二者的主要差别是样本属性与描述属性具有同质性的概率不同。

比较而言，在科学归纳法中，样本属性与描述属性具有同质性的概率较高，而在简单枚举法中，样本属性与描述属性具有同质性的概率较低。当然，科学归纳法的结论对反例同样没有豁免权。

第二，提高结论可靠性的途径不同。简单枚举归纳推理是靠增加被考察的对象和扩展被考察的范围来提高其可靠性的；科学归纳推理是从前提的科学分析而获得的结论，其可靠性并不是依靠前提的多少来决定，而是依靠真正抓住事物间的因果联系。

简单枚举归纳推理所依据的仅仅是没有发现相反的情况，而这一点对于做出一个一般性的结论来说，是必要的，但并不是充分的。因为，没有碰到相反的情况，并不能排除这个相反情况存在的可能性。而只要有相反情况的存在，无论暂时碰到与否，其一般性结论就必然是错的。

科学归纳推理则不同，它所根据的是对事物何以存在某种性质的必然原因进行科学的分析，即在对某类中部分对象本质分析的基础之上，从中找出其固有的内在联系，并由这些联系推出有关该类事物的一般性结论。它的特殊表现形式是利用典型事例，由于前提的事例包含了类中决定该事物能否存在的必然关系，因而获得的是一般性规律的结论。因此科学归纳推理得出的结论比以经验为主要根据的简单枚举归纳推理得出的结论要可靠得多。

例 1：一些哺乳动物的牙齿上有明显的“年轮”痕迹，即来自于在夏天时形成的不透明的牙骨质沉淀和在冬天形成的半透明的牙骨质沉淀的积累。在对一个石器时代的遗址发掘中，发现有一头猪的牙齿横断面，除最外一层以外，其他的各层“年轮”都有令人惊讶的相似的宽度。最外这一层大概只有其他各层一半左右的宽度，而且是半透明的。

上文的论述可合理地推出关于这头猪死亡的时间是什么？

分析：这是一则用科学归纳法做出的论证，题干断定：

第一，牙齿“年轮”在冬天形成半透明的牙骨质沉淀；

第二，猪的牙齿最外面半透明的冬季特征“年轮”等于其他各层的一半宽度。

从而可以合理地推出结论：该遗址中的这头猪的死亡时间是最后一个冬季过了一半。

例 2：一位社会学家在某戒毒所调查了甲、乙、丙、丁和戊等五名被强制戒毒的人员。他了解到：“甲是因为多次吸食鸦片而染上毒瘾的，乙是因多次吸食大麻而染上毒瘾的，丙是因为多次注射吗啡而染上毒瘾的，丁是因为多次吸食海洛因染上毒瘾的，戊则是因为多次注射可卡因染上毒瘾的。”戒毒所所长介绍道：“该所共收容了127 名吸毒人员，他们都因多次吸毒而染上毒瘾。”该所的医生说：“鸦片、大麻、吗啡、海洛因、可卡因等毒品中均含有致幻性物质，这种物质能使人产生某种欣快的幻觉，但同时也给人体带来恶劣的影响。人若多次吸食或注射毒品，就会对它产生严重的依赖性，要求不间断地吸食或注射，并逐步加大剂量，从而形成毒瘾。”

根据上述材料，若分别进行完全归纳推理、简单枚举归纳推理和科学归纳推理，则应当分别选取什么材料来作为推理根据？分别可以推出什么结论？

分析：在进行完全归纳推理时，应以对甲、乙、丙、丁和戊等五人因多次吸毒而染上毒瘾的考察作为推理根据，推出“五人都因多次吸毒而染上毒瘾”的结论。或者用戒毒所所长介绍的材料作为推理根据，推出“该所收容的所有被强制戒毒人员都因多次吸毒而染上毒瘾”的结论。

在进行简单枚举归纳推理时，可用对这五人的考察情况以及未见相反事例作为推理根据，推出“所有多次吸毒的人都会染上毒瘾”的结论。

进行科学归纳推理时，应以对甲等人的考察情况以及该所所长介绍的材料作为推理根据，推出“所有多次吸毒的人都会染上毒瘾”的结论。

3. 科学归纳的局限

科学归纳在科学认识和科学研究中无疑起着巨大的作用，但它也有局限性，主要表现在：

（1）科学归纳是以直观的感性经验为基础，因而，它不能揭露事物的深刻的本质和规律。

（2）科学归纳只能根据已经把握的一部分事物的某些属性进行归纳，无法穷尽同类事物的全部属性，因而做出的结论不是完全可靠的，带有很大的或然性，也可能有同客观实际矛盾的情况。这种情况一旦出现，原来的结论就会被推翻。

科学归纳法的前提对结论的支持度有多高，结论有多可靠，取决于科学归纳法有多

“科学”。由于极其复杂的原因，许多所谓的“科学研究”也有不科学或不尽科学的时候，因此“科学研究”的结论也是可错的，可以修正的。

三、归纳评估

归纳概括是从特定经验事实中得到一般或普遍命题的过程，具体是指利用不完全归纳，来得出一个虽然并非必然但要相对合理的结论。

归纳概括的形式如下：

现象 E 的事例 1 伴随有事态 C

现象 E 的事例 2 伴随有事态 C

现象 E 的事例 3 伴随有事态 C

…………

因而现象 E 的每个事例都伴随有事态 C。

由一个个的例子推导出一个普遍的结论，是不完全归纳推理中最基本的一种，即归纳概括。当然，归纳概括出来的结论应该恰当。

比如，一个装满东西的袋子，第一个人从袋子里摸出三个东西，全部都是红色的木球。第二个人从袋子里摸出三个东西，全部是红色的玻璃球。第三个人从袋子里摸出三个东西，全部是红色的石球。对于袋子里剩下的东西，他们没有继续往下摸。

根据上面的论述，下面对袋子里的东西进行归纳概括。不完全归纳所得出的结论只具有可能性，因此，结论不应该是“袋子里的东西全部都是球”或“袋子里的东西全部都是红色的球”等绝对性的结论。概括出来的结论如果是“袋子里的东西可能都是球”，这不能算错，但不是最恰当的，最恰当的结论应该是“袋子里的东西可能都是红色的球”。

（一）评估准则

归纳推理作为扩展性推理而言，使用的标准是其合理性。一个人接受某个命题总有一定的理由，一个人从个别可相信的命题出发推导出超出已知命题知识范围之外的新命题，如何来判定其合理性，有许多需要进行研究的内容。合理性的衡量，一个尺度是概率，另一个尺度则可以归结为健全的批判性思维提供的标准。

批判性思维的核心是批判性地提问，评价一个推理或论证也应该是从提问开始的。评估归纳论证的准则可用如下批判性问题来描述：

（批判性问题的英文名为 Critical Question，以下统一简称为“CQ”）

CQ1. 前提是否真实？

归纳推理首先要满足前提可靠的标准。

如果归纳的前提不真，实验的证据不准确，那么归纳的结论就毫无可靠性。

CQ2. 前提和结论是否相关？

前提和结论是否相关，由它们谈的是否是同一种东西来决定。若前提和结论不相关，那么归纳的结论就毫无可靠性。

要注意有没有混淆或偷换了概念。需要洞察概念的不同解释对得出结论的关键影响。

CQ3. 结论是什么？结论的范围是否受到适当限制？得出的结论是否恰当？

调整结论的强度，谨慎下绝对肯定或绝对否定的结论。

比如，我的朋友张三是湖南人，爱吃辣椒；李四是湖南人，也爱吃辣椒；王五是湖南人，更爱吃辣椒。我所碰到的湖南人都爱吃辣椒。针对这些事实，得出“多数湖南人都爱吃辣椒”和“所有湖南人都爱吃辣椒”这两种结论，显然，前者比后者要更可靠，因为前者的断定没那么绝对。

和其他推理一样，归纳推理的充足性还与结论的范围和强度有关。对同样数量的前提，结论的变化会导致支持的“充足性”变化。在同样的前提下，结论范围大小和可靠性成反比。“太阳永远升起”和“太阳明天会升起”，在过去同样的经验下，后者要更可靠，因为它只涉及明天。

CQ4. 有没有发现反例？

为提高枚举归纳推理或统计推理结论的可靠性，要注意考察可能出现的反例。一旦发现反例，结论就会被推翻。这就是所谓的“证伪”。“证伪”的目的就是杜绝“以偏概全”的错误。若没有发现与结论相关的反例，结论的可靠性就越高。若发现了反例，就要修改结论。

比如，人们曾根据多次见到天鹅是白色的，归纳推论“所有的天鹅都是白色的”。直到1697年，探险家在澳大利亚发现了黑天鹅，人们才知道以前的结论是片面的——并非所有天鹅都是白的，于是就要修改这一结论。

CQ5. 所举的例子的数量是否足够大？

即考察对象的数量是否足够大。样本容量是否足够大。

要尽可能增加被考察对象的数量，被考察对象的数量越多，样本容量越大，越是接近全部对象，那么结论的可靠性程度也就会越高。

归纳支持不充足的问题首先出现在前提的数量上。依靠的事例太少，不可能成为充分的推理。明显地，基于过少的样本所做出的概括是容易犯错误的，以少数例子做出的推理往往会犯“以偏概全”和“轻率概括”的谬误。

比如，根据你第一次所吃的那个柠檬是酸的，就断言所有的柠檬都是酸的。根据你认识的几个东北人具有粗犷豪爽的性格，就说所有东北人都是粗犷豪爽的。

我们需要考虑足够大的样本容量，也就是样本内所含个体的数量要足够多，才能确立我们对所做出的概括的信心。

CQ6. 考察对象的范围是否足够大？

即所举的例子是否多样化，样本的个体之间差异是否足够大。

归纳结论的可靠性程度不仅建立在枚举事例的数量上，而且还取决于枚举事例分布的范围。样本个体之间的差异通常能反映样本个体在总体中的分布状况，样本之间的差异越大说明样本个体在总体中的分布越广。因此，要尽可能调动考察对象的视角和范围，尽量在不同的时间、地点、场合和条件下去考察同类对象，样本的个体之间差异越大，那么结论的可靠性程度也就会越高。

例：通过分析物体的原子释放或者吸收光，可以测量物体是在远离地球，还是在接近地球。当物体远离地球时，这些光的频率会移向光谱上的红色端（低频），简称“红移”，反之，则称“蓝移”。原子释放出的这种独特的光也受组成原子的基本粒子尤其是电子的质量所影响。如果某一原子的质量增加，其释放的光子的能量也会变得更高，因此，释放和吸收频率将会“蓝移”。相反，如果粒子变得越来越轻，频率将会“红移”。天文观察发现，大多数星系都有“红移”现象，而且，星系距离地球越远，“红移”越大，据此，许多科学家认为宇宙一定在不断膨胀。

分析：上述科学家的观点是，宇宙一定在不断膨胀。理由是，天文观察发现，大多数星系都有“红移”现象，而这一现象表明，物体远离地球。这则论证存在着严重的缺陷，若事实上，人们所能观察的星体可能不足真实宇宙的百分之一，这表明考察对象的范围较小，意味着由天文观察而归纳出的观点很可能不可靠，这就有力地质疑了科学家的观点。

CQ7. 所举的例子或样本是否具有代表性？

即观察到的事物和属性有什么关系。

研究事物和属性的内在关系或者因果关系，这是科学的专注点。从逻辑上说，样本代表性是指样本属性与结论所概括的总体属性应当具有同质性。样本属性与描述属性具有同质性的概率越大，结论的可靠性就越大。

如果一个总体中的所有个体在某一方面都有相同的属性，那么任意一个个体在这方面的属性都有总体的属性。

比如，医生为病人验血时，只需抽取病人血液里的一小部分。

不同的个体之间在某方面所具有的无差别的属性称为同质性，有差别的属性称为异质性。

（二）归纳不当

归纳推理的结论并非是从前提中必然推出的。归纳法虽然有着自己的独特作用，但是，它的前提和结论之间的逻辑联系具有或然性，所得出的结论并不可靠。由前面分析可知，提高归纳推理可靠性的办法有：

①前提必须真实；

②前提和结论要相关；

③结论的范围受到适当限制；

④没有发现反例；

⑤尽量增大考察对象的数量；

⑥尽量增大考察对象的范围；

⑦所举的例子或样本要具有代表性。

在进行归纳推理时，如果只根据若干还不够充分的事实仓促地推出一般性的结论，把它看作完全可靠的，就会犯“归纳不当”的错误。其谬误实质是严重忽视了与样本属性相反的事例存在，常见的表现形式有特例概括、机械概括和轻率概括。

1. 特例概括

特例概括，也叫举例不当，是以特例为根据，仅由不具代表性的例证或缺乏典型性的事例就不恰当地进行概括，得出包含该个体的群体具有的普遍性质的结论。其谬误是以概括所依据事例的非典型性和偶然性为主要特征。

例 1：我碰到的一个荷兰人是骗子，所以荷兰人都是骗子。

例 2：我的父母吸了一世烟，但他们从未患过癌症，可见吸烟不会导致癌症。

例 3："守株待兔"这一成语讲的是，古时宋国有一位农夫，偶然遇到一只兔子撞在树上死去，他不费力气就捡到了它。他认定，此等好事还会发生，于是他扔下农具，不再干农活，一直守在树旁，希望再捡到撞死的兔子，该位农夫因为特例概括而成为千古笑柄。

2. 机械概括

机械概括是由于忽视时间因素的影响，机械地以样本属性为根据，而对事物的现在或未来做出概括。

例：调查表明，目前中年消费者的零售支出，有 39%都花在百货商店的商品和服务上了；但对年轻人而言，该百分比仅为 25%。由于未来十年内，中年人口数将会剧增，所以百货商店应该把一些原来以年轻人为服务对象的商品换成吸引中年人的商品。

分析：文中提到，"未来十年内，中年人口数将会剧增。"这意味着两方面的变化：一方面是目前的中年人将陆续退出中年人的行列；另一方面是目前年轻人将陆续加入中年人的行列。"中年人口数的剧增"意味着后一方面的变化加剧，今天的年轻人在未来的中年人中所占的比例不断加大。由此，文中的推论若成立，就必须假设：今天的年轻人在步入中年的时候，他们在消费方式上的变化只受年龄增长这种单一因素的影响，而且变化的结果必须与现在中年人的消费方式相同。显然，这种假设是不一定成立的。该论证将目前两组消费整体所具有的样本特征，机械地推广到未来，这一推论是在没考虑目前的样本特征可能会在未来发生变化的情况下做出的，所以，该论证犯了机械概括的错误。

3. 轻率概括

轻率概括从狭义上讲，也叫样本太小，是以少数的不具有代表性的事例就匆匆归纳出普遍性的结论。其谬误在于由于样本太小，不能满足在样本容量方面的要求，而使样本缺乏代表性，由此，不足以概括出代表总体特征的结论。

例 1：医生使用吗啡减轻病患的痛苦是对的，因此，所有人都可以随意使用吗啡。

例 2：知识分子家庭的孩子都聪明，你看小珍、小强、小琴都很聪明，他们的父母都是知识分子。

例 3：1979 年 3 月，美国三哩岛核电站发生严重事故，1986 年苏联切尔诺贝利核电站也发生了严重事故。所以，目前世界上正在运行的核电站都会发生严重事故。

需要注意的是：

第一，样本可能太小这一事实不一定意味着样本就是不典型的。如果较小的样本在一个很大的总体中具有典型性，这样的概括不是谬误。只有对太小而且不典型的样本进行概括，才犯了轻率概括的谬误。

例：给3只小老鼠喂食了1克T物质，这3只小老鼠在两分钟内进入了休克状态，然后都死了。所以，对于所有的小老鼠来说，T物质可能是使它们致命的物质。

分析：这则论证没有犯轻率概括的谬误，因为在这则论证中，样本在它所属的总体中具有典型性。小老鼠在两分钟内死亡的事实表明：在吃T物质与小老鼠死亡之间存在因果联系。如果存在这种联系，那么其他小老鼠吃了T物质也会这样。

第二，从另一个角度说，样本大不一定能保证样本就是典型的。在样本较大的情况下，如果样本不是随机选取的，它在一个很大的总体中可能就没有典型性。

例：对加州的10万名选民进行选情调查，其中有80%的选民说他们会投共和党候选人的票。很明显，共和党候选人将会当选。

分析：尽管这则论证中引用的样本是很大的，但其调查的抽样不是随机进行的，该论证还是犯了轻率概括的谬误。有80%的加州选民说他们会投共和党候选人的票，这说明共和党候选人在加州具有压倒性的优势，但它不能反映全国其他地区选民的投票倾向。

（三）案例分析

例1：分析下面的论证在概念、论证方法、论据及结论等方面的有效性。

自1789年乔治·华盛顿就任美国首任总统开始，一直到现在的200多年里，美国一共产生了多位总统，其中有8人死于任期。唯一一位非“0年魔咒”死在任期的是第12任总统扎卡里·泰勒，1849年3月5日上任，1850年7月9日病逝。从1840年到1960年，几乎所有在以“0”结尾的年份竞选成功的美国总统居然都死在任期！一共有7人。7人中有4人被暗杀，包括著名的第16任总统林肯。

美国历史上共有11位以“0”结尾的年份竞选成功的总统。除了前两位，即1800年的托马斯·杰斐逊、1820年成功连任的詹姆斯·门罗，以及后两位，即1980年的罗纳德·里根、2000年的乔治·布什，中间7人全部死于任期，无人摆脱“0年魔咒”。

威廉·亨利·哈里森，1840年竞选获胜。在职仅一个月，死于肺炎。从此开启了“0年魔咒”。

亚伯拉罕·林肯，1860年竞选获胜，1864年竞选成功连任。1865年4月15日遇刺身亡。

詹姆斯·加菲尔德，1880年竞选成功。1881年9月19日即被枪击暗杀。

威廉·麦金莱，1900年成功竞选连任，1901年9月6日遇刺受伤，14日去世。

沃伦·哈定，1920年大选获胜。1923年8月2日突发心脏病，死在酒店的房间内，死因不明。

富兰克林·罗斯福，1940年开始他的第2次连任。1945年4月因大脑动脉瘤病逝于第四任期上。

约翰·肯尼迪，1960 年大选获胜，1963 年 11 月 22 日被刺身亡。

罗纳德·里根，1980 年大选中获胜。里根上任后的第 70 天，险些被暗杀，但最终逃过一劫，也终结了美国总统的“0 年魔咒”。

其后，2000 年大选成功的乔治·布什也已安然度过了自己的任期。

美国总统的“0 年魔咒”源于印第安人的诅咒。根据美国民间传说，1811 年，美国将军威廉·亨利·哈里森率领的军队在蒂皮卡诺大战中一举击溃了著名的美国印第安人首领特科抹人和他的军队，并对印第安人实施了残酷的屠杀。愤怒的特科抹人对美国人施加咒语说：我告诉你，哈里森将死。继他之后每隔 20 年，每个在尾数是 0 的年份当选的总统都无一例外地必须在任上死去。

分析：上文是通过枚举归纳论证，列举了 7 位“0”结尾年份竞选成功的美国总统都死在任期内，得出了美国总统存在“0 年魔咒”这一结论，其结论的可靠是值得怀疑的。由于枚举归纳论证其结论所断定的范围超出了其前提所断定的范围，该前提与结论之间的联系不是必然的，因而，它的结论是或然的。其论证缺陷可从得出的结论不够恰当以及存在反例等方面来考虑。

下面提供参考分析评论。

上文通过枚举归纳论证，列举了 7 位“0”结尾年份竞选成功的美国总统都死在任期内，得出了美国总统存在“0 年魔咒”这一结论，其结论的可靠是值得怀疑的。现把该论证的缺陷分析如下：

首先，“0 年魔咒”充满了神秘色彩，无法通过上文的论证得出“0 年魔咒”与“0 结尾年份竞选成功的美国总统都死在任期内”之间存在因果关联。“0 年魔咒”源于美国的民间传说，而传说未必是真的存在，也许是后人杜撰的故事。

其次，即使传说中的“0 年魔咒”故事真的存在，但咒语本身往往意思含糊，充满解释的随意性。这个“0 年魔咒”也不例外：“0”结尾的年份竞选成功的美国总统是死于“0”结尾的年份竞选成功的那个任期，还是此后连任的任期都算在内，比较模糊，如果是后者，则明显扩大了咒语的适用范围。

再次，上述结论存在明显的反例。美国历史上共有 11 位以“0”结尾的年份竞选成功的总统。其中，7 位死于任上，而 4 位并没有死于任上，这意味着“0 年魔咒”未必起作用，也许纯属巧合。

最后，即使有 7 位美国总统死于任上，但“0 年魔咒”也很可能是一种牵强附会，因为之前美国的历史相对动荡，美国总统作为一个矛盾集中点，风险相对较高，有一些总统死于任上也不足为奇。随着社会发展，很可能未来美国总统死于任上的概率会大大降低，“0 年魔咒”的现象将不会存在或很少再出现。

总之，由于存在严重的逻辑漏洞，上文的论证是无法令人信服的。

例 2：分析下面的论证在概念、论证方法、论据及结论等方面的有效性。

以下材料摘自于一篇谈家族企业的文章。

两年前，兰州一家典型的家族制企业发展到一定规模后即寻求上市，就从外面聘请了一个总经理，不料没过多久，这家企业的上亿元资产被这个总经理偷偷地转移一空。这一事件在私营企业界尤其是家族制企业中引起巨大震动。有一段时间，“忠诚比能干更加重要”成为很多民企老板信奉的至理名言。因此，有人认为，要在市场上有竞争力，家族化管理的体制，还是有优势的，总结自己的经验，用自己的亲人，挖掘自己的人力资源、管理资源，既节约又靠得住，不必雇用更多的经理和员工来帮助把企业管理好。

分析：上文是则归纳论证，存在轻率概括、片面推论等缺陷。

下面提供参考分析评论。

上文从“一家家族企业从外部聘请了一名总经理后，其资产被总经理偷偷转移一空”的事例中得出，“忠诚比能干更加重要”的用人标准，并进一步推论，家族化管理体制还是有优势的，还是自己人管理自己企业好。由于该论证存在着诸多逻辑缺陷，因此，其结论不具有说服力。

首先，该论证存在的第一个漏洞是，轻率概括。把一个公司发生的偶然现象，当作了普遍现象。从该特例概括出外聘职业经理人不可靠，这种从个别推出一般的做法不可取。事实上，大部分外聘职业经理的家族企业，并没有发生资产被外聘管理者转移的现象。

其次，该论证存在的第二个漏洞是，片面推论。上文断定“忠诚比能干更加重要”，这有把“忠诚”的重要性过分地夸大的嫌疑。“忠诚”固然重要，但仅凭“忠诚”是不能管理好企业的。只有忠诚而缺乏能力，是不能管理好企业，企业就无法创造效益，而没有效益，企业就无法生存和发展。

再次，该论证存在的第三个漏洞是，固步自封。该论证只看到了一些家族式企业发展比较好，但没有看到，随着社会经济的发展，市场竞争的加剧，用人封闭的家族式企业，多数已经不适应当前的形势。当家族企业发展到一定阶段，家族企业就容易出现排外心理、任人唯亲、人情管理、滥用权利、缺乏激励、缺乏企业文化、缺乏科学决策等诸多弊端，从而阻碍企业发展。只有建立现代企业制度，外聘高层次人才，才能保证和促进企业的长远发展。

第二节　统计推理

统计推理是利用统计数字进行的推理，作为最为常见的推理形式之一，统计推理被广泛地应用于政治、经济等各个领域及日常生活中。

一、统计概述

统计推理是由样本总体具有某种性质而推出对象总体也具有该种性质的归纳推理。最典型的统计推理就是统计推断，是由样本具有某种属性的单位频率（百分比）推出总体具有某种属性的概率（可能性）的推理。

概率，亦称“或然率”，它反映随机事件出现的可能性大小。随机事件是指在相同条件下，可能出现也可能不出现的事件。假设对某一随机现象进行了 n 次试验与观察，其中

A 事件出现了 m 次，即其出现的频率为 m/n。经过大量反复试验，常有 m/n 越来越接近于某个确定的常数（此论断证明详见伯努利大数定律）。该常数即为事件 A 出现的概率，常用 P（A）表示。研究支配偶然事件的内在规律的学科叫概率论，属于数学上的一个分支，概率论揭示了偶然现象所包含的内部规律的表现形式。

【案例】

莎士比亚的猴子

1909 年，波莱尔在一本谈概率的书中提出了无限猴子定理。关于此定理的叙述为：有无限只猴子用无限的时间会产生特定的文章。

因为在无穷长的时间后，即使是随机打字的猴子也可以打出一些有意义的单词，可以类推，会有一个足够幸运的猴子或连续或不连续地打出一本书，即使其概率极其小。但在极其长的时间后，其发生是必定的。根据该定理推测，如果无数多的猴子在无数多的打字机上随机打字，并持续无限长的时间，那么在某个时候，它们必然会打出莎士比亚的全部著作，这可以用严谨的数学推导来证明。

不过在现实中，猴子打出一篇像样的文章的概率几乎是零，因为科学家经过反复试验后发现，猴子在使用键盘时通常会连按某一个键或拍击键盘，最终打出的文字不可能成为一个完整的句子。2003 年，一家英国动物园的科学家们“试验”了无限猴子定理，他们把一台电脑和一个键盘放进灵长类园区。可惜的是，猴子们并没有打出什么十四行诗。根据研究者的说法，它们只打出了 5 页几乎完全是字母“S”的纸。

然而，在离 1909 年约 100 年后，在谷歌 AI 系统的机器学习代码中，莎士比亚的猴子展露神迹。尽管谷歌并未让一只猴子敲键盘打造出莎士比亚的著作，但被视为“莎士比亚猴子”的 AI 已经能够开始写出诗歌了。

这让人类开始重新思考自我，重新审视这只可以创造无限可能的莎士比亚的猴子。拥有智慧和情感是人类生而为人的骄傲，我们一直认为绚丽的诗句是独属于人类文明的最美结晶，但在概率论的逻辑中，这一切只是猴子们的一个随机动作。

（一）统计基础

如果被调查的某群对象的数量规模相对于我们的考察能力太过巨大，我们往往会采用先取样，再进行统计推理的方法。

1. 统计中的重要概念

统计推理是从样本过渡到总体的推理，是从总体中抽取部分样本，通过对抽取部分所得到的带有随机性的数据进行合理的分析，进而对总体做出合理的判断，它是伴随着一定概率的推测。

例 1：某汽车厂生产的 10 万辆汽车，从中随机抽取样本 1 000 辆进行检验，发现合格率为 95%，于是，推出该厂生产的全部汽车的合格率为 95%。

例 2：心理学家在对 500 名文科生的调查中发现，其中 85%的学生有数学恐惧症。所以，85%的文科生有数学恐惧症。

统计中的重要概念主要有：对象总体、样本、统计属性、抽样和样本的代表性

（1）对象总体

所谓“总体”，就是被调查的某群对象的全体。对象总体是研究对象的全体，即统计推理的结论所涉及的对象的集合。

例如，要调查某城市 2 万名初中一年级学生的平均体重，从中抽选 1 000 人进行调查，这 2 万名学生就是对象总体。

（2）样本

被检验的部分称为样本，样本总体是被考察的对象的全体。统计推理的本质就是根据样本总体的性质来推断对象总体的性质。

例如，上例中被调查的 1 000 名学生就是样本总体。

（3）统计属性

所考察的样本个体中，有些具有 P 属性，有些不具有 P 属性，我们把具有这部分特征的样本属性叫作样本的统计属性。

上例中的平均体重就是统计属性。

（4）抽样

所谓“抽样”，就是从对象总体中选取样本总体的过程。抽样的方法对于统计推理的结论来说至关重要。如果抽样方法不合理，统计数据再准确，它对统计推理的结论也没有说服力。

（5）样本的代表性

要提高统计推理结论的可靠程度，关键在于从对象中抽选出的样本具有代表性。抽样的代表性，是指被调查的对象能够反映其他未被调查的对象的性质。

2. 统计推理的形式

当我们在关于样本信息的基础上，得到关于全体的结论，我们就是在做统计推理。统计推理的形式如下：

（1）统计推理的一般结构

前提：样本有属性 P

结论：总体有属性 P

（2）统计推理的具体结构

具体而言，统计推理是在一定数量的事物 A（作为样本）中发现有若干百分比的 A 有属性 P，然后归纳为在所有的 A 中也有这样百分比的 A 有属性 P。

统计推理的结构表达形式一：

前提：在若干个 A 的样品中观察到有 $x\%$的 A 有属性 P

结论：所有的 A 中有 $x\%$的 A 有属性 P

统计推理的结构表达形式二：

前提：样本 S 的 $x\%$有 P 属性

结论：总体 A 的 $x\%$有 P 属性

在以上形式中，"$x\%$有 P 属性（$1<x<100$）"表示被考察样本 S 和总体 A 的统计属性。

（3）统计三段论的推理结构

统计三段论是统计概括的逆转形式。推理结构如下：

前提：总体 A 的 $x\%$有 P 属性

前提：这个（这些）a 属于总体 A

结论：这个（这些）a 可能有 P 属性

（二）统计概括

统计概括指的是针对统计推理而概括出结论。由于统计推理是从样本过渡到总体的推理，即由样本具有某种属性的单位频率或百分比推出总体具有某种属性的概率或可能性的推理，因此，在进行统计推理和概括时，要尽量做到抽样要科学、数据应用要合理、概括出的结论要恰当。

例 1：亚利桑那大学心理学研究人员运用一套实验设备，对一批志愿参与者进行心理测试。结果发现，最快乐的人独处的时间比最不快乐者少 25%，说话的时间则多 70%。最快乐的人进行实质性谈话比最不快乐者多一倍，而闲聊则仅为后者的 1/3。

分析：根据以上研究，可合理地概括出的结论是，快乐的生活往往是社交性的、谈话深入的，而不是孤独和肤浅的。

例 2：正常情况下，在医院出生的男婴和女婴的数量大体相同。在某大城市的一家大医院，每周有许多婴儿出生；而在某乡镇的一所小医院，每周只有少量婴儿出生。如果一个医院一周出生的婴儿中有 45%～55%是女婴，则属于正常周；如果一周出生的婴儿中超过 55%是女婴或者超过 55%是男婴，则属于非正常周。

分析：概率基本常识是，当次数足够时，随机事件发生的频率与它们的概率将无限接近，而次数越少，随机事件发生的频率越有可能偏离其概率。比如乡镇小医院某一周只出生了一名女婴，则该周女婴所占比例就是 100%。根据上面的论述，由于乡镇小医院每周只有少量婴儿出生，而城市大医院每周有许多婴儿出生。因此，一周出生的婴儿中女婴或男婴的比率，乡镇小医院比城市大医院偏离正常概率的可能性要高得多，即可合理概括出的结论是，非正常周出现的次数在乡镇小医院比在城市大医院更多。

二、统计评估

统计推理属于不完全归纳推理，其结论所断定的范围超出了前提所断定的范围，前提与结论之间的联系不是必然的，因而，它的结论是或然的，不一定可靠，其推理的可靠性需要进行必要的评估。

（一）评估准则

在现实的生活中，我们每个人都会遇到大量的统计推理。能否正确地评估统计推理会直接影响到人们是否能对其所遇到的各种观点、意见做出合理的判断。为此，统计推理是批判性思维的重要考察对象。虽然统计学作为一门独立的学科，其专业的统计理论和技术对于大多数并非以统计为职业的人来说是复杂而又枯燥的，但懂得一些评价统计推理的原则和技巧，使我们能够对日常遇到的统计推理做出合理的评价非常必要。

评估统计推理与论证的准则可用如下批判性问题来描述：

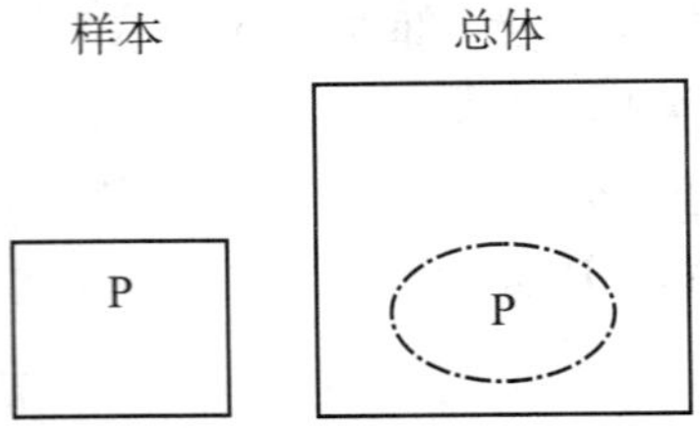

CQ1. 明确结论问题：结论是什么？

要弄清楚结论。需要注意的问题有：

（1）论题或结论中说了什么和没说什么？

（2）是否明确了结论中的具体概念？是否混淆或偷换了概念？

结论是指关于事实或价值观念的判断，它反映了说话人对某个问题的看法。在看书报或与别人谈话时，我们是不是经常问自己，作者（或说话人）想要我们接受的是什么，只有把论题和结论从说话人的一大堆话语当中抽取出来，并弄清对方的意图，我们才能对他的论证做出冷静而理智的思考。

要评价统计推理，还必须弄清楚论题中没说什么。善于布置语言陷阱的人常常会诱导听话者将一些想象的成分加入论题或结论之中。这些成分并不是论题或结论中明确表示出来的，而是听话人自己加进去的。

例："本品牌的手机便宜 800 元"。

这句话并没有明确说明比谁便宜，顾客很可能会将其理解为，是与该手机之前的价格相比，或者与同类型手机中质量最好因而价格最贵的相比，或者是与同类手机中最便宜的相比。如果顾客将自己的想象成分加进了论题或结论而上当受骗的话，顾客无法对说话人提出指责。因为，说话人没有必要对自己没有明确说出的内容负责。所以，要想确保自己不上当受骗，顾客在分析统计推理时，一定要弄清论题或结论中说了什么和没说什么。

CQ2. 数据意义问题：统计数据有何含义？

要分析前提中的统计数据的含义，需要注意的问题有：

（1）数据能否说明问题？——揭示能说明什么问题，是否存在数据理解的陷阱。

（2）是否遗漏了什么？——揭示相关因素和比较基础。

（3）这个资料是否有意义？——揭露统计数据赖以建立的未经证实的假设。

例 1：经过对最近十年的统计资料的分析，我们发现，某省因肺结核死亡的人数比例比起全国的平均值要高两倍。而在历史上该省并不是肺结核的高发地区。看来，该省最近这十年的肺结核防治水平降低了。

分析：上述论证是根据近十年来某省患肺结核死亡人数比例增高，得出结论，该省对患肺结核的防治水平降低了。这一论证是值得怀疑的，若事实上，该省的气候适合肺结核病疗养，很多肺结核患者在此地走过最后一段人生之路。这表明，该省患肺结核死亡人数比例增高是另有别的原因，这就严重地削弱了题干的结论。

例 2：在“非典”期间，某地区共有 7 名参与治疗“非典”的医务人员死亡，同时也有 10 名未参与“非典”治疗工作的医务人员死亡。这说明参与“非典”治疗并不比日常医务工作危险。

分析：上述论证是有明显漏洞的，要说明参与“非典”治疗是否比日常医务工作危险，关键不是医务人员死亡人数的比较，而是死亡率的比较。如果事实上，医务人员中只有一小部分参与了“非典”治疗工作，则参与治疗“非典”的医务人员的死亡率（7/参与治疗“非典”的医务人员人数）可能明显高于未参与“非典”治疗工作的医务人员死亡率（10/未参与“非典”治疗工作的医务人员人数）。

CQ3. 数据可信度问题：统计数据从何而来？

要分析前提中的统计数据的可信度，需要注意的问题有：

（1）说话人或作者从何种途径知道这些统计数据的？——揭示资料来源的正当性。

（2）该统计数据是谁说的？——验证数据来源的权威性。

（3）该统计数据是如何得出的？——检验样本与统计方法。

在日常生活中，对于遇到的统计推理，人们常常无法确知推理中用到的数字是怎么得到的。比如，在书报中看到统计数字，由于读者无法与作者直接交流，因而也无从了解这些数字的获得途径。在这种情况下，有些人会给他们所遇到的数字画一个问号，而不是毫无保留地接受它们，这样的做法是明智的。

例：一份研究报告显示，北大干部子女的比例从上世纪 80 年代的 20%以上增至 1997 年的近 40%，超过工人、农民和专业技术人员子女，成为最大的学生来源。有媒体据此认为，北大学生中干部子女比例 20 年来不断攀升，远超其他阶层。

分析：若发现，近 20 年统计中的干部许多是企业干部，以前只包括政府机关的干部。这意味着很可能是统计口径扩大才造成统计中北大学生中干部子女比例增加的，这就有力地质疑了媒体的观点。

CQ4. 样本代表性问题：样本是否能真正代表总体？

评价统计概括，也一样要看前提和结论之间的关系，以及支持的充分性。统计推理的可靠性主要取决于样本有代表性。只有从能够代表总体的样本出发，才能得到关于总体的可靠结论。使用样本所产生的问题与这个样本能否代表总体有关，不能代表总体的样本被称为偏颇的样本。

例 1：为了调查当前人们的识字水平，其实验者列举了 20 个词语，请 30 位文化人士识读，这些人的文化程度都在大专以上。识读结果显示，多数人只读对 3 到 5 个词语，极少数人读对 15 个以上，甚至有人全部读错。其中，“蹒跚”的辨识率最高，30 人中有 19 人读对；“呱呱坠地”所有人都读错。20 个词语的整体误读率接近 80%。该实验者由此得出，当前人们的识字水平并没有提高，甚至有所下降。

分析：这一调查的问题在于，这 20 个词语是否具有代表性，如果这 20 个词语是易读错的词语，题干结论就不可靠。

例 2：从 1980 年代末到 1990 年代初，在 5 年时间内中科院 7 个研究所和北京大学共有134名在职人员死亡。有人搜集这一数据后得出结论：中关村知识分子的平均死亡年龄为53.34岁，低于北京市1990年人均期望寿命73岁，比10年前调查的58.52岁也低了5.18岁。

分析：这一统计推理是荒谬的，因为这个样本不具有代表性。因为在职人员的年龄一般不超过60岁，在职期间如果死亡，往往属于英年早逝，这个样本不能代表一般的知识分子的情况。类似的统计推理谬误，比如，在调查大学生平均死亡年龄是22岁后，得出惊人结论：具有大学文化程度的人比其他人平均寿命少50岁。因为在校大学生通常是20岁左右的青年，如果死亡，大多数属于非正常死亡，这个样本不能代表一般具有大学文化程度的人。

CQ5. 反案例问题：是否发现不具有原样本属性的其他样本？

若没发现相反的案例，即没有发现不具有原样本属性的其他样本，则结论的可靠程度就高。若存在相反的案例，即发现了不具有原样本属性的其他样本，即相反的案例越多，则结论的可靠程度就越低。

CQ6. 数据应用问题：统计数据应用是否合理？

分析统计推理的数据应用是否合理，需要对统计数据与结论进行如下评估：

(1) 说话人或作者是如何运用统计数据得出结论的？是用什么方式叙述这些数据的？

(2) 统计数据与结论是否相关？相关度如何？统计数据是否能支持结论？

(3) 说话人或作者是如何使用统计数据的？统计数据是否进行了比较？是否设定了供比较的对象？是否设定了比较的根据或基础？

(4) 从这些统计数据中可以推出什么结论？得出的结论是否恰当？

(5) 说话人或作者有没有对统计数据做出引申？引申的适当程度如何？

例1：信息产业部电信研究院某副院长认为，手机通话费不是高收费。理由是，漫游费已经下降了百分之六十三了。

分析：这一理由显然是不足的，漫游费下降了不等于通话费等别的收费下降，而且，原来的漫游费太高了，即使下降了百分之六十三，也不能认为就一定低了，也许漫游费本不应该收，早该取消了。

例2：“这可咋办！广州医院产前亲子鉴定近八成非亲生？”

分析：单看这个新闻标题，给人的印象是中国人，至少是广州人的新生儿有八成非亲生。但是，你仔细读这篇新闻，却发现远不是那么回事。新闻内容说的是：“广州医学院第三附属医院几乎每年都会收到400例左右的亲子鉴定申请，结果有八成左右的丈夫发现，妻子怀上的小孩并非亲生。”可见，“八成”涉及的总体事实上是做亲子鉴定的人，并不能代表广州医院将要生产的所有待产孕妇。仔细想想，在这些做亲子鉴定的人中，八成非亲生的结果其实也并不奇怪。一般来说，去做亲子鉴定都是有原因的，怀疑非亲生才会去做亲子鉴定。一般来说，有重要的根据才会提出这种怀疑。所以，某医院的亲子鉴定结果八成非亲生这是可能的，因为“非亲生”与“做亲子鉴定”有强相关。但是，如果把这“八成非亲生”的结论推广到大众之中，就变成明显的谬误了。

例 3：尽管是航空业萧条的时期，各家航空公司也没有节省广告宣传的开支。翻开许多城市的晚报，最近一直都在连续刊登如下广告：飞机远比汽车安全！你不要被空难的夸张报道吓破了胆，根据航空业协会的统计，飞机每飞行 1 亿公里死 1 人，而汽车每走 5 000 万公里死 1 人。

汽车工业协会对这个广告大为恼火，他们通过电视公布了另外一个数字：飞机每 20 万飞行小时死 1 人，而汽车每 200 万行驶小时死 1 人。

如果以上资料均为真，则怎么解释上述这种看起来矛盾的结论？

分析：题干中的第一个统计数字似乎说明飞机比汽车安全，第二个统计数字似乎说明汽车比飞机安全，而题干又断定这两个统计数字都正确，这似乎存在矛盾。其实题干的结论并不矛盾，因为飞机和汽车的速度明显不同。在不知道二者的速度或速度比的情况下，只以运行距离为单位，或者只以运行时间为单位无法比较二者的安全性。

例 4：有关研究发现，在肺癌患者中，有高达 90％的建筑工人经常感受到来自工作和家庭的双重压力。王强是一名肺癌患者，而且他经常感受到来自各方面的压力，有时甚至有不堪重负的感觉，所以，王强很可能是一名建筑工人。

分析：上述研究发现揭示的意思实际上是，在患肺癌的建筑工人中有 90％的经常感受到压力。这并没有说肺癌患者中建筑工人所占的比例，因此推不出结论。只有假设，经常感受到压力的肺癌患者有 90％是建筑工人。那么根据王强是一名经常感受到压力的肺癌患者，才能推出：王强很可能是一名建筑工人。而这一假设未经确认，因此，该论证存在漏洞。

（二）科学抽样

统计推理的可靠性取决于统计证据，日常经验中所遇到的统计证据并不包含诸如随机性、抽样误差、获取样本的条件之类的因素。在缺少这类信息的情况下，想要对这些证据进行评估，人们必须使用他们最好的判断力。

可靠的统计证据通过科学抽样而搜集，核心问题是样本的代表性。错误抽样的谬误指在做出归纳概括过程中抽样不合理而导致样本不具代表性所产生的谬误，因此，评价统计调查的结果时应当尽可能地考虑到影响样本代表性的各种因素。

1. 科学抽样的要求

为了保证样本的代表性，人们一般从三个方面对抽样过程提出要求：抽样的规模、抽样的范围和抽样的随机性。

（1）抽样规模应当尽可能地大

样本容量越大，样本就越具有代表性，结论的可靠性就越大。

样本容量也叫样本数量、样本大小，这是决定样本是否具有代表性的一个重要因素。和简单枚举归纳一样，统计推理的样本数量，即例子的多少，对推理的可靠性产生影响。给定一个随机选取的样本，这个样本越大，它就越接近于复制总体，例子越多，结论可能越可靠。

在统计学中，这种近似程度是用抽样误差的术语来表达的。抽样误差是某个特征在样本中出现的相对频率与该特征在总体中出现的相对频率之间的差别。如果所取的样本越大，则误差会越小。样本的大小应该随着总体的大小和可接受的抽样误差程度而变化。

现在的很多统计调查，在样本的大小方面就不能达到这个要求，小样本往往不能反映对象总体的性质，样本数量太少，误差可能太大，就不能代表全体的类别，将使统计数字无效，从而归纳无效，也即通过太小的样本推出的结论很可能不反映全面的情况，是偏颇的结论。很多统计调查的报道，都没有给出关于样本大小的信息，这时，除非是有信誉的权威调查机构做的报道值得信任，不然你就应该采取保留的态度。

需要注意的是，样本太少或样本太小的谬误，是指绝对量太小，而不是相对量太小。根据统计学的要求，对总体抽样做出判断的准确程度主要是看抽样是否有代表性，而不是看样本占总体的比例是否足够大（当总体很大时，此比例往往很小）。因此，从统计学的观点，抽样比例小也不足以对题目的结论提出有力的质疑。比如，调查北京市民喜欢收看什么样的电视节目，以我们一个小区来作样本，则绝对样本太少。但如果你在北京市科学地抽样千分之一，其统计出来的结论就能可靠地说明问题。

【案例】

北京癌症发病率 25%不实

日前，网友“红墙下的猫”的一则微博引发网友强烈关注，他称“北京癌症发病率惊人，需要流行病专家关注。我是 1977 年入学 1982 年毕业，大学本科同班同学在京工作 30 多人，现有 8 人患癌症。他们分别来自北京友谊医院、北京同仁医院、北京天坛医院、北京复兴医院和北京佑安医院。他们当中肺癌 1 人、乳腺癌 3 人、白血病 2 人、子宫内膜癌 1 人、皮肤癌 1 人。而毕业出国就业者 20 余人无一癌症。”

北京癌症发病率真的那么惊人，高达 25%吗？昨日，北京市肿瘤防治研究办公室副主任王宁表示，北京市 55～60 年龄组癌症发病率是 391.17/10 万；60～65 年龄组是 541.87/10 万；65～70 年龄组是 766.54/10 万，而美国总体为 500/10 万，老年组高于北京。据介绍，北京市 2011 年癌症新发病例 38 448 例，5 年生存率 37%；而该微博博主所发事例的样本量太小，“25%太偶然了，哪个医院医务人员全院统计也不会这么高。”

（2）抽样范围应当尽可能地广

样本范围越广，样本就越具有代表性，结论的可靠性就越大。

统计归纳是以选取和研究“样本”开始，将样本中表现的百分比推论到全部同类事物上，这种推论的成败就在于样本是否代表总体的特点、状况。通俗地说，样本的“代表性”指总体中包括什么类型的成员，样本中也应该包括，而且比例要相当。这就是说，任何合理的统计推理，样本都要反映总体中的有关类别及其比例。

比如，总体中有十个有关的类别，样本中也应该有同样的十个；每一个类别在总体中占多大比例，在样本中也应一样。这样，你才能使你的“样本”“代表”你的“总体”，这样你得出的结论也有代表性。

【案例】

列车采访

某记者在列车上采访：

记者：这位乘客，您买到火车票了吗？

乘客甲：买到了！

记者：旁边这位呢？

乘客乙：买到了。

接着，为增强说服力，记者在列车上随机采访了十几个人，高兴地发现：大家都买到了回家的火车票。

上述记者的调查范围显然过小，只调查了列车上的乘客，这些乘客当然是绝大多数都买到了火车票。由于记者没有调查社会大众，这个调查显然不能说明火车票好买。

样本的代表性是一项必须严格遵守和检查的标尺。样本的代表性和统计归纳结论的准确性有直接的关系。美国权威的民意调查机构关于选举的统计归纳之所以能如此准确，首先在于它们在选取样本时，按比例反映选民的年龄、性别、种族、贫富、职业、地区、信仰、教育等因素。

不合理的统计归纳，多半在代表性上有缺陷。抽样范围过窄也会使样本失去代表性，如果抽样的范围过窄，那么统计数据不足为凭，就会犯“偏向样本”的错误。

（3）样本的选取应当是随机的

样本与总体的相关性越大，样本就越具有代表性，结论的可靠性就越大。

统计推理的合适性是保证样本不能有偏向，即要完整代表全体的类型分布。如何达到这个目的呢？关键在于选取样本的方法不能有偏向。概率抽样这个概念可用来描述样本与总体的相关性，如果样本是根据总体的不同性质选择恰当的随机抽样方法选取的，那么样本与总体就有相关性，并把它称为统计相关。

随机样本是总体中的每一个成员都有相等的机会被选出的样本，随机选取应该是在不同类别的例子都存在的场合下随便选取样本。科学中有专门的程序和方法来保证随机，比如运用随机的数学程序产生号码来选取。随机抽样的方法包括：简单随机抽样、分层随机抽样和系统随机抽样。

人们之所以将网上进行的所谓“民意调查”判为非科学的，是因为网上的样本没有代表性，调查者往往无法控制调查对象，不能确定究竟哪些人会接受他的调查。

例如，在互联网上进行的问卷调查，很多人见了之后根本不予理睬，回答问题的只是一些愿意回答这类问题的人（当然，也有一些出于好奇的人）。从这些问卷中得出的调查结果不一定能反映大多数读者的观点。因此，“在线民调”，是那些上网的、关注某一新闻的、愿意主动表达想法并且点击投票的人，他们不能代表那些没有看到这个网页上的新闻的大多数公众的观点。

再如，著名性学家金赛在美国首次（1948 年）对性行为进行大规模和系统化研究。没有使用随机抽样，他使用的是统计学家所称的便利取样法，他访问方便参与的所有人。进入金赛样本的主要要求是自愿加入。许多对象是自愿加入，这一事实本身就说明他们不代表整个抽样总体。那些自愿就其性历史进行调查的人，极有可能比一般人对性历史更感兴趣，因此不太能代表一般行为。

【案例】

近7成北美中国留学生希望回国工作和长期居住

北美洲某国际交流中心今日公布的一份调查报告显示，近七成受访的北美中国留学生希望回国工作和长期居住，美国已不再是理想的工作与居住之地。

清华大学深圳研究生院等中国三所高校与科研单位八月底至九月初在多伦多、纽约、波士顿、旧金山召开了四场海外高层次人才招聘面试活动，这份报告是针对出席上述活动的中国留学人员所做的问卷调查得出的。

上述统计结论显然具有偏颇性，该样本不是随机选取的。因为受调查者是参加人才招聘面试活动的，这些调查对象希望回国工作和长期居住的比例当然高，但不能代表北美所有的中国留学生。

2. 影响样本随机性的因素

保证样本的代表性的方法是“随机”选取，随机选取样本这一要求适用于几乎所有的样本。随机的意思是没有偏向地选择样本，即不是有意地、有倾向地专门选取某一方面的代表，而是每个人都有同样的机会被选上。下面所列的一些因素也影响着样本选取的随机性。

（1）调查者的偏见

调查者的偏见会影响到抽样的随机选取，从而对调查的结果产生直接的影响。样本的选取应当是随机的，要求选取样本时不应带有主观偏见，主观偏见对于样本的随机性具有很大的影响。抽样调查之所以要随机进行，主要是为了避免主观因素对调查结果的客观性的影响。调查者的主观偏见除了影响抽样的随机性之外，还会以其他方式影响调查结果的代表性。由于抽样过程、调查时提出的问题等都有可能渗入提问人的主观偏见，因此，加进了调查者主观偏见的抽样调查很难反映真实的客观情况。

（2）调查方式

人们容易忽略的另一个因素是调查方式，在问卷调查中，调查者的提问方式和措辞会直接影响到调查的结果。比如，假使学生对“你有多少异性伙伴”的问题不明确，那么得出来的70%的比例就不准确。有的学生可能把单纯的异性朋友算在内，有的可能指有性关系的男女朋友。问题的设计准确、清楚、直接、一致、全面的性质，是得到准确、有意义的信息的一大关键。

（3）心理因素

心理因素对样本是否具有代表性也会有影响。心理影响的一个根源是调查者与回答者之间的个人相互作用。一方面，对调查者来说，如果想要一个自己喜欢的结果，在提问表述、可选择的项目，甚至问题的次序安排上做文章，会很有效果。政客或商业推广常常用这样的技巧来操纵民意调查，并以此反过来影响民意。另一方面，从被调查者来说，如果认为他们所给出的回答的不同会使他们得到或失去某些东西，那么可以预见，这些人将影响结果。

为防止这种相互作用影响结果，科学研究通常是在“双盲”条件下进行的。在这种条件下，无论调查者还是回答者都不知道“正确”的回答是什么。（双盲是指，研究对象和研究者都不了解试验分组情况，而是由研究设计者来安排和控制全部试验。其优点是可以避免研究对象和研究者的主观因素所带来的偏倚。）

（三）统计谬误

统计谬误指的是在使用统计数据作论据时所产生的错误，即运用统计推理时未能满足特定的相关条件而导致结论的可信度降低的谬误。常见的统计谬误有以偏概全以及统计数据应用方面的各种错误。

1. 以偏概全

以偏概全是运用统计推理时容易出现的逻辑错误，属于统计中的轻率概括，是根据部分具有的属性概括了整体的属性而导致的谬误，是由于忽视样本属性的异质性，或者根据有偏颇的样本所做出的概括。以偏概全主要有两种表现形式：

一类是小众统计或统计不全，是指以少数样本为根据，即只指出个别或少数数据，就仓促引申出一般结论的错误论证。小的样本不足以反映总体的特性。仅根据几个具体事例就得出绝对的结论，这样的推论是极不可靠的。由于概括出一般结论所依据的样本太少，则发现反例的机会甚大，样本不足以支持一般性结论。

另一类是样本偏颇，是由于抽样不当而导致的偏颇样本的谬误。影响统计推理结论的可靠性的不仅仅是调查对象数量，调查的范围也很重要。就统计对象的整体而言，虽然在某个局部范围内的统计样本是有代表性的，由于忽视了对其他部分的调查统计，从统计对象的总体上看仍然是样本偏颇或不具有代表性。

例 1：在针对巴黎市民对垃圾食品偏好度的调查中，调查人员在巴黎的各大麦当劳餐厅随机抽取了 300 人做调查，发现巴黎市民对垃圾食品的喜欢程度高达 75%。

分析：该调查的样本仅仅来自于巴黎的快餐厅，在巴黎快餐厅吃饭的人就餐偏好不能代表巴黎市民的就餐偏好。

例 2：目前的大学生普遍缺乏中国传统文化的学习和积累。有关部门及部分高等院校最近做的一次调查表明，大学生中喜欢和比较喜欢京剧艺术的只占到被调查人数的 14%。

分析：喜欢京剧艺术与学习中国传统文化不是一回事，不能以不喜欢京剧之“偏”概对中国传统文化的态度之“全”。

例 3：美国《文艺文摘》对罗斯福和兰顿在 1936 年竞选总统进行民意调查。调查者打电话给 10 000 个美国选民，问他们在即将来临的总统选举中打算怎样投票，调查的样本包括各种回答者，他们来自各个州，有农村的和城镇的，有男人和女人。民意调查预示兰顿将彻底击败罗斯福。然而，事实上罗斯福却取得了压倒性的胜利。

分析：上述统计谬误产生的原因是，调查者通过打电话进行的调查，调查样本只代表了那时能够安电话的人，而当时电话远没有现在这样普及。

2. 幸存者偏差

幸存者偏差也叫生存者偏差或存活者偏差，指的是只能看到经过某种筛选而产生的结果，而没有意识到筛选的过程，因此忽略了被筛选掉的关键信息。若统计样本中的数据都是“幸存者”的，那以此做出的概括就属于“以偏盖全”了。

幸存者偏差属于典型的样本偏颇，其谬误产生的原因是取得信息的渠道，仅来自于幸存者时（因为死人不会说话），此信息可能会存在与实际情况不同的偏差。比如，媒体调查“喝葡萄酒的人长寿”。一般是调查了那些长寿的老人，发现其中很多饮用葡萄酒。但还有更多经常饮用葡萄酒但不长寿的人已经死了，媒体根本不可能调查到他们。

可见，“幸存者偏差”只关注到幸存者（即好的一面），而未关注到未幸存者（即不好的一面）。这是一种逻辑谬误，意思是只能看到经过某种筛选而产生的结果，而忽略了被筛选掉的关键信息。

例 1：美女、帅哥在职场竞争中有很大优势，他们容易获得高薪职位。这一论断只关注获高薪职位的美女、帅哥，而没有注意到在职场竞争中失败的美女、帅哥。

例 2：读大学期间就退学创业容易获得成功，例如，比尔·盖茨就是如此。这一论断没有考虑大学期间退学创业失败的人。

例 3：抽烟或许有利于健康长寿，例如邓小平、黄永玉都是老烟民，但都很长寿。这一论断没有考虑到吸烟伤害身体甚至死亡的人群。

例 4：第二次世界大战时，美英空军对德国展开大轰炸，自身也损失惨重。专家们发现，所有返回的飞机腹部都遍布弹痕，但机翼却完好无损。他们由此推断：机腹非常容易受到炮火攻击，应该改进机腹的防护。后来证实，这些专家推断时受到了“幸存者偏差”的影响，因为实际情况是：被击中机翼的飞机都坠落了，而仅被击中机腹的飞机大都返航了。因此，应该加强防护的是机翼，而不是机腹。

例 5：一个研究称罪犯的平均智商（IQ）是 91 到 93，大众的平均智商是 100，所以结论是罪犯的平均智商低于大众。不过，统计研究的样本来自宣判了的罪犯，即“罪犯”的标准是那些被抓到并被宣判了的。有可能具有高智商的罪犯没有被抓到，或者，如果被抓到了，他们有钱雇用高明的律师而得以逃脱法律制裁。这就是说被调查的只是罪犯中的笨蛋。

如何避免幸存者偏差呢？最好的办法当然是让“死人”说话。双盲实验设计和详细全面客观的数据纪录都是应对“幸存者偏差”的良方。所谓“兼听则明”也是这个道理，抛掉对个案的迷信，全面系统地了解才能克服这个偏差。

（四）统计质疑

统计论证关键在于样本的代表性，影响样本代表性的三个因素有样本的大小、范围和抽样的随机性。错误抽样的谬误指在做出归纳概括过程中抽样不合理（如抽样片面、样本不具代表性等）而产生的谬误。

如果统计论证的推理中出现了以偏概全这种逻辑错误，质疑该统计论证的主要方式就是拿出理由，指出样本是特殊的，偏颇的，不具有代表性。

例 1：认为大学的附属医院比社区医院或私立医院要好，是一种误解。事实上，大学的附属医院抢救病人的成功率比其他医院要小。这说明大学的附属医院的医疗护理水平比其他医院要低。

分析： 上述推理是由一个统计事实“大学的附属医院抢救病人的成功率比其他医院要小”，而得出一个解释性结论“大学的附属医院的医疗护理水平比其他医院要低”。这个结论是建立在将两个具有不同内容的数字进行不恰当比较的基础上的。要削弱这则论证，就要指出样本（质）不同。若去大学附属医院就诊的病人的病情，通常比去私立医院或社区医院的病人的病情重，因此，显然不能根据大学的附属医院抢救病人的成功率比其他医院要小，就得出大学的附属医院的医疗护理水平比其他医院要低的结论。这就有力地驳斥了题干的论证。

例 2：一家石油公司进行了一项石油溢出对环境影响的调查，并得出一个结论：接触过石油溢出的水鸟有 95%的存活率。这项调查是基于一个检查，被送到石油溢出地附近兽医诊所看病的水鸟，调查发现 20 只受石油溢出影响的水鸟中仅仅只有一只水鸟死了。

分析： 上述推理，根据被送到兽医诊所看病的 20 只受石油溢出影响的水鸟只死了一只，得出结论，接触过石油溢出的水鸟有 95%的存活率。若发现，只有那些看起来有很大存活率的水鸟才被带到兽医诊所，这意味着这 20 只受石油溢出影响的水鸟具有特殊性，也即样本没有代表性，这就有力地反驳了关于水鸟存活率的调查结论。

例 3：很多人认为网恋不靠谱。芝加哥大学的一个研究小组对 1.9 万名在 2005—2012 年间结婚的美国人进行在线调查后发现，超过三分之一的人是通过约会网站或 facebook 等社交网络与其配偶认识的；这些被调查对象总的离婚率远低于平均离婚率。这项调查表明，网恋在成就稳定的婚姻方面是很靠谱的。

分析： 上述论证是通过调查发现，网恋离婚率远低于平均离婚率，从而得出结论，网恋在成就稳定的婚姻方面很靠谱。这一论证是有缺陷的，若事实上，被调查对象（即网恋）的结婚时间比较短，这意味着，网恋的离婚率与平均离婚率不具有可比性，这显然使上述结论的成立受到了严重的质疑。

例 4：在过去几年中，高等教育中的女生比例正在逐渐升高。以下事实可以部分地说明这一点：在 1959 年，20 到 21 岁之间的女性 11%正在接受高等教育，而在 1991 年，在这个年龄段中的女性的 30%在高校读书。

要评价上述论证，最需要了解什么信息？

分析： 上述论证由 20 到 21 岁女性入学比例的变化，推出在大学中女生所占比例上升。这则论证涉及统计数据的误用，大学招收的 20 到 21 岁的女性占所有 20 到 21 岁女性的比例由 11%增长到 30%，并不意味着招收的女大学生占所有被招收大学生的比例也由 11%增长到 30%。针对这一统计数据的误用提出的焦点问题是，在该年龄段的男性中，接受高等教育的比例。如果招收男生的比例足够高，那么女生占学生总数的比例未必上升，如果招收的男生比例足够低，那么可以推出招收女生的比例上升了，因此，这一信息对评价题干的论证非常关键。

例 5：美国的枪支暴力惨案再度引发了枪支管控的讨论。反对枪支管控者称，上世纪 80 年代美国枪支暴力案飙升，1986 年有些州通过法律手段实施严格的枪支管控，但实施严格枪支管控的这些州的平均暴力犯罪率却是其他州平均暴力犯罪率的1.5倍。可见，严格的枪支管控无助于减少暴力犯罪。

分析：上述结论认为严格的枪支管控无助于减少暴力犯罪。理由是，实施枪支管控的州的犯罪率比其他州高。这一理由是靠不住的，因为，枪支管控的效果不应该是与其他城市的比较，而应该是比较枪支管控前后同一城市的暴力犯罪率。若事实上，自1986年以来，实施严格枪支管控的这些州的年度暴力犯罪数持续下降，则说明严格的枪支管控有助于减少暴力犯罪。

三、案例分析

例1：分析下面的论证在概念、论证方法、论据及结论等方面的有效性。

其实，乘坐飞机出行的安全系数是最高的。

统计表明，坐飞机出行的安全系数是远远高于乘坐火车、汽车等地面交通工具的。近10年，国际上飞机百万架次事故率的平均水平为1.03。按照这个比例计算，一个人每天坐一次飞机，要2660年才遇上一次空难。我们外出都要算里程，所以在安全的数据度量问题上，用路程比用时间更合适、更科学。自20世纪70年代中期以后，飞机每飞行1 000公里死亡的人数大约为0.05个，这个数字远远低于铁路和公路。中国民航飞机的百万架次事故率只为0.23。在中国从1982年到2004年算下来，22年有21起空难，遇难人数才1 404人。

人们认为火车更安全，是一种偏见。一般各国的飞机事故都会及时报道，而火车事故报道就不是很及时或者不进行报道，这给我们一种错觉，飞机似乎总出事。

分析：上文是一则统计论证。统计数据需要比较才有意义，结论不能从单方面的数据来认定。上文只列举了一组与飞机相关的安全数据，没有列举与火车等地面交通的安全数据的对比。而且，该作者没有明确比较的基础，是不能笼统地得出“乘坐飞机出行的安全系数是最高的”这一结论的。

下面提供参考分析评论。

上文作者试图通过一则统计论证来证明“乘坐飞机出行的安全系数是最高的”，但由于存在诸多逻辑问题，其论证是值得怀疑的，其中的逻辑缺陷分析如下。

首先，上文没有明确“安全系数”这一概念。因为按照不同的数据统计和理解，存在不同的比较方式，比如，有事故率方面的不同比较，包括百万架次（辆）事故率、百万乘客事故率、百万公里事故率等；也有死亡率方面的比较，比如每十亿次出行死亡人数、每十亿小时出行死亡人数、每十亿公里死亡人数等。不同的比较，结果可能是完全不同的。

其次，该作者用飞机百万架次事故率为1.03，推算出，一个人每天坐一次飞机，要2660年才遇上一次空难。由此作为飞机出行安全的一个证据，理由也是存疑的。因为虽然飞机百万架次事故率很低，但一旦出现事故，死亡率是最高的，而且是死亡人数众多。同时，该作者没有提供同样出行次数的情况下，乘坐飞机和乘坐火车的出事故次数和死亡人数的比较，也许每百万次出行死亡人数，飞机是要高于火车的。

再次，该作者用“飞机每飞行1 000公里死亡的人数大约为0.05个，这个数字就远远低于铁路和公路”来支持飞机出行安全的结论也是片面的。因为飞机速度快，按照公里数计算，事故率和死亡率确实相对较低。但是，如果按照出行次数或出行时间计算，乘坐飞机出行的死亡率很可能高于乘坐火车或汽车。

另外，上文笼统地认为，飞机比火车等地面交通工具安全，该结论是不成立的。因为人们对安全的理解各不相同，有人以出行次数为基础，有人以出行时间为基础，有人以出行路程为基础，不同比较的结果是不同的。按照任何单一指标比较飞行和地面交通的安全性都是不恰当的。

最后，作者认为“人们认为火车更安全，是一种偏见”，仅仅举出报道差异，这个理由是不充分的。很多人认为火车安全的理由可能很多，比如火车事故的死亡率低、火车出事后逃生的机会比飞机大得多、飞机出事后很少有生还者、有些人对高空恐惧的心理偏见等等，如果该作者想证明自己的观点，对这些都需要进行驳斥。

总之，由于上述统计论证存在诸多逻辑漏洞，因此，其结论是值得商榷的。

例2：分析下面的论证在概念、论证方法、论据及结论等方面的有效性。

下文出于一本为热衷创作的人撰写的指导。

新作者通常无法使著名的大型出版社相信他们的作品将畅销，因此他们必须首先找一家没有什么名气的小出版社出版他们的作品，以便赢得一些销售记录。但《神话作家》杂志的编辑们为热衷创作的人带来了一则好消息：过去两年中，神话小说出版的数量增长。此外，去年出版的神话小说中，几乎一半的作品出自于首次写小说的人之手。由于神话小说的市场正在扩大，所有的出版社都会想要增加他们出版神话小说的数量。因此，新手们应该创作神话小说，以增加他们在著名大型出版社出版第一部小说的机会。

分析：上文是一则统计论证，存在多处论证漏洞。

下面提供参考分析评论。

上文作者针对从事创作的新手们如何增加在大出版社出版自己的第一部作品的机会而提出建议，应该创作神话小说。然而其论证缺乏说服力，使得其建议有待商榷。

首先，作者所依据的第一个理由是，过去两年中，神话小说出版的数量增长。然而，作者没有提供其他类型小说的出版数量是否在增长，如果其他类型小说的出版数量的增长幅度更大，那么，新手不应该创作神话小说，而应该创作其他类型的小说。

其次，作者所依据的第二个理由是，去年出版的神话小说中，几乎一半的作品出自于首次写小说的人之手。这一事实也没有和创作其他类型的小说来比较，如果去年出版的其他小说中，超过一半的作品出自于首次写小说的人之手，那么同样不应该建议新手创作神话小说。

再次，作者所依据的第三个理由是，神话小说的市场正在扩大，所有的出版社都会想要增加他们出版神话小说的数量。这一理由同样对作者建议的支持力不足，如果其他类型小说的市场扩大程度更大，出版社想要增加出版其他类型小说的数量更多，那就应该建议新手去创作其他类型的小说。

其实，作者建议是否可行的关键点在于，应该比较“新手创作的神话小说在著名大型出版社出版的数量”与“新手创作的神话小说在著名大型出版社投稿的数量”的比率与“新手创作的其他类型小说在著名大型出版社出版的数量”与“新手创作的其他类型小说在著名大型出版社投稿的数量”的比率，若前者大于后者，作者的建议就是合理的，若前者小于后者，则作者的建议就是不合理的。

最后，还要考虑的问题是，神话小说的市场热潮是否可以持续，若像别的时尚潮流一样来得快，去得也快，那么由于学习和创作神话小说通常需要一定的时间，等新手们创作完了神话小说时已很难得到出版的机会了。

总之，作者论证的理由不充足，存在明显的逻辑漏洞，以此为据而提出的建议也不能使人信服。

四、数据应用

统计推理的作用在于，在现实生活中，人们常通过调查对象的统计性质来分析研究各种问题。为了评价统计论证，我们必须能够解释它们所依据的统计数据。

统计数据主要是指统计活动过程中所取得的反映经济和社会现象的数字资料，包括平均数、百分比、相对数量与绝对数量、比率、概率及其他样本数据。很多人都认为，数字是客观的，用数字说话是有说服力的。但需要注意的是，数字背后是可以有陷阱的，利用客观的数据可以安排种种陷阱，使我们在不知不觉中陷入圈套。所以，我们不要被那些看似有道理，实则不合理的数据所迷惑。在当代社会，我们确确实实生活在一个“数字化”的时代中。各种数字、数据、报表可以说铺天盖地，频频出现在大众传媒之中，我们当然不能对这些数字、数据、报表进行毫无根据的怀疑，但明智的、理性的态度是应该对这些数字保持必要的警惕：人们是如何得到这些数字、数据的？获得这些数字、数据的方法和途径是什么？这些数字、数据准确、可靠吗？这些数字、数据到底能说明什么问题？要想不被数字愚弄，就应该对统计数字有一个批判的态度。

数据应用就是对数据进行分析、处理，从中获取有价值的信息。在论证中，用统计数据作论据具有很强的证据支持效力。正因如此，在论证中一出现有误用统计数据的情况发生，就会动摇论证的基础。另外，统计数据也是诡辩者感兴趣并善于利用的手段，它也为种种诡辩手法的运用提供了方便。因此，在考察统计论证或运用统计数据推出结论时，应注意以下两个方面：一是，对统计数据的基础反复核查；二是，利用统计数据作为证据建构合理的结论。

在应用统计数据的过程中，如果忽视统计数据的相对性、交叉性、相关性和可比性等将会导致的数据误用谬误。一旦在所使用的统计数据方面产生谬误，就会动摇论证的基础。数据应用的谬误主要有：平均数谬误、大小数字的陷阱、掩人耳目的百分比、赌徒谬误、统计不全、错误抽样的谬误、数字和结论不相关、数据不可比、独立数据等。

（一）平均数

平均数是表示一组数据集中趋势的数量，是指在一组数据中所有数据之和再除以这组数据的个数。它是反映数据集中趋势的一项指标。

1. 平均数的含义

平均数有几种不同含义：算术平均数（均值）、众数、中位数、几何平均数、调和平均数、加权平均数等。因此，需要了解平均的含义到底是哪种，尤其要注意不恰当地使用这些数字所带来的统计问题。

算术平均数是指，一组数值的总和除以这组数值的个数所得到的数。一个数据集合的均值是算术平均数。它是这样计算的：用集合中数据的个数去除这些个别的数据的值之和。从算术平均数的算法可以看出，它很容易受极端值的影响。调查对象的差别越大，数量越少，算术平均数反映对象一般水平的能力也就越差。

众数是调查对象中出现次数最多的数。众数的大小不随极端值的变化而变化，因而它也无法反映极端值对调查对象整体水平的影响。在应该使用算术平均数的时候使用众数，会给人造成错误的印象。

中位数是将所有数据从高到低排列起来，居于数列中间位置的那个数。一个数据集合的中位数是当这些数据按照上升的顺序整理好之后的中点。换句话说，中位数是这样的点，在它的上方和下方有相同数目的数据。如果数列的项数是偶数，则把居于中间位置的两个数字加以平均，得到的便是中位数。中位数也不能反映调查对象的数量分布情况。

一般意义上，平均数指的就是算术平均数（均值）。平均已经似乎成了社会衡量各种事物的一个标准概念，统计与宏观趋势的分析中可以用平均数，但具体事物的处理时却不能简单地用平均数来说明问题。

2. 平均数谬误

平均数谬误在这里就是指误用算术平均数，即不恰当地使用算术平均数，从而由平均数假象引申出一般性结论的错误论证。

算术平均数的特点是拉长补短，以大补小，以最终求得的结果代表对象总体的某种一般水平。算术平均数很容易受极端值的影响。极端值可以将平均数向上拉，也可以将它向下拉。调查对象的差别越大，数量越少，算术平均数反映对象一般水平的能力也就越差。算术平均数掩盖了实际上的不平均，通过算术平均数设计的数字陷阱主要是利用了算术平均数的这一特点。

平均数的含义本身就意味着个体的统计值围绕它有上下幅度的波动，而且在许多情况下这种波动的幅度是相当大的。在论证中，如果将总体的平均值或平均数的性质机械地分配给总体中的个体，就会导致“误用平均数”的错误。

例 1：“本市平均的空气污染指数已降到警戒线以下”，但你千万不要以为生活在本市就十分安全，因为可能你所生活的那个社区，或你所工作的那个单位是本市污染最严重的社区或单位，假如你继续在该社区生活或在该单位工作，就会严重地损害你的健康。

例 2：三个统计学家打猎，碰上一头大鹿。第一个人开火，结果偏左一米。第二个人开火，结果偏右一米。第三个人放下枪，欢呼胜利：“平均而言我们打中了！”事实上，平均而言打中了，没有任何意义。

例 3：受多元文化和价值观的冲击，甲国居民的离婚率明显上升。最近一项调查表明，甲国的平均婚姻存续时间为 8 年。张先生为此感慨，现在像钻石婚、金婚、白头偕老这样的美丽故事已经很难得，人们淳朴的爱情婚姻观一去不复返了。

分析：张先生得出“人们淳朴的爱情婚姻观一去不复返了”的观点是基于对“平

均婚姻存续时间为8年”这一统计数据的理解。而这一理解可能是不确切的，如果现在有不少闪婚一族，他们经常在很短的时间里结婚又离婚。这说明闪婚现象导致了平均婚姻存续时间降低，但这并不说明家庭从总体上不稳定。比如，少部分家庭是闪婚，在短时间内不断地结了离，离了结，结了又离，离了再结，这样就大大降低了总体上平均婚姻存续时间，但不能说大部分家庭不稳定。

例4：索马里自1991年以来，实际处于武装势力割据的无政府状态。1991年索马里的人均GDP是210美元，2011年增长到600美元，同年，坦桑尼亚的人均GDP是548美元、中非是436美元、埃塞俄比亚是350美元。由此看来，与非洲许多有强大中央政府统治的国家相比，处于无政府状态的索马里，其民众生活水平一点也不差。

分析：以上论述根据处于无政府状态的索马里人均GDP高于非洲许多有强大中央政府统治的国家，得出结论，索马里民众生活水平一点也不差。但是，如果索马里的财富集中在少数人手中，许多民众因安全或失业等因素陷入贫困。这表明其人均GDP不能真实反映索马里民众生活水平，这就有力地说明了上述论证严重的缺陷。

（二）数据相对性

数据的相对性主要指的是百分比、基数与绝对量三者的相对关系，数据的相对性谬误就是指忽视三者的相对变化而导致对数据的滥用。

一般来讲，绝对数与相对比例相结合才能有效地说明问题，而仅仅用绝对数或相对比例往往容易误导受众。

1. 绝对数字陷阱

绝对数字陷阱也叫大小数字的陷阱，是统计推理中用绝对数字构制的陷阱。在论证中为了需要任意操纵数字。使用庞大的数字可以让人相信某个事实；使用微小的数字可以让人觉得，某事微不足道。但有可能由这些大、小数字得出的结论有些是荒唐至极的，也许是说话人有意地隐瞒了某些重要信息。绝对数难以反映对象的相对变化，遇到绝对数时请拷问：说话人为什么要使用这些数字，他用百分比是不是更能说明问题。

例1：某校今年本科上线人数达500人，比去年上线人数多了50人，所以，某校今年高考可以说是喜获丰收。

分析：这则论证的谬误在于没有考虑考生的总人数是否增长。

例2：郑兵的孩子即将上高中，郑兵发现，在当地中学，学生与老师的比例低的学校，学生的高考成绩普遍都比较好，郑兵因此决定，让他的孩子选择学生总人数最少的学校就读。

分析：郑兵的想法是选择学生与老师的比例低的学校，但当他选择学校的时候只选择学生总人数最少的学校。可见，郑兵是把相对比例（学生与老师之比）和绝对数（学生人数）弄混淆了，也就是他的决定忽略了：一个学生总人数少的学校，如果老师人数也相应少，则学生与老师的比例不一定低。

例3：消防队员的工作并不比其他工作更危险。过去5年中，我市消防队员因工受伤的只有4人，而电工因工受伤的有8人，钳工有11人，汽车司机就更多了。

分析：从绝对数字上看，电工、钳工、汽车司机因工受伤的人数确实比消防队员多。但这绝对说明不了消防队员的工作不比其他工作更危险。不知道该市的电工比消防队员多多少倍，钳工和汽车司机的数量又分别比消防队员的数量多多少倍。如果用相对数字来比较的话，消防队员因工受伤的百分比可能要比电工的要高出好多倍。

2. 百分比陷阱

百分比可以使人们了解某一类对象在全体对象中所占的比例。使用百分比的优点是，可以使人们了解某一类对象在全体对象中所占的比例，统计结果简单明了，一目了然。使用百分比的缺点是，无法反映一种非常重要的信息，即得出百分比所依据的绝对数字。百分比高不意味着绝对量大，还要看基数。

（1）有关百分比的批判性问题

误用百分比指论证中使用了确切的百分比，却疏漏了一件重要的信息——百分比之所依据的绝对数字。所以，在遇到百分比的时候，我们务必考虑以下两个批判性问题：

CQ1. 该百分比所依据的基础数据是什么？

CQ2. 百分比所表示的绝对总量是多大？

例1：在某种饮用水中，铅的含量只有0.000 5%，请放心饮用。

分析：如果饮用水中含铅量的合格标准是0.000 1%，那么0.000 5%就不是一个微不足道的数据。

例2：肺结核发病正在迅速增长，今年肺结核发病数量增长的比率是去年的4倍。

分析：增长的比率是去年的4倍，不意味着今年患病的人数是去年的4倍。假如前年患者的人数是1 000例，去年是1 001例，那么今年则是1 005例，而不是4 004例。这里，标准是增长的比率，去年与前年相比增长的是1，这个增长数字的4倍是4，因而今年的总数是1 005例。

例3：某出版社近年来出版物的错字率较前几年有明显的增加，引起了读者的不满和有关部门的批评，这主要是由于该出版社大量引进非专业编辑所致。当然，近年来该出版社出版物的大量增加也是一个重要原因。

分析：要评价以上论证，“错字率”就是一个必须抓住的关键性概念。错字率是单位数量的文字中出现错字的比例，一般地说，它和文字的总量没有确定关系。上述论证把近年来上述出版社出版物的大量增加，解释为该社近年来出版物的错字率明显增加的重要原因，是一个逻辑漏洞。

例4：美国航空公司近两年来的投诉比率比前几年有明显下降。这主要是由于该航空公司在裁员整顿的基础上，有效地提高了服务质量。当然，9·11事件后航班乘客数量的锐减也是一个重要原因。

分析：航空公司的投诉率，是单位数量航班乘客中投诉者的比例，一般地说，它和乘客的总量没有确定关系。以上论述把9·11事件后航班乘客数量的锐减，解释为美国航空公司投诉率有明显下降的重要原因，是一逻辑漏洞。

（2）使用百分比的陷阱类型

百分比只是一个相对数字，它不能反映对象的绝对总量。在我们的日常生活中，到处都有可能碰到莫名其妙的百分比。一旦出现作者拿百分比进行比较的情况，我们要保持必要的警惕。

要警惕有人为了某种目的，选用需要的基础数据，使百分比显得畸大或畸小。要注意百分比所表示的绝对总量，有时百分比虽小，但绝不意味着它所体现的数字同样貌不惊人。

使用百分比的陷阱包括以下几种类型：

①使用小的分母（小的基数）加大百分比，可使人们相信夸大了的事实。

②使用大的分母（基数）缩小百分比，可使人们相信某种现象并不重要或不值得重视，没有必要大惊小怪。

③在不该使用百分比的情况下使用百分比，对不同的百分数进行错误的比较，从而误导对方。

在不该使用百分比的情况下使用百分比，是诱人上当的另一种把戏。其秘诀是，隐蔽大、小绝对数的实际差异，对不同的百分数进行错误的比较，从而使人产生错误的印象。相对数量和绝对数量是两个差别很大的概念，前者是个比值，而后者却仅仅是个统计数值，所占的百分比较高不一定意味着其绝对量较大。

例1：通常认为左撇子比右撇子更容易出事故，这是一种误解。事实上，大多数家务事故，大到火灾、烫伤，小到切破手指，都出自右撇子。

分析：上述论证只比较了右撇子出事故的人数比左撇子出事故的人数多，就确认左撇子不比右撇子更容易出事故，这个比较显然是不对的。怎样来比较左撇子与右撇子哪个更容易出事故呢？关键是要比较，左撇子的事故率和右撇子的事故率。

左撇子的事故率＝左撇子出事故的人数/左撇子的总人数

右撇子的事故率＝右撇子出事故的人数/右撇子的总人数

可见，上述论证中的漏洞是，未考虑左撇子在所有人中所占的比例。

只有考虑左撇子在所有人中所占的比例，才能确定左撇子和右撇子的总人数比，进而才能确定左撇子和右撇子哪个更容易出事故。如果左撇子在所有人中所占的比例明显低于右撇子，那么就不能根据大多数家务事故都出自右撇子，就否定左撇子比右撇子更容易出事故。

例2：塑料垃圾因为难以被自然分解一直令人类感到头疼。近年来，许多易于被自然分解的塑料代用品纷纷问世，这是人类为减少塑料垃圾的一种努力。但是，这种努力几乎没有成效，因为据全球范围内大多数垃圾处理公司统计，近年来，它们每年填埋的垃圾中塑料垃圾的比例，不但没有减少，反而有所增加。

分析：这则统计论证涉及比例的相对变化与绝对值之间的关系。“塑料在垃圾中所占的比例”是一个相对量，“塑料垃圾的总量”则是一个绝对量。相对量增加，绝对量不一定增加。如果近年来，由于实行了垃圾分类，越来越多过去被填埋的垃圾被回收利用了，这意味着虽然塑料垃圾在垃圾中所占比例的有所上升，但塑料垃圾总量却可能明显减少，这就能有力地削弱了上述论证。

例 3：鸟类需要大量摄入食物以获得保持其体温的能量，有些鸟类将它们大多数的时间都用在摄食上。但是，一项对食种子的鸟类和食蜜的鸟类的比较研究表明：相同的能量需要，肯定会使食种子的鸟类比食蜜的鸟类在摄食上花费更多的时间，因为相同量的蜜所含的能量大于种子所含的能量。

分析：在比较数据时上述论证涉及与基数的关系问题。在绝对值（总能量）相同的情况下，根据“相同量的蜜所含的能量大于种子所含的能量”能否推出“食种子的鸟类比食蜜的鸟类在摄食上花费更多的时间”，这取决于基数（食相同量的蜜与食相同量的种子所花的时间）是否相同。因此，要使论证成立，必须假设，食蜜的鸟类吃一定量的蜜所需要的时间不长于食种子的鸟类吃同样量的种子所需要的时间。否则，如果食蜜的鸟类吃一定量的蜜所需要的时间长于食种子的鸟类吃同样量的种子所需要的时间，这样题干结论就不一定成立了。

(三) 数据交叉性

数据的交叉性也是常见的数字陷阱，运用统计推理时，需要注意的是统计数据所描述的不同对象的概念外延是否重合，即数据中是否有相容的计算值。

例 1：员工诚实的个人品质对于一个企业来说至关重要。一种新型的商用测谎器可以有效地帮助企业聘用诚实的员工。著名的 QQQ 公司在一次对 300 名应聘者面试时使用了测谎器，结果完全有理由让人相信它的有效功能。当被问及是否知道法国经济学家道尔时，有 1/3 的应聘者回答知道；当被问及是否知道比利时的卡达特公司时，有 1/5 的人回答知道。但事实上这个经济学家和公司都是不存在的。测试结果证明：该测谎器的准确率是 100%。从中可以推出什么结论?

分析：根据以上论述可推出，当回答知道法国经济学家道尔时，有 100 名应聘者撒谎；当回答知道比利时的卡达特公司时，有 60 名应聘者撒谎；又因为测谎器的准确率是 100%，所以在上述面试中撒谎的不少于 100 人，即未撒谎的不多于 200 人。

例 2：在产品检验中，误检包括两种情况：一是把不合格产品定为合格：二是把合格产品定为不合格。有甲、乙两个产品检验系统，它们依据的是不同的原理，但共同之处在于：第一，它们都能检测出所有送检的不合格产品；第二，都仍有恰好 3% 的误检率；第三，不存在一个产品，会被两个系统都误检。现在把这两个系统合并为一个系统，使得被该系统测定为不合格的产品，包括且只包括两个系统分别工作时都测定的不合格产品。可以得出结论：这样的产品检验系统的误检率为 0。请评价上述推理是否具有必然性。

分析：根据以上论述，对于甲、乙两个系统中的任一系统：

第一，测定为合格的产品实际上都是合格产品；

第二，合格产品中有 3%测定为不合格，属误检；

第三，甲系统误检为不合格的产品，若经乙系统检验，则被测定为合格。（同样，乙系统误检为不合格的产品，若经甲系统检验，则被测定为合格。）

因此，任意一批产品中，真正不合格的产品一定是分别经过甲、乙两个系统的检验并都测定为不合格的产品。也就是说，甲、乙两个系统所合并成的系统的误检率为

0。所以上述推理是必然性的。

（四）数据相关性

数据相关性是指应用统计数据推出结论时，数据必须与结论相关。数据的相关性表现在样本的归属问题上。相对不同的群体，某事在样本身上发生的可能性的大小通常是不一样的。所以，当我们衡量某事在一个样本身上发生的可能性时，必须确定这个样本属于哪个群体。

1. 数据与结论不相关的谬误

数据与结论不相关的谬误是指把不相关的统计数据误认为密切相关而做出的错误的统计论证。如果统计推理提供的数字与其结论之间明显地毫无关联，人们可能不知道它究竟在说什么，但却不会上它的当。但是，在很多情况下，统计推理的前提与其结论之间貌似相关，而实际上却不相关。这种似是而非的相关性使很多人在不知不觉中受了骗。

在评价统计推理时，就要仔细分析一下统计推理的前提与其结论之间的相关程度，具体有两种方法：

一种方法是，把注意力放在推理中出现的统计数字上，仔细分析一下，从这些数字中可以推出什么结论。如果我们发现，由推理中给出的数字所推出的结论与推理的结论不相符，也许我们就发现了推理的错误所在。

另一种方法是，在遇到一个统计推理时，我们应先将推理中出现的统计数字放到一边，考虑一下，什么样的统计数字可以证明推理的结论。然后，把证明结论所需要的数字与推理中所给出的数字比较一下。如果二者毫不相干，或许我们就可由此发现推理的错误。

统计本质上也属于归纳，在统计论证中，归纳强度取决于样本与总体的相关性。统计概括的结论不但描述对象的性质，也描述对象的因果关系。当我们依靠统计数据来解释或者确认一种因果关系时，必须考虑前提所选取的样本属性与结论所描述的总体属性是否相关，在很多情况下，统计推理的前提与其结论之间貌似相关，而实际上却不相关。因此，数据与结论不相关往往也表现为强加因果联系的论证谬误。

例 1：某国牧师薪水增长的比率与该国朗姆酒消费增长的比率非常接近，有人由此得出结论说：当牧师有了多余的收入时，他们倾向于把多余的钱用来打酒喝。事实是由于该国人均生活水平的提高导致了这两方面的同步增长。

例 2：我国的戏剧工作者中，只有占很小的比例的人在全国 30 多个艺术家协会中任职。这说明，在我国的艺术家协会中，戏剧艺术方面缺少应有的代表性。

分析：上述论证有漏洞，因为我国的戏剧工作者中，只有占很小的比例的人在全国 30 多个艺术家协会中任职，并不意味着在我国艺术家协会中戏剧工作者只占很小的比例。体现戏剧工作者在艺术家协会中的代表性，依据应该是“在艺术家协会中任职的戏剧工作者的比例”，而不应该是“戏剧工作者中占多少比例的人在全国艺术家协会中任职”。

例 3：一位评论家在谈到这种滥用数据的谬误时，举了一则颇具讽刺性的例子：

近十年来，得克萨斯博士的数量每年增加 5.5%，而该地区骡子的数量每年却减少5.5%，所以博士数量的增长导致了骡子数量的下降。

分析：德克萨斯州博士增长和骡子下降的百分比有统计关联，可能其真正的共同原因是城市化的进程。

2. 概率误解

典型的数据与结论不相关的谬误是对概率的误解。

概率，又称或然率、机会率，是表示随机事件发生可能性大小的量，是事件本身所固有的不随人的主观意愿而改变的一种属性。如果一件事情发生的概率是$1/n$，不是指n次事件里必有一次发生该事件，而是指此事件发生的频率接近于$1/n$这个数值。

概率推理是根据某类事物部分对象具有某种概率，推出该类事物都具有该种概率的推理。概率是对大量随机事件所呈现的规律的数量上的刻画，通常用$P(A)$表示。运用概率推理，我们可以获知某事件发生的可能性有多大，或者说某事件发生的机会有多大。在这个意义上，可以说概率推理即关于机会的推断。

（1）赌徒谬误

赌徒谬误是指根据一个事件在最近的过去不如期望的那样经常出现，推断最近的将来它出现的概率将会增加的统计推理谬误。

该谬误产生的根源在于人们误认为博彩游戏中相互独立的事件之间存在因果关联，由于赌徒们经常犯这种错误，故以此命名。赌徒们的错误在于误解了“大数定律”或“平均定律”。但是，大数定律和平均定律的原理告诉我们，一种情况随机发生的频率有其稳定性。在大量重复进行同一试验时，这种情况发生的频率总是接近于某个常数。这个常数就被称为该情况随机发生的概率。当试验次数足够多时，随机情况发生的频率与它们的概率无限接近。

比如，在掷硬币的游戏中，每次出现正面或反面是偶然的，但在大量重复时，出现正面的次数与总次数之比，却必然接近于确定的数——1/2。但大数定律只告诉我们一个长远的概率，并没有告诉我们，在投掷第$n+1$次硬币时将会出现什么样的概率。赌徒们没有注意到，每一次抛掷都是一个独立的事件，先前的抛掷对以后的抛掷没有因果上的影响。所以，先前几次正面朝上的事实并不能增加下一次抛掷出现反面朝上的可能性。每次掷硬币正面向上的概率永远是1/2。即便以往10次掷硬币时，都是正面向下，下次掷硬币时，其正面向上的概率仍然是1/2。

再如，在盘子上有红、黑两色的轮盘赌中，每次出现红色的概率是二分之一，赌徒输一次就增加赌注，以为这一次输了，下一次赢的机会就会增大；赢一次就减少赌注，以为这一次赢了，下一次不大可能还会赢。一个赌徒在输掉几次之后，加大赌注，以期在“应该”要发生的事件到来时大捞一把。然而，赌徒可能会输得更惨。

例1：有一个与赌徒谬误相关的有趣例子，据说在第一次世界大战中，许多士兵要找新的弹坑藏身，理由是看起来不大可能两个炮弹一个接一个都落在同一点，这样他们就合理地认为藏在新弹坑在一段时间内将会安全一些。在第二次世界大战中，国际象棋大师班里在伦敦的住宅被炸之后，基于同样的理由他返回了他的住宅，结果他的住宅又一次挨了炸弹。

例 2：一对农村夫妇，特别想要个男孩，生了第一个孩子是女儿，取名叫招弟；第二个又是女儿，叫跟弟；第三个还是女儿，叫听弟；第四个仍是女儿，叫等弟；第五个到第七个也都是女儿，分别叫候弟，盼弟，望弟；一共生了 7 个女儿，就是没生出男孩。其实，不管连续生了几个女儿，下一次生儿、生女的概率仍各为 50%。

(2) 条件概率谬误

条件概率是指事件 A 在另外一个事件 B 已经发生条件下的发生概率。条件概率表示为 $P(A \mid B)$，读作“在 B 条件下 A 的概率”。

条件概率的谬论是假设 $P(A \mid B)$ 大致等于 $P(B \mid A)$。

例 1：假设人群中有 1%的人患有某重大疾病，而其他人是健康的。我们随机选出一个个体，并将患病以 disease、健康以 well 表示，阳性以 positive、阴性以 negative 表示。

$P(\text{disease}) = 1\% = 0.01$

$P(\text{well}) = 99\% = 0.99$

假设检验动作实施在未患病的人身上时，有 1%的概率其结果为假阳性（如果没有患病的 100 人被测试，那么，根据 1%的错判率，其中大约有 1 人将被错判为有病）。即：

$P(\text{positive} \mid \text{well}) = 1\%$

$P(\text{negative} \mid \text{well}) = 99\%$

再假设检验动作实施在患病的人身上时，有 1%的概率其结果为假阴性（阴性以 negative 表示）。即

$P(\text{negative} \mid \text{disease}) = 1\%$

$P(\text{positive} \mid \text{disease}) = 99\%$（如果你真得了病，而被检出为阳性的条件概率）

分析：由计算可知，100 人中测试为阳性的 2 个人中，只有 1 个人是确实患病的。也即，你被检出为阳性，而你实际上真得了病的条件概率 $P(\text{disease} \mid \text{positive}) = 50\%$。

由本例中所选的数字，最终结果可能令人难以接受：被测定为阳性者，其中的半数实际上是假阳性。所以，在这种情况下，如果在一次体检中被检测出有病，也别过于苦恼，因为有一半的可能是假阳性，你应该进一步做重复检测，再次确认是否真的患病。

例 2：一种检测假币的仪器在检测到假币时灯会亮，制造商称该仪器将真币误认为是假币的可能性只有 0.1%。因此，该仪器在 1 000 次亮起红灯时有 999 次会发现假币。

分析：上述叙述在讨论百分比时实际偷换了数据概念，该仪器将真币误认为是假币的可能性只有 0.1%，是指“在检测 1 000 次真币时红灯会亮 1 次”，而不是“在 1 000次亮起红灯时有 999 次会发现假币”。

例 3：在对 100 个没有使用过毒品的人进行吸毒检验时，平均只有 5 人的检验结果为阳性。相反，对 100 个吸过毒的人进行检验的结果有 99 人为阳性。所以，如果

对随便挑选的人进行此项检验，绝大多数结果呈阳性的人都是用过毒品的人。

分析：上述论证中的推理是错误的，因为这则论证没有考虑到使用毒品的人在总人口中所占的比例。如果使用毒品的人在总人口中所占的比例极小，那么随便挑选的人进行此项检验，可能里面根本就没有吸过毒的人，但有可能有一些人检验结果为阳性，这样题干结论就不成立了。

例 4：一种为机场安全而设计的扫描仪在遇到行李中藏有易爆品时会发出警报，扫描仪把没有易爆品的行李误认为有易爆品的可能性只有百分之一。因此，在 100 次报警中有 99 次会发现易爆品。

分析：上述论证的推理是错误的，因为在讨论百分比时替换了一组数据的概念。从“把没有易爆品误报为有易爆品的可能性只有百分之一”中推不出“在 100 次报警中有 99 次会发现易爆品”。“把没有易爆品误报为有易爆品的可能性只有百分之一”的意思是，若连续检验 10 000 件没有易爆品的行李，扫描仪可能会发出 100 次报警，而这 100 次警报可能都是假的。而“100 次报警中有 99 次会发现易爆品”的情况属于“把有易爆品的行李误认为没有易爆品的可能性只有百分之一”。可见，题干对“把没有易爆品误报为有易爆品的可能性只有百分之一”误解为“把有易爆品的行李误认为没有易爆品的可能性只有百分之一”。

（五）数据可比性

比较或者对比是确定事物之间相同点和相异点的思维方法，它为客观全面地认识事物提供了一条重要途径。对比可以是两个对象之间的比较，也可以是同一对象自身前后不同阶段之间的比较，前者称为横向比较，后者称为纵向比较。

1. 对比论证的规范

运用对比论证的规范如下：

（1）比较的双方要具备可比性

数据的可比性是数据能够起到证据作用的必要条件，是审查统计数据是否具备作为理由的资格。在统计推理或统计论证中，如果忽略总体性质的差异对两个统计数据进行比较，并试图在此基础上确立某一结论，这就犯了数据不可比的错误。

（2）要建立合理的参照系

比较要有比较的对象，也要有比较的共同基础。也就是说，要进行比较，就必须具有合理的共同参照系，没有共同的参照系，两者就无法进行比较。所谓参照系指的是用来衡量和确定双方优劣长短的标准，这样的标准必须具有客观性，否则比较的结论就不可靠。

数据的可比性是统计数据能够起到证据作用的必要条件，审查数据是否具备作为理由的资格，这是评估统计论证最重要的方面。统计概括的结论总是涉及总体的性质，也就是总体的规模和它的异质性程度，由于忽略总体性质的差异而对两个统计数据进行比较，并试图在此基础上确立某一结论，这就犯了数据不可比的错误。

数据不可比的谬误根源在于：

① 两个样本有实质性差别。

② 统计对象和样本有实质差别。

③ 概念的不同解释对得出结论的关键影响。

比如，在比较有关犯罪率的数据时，可能需要考虑“犯罪”这一概念基础是否有相对变化，比如几年前还没有“破坏生态环境罪”，相应的行为未计入犯罪数据中，而现今增加了此项立法，相应的犯罪行为就被计入犯罪数据中，因此现在的犯罪率可能会高于以往的，然而，据此并不能充分肯定现在的犯罪现象比以往更加严重。

2. 数据不可比的谬误

数据不可比谬误的主要表现为“对比不当”与“独立数据”的谬误。

(1)“对比不当”的谬误

“对比不当”的谬误是指在不同的基础上进行比较，或者把本来不可比的对象、数据拿来强行做比较。削弱统计论证常用的方式是通过指出比较的根据或基础不正确，来说明某一组数据不能说明问题或两组数据不可比。

①比较的对象不恰当。

遇到统计数字时需要追问：说话人为什么要使用这些数字，他用百分比是不是更能说明这个问题。说话人是否有意地用令人印象深刻的大、小数从而隐瞒某些重要信息。

例：今年本公司的汽车销售了 10 万辆，这比我们的一个竞争对手的销量多出了一倍，看来，我们最好的年头到底来了。

分析：这则论证的谬误在于没有和本公司其他年份的销量对比，因而得不出结论。

②两个样本有实质性差别。

由于忽视统计对象和样本的实质差别，而将两组数据机械进行比较，从而导致错误。即表面上这两组数据在进行比较，而实际上这两组数据根本就没有可比性。

例 1：统计表明，大多数医疗事故出在大医院，因此去小医院看病比较安全。

分析：这则统计论证的结论是建立在将两个具有不同内容的数字进行不恰当比较的基础上的。若样本（质）不同，即事实上，去大院就诊的病人的病情，通常比去小医院的病人的病情重，因此，显然不能根据大医院的医疗事故多，就得出去大医院看病不安全的结论。所以，上述论证是有漏洞的。

例 2：在第二次世界大战中，大约有 37.5 万名平民在美国本土死亡，而有大约 40.8 万名美国军人在海外死亡。基于这些数字可以得出结论，在第二次世界大战中作为军人派驻海外并不比作为平民留在本土危险很多。

分析：要比较危险程度，不能用绝对死亡人数来比较，而要用死亡率来比较。题干推理应该是，事实上，由于留在国内的市民远比在海外服役的军队人数多得多，所以派驻海外的军人更危险。

例 3：在美国与西班牙作战期间，美国海军曾经大量散发海报，招募士兵，当时最有名的一个广告是这样说的，美国海军的死亡率比纽约市民的死亡率还要低。海军的官员具体就这个广告解释说：“根据统计，现在纽约市民的死亡率是每千人有 16 人，而尽管是战时，美国海军士兵的死亡率也不过每千人只有 9 人。”

分析：由于这两个数据的统计对象和样本有实质的差别，海军士兵是经过体格检查选拔出来的身强力壮的年轻人，而纽约市民中则有婴幼儿、老年人和各式各样的病人，所以基于这样不同的调查对象所做出的统计数据是没有可比性的。

例 4：一份研究报告指出，一种特殊的教育计划增加了接受研究的 3 岁到 5 岁的孩子在今后学校教育中获得成功的可能。因此，对所有孩子实行类似的教育方案会提高他们在以后学校教育中取得成功的机会。

分析：以上论述，根据一种特殊的教育计划使被研究的 3 岁到 5 岁的孩子都获得了成功，从而得到一个普遍性的结论，这一教育计划会使所有 3 岁到 5 岁的孩子都获得成功。若研究人员无意地包括了相当多的以前接受过别的教育启智项目的孩子，这意味着，作为这个研究人员测试对象的孩子是特殊的，他们的成功性增大完全有可能是另外教育启智项目的结果，这就能有力地削弱上述结论。

例 5：研究发现，试管婴儿的出生缺陷率约为 9%，自然受孕婴儿的出生缺陷率约为 6.6%。这两部分婴儿的眼部缺陷比例分别为 0.3%和 0.2%，心脏异常比例分别为 5%和 3%，生殖系统缺陷的比例分别为 1.5%和 1%。因而可以说明，试管婴儿技术导致试管婴儿比自然受孕婴儿出生缺陷率高。

分析：以上论述运用统计数据得出结论，试管婴儿技术导致试管婴儿比自然受孕婴儿出生缺陷率高。若发现，试管婴儿的父母比自然受孕婴儿的父母年龄大很多，父母年龄越大，新生儿出生缺陷率越高。这就说明“试管婴儿比自然受孕婴儿出生缺陷率高”的原因不是“试管婴儿技术”，而是“父母年龄大”，从而有力地削弱了上述结论。

例 6：对某种溃疡最常用的一种疗法可在六个月内把 44%的患者的溃疡完全治愈。治疗这种溃疡的一种新疗法在六个月的实验中，有 80%的溃疡患者有明显的好转，61%的溃疡患者完全治愈。由于在实验中治疗的溃疡比平均的病情更严重，因此，这种新的疗法显然在疗效方面比最常用的疗法更显著。

分析：以上论述通过比较患者在六个月内的痊愈率，新疗法比常用疗法高，推出新疗法更好。但该论述却没有提供最常用的疗法使溃疡患者好转的比例。要评价这一论证，必须针对数据的可比性提出的一个焦点问题：在六个月内用最常用的疗法医治该种溃疡的患者中，取得明显好转的比例是多少？如果六个月内用最常用的疗法医治该种溃疡的患者中，取得明显好转的比例超过 80%，那么不能说明新疗法比常用疗法好，如果六个月内用最常用的疗法医治该种溃疡的患者中，取得明显好转的比例在 80%以下，则说明新疗法比常用疗法好。

（2）“独立数据”的谬误

独立数据是脱离比较基础的数据。在统计论证中，独立数据在论证中的证据效力是不能令人信服的。

一是没有设定供比较的对象。

如果没有供比较的对象，那么这组数据表面上在进行比较，而实际上根本没有比较。

例：这种药物的疗效提高了 68%。

这句话并没有明确说明这种药物的疗效比什么提高了 68%，是该药物的疗效比市场上见到的同类药品的疗效提高了 68%，还是该药物的疗效比该公司以前生产的同类药品的疗效提高了68%，不提供这样的背景信息，上述表面上的比较就毫无意义。

二是没有与相关的数据进行比较。

若要使所列的数据成为有说服力的证据，就必须与相关的数据进行比较。比如，某人提出一个特殊群体具有某种行为的比例，因此，这种行为与这个群体的特殊情况有因果联系。为了证明题干的这种因果联系成立，我们就需要找出用于对比的另一个群体中具有该种行为的比例，并把这两个可对比的群体中具有该种行为的比例进行比较。

例1：如果一份对中国人的调查显示，肺癌患者中90%以上都是汉族人，由此显然不能得出结论，汉族人更容易患肺癌，因为汉族人本身就占了中国人的90%以上。

例2：一项对某高校教员的健康普查表明，80%的胃溃疡患者都有夜间工作的习惯。因此，夜间工作易造成的植物神经功能紊乱是诱发胃溃疡的重要原因。

分析：要使上述统计论证所列的数据成为有说服力的证据，就必须与相关的数据进行比较。若发现，该校教员中只有近五分之一的教员没有夜间工作的习惯，即，该校教员中80%以上都有夜间工作的习惯，这个比例已经大于或者等于胃溃疡患者有夜间工作习惯的比例，也就是说，患胃溃疡与夜间工作的习惯无关。

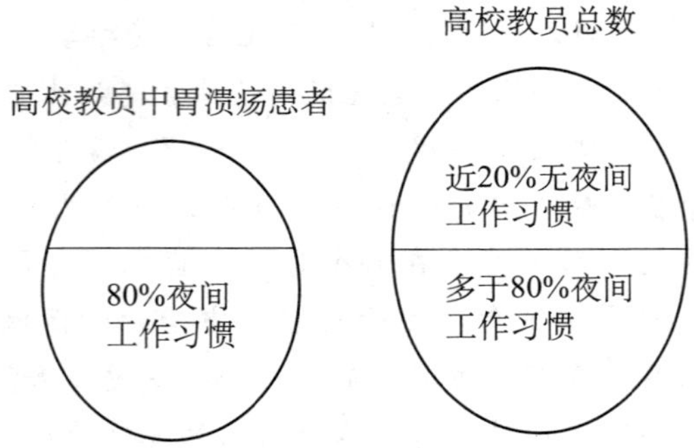

（六）案例分析

例1：分析下面的论证在概念、论证方法、论据及结论等方面的有效性。

随着总体人口寿命水平的上升，我国的老年人口数量在持续增长。例如，在我国某个人口较密集的地区，65岁以上的老人就占了20%，而过去6个月以来，该地区度假酒店的入住率大幅下降。鉴于这两种趋势，一个谨慎的投资者最好放弃对酒店业的兴趣，把投资转向医院和老人护理院。

分析：上文是一则统计论证，但其论证的有效性值得怀疑，其主要逻辑缺陷在于：统计数据难以说明问题，其样本可能不具有代表性，甚至可能存在反例，以及结论的得出不合理等。

下面提供参考分析评论。

上文基于老年人口数量持续增长的趋势和一个人口较密集的地区度假酒店的入住率大幅下降的趋势，得出了放弃酒店业转而加大医院和老人护理院的投资建议。由于其理由不充分且存在逻辑漏洞，因此其结论不可靠，现把主要论证缺陷分析如下。

首先，作者解释“我国的老年人口数量在持续增长”这一趋势，用了“我国某个人口较密集的地区，65岁以上的老人就占了20%”这一例子，这一论述是模糊且无效的。这20%的老人本身是否数量大是不得而知的，因为缺乏比较的基础；而且老年人口数量持续增长的趋势是否存在也不清楚，因为没有和过去进行比较。

其次，这个地区的代表性如何，很难说。由于这个地区的人口较密集，不一定能成为全国人口变化趋势的典型样本。如果该地区恰好是老人喜欢移入居住的地区，那以该地区作为样本就没有代表性了。

再次，全国范围内是否存在老年人口数量持续增长，同时度假酒店的入住率上升的反例呢？上文没有论述在适合养老度假的地区，可能有这样的现象是存在的。因此，老年人口数量增多未必会导致度假酒店的入住率下降。

最后，即使上述两个趋势真的存在，那放弃对酒店业的兴趣，也不能轻易地提出要把投资转向医院和老人护理院。因为现有的医院和护理院也许闲置率很高，也许老年人更喜欢居家养老、康复和护理。

总之，该作者的投资建议是建立在不充分的论据以及没有内在联系的统计数据基础之上的，因此，其论证是缺乏说服力的。

例2：分析下面的论证在概念、论证方法、论据及结论等方面的有效性。

我公司研制开发的财务软件，自5年前投放市场以来，受到市场高度关注，目前，市场占有率一直保持在25%左右，市场占有率位居同类软件第二名。根据市场调研，我们与第一名“财信通”的差距主要表现在界面的易用性方面，有0.9%的客户反映“财信通”的软件界面比我们的产品界面更友好。我们经过慎重考虑，在新版产品中，并未对这一问题进行任何修改。我们认为，尽管有0.9%的客户对我们的产品界面提出了批评，但是，相反的方面，也就是说，99.1%客户是满意的。因此，保持独特的产品风格，保持软件的平稳升级，尊重广大客户的习惯应该是我们的选择，这样，老客户会更稳定，新客户会逐渐多起来，最终扩大我们的市场占有率，做到业内第一。

分析：上文是一则统计论证，其主要逻辑缺陷是统计数据应用不合理、没有提供数据间的比较、理由不充分、得出的结论不恰当等。

下面提供参考分析评论。

上文对其财务软件产品的竞争分析是基于统计论证的，由于该论证存在统计数据应用不合理等逻辑漏洞，因此，其得出的结论不恰当。现把其主要逻辑缺陷分析如下。

首先，作者认为公司的财务软件“受到市场高度关注”的理由是“市场占有率一直保持在25%左右，市场占有率位居同类软件第二名”，这一论述的漏洞在于数据既没有提供比较，也没有明确含义。一方面，该论述没有提供与第一名的比较，另一方面，25%的市场占有率指的是“整个财务软件市场”，还是该公司财务软件的细分市场。假如该公司5年前推出的财务软件只占整个财务软件市场的千分之一，虽然在本行业专用财务软件市场中占25%，而第一名的公司在去年才推出类似的软件，市场占有率就高于50%。如果是这样的情况，那么就很难说该公司的财务软件受到了市场的高度关注。

其次，作者认为，他们与第一名“财信通”的差距主要表现在产品界面的易用性方面，得出这一结论的理由是，根据市场调研，有0.9%的客户反映“财信通”的软件界面比我们的产品界面更友好。这一理由是不充分的，关键是没有提供有多少比例的客户对该公司产品与“财信通”在其他方面差距的数据，没有比较是无法得出结论的。比如，有95%的客户反映“财信通”的软件性能比我们的产品性能更优，那么该公司软件产品与“财信通”的差距就主要在性能方面而不是界面的易用性。

再次，由“有0.9%的客户对我们的产品界面提出了批评”推不出“余下的99.1%的客户是满意的”。因为这些客户中也许有很多人对软件的界面并不满意，但只是未提出批评意见而已，或者多数客户对软件的界面谈不上不满意，也谈不上满意。

最后，界面更友好些不一定就会影响我公司产品的“独特产品风格”，也不一定影响“软件的平稳升级”，没准还会更符合广大客户的习惯。所以不能武断地认为，我们目前不作修改就是尊重广大客户的习惯。即使不升级用户界面，真的满足了老客户的要求，新客户是否会增加也是个未知数。由此，根本得不出“最终扩大我们的市场占有率，做到业内第一”的结论。

总之，作者思路混乱、推理机械，使得该统计论证的有效性受到严重质疑，其结论完全不具有说服力。

第六章 因果推理

因果联系是世界万物之间普遍联系的一个方面，科学研究的一个重要任务就是要把握事物之间的因果联系，以便掌握事物发生、发展的规律。通过观察和实验，合理地归纳，发现因果关系，并把其上升成定律定理，形成系统的知识体系，这就是经验科学形成的过程。

第一节 因果分析

因果分析就是分析事物之间的因果关系，并用因果来解释一个事物，探究某一事物的来源、事物的发展和事物的最终走向。

一、因果概述

因果联系是指原因和结果之间的联系。如果一个现象的出现必然引起另一个现象的出现，那么，这两个现象之间就有着因果联系。

（一）因果关系的特点

因果关系是原因导致结果的关系，因是能产生一定后果的原因，果就是由一定原因产生的结果。例如，加热和物体体积膨胀是两个互相联系的现象，只要加热就会引起物体体积的膨胀。在这里，加热是物体体积膨胀的原因，而物体体积膨胀则是加热的结果。

因果关系的主要特点有：

1. 普遍必然性

因果关系是普遍的关系，作为原因的事件必然导致作为结果的事件。普遍性是因果关系的一个性质，因果关系意味着它在相应的条件下总会出现。因果联系是完全确定的，任何现象都有其因，也有其果，且同因（是指所有的原因）必同果，即在同样的条件下，同样的原因必然产生同样的结果。例如，在通常的大气压力的条件下，把纯水加热到100摄氏度，它就必然会产生气化的结果。

2. 共存性

共存性指原因和结果总是共同变化的，原因和结果之间在时空上总是相互接近的。共存性表现为两个现象总是共同出现的关联性，比如，温度到达0摄氏度以下总是和水结冰的现象关联，这已经是对这种关联的普遍性的归纳，而最后结论“所以，温度到达0摄氏度以下将引起水结冰”，是比这个关联关系的更进一步的推断。

3. 先后性

所谓的先因后果，就是指原因和结果在时间上是先后相继的，原因总在结果之前，而结果总是在原因之后。因此，我们在探求因果联系时，只能从先行的情况中去找原因，从后行的情况中去找结果。

因果关系往往具有先后性，但是具有先后性不一定具有因果关系。如果只是根据时间上前后相继的两个现象之间的表面特征就断定两个现象之间有因果联系的结论，那么，这就犯了“以时间先后为因果”的错误，这属于一种“轻断因果”的错误。例如，白昼和黑夜，在时间上虽是先后相继的，但它们之间并不具有因果联系，它们都是由于地球自转和绕太阳旋转所引起的结果。又如，闪电总是在雷鸣之前发生，但是闪电并不是雷鸣的原因，只是由于光速远远大于声速。现在我们都知道闪电和雷鸣有一个共同原因，就是云层放电。“以先后为因果”是许多迷信、错误信念的根源。比如，“我吃了那个绿苹果之后很不舒服，我发誓再也不吃任何绿苹果了!”。

4. 复杂多样性

因果联系是多种多样的，固然有“一因一果”，但更多的时候是“多因一果”，有时出现“一因多果”，还有时出现“多因多果”。人们在探求因果联系时，特别应当注意复杂现象的构成原因或结果。

“多因一果”关系是指一个现象的产生是多种原因引起的。

例如，一块地里的农作物生长不好的原因，可以是水分不足，也可以是肥料太少，也可以是病虫害等。如果我们忽略了原因的多样性，只注意一种原因，比如，只注意施肥料，那就必然会导致减产的后果。

“一因多果”关系是指一个原因引起多种结果。

例如，把世界上“人口太多”看作原因，它当然会引起许多具体结果。因为人口有几十亿，每个人都要活动，都会引起相应的结果，于是也出现一因多果的情况。

“多因多果”关系实际上是一因一果关系的复合。

例如，鲜美可口的味道是由许多单一的“味道”组合而成的，我们可以把它分解为单一味道分别加以研究。

（二）因果关系的解释

“解释”一词有许多含义，这里，我们在解释事物成因的意义上使用解释这个词，仅限于因果解释。

1. 对事物的成因做出解释

在每天的思考中，思考事情的原因是至关重要的。在了解事物的原因时，首先需要对事物的成因做出解释。了解事情的成因可以消解迷惑，我们常常根据谨慎思考的结果来做出决定，并引导我们的行动。

【案例】

塞梅尔魏斯的“微粒”假说

匈牙利的塞梅尔魏斯1846年到1850年在维也纳综合病院的第一产院任医师。他在维也纳工作时期，产褥热是对产妇威胁很大的疾病。在第一产院（医学生的实习医院）的产妇和新生儿因产褥热而死的死亡率高达18%，培训接生员的第二产院中产妇和新生儿因该病死亡者明显少于第一产院（死亡率为2.7%），甚至在家中分娩的妇女患产褥热的机会都少于第一产院。

当时产褥热病因不明。他观察证明空气中“有害气体”、产妇恐惧心理、便秘等，与发病无关。改变分娩姿势，推迟哺乳期等，都不能控制发病。1847年他一位当法医的友人做病理解剖时，手指不慎割破被感染，患败血症死亡，尸体检查发现其病理改变，与死于产褥热的妇女非常相似。

这件事启发了他，他发现医生和实习生经常做完病理解剖后，不洗手就进病房为产妇检查或接生，推断产褥热是由于医生不洁净的手或产科器械将某种传染性的物质带进产妇创口所致。由于不知道细菌、微生物的概念，塞梅尔魏斯便假想有一种未知的“尸体微粒”沾在做了尸体解剖的医学院学生的手上，在他们随后检查产妇时，这种“尸体微粒”传人她们的血中，引起了感染，导致产褥热。这也解释了为何第二产院的死亡率低：助产士不学习尸体解剖课程（虽然她们也有别的可能使手污染）。

自然，根据这个接生医师的脏手导致产褥热的因果解释，阻止它的办法就是清除。这也正是检验这个假说的方法。为此，他命令医学生检查产妇之前，一定要用漂白粉溶液洗手，实施这种措施后一个月感染率大为下降。不久，他的产科消毒法在匈牙利得到公认。他于1861年出版《产褥热的病因、概念及预防》。书中以大量的统计资料阐明、论证他的发现和理论。他将著作寄给外国杰出的产科医师及医学学会，但他的概念却受到许多权威的反对。他认为感染性“微小颗粒”能够附着于指尖，这也不被当时的医学理论接受。医生其实也经常用肥皂洗手，他们的手明显看来是干净的。那种看不见的、如此微量的微粒怎么能产生这样大的损害？有的医生还认为，实践的成功并没有证实塞梅尔魏斯的因果假说，有可能那几个月的死亡率减少是出于别的偶然因素，并没有足够的统计信息排除这些可能。1865年塞梅尔魏斯精神失常，后因手术中误伤右手，伤口感染而逝世。

就在塞梅尔魏斯含冤去世不久，新的致病医学理论登上大堂，带着越来越多的实验证据，证明了细菌存在、传播、致病的机制。这个对塞梅尔魏斯来说来得太迟的新理论，就是1864年法国的路易斯·巴斯德的细菌学说，巴斯德用实验证明微生物可以在生物体内繁殖生长并致病，他还发明了巴氏灭菌法来杀死细菌的营养体。德国的罗伯特·科赫在1870年有力证明了炭疽杆菌就是炭疽热的病因。英国外科医生约瑟夫·李斯特在1865年论证缺乏消毒措施是手术后发生感染的主要原因，并在1867年发明了外科消毒技术，大大减少了创伤化脓和手术后的死亡率。到此，人类确认了致病的细菌原因和机制，理解了塞梅尔魏斯“微粒”假说的因果机制。基于塞梅尔魏斯的巨大贡献，一百年后，1965年，联合国宣布此年为塞梅尔魏斯年。（根据百度百科整理）

2. 因果解释的复杂性

因果关系有时是比较复杂的，对事物之间的因果关系必须做出合理的解释。

比如，一因多果是一种现象可能会导致多种结果。一般情况，有 A 应该有 B，但目前结果是有 A 却有非 B。为了解释这种矛盾，往往要注意一因多果的现象。即：尽管 A 应该引起 B，但由于 A 也引起了另一现象 C，而 C 又会导致非 B。结果是 A 导致了 B 和 C，而 B 和 C 的综合效应是非 B。这样就解释了矛盾。

例：道路修好后，交通事故率却上升了。为什么？

解释的可能答案有：道路修好后，车流量增加了；道路修好后，车速更快了；道路修好后，司机开车比以前大意了。这些因素反而导致了交通事故率的上升。

二、因果辨析

因果联系在我们的现实生活中扮演着重要的角色，为了对环境进行控制性操作，我们必须拥有某种因果连接的知识。对历史和现实的理解需要追溯它们的原因，对未来的预见要求我们把握现实的可能发展结果。

（一）原因的条件分析

日常语言中的“原因”是有歧义的，往往由于模棱两可、含混不清而使得交流受到了严重影响。当“原因”一词在日常中使用时，有时指的是充分条件原因，有时指的是必要条件原因，而在另一些场合下，可能指的是充分且必要条件原因，也可能是既非充分也非必要原因。我们可以运用系统的方法，来探求不同条件意义上的原因，这就构成了以一个因果陈述为结论的论证。

1. 原因的条件类型

为了澄清“原因”一词词义的这种含混性，采用充分、必要条件的语言就很有用了。

用充分和必要条件只能表示因果关系的部分含义，比如它不能表达因果机制的含义。

说 P 是 Q 的原因，如果用条件句来表示，可以是这样的一些含义中的一种：

（1）充分条件原因

所谓充分条件就是仅有这条件就足以带来结果，无需考虑别的条件了。P 是 Q 的充分条件是指：如果 P 出现，Q 一定出现。相应地，充分条件原因是对于给定的结果而言能够独自产生这一结果的一个事实或条件。

当满足下列条件时，P 是 Q 的充分条件原因（P、Q 代表事件或属性）：

①任何时候，P 出现时，Q 也出现；

②P 不出现时，Q 可出现，也可不出现；（即 P 不一定是唯一可以产生 Q 的原因）

③从未有 P 出现时，Q 却不出现。

这种关系可图示如下：（其中，蕴含符号“→”表示“必然得出”）

P↘

R→ Q

S↗

由图可知，P、R、S 都可分别独立导致 Q，所以，在没有 P 时并不一定没有 Q（因为有 R 或 S 也会有 Q），在有 Q 时也并不一定就有 P（因为 Q 可由 R 或 S 所致）。

充分条件原因属于“并联现象”。如果几个现象中只要有一个出现，结果就必然出现，那么这些现象就称为“并联现象”。并联开关只要有一个“由关到开”，即可出现灯泡“由灭到亮”的结果，所以对于灯泡“由灭到亮”的结果来说，并联开关的每一个“由关到开”的现象，就属于并联现象。

我们把在所有情况下都能导致其结果产生的原因称为实质性原因，充分原因属于实质性原因。

例如，“一个人患肺炎，他就发烧”。当肺炎出现时，发烧也出现；肺炎不出现时，发烧可能出现（感冒发烧），也可能不出现（没有任何病症）；我们从来不会遇到一个患肺炎而不发烧的人。因此，患肺炎就是发烧的充分条件原因。

又如，“天下雨，地上就湿”。当天下雨时，地上湿就出现（指的是露天的地面）；天不下雨时，地上可能湿（比如水管破裂），也可能不湿。我们从来不会遇到天下雨而地不湿的情况。因此，天下雨就是地上湿的充分条件原因。

充分条件原因的意义在于，当我们期待一个现象出现时，通常情况下就要寻找一个充分条件原因。通过干预，使得这个充分条件出现，则会使我们所期待的现象也出现。例如，当我们说在炎热的夏天，我们期待凉爽下来，去游泳就行。这是指游泳本身就可以使我们凉爽下来，但其他的一些方法也同样有效，比如冲凉水澡、进入空调房，等等。

例：在青崖山区，商品通过无线广播电台进行密集的广告宣传将会迅速获得最大程度的知名度。

分析：以上论述表明，“商品通过无线广播电台进行密集的广告宣传”是“迅速获得最大程度的知名度”的充分原因，也即，只要无线广告宣传就足够了，不需要其他的方法，就可获得知名度。因此，可推出的结论是，在青崖山区，某一商品为了迅速获得最大程度的知名度，除了通过无线广播电台进行密集的广告宣传外，不需要利用其他宣传工具做广告。

（2）必要条件原因

所谓必要条件就是没有这个条件，结果一定不会产生。P 是 Q 的必要条件是指：如果 P 不出现，Q 一定不出现。相应地，必要条件原因是这样一个事实，对于给定的结果而言，必然有这一个事实存在，或者说没有这一事实这个结果则不可能产生。

当满足下列条件时，P 是 Q 的必要条件原因：

①任何时候，P 不出现时，Q 不出现；

②P 出现时，Q 可出现，也可不出现；（虽然有了 P 但不一定就产生 Q）

③从未有 P 不出现时，Q 却出现。

这种关系可图示如下：

$$\left.\begin{matrix}P\\+\\R\\+\\S\end{matrix}\right\}\rightarrow Q$$

（当且仅当 P、R、S，Q）

由图可知，要使 Q 成立，需 P、R、S 都同时成立。所以，仅有 P，不一定有 Q（因为也许没有 R 或 S）；没有 Q 也不一定就没有 P（因为没有 R 或 S 时，也就没 Q）。

必要条件原因属于“串联现象”。如果几个现象必须全部出现，结果才出现，即对于结果来说（注意，是对于特定结果来说的），这些现象缺一不可，那么这些现象就称为“串联现象”。在一个电路中，串联开关的每一个都必须“由关到开”，才会出现灯泡“由灭到亮”的结果，所以对于灯泡“由灭到亮”来说，每一个串联开关“由关到开”的现象就属于“串联现象”。

例：当我们说浇水是花生长的原因时，我们的意思是花的生长需要水，而不是仅仅有水花就会生长，此外还需要阳光和适宜的土壤。我们从来不会遇到不需要浇水而花生长的情况。因此，浇水就是花生长的必要条件原因。

必要条件的意义在于，当我们想阻止一个现象出现时，通常情况下要寻找一个必要条件原因。通过干预，使得这个必要条件不出现，则会使我们欲阻止的那个现象也不出现。

忽视这种意义的原因将导致无谓的争论。比如对人来说，成功的真正原因是遗传的基因，还是后天的环境、教育、个人的努力、运气等等，其实这些都起作用。当这几个因素都不能独自解释成功的时候，这些因素都是本质的，都是成功的必要条件。

为了淘汰某个现象，人们只要找到某个对该现象的存在为必需的条件，然后将该条件淘汰就可以。医生努力寻找何种微生物是某个疾病的“原因”，以便开出杀灭那些微生物的药物，从而治愈该疾病。那些微生物被认为是该疾病的原因，是说它们是疾病的必要条件，因为如果没有它们便不会有该疾病。

例：感染病毒是得流感的必要条件，只要你得了流感，那你一定以某种方式感染上了流感病毒。但是，即使你感染了流感病毒，但如果你的免疫力足够强，那也不一定得感冒。因此，你通过平时加强锻炼，注意饮食和生活有规律等加强你身体的免疫力，就可以避免得感冒。

充分条件和必要条件是有关系的。一个事件出现，应至少有一个充分条件出现或所有必要条件出现。对于给定的结果，有时我们发现一组事实，其中的每一个都对这个结果产生有必要性，而且这些事实结合起来就会成为这一结果产生的充分条件。即所有必要条件的齐备就是实际导致该事件发生的充分条件。

例 1：点燃一根火柴的必要条件是热（摩擦产生）和氧气。把这两个必要条件结合在一起就给出了充分条件。换句话说，在氧气出现的情况下，摩擦火柴对于点燃它来说是充分的。

例 2：对绿色植物的光合作用来说，阳光、水分、二氧化碳等每一项都是必要的，而这些所有的必要原因结合起来就是绿色植物的光合作用的充分原因。

（3）充要条件原因

所谓充要条件就是充分且必要条件，是指仅有这条件就足以带来结果，没有这个条件就一定不会产生这个结果。P 是 Q 的充要条件原因就是指这样一个事实，对于给定结果的发生来说，这一事实既是充分条件，也是必要条件。

当满足下列条件时，P是Q的充要原因：

①任何时候，P出现时，Q一定出现；

②任何时候，P不出现时，Q一定不出现；

③从未有P出现时，Q却不出现；P不出现时，Q却出现。

比如，“当且仅当脑死亡，则人死亡”。意味着，“脑死亡”是“人死亡”的充要原因。

充要条件原因的意义在于，当我们想阻止一个现象出现或期待它出现时，掌握了它的充要条件原因，我们就有了强有力的手段。但是，很显然，充要条件原因的获得是以充分条件原因和必要条件原因的获得为基础的。

(4) 既非充分也非必要条件原因

“原因”一词有另外一个普遍的但不精确的用法，给定现象与某些后果关联，它可能就是原因。我们把在总体中倾向于产生某一结果的原因称为统计性原因，或称随机性原因。这些原因往往既非结果的充分条件，也非必要条件。

我们仅能够在“必要条件”的含义上合法地从结果中推出原因。并且，我们仅能够在“充分条件”的含义上合法地从原因中推出结果。当我们从原因推论到结果并且从结果推论到原因时，原因必定是在既充分又必要条件的意义上使用的。但原因在很多情况下，是结果产生的既非充分也非必要条件。

既非充分也非必要原因是指P是Q产生的一个因素。虽然P既不是Q产生的充分条件，也不是它的必要条件，即有P不一定产生Q，没有P也不一定就不会产生Q，但P的存在是Q“更可能”出现的一个因素。这个情况在统计的因果推理上很普遍。

既非充分也非必要条件原因的意义在于：作为某个现象发生过程中的关键因素，即在现有的条件之下造成该事件出现或不出现的差别的事件或行为是什么。

比如，吸烟可能导致肺癌。

其意思是，一方面，虽然并非每个吸烟的人都会得肺癌，也并非不吸烟就一定不会得肺癌；另一方面，就很大的一个样本总体来说，吸烟有致癌的倾向性，或者说吸烟的人比不吸烟的人更容易得癌。也就是说，吸烟与某些生物环境相结合，在癌症的发展中频繁地发挥作用，以至于我们合理地认为吸烟为癌症的一个“原因”。

现实生活中的因果关系是非常复杂的，我们讲的因果关系一般是实验室情况，排除了其他背景因素的干扰。现实生活中原因可能是充分条件，也可能是必要条件，也可能是既非充分也非必要条件。

以下图为例：

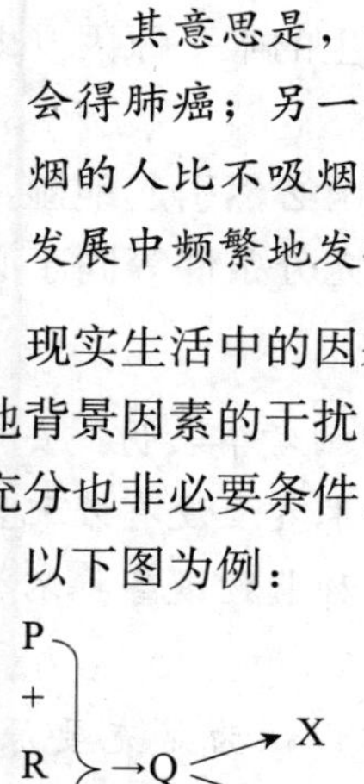

图中P可以看成Y的原因，属于既非充分也非必要条件原因。

一方面，有 P 不一定有 Q（可能没 R 和 S），所以不一定导致 Y。

另一方面，P 有助于导致 Y（有 P 有助于导致 Q，从而导致 Y）。

【案例】

燃烧的条件

燃烧理论认为“只有存在氧气，物质才能燃烧”。意思是当氧气不出现时，燃烧必定不出现；当氧气出现时，燃烧可能出现，也可能不出现（温度不够）；我们从来不会遇到没有氧气而燃烧的情况。因此，氧气就是燃烧的必要条件原因。

但随着科学的发展，人们发现，自然界中存在没有氧气也可燃烧的情况。只要是任何发光、发热、剧烈的氧化还原反应，都可以叫燃烧。换句话说，某些物质可以代替氧气在燃烧中的作用，比如，氯气可以代替氧气使氢气、铁丝等可燃物燃烧。二氧化碳在镁条燃烧中便代替了氧气的位置。除了镁条，金属钠等活泼金属均可以在二氧化碳中燃烧。这也解释了二氧化碳灭火器不能用于扑灭钾、钠、镁等金属燃烧形成的火灾的原因。所以，在面对火灾时，一定要确定可燃物的种类，选择正确的灭火方式，防范不当的灭火方法造成更大的损害。

可见，氧气是燃烧的既非充分也非必要条件原因。

（二）混淆原因的谬误

因果论证是对因果关系的运用或确定，推理的前提或结论涉及对因果关系的认识。如果对原因的类型认识错误，就会犯“混淆原因”的谬误，具体包括：

（1）将某一结果产生的一个充分原因当作导致这一结果产生的必要原因。

（2）将某一结果产生的一个必要原因当作导致这一结果产生的充分原因。

（3）将某一结果产生的某一个原因或者部分原因当作导致这一结果产生的全部原因（即充分原因）。

（4）将某一结果产生的必要原因或充分原因当作导致这一结果产生的唯一原因（即充要原因）。

如“下雨”是“地湿”（指的是露天的地面）的充分条件，即下雨必然引起地湿，而非必要条件，地湿不一定是下雨引起的（也许是洒水车洒了水）。将充分条件等同于必要条件便可荒谬地得出“若地湿了，那么下雨了”。

例 1：一项对过去 20 年中由于麻醉造成的医疗死亡事故的详细考察表明：安全方面最显著的改进来自麻醉师的良好训练。在此期间，绝大多数手术室里没有装配监控患者的氧气和二氧化碳水平的设备。所以，在手术室增加使用这种监控设备将不会显著降低由于麻醉造成的死亡事故。

分析：上述论证的缺陷是把充分原因误认为唯一的，也即误认为是充要原因。“麻醉师的良好训练能降低麻醉造成的死亡事故”这一事实不能成为否定“监控设备也能降低麻醉造成的死亡事故”的充足理由。

例 2：不足六个月的婴儿能迅速分辨相似的语音（不仅是那些抚养他的人使用的

语言的声音)，而年轻的成人只能迅速地分辨他们经常使用的语言的声音。事实上，生理上的听觉能力在婴儿期之后开始退化。所以，在婴儿与年轻的成人之间观察到的辨别听觉上相似语音能力的这种差别是由于听觉的生理退化导致的。

分析：上述论证的推理是有缺陷的，因为即使“不足六个月的婴儿与年轻的成人在迅速分辨相似语音上的差别”和“生理上的听觉能力在婴儿期之后开始退化”都是事实，但是，题干并没有给出证据证明“听觉的生理退化”是造成“分辨相似语音能力降低”的充分原因。

例 3：洛杉矶这样的美国西部城市，几乎是和私人汽车业同步发展起来的，它的城市布局和风格明显带有相应的特点。由于有了私人汽车，住宅都散布在远离工作地点的地方；为了留出足够的停车空间，商业街的周边缺少林木绿化带。因此，如果私人汽车当初不发展，洛杉矶这样的城市会是另外一种完全不同的风貌。

如何评价上述论证？

分析：上述论证的理由是：私人汽车业的发展造成了洛杉矶现有的城市风貌。可见，“私人汽车业的发展”是“造成现有城市风貌”的充分原因。

结论是：如果私人汽车当初不发展，洛杉矶不会是现在的风貌（即会是另一种完全不同的风貌）。可见，“私人汽车业的发展”是“造成现有城市风貌”的必要原因，

根据以上分析，由上述理由是得不出上述结论的，题干论证是轻率地把充分原因当成了充分必要原因，即是唯一的原因，即上述论证不恰当地把某个结果归结为一个原因，并且仅仅归结为一个原因。

（三）因果关系与条件关系

条件关系与因果关系既有联系又有区别，其主要区分如下：

	条件关系	因果关系
含义	逻辑推理中的“前件和后件”，是命题之间的关系	现实中的“原因和结果”，是事件之间的内在联系
性质	条件必然蕴含结论	原因并不必然蕴含结论
时间因素	静态的，不考虑时间因素	动态的，必须考虑时间因素
现实性	不需要现实支撑，是某种假设性命题，可分析虚拟的事	现实关系，针对已经发生的事实而言
传递性	具有传递性	不具有传递性
逻辑分析	逻辑推理的条件是有限的	任何一个因果关系中，原因总是条件的集合，“条件”实际上是无限的

（1）含义的区分

条件关系指的是逻辑推理中的“前件和后件”，因果关系指的是现实中的“原因和结果”。条件关系不等于因果关系。例如，在逻辑上，已婚男子是男子的充分条件，这意思是说如果“某人是已婚男子”为真，“这个人是男子”就不可能假。但是，已婚男子并不是男子的原因。

(2) 性质的区分

条件关系属于意义蕴含关系，即思想中命题的逻辑蕴含关系。演绎推理中，条件必然蕴含结论。因果关系属于对客观事实的某种认识。因果关系的部分性质可以表达为蕴含关系，所以，可以用条件句来表达，但因果关系的陈述不等于条件句。在因果关系中，原因并不必然蕴含结论，而只有在“条件”都已经具备的情况下，原因的出现才引起了结果的发生。

现实生活中发生的每一个因果关系都是具体的，都是特定的原因引起了特定的结果。只有在实验室条件下（即在严格限定条件的背景下），原因和结果的关系才是确定不变的。相同的原因必然引起相同的结果，不同的原因引起不同的结果，同样，“同果必然有同因”“异果必然有异因”，这一原理也只有在实验室条件下才是有效的。

(3) 时间因素的区分

条件关系是静态的，原因与结果都是动态的。条件关系与因果关系的最根本的区别是，逻辑推理不考虑时间因素，而因果关系却必须考虑时间因素。

因果关系表示原因先于结果出现或者和结果同时出现，原因不可能在结果之后。但条件句可以没有这样的时间要求。比如说“如果路没有湿，那么天没有下雨”，这个条件句的前项其实是时间在后的事件。

(4) 现实性的区分

因果关系是现实关系，只有在原因现象和结果现象已经发生之后，我们才说，原因 A 和结果 B 之间存在“因果关系”。因此，因果关系更多地是针对已经发生的事实而言。

条件关系不需要任何现实性做支撑，是某种假设性命题，是一种“理论”推导，逻辑推理的条件就必然蕴含结论，可以分析未发生的事，未来的事，虚拟的事。

(5) 传递性的区分

条件关系具有传递性，若 A→B，并且 B→C，则 A→C。

但是因果关系却不具有这种传递性。即 A 是 B 的原因，并且 B 是 C 的原因，却不能必然得出 A 是 C 的原因。比如，你的朋友的朋友，不一定是你的朋友。

(6) 逻辑分析

条件关系与因果关系既有联系，又有区别。这两者的联系在于存在交集，一个论述，可能同时存在条件关系与因果关系。这两者的区别关键在于在什么意义上使用，主要取决于论述者的思维意图。如果我们能从逻辑推理的角度评估推理的有效性，那它们就可以在条件关系的意义上使用；如果我们能从因果关系的角度分析因果主张，那它们就可以在因果关系的意义上使用。

包含“如果……那么……”等连接词的陈述句一般都具有条件关系，而是否存在因果关系需要具体分析。

例 1：如果天下雨，那么地上湿。

该陈述反映的是条件关系：“天下雨”是“地上湿”的充分条件。

也可以理解成因果关系：“天下雨”是“地上湿”的原因。

例 2：如果地上不湿，那么天没下雨。

该陈述反映的是条件关系：“地上不湿”是“天没下雨”的充分条件。

但不可以理解成因果关系："地上不湿"不能看成"天没下雨"的原因。

例 3：如果电影不好看，那么买票的人不多。

该陈述反映的是条件关系："电影不好看"是"买票的人不多"的充分条件。

也可以理解为因果关系："电影不好看"是"买票的人不多"的原因。

例 4：如果买票的人多，那么电影好看。

该陈述反映的是条件关系："买票的人多"是"电影好看"的充分条件。

但不可以理解为因果关系：电影好看的"原因"应该是导演导得好，演员演得好，编剧编得好等等，而"买票的人多"不能成为"电影好看"的原因。

三、因果传递

哲学上把现象和现象之间那种"引起和被引起"的关系，叫作因果关系，其中引起某种现象产生的现象叫作原因，被某种现象引起的现象叫作结果。如果现象 A 的存在引起了现象 B 的发生，我们就说 A 是导致 B 的原因，B 是 A 所引起的结果。

但在现实生活中，人们对"引起"和"被引起"却有大不相同的看法，结果出现了许多复杂的因果关系表述形式。但是表述越是复杂，越容易出现模糊和混乱，给科学地认识因果关系造成困难。因此，建构因果关系的模式非常有必要。

（一）因果关系的传递

原因总是发生在结果之前，而不是在结果之后。时间上的先后对于区分原因和结果来说是非常重要的一个因素。

因果链条是指包含三个以上因果的传递关系，传统上人们将它们称为遥远的和最近的原因。几个事件组成的一个因果序列或链条：A 引起 B，B 引起 C，C 引起 D，D 引起 E，E 引起 F。

为与蕴含符号"→"以作区分，原因引起（导致）结果，"引起"用"➔"表示。上述因果链条可表示为：A ➔B ➔C ➔D ➔E ➔F。

此时我们将 F 称为先行事件的结果。其中最近的即 E，为 F 的最近的原因，而其他的为 F 越来越遥远的原因：A 比 B 遥远，B 比 C 遥远。

因果链条可能包含实质性的因果传递关系，即实质性的因果链条；也可能不包含实质性的因果传递关系，即虚假的因果链条。

1. 实质性的因果链条

因果关系具有相对性，即一个现象对于某现象来说是结果，但对于另一现象来说又是原因。例如，房屋倒塌是地震的结果，又是导致人员伤亡的原因。因果关系的相对性，使事物之间可以形成一个没有起点和终点的因果链条。实质性因果链条的形成关键在于这种因果关系能传递并直到最后仍然使因果关系得以保持。

真正的因果链条指实质性的因果传递关系，这时，远因（遥远的原因）可能就是结果发生的"根本原因"。

例 1：在南极海域冰冷的海水中，有一种独特的鱼类，它们的血液和体液中具有一种防冻蛋白，因为该蛋白它们才得以存活并演化至今。但时至今日，该种鱼类的生存面临巨大挑战。有人认为这是海水升温导致的。因为南极海水中的含氧量随气温上升而下降，缺氧导致防冻蛋白变性，易沉积于血管，导致供血不足，从而缩短鱼的寿命。

分析：以上论述的因果链条为：海水升温→海水含氧量下降→防冻蛋白变性沉积于血管→血管供血不足→鱼的寿命缩短→该种鱼类的生存面临巨大挑战。

例2：由于常规使用抗生素能够引起在抗生素环境中仍能生存的耐药细菌的出现，人体内耐药细菌的存在可能是由于人们使用处方抗生素引起的。然而，一些科学家相信，人体内绝大多数的耐药细菌来自于人们食用的被细菌感染的肉食品。因为畜牧业主为了提高他们的牲畜的生长速度，普遍把抗生素加在喂养牲畜的饲料中。

分析：以上论述的因果链条为：抗生素加在饲料中→牲畜产生耐药细菌→肉食品被耐药细菌感染→人们食用后使得人体内的耐药菌存在。

例3：华盛顿广场有名的杰弗逊纪念大厦建成之后不久，墙面出现裂纹。最初大家认为损害建筑物的元凶是酸雨。进一步研究，却发现墙体侵蚀最直接的原因，是每天冲洗墙壁所用的清洁剂对建筑物有酸蚀作用。而每天为什么要冲洗墙壁呢？是因为墙壁上每天都有大量的鸟粪。为什么会有那么多鸟粪呢？因为大厦周围聚集了很多燕子。为什么会有那么多燕子呢？因为墙上有很多燕子爱吃的蜘蛛。为什么会有那么多蜘蛛呢？因为大厦四周有蜘蛛喜欢吃的飞虫。为什么有这么多飞虫？因为飞虫在这里繁殖特别快。而飞虫在这里繁殖特别快的原因，是这里的尘埃最适宜飞虫繁殖。为什么这里最适宜飞虫繁殖？因为开着的窗阳光充足，大量飞虫聚集在此，超常繁殖……

分析：这道难题的答案就是拉上窗帘就可以了！因为这一长串因果链条具有实质性的因果传递关系。

2. “错否因果”的谬误

“错否因果”的谬误往往涉及间接原因或间接因果，指的是对表面上不相干或关系不紧密的两个现象，就断定其不存在因果关系而事实上存在因果关系的谬误。在自然和社会生活中，对表面上不相干或关系不紧密的两个现象，如果用联系的眼光看问题，深入分析下去，有时候会发现在它们的背后存在着间接的因果关系，排除了表面现象的迷惑，就更加接近了事物的本质。

下面列出几种常见的“错否因果”谬误：

（1）A是B的原因，所以A就不是C的原因

而事实是：B导致了C，从而A→B→C形成因果链条，所以，A是C的间接原因。

（2）A是C的原因，所以B就不是C的原因

而事实是：B导致了A，从而B→A→C形成因果链条，所以，B是C的间接原因。

（3）A和B貌似不相关，所以，A不是B的原因

而事实是：A导致了C，而C导致了B，从而A→C→B形成因果链条，所以，A是B的间接原因。

例1：北大西洋海域的鳕鱼数量锐减，但几乎同时海豹的数量却明显增加。有人

说是海豹导致了鳕鱼的减少。这种说法难以成立，因为海豹很少以鳕鱼为食。

分析：上述论证是，因为海豹很少以鳕鱼为食，所以，不可能是海豹数量的大量增加导致了鳕鱼数量的显著下降。

若事实上，鳕鱼只吃毛鳞鱼，而毛鳞鱼也是海豹的主要食物。这就说明了海豹数量的大量增加会导致毛鳞鱼数量的显著下降，从而使鳕鱼的食物短缺，影响了鳕鱼的生存，这就有力地削弱上面的论证。

这样形成的因果链条为：海豹数量增加→毛鳞鱼数量下降→鳕鱼数量下降

例 2：1988 年北美的干旱可能是由太平洋地区温度模式的变化导致的，因此，干旱不是由二氧化碳等大气污染引起的正在发生的长期全球变暖趋势所导致的。

分析：上述论证是，P（温度模式）导致了 Q（干旱），因此，R（全球变暖）不能导致 Q（干旱）。

若事实上，全球变暖趋势能够引起太平洋地区温度模式变化的频率和轻重程度。这表明，R（全球变暖）导致了 P（温度模式），这就有力地削弱了以上论述。

这样形成的因果链条为：全球变暖→温度模式变化→干旱

例 3：一些土壤科学家断言：森林地表的腐烂物质与降落在山湖的酸雨相比，是山湖酸性的最主要来源。因此，他们主张减少酸雨不会显著地降低山湖的酸性程度。

分析：上述论证是，腐烂物质是山湖酸性的最主要来源，因此，减少酸雨不会显著地降低山湖的酸性。

若事实上，当植物生命残存时，酸雨大大增加了自然环境中腐烂的有机物质的量。这意味着，减少酸雨就能够降低酸性浓度，这就严重削弱了以上论证。

这样形成的因果链条为：酸雨→腐烂物质→山湖酸性

（二）虚假的因果链条

虚假的因果链条则不包含实质性的因果传递关系。

因果关系并不是一定能传递的，即结果的原因的原因，不一定是结果的原因。若把原因的原因看作结果的原因，一切事物的最终原因就都是自然界本身。这样理解因果关系，就丧失了研究的意义。如果严格套用因果关系定义，可以看到这些理解并不符合因果关系定义。从虚假的因果链条中我们不能逻辑地推出首项和末项一定具有因果关系，这时，远因（遥远的原因）就不是结果发生的“根本原因”。

若因果链条不包含实质性的因果传递关系而断定其具有因果关系，那就会犯“诉诸远因”或“滑坡论证”的谬误。“诉诸远因”与“滑坡论证”都属于假因果谬误，广义上可看成同一类谬误，若要区分的话，“诉诸远因”是往过去源头的方向错误地寻找根源；而“滑坡论证”是往未来的方向错误地预测结果。

诉诸远因是指论证中忽视关键的直接因素在原因链条中的影响，而把较为遥远的某个因素看作直接原因，或者忽视其他因素在原因长链中的影响而诉诸遥远的单一因素的谬误。

滑坡论证也叫滑坡谬误，是基于一系列未确证的假设对事件做出的预测。滑坡论证总是从论证者接受的一个前提开始，通过小的步骤，经过一个论证链，逐渐地推进到一个灾难性的最终后果。显然，这种论证，随着论证一步步推进，其确证性却一步步下降，最后，前提和结论的联系往往变得十分微弱，甚至毫无关系。因此，我们形象地把这种推理谬误叫作滑坡论证。这也是因为把非传递性关系看作具有实质性的传递关系所导致的。

通俗地讲，滑坡论证谬误是利用一个看似内在密切相关的推理链条，一步步推理下去，从而在论证链条两端关系较远或毫无关系的两个命题之间建立直接因果联系的谬误。事实上，这个链条往往是不确定的，缺乏足够理由的。滑坡谬误，往往不断地从程度上递增或者递减，最后完全偏离原先的论题。避免滑坡谬误的最好方法就是，每一步的论证都拿出充分的论据，而不能忽略条件地连锁推理。

1. 滑坡论证的通俗模式

A 可能导致 B，B 可能导致 C，C 可能导致 D，D 可能导致 E，E 可能导致 F。因此，如果 A 出现，可能导致 F 出现。而 F 是不能接受的结果。所以，不应让 A 出现。

声称某事之后将会发生一连串通常是可怕的后果，但却并无充分证据支撑该推论。这样的推论事先假定，只要我们踏上了“滑坡”，就不可能中途停住，于是就必定会一路滑跌到沟底。

例：因为阴天，所以关节疼。关节疼，导致我心情不好。心情不好，导致我和丈夫吵架。吵架，导致丈夫离家出走。因此，阴天是丈夫离家出走的原因。

2. 滑坡论证的形式

根据一系列预见而进行断定时，含有如下这样的前提：

A0 可能会导致 A1；A1 可能会导致 A2；A2 可能会导致 A3；…；可能会导致 An：

A0 → A1 → A2 → A3… → An

从论证者接受的一个前提开始，通过小的步骤，经过一个论辩链，逐渐地推进到他并不接受的事物。

第一步前提：A0 被公开考虑为产生某个东西的提议。

递归前提：实现 A0 将可能导致（在我们所了解的环境中）A1，A1 将导致 A2，依此类推，导致整个序列 A2，…，An。

坏结果前提：An 是可怕的（灾难性的、坏的）结果。

结论：A0 不应被产生。

3. 评估因果链条的批判性问题

CQ1. 在 A0 与 An 相连结的序列中，什么干涉建议实际上被给出了？

CQ2. 为了使事件序列是似真的，哪些其他步骤需要填充进去？

CQ3. 该序列中最弱的连结是什么？对它应该提出一个事件会真的导致另一个事件的批判性问题吗？

要注意对链条中的每一个环节做出分析和论证，充分考虑可能影响这个链条的其他的多种因素，并且对链条中每一步可能性的发展做出恰当的评估。在滑坡论证的线性链条结构中有两个明显的特点，一个是由初始事件 A 到终端后果 F，其间每一种可能性的累积呈递减的趋势；另一个是其间的任何一个步骤一旦发生断裂，后果 F 就不会产生，或者说，后果 F 的发生依赖于每一个步骤的不间断性。当我们对由 A 到 F 的中间可能性依次加起来进行思考时，其可能性的趋势是依次递减的。

可见，滑坡论证是通过一连串因果推理来论证，而这些推理中，很多都只是概率性的（甚至是很小的概率），而诡辩者故意把叠加的“可能性”转为“必然性”。错误的前提是“可能性”等于“必然性”，或者放大某些相关因素。滑坡的谬误是一种危险的状况，或者是某种无法接受的观点。每一次的“引起”都没有得到严格的证明，小的失误遭遇大的放大，实际的情形是 A 导致 F 的可能性很小，甚至可以从一件事最终“推理”出几乎毫无联系的结果。

假设由 A 到 F 的每一个中间步骤的可能性是 70%，则 A 可能会导致 F 的可能性却仅有 16.8%。如果我们以高于 20%的确信度来接受“A 可能会导致 F”这个结论，就犯了滑坡的谬误。

例 1：兰科植物大都需要昆虫传递花粉，才能授粉。据达尔文的实验结果，熊蜂几乎是三色堇和三叶草授粉所必需的，因为别的蜂类都不到访这种花。一个地方熊蜂的数目又和田鼠的数目很有关系，因为田鼠常破坏蜂窝，吃蜂的幼虫。而田鼠的数目又和猫的数目很有关系。所以，区域内猫的数目可以决定该区域内三色堇和三叶草的多少。

分析：上述推理具有实质性的因果传递关系，但是，有的科普读物继续发挥达尔文的思想，说英国海军的强弱与当时英国的尼姑的多少也有关系。因为尼姑喜欢养猫，尼姑多则猫多，田鼠少，熊蜂多，三叶草多，则牛奶和牛肉的产量高，因而海军官兵的体质就强壮。这就形成了滑坡谬误。

例 2：构成生命的基础——蛋白质的主要成分是氨基酸分子。它是一种有机分子，尽管人们还没有在宇宙太空中直接观测到氨基酸分子，但是科学家在实验室里用氢、水、氧、甲烷及甲醛等有机物，模拟太空的自然条件，已成功合成几种氨基酸。而合成氨基酸所用的原材料，在星际分子中大量存在。不难想象，宇宙空间也一定存在氨基酸的分子，只要有适当的环境，它们就有可能转变为蛋白质，进一步发展成为有机生命。据此推测，地球以外的其他星球也存在生命体，甚至可能是具有高等智慧的生命体。

分析：以上论述的推测是，地球以外的其他星球存在生命体。

即因果链条可分为三步：原材料→有机分子（氨基酸）→蛋白质→有机生命

以上论述重点强调了第一步的可靠性。若事实上，从蛋白质发展成为有机生命的过程和从有机分子转变为蛋白质的过程存在巨大的差异，即第三步与第二步存在巨大差异，则因果关系不能实质性地传递。犯了滑坡谬误，所以，这就有力地削弱了以上的推测。

4. 滑坡谬误与连锁反应

连锁反应是指一件事情的发生带动其他事情接连的发生，连锁反应有时确实是真实存在的。比如，一位父亲在公司受到了老板的批评，回到家就把沙发上跳来跳去的玩得正高兴的孩子臭骂了一顿。孩子心里立马窝火，狠狠去踹身边打滚的猫。猫逃到街上正好一辆卡车开过来，司机赶紧避让，却把路边的孩子撞伤了。

“滑坡”谬论的迷惑性之所以很强，是因为一种连锁反应究竟在未来能否发生，有时是难以识别的，因为有时的确可以预知某事之后的一系列连锁反应，这就需要我们检查论证中的连锁因果推理，确保事件系列关联合理。

例 1：有个西方民谣，“钉子缺，蹄铁卸；蹄铁卸，战马蹶；战马蹶，国王绝；国王绝，战事折；战事折，国家灭。”这首民谣是说：失了一颗铁钉，丢了一只马蹄铁；丢了一只马蹄铁，折了一匹战马；折了一匹战马，损了一位国王；损了一位国王，输了一场战争；输了一场战争，亡了一个帝国。因此，失了一颗铁钉，亡了一个帝国。如何来评价这一民谣？

分析：可从以下两个方面来认识上述民谣。

一方面，如果滥用上述说法，那就犯了“滑坡谬误”。过于强调某个细节的重要性，无限地推演其可能发生的后果，一步步地推演，最后推出一个可怕的结论。其实，现实通常不会按照这种推演的逻辑去发生，每一步的发生其实都需要条件。如果每一步的推演都忽略了应具备的条件，最后的结果当然非常可怕。事实并非如此，一个帝国不只是因为少一个铁钉，很可能是因为缺少许多其他更重要的东西，而使帝国遭到灭亡的。比如，缺少装好铁掌的备用马匹，缺少能随机应变、跑到邻近驿战的通信员，缺少能征善战的军队等。“缺一个铁钉”这不应该是帝国灭亡的唯一因素或者最重要的因素。

另一方面，这个故事用来强调“细节”的重要性是可以的。因为偶然发生的连锁反应，甚至“蝴蝶效应”，虽然可能性比较低，但也是有可能的。马蹄铁上一个钉子的丢失，本是初始条件的十分微小的变化，但其连锁效应却是一个帝国的灭亡。所以，一个明智的领导人一定要防微杜渐。看似一些极微小的事情却有可能造成集体内部的分崩离析，要努力把可能导致恶劣后果的小的苗头消灭在萌芽状态。

例 2：一个面试官对应聘者说：“你随手扔垃圾，是不负责任的表现，就你这表现，你将来肯定不会对公司负责”。该面试官是否犯了滑坡谬误？

分析：准确一点说，这两事物没有“必然”关联，但是面试官认为“喜欢乱扔垃圾的人”不符合他的招聘标准，所以面试者没能通过。逻辑上没有什么直接联系，但是面试官代表公司，有自己的逻辑，也有公司的逻辑，在假设公平的前提下用这些逻辑来招人符合他们公司的利益。面试官的推理是，乱扔垃圾是不负责任的表现，你乱扔垃圾，所以你可能是个不负责任的人，所以，你有可能不对公司负责任。滑坡就是把众多可能的确定都强制归纳为确定，对应聘者来说，这一论证是滑坡的，但对考官来说，这不是滑坡论证，而是防微杜渐，为了防止将来出现不好的结果，我只看到你存在这个可能性，那么你就被排除了，就不会产生最终结果，那么就降低公司将来出现不负责任的人的概率。

第二节　因果推断

因果推断是指根据事实或前提，进行推理，判断事实的因果关系。理解因果作用的机制是承认因果关系存在的关键。因果关系是科学研究的基本目标，通过研究因果关系，我们可以进一步认识客观世界，验证和形成科学理论，有效地预测未来，并为决策提供科学根据。

一、因果建构

对因果关系，学界至今还没有建构起公认的完整理论框架。因果关系不是纯粹逻辑的或演绎的，只能经验地或后验地发现。但是我们的经验总是与特定情形、特定现象以及现象的特定次序有关。我们能够观察到一个特定事态（比如 A）下的几个事例，人们观察到的事例也能够被一个特定种类现象（如 B）的一个事例所伴随。然而，如何能够从经历的特定事例中，得到 A 的所有场合下都有 B 这样普遍性的命题（A 引起 B），那就要用归纳方法。

（一）因果关系的基本模型

因果关系可以进行逻辑分析，逻辑推理的条件是有限的，而在任何一个因果关系中，条件实际上是无限的，现实中原因和结果的关系，要比逻辑推理中的条件关系复杂许多倍。

为对因果关系给予解释，下面建构一个“因果关系的基本模型”。

简单因果关系模型为：

原因→结果

原因与结果都是动态的，比如，开关的“开”与灯泡的“亮”之间具有因果关系，而不是开关与灯泡具有因果关系。

用符号表示，A 现象“引起”B 现象，即现象 A 是结果 B 的原因，可表示为：

A →B

1. 因果关系的三要素

一个因果关系的三个基本要素是：原因、结果和引起。

（1）结果

结果是一个因果关系的最终现象，一个因果关系的结果具有唯一性。

（2）原因

尽管形成一个因果关系的根本是结果，但一个因果关系发挥其功用的关键却是原因。显然，对引起结果有作用的原因多多益善。由于人们的怀疑可以是连续的，即不仅对结果怀疑，而且可能对引起的原因也提出疑问。由于出现疑问就要求解释，因此原因具有各种类型和层级性，即认定的原因，其他的原因，原因的原因，原因之原因的原因等。

（3）引起

对结果的辩护是否成功，取决于原因的引起力量。引起有程度之别——完全充分的引起、较大的引起、微弱的引起等。而引起程度的不同也是通过各种原因来担保的。

“时间”参数是判定因果关系的关键，不管是什么情况，只要在特定结果发生前的最后一个现象就是“认定原因”，之前起作用的其他事实现象就是“条件原因”。

通常意义上，说 A 是 B 的原因，就是说 B 的出现依赖 A 的出现，或者说 A 的出现导致 B 的出现。这样，在时间上 A 应该先于 B，至少和 B 同时出现。在空间上，A 和 B 之间应该有物质、信息的接触、传递，我们可以认为有中间接触过程和机制将它们相联系。要断定现象A是现象B的原因，要比说A和B总是一起出现要有更多的内容，这表示A会“引起”或“导致”B，就像我们使用打火机时，用拇指按一下上面的按钮击打火石、引起火花、点燃汽油起火，这个击打火石的动作是原因，引起了汽油起火的结果。

比如，把一个鼠夹子放置在老鼠经常出没的地方，最后逮住了老鼠。如果说“安放”鼠夹子的行为是原因，“逮住”老鼠是结果，但这并不严格符合“因果关系定义”，因为“安放”鼠夹子时，“逮住”老鼠这一结果并没有发生，只有老鼠“接触”到了夹子鼠，它才是引起结果现象发生的认定原因。因此“安放”鼠夹子的行为，是间接原因，但也是根本原因。

通过上述分析后，因果关系的基本模型可表示为：

认定原因及其间接原因集→特定结果

A＋（A1＋A2＋…＋An）→B

其中，A为认定原因；B是特定结果

（A1＋A2＋…＋An）为间接原因集，并且有An→…→A2→A1→A

2. 原因总是条件的集合

因果关系有一个重要的性质：任何事情都是在一定条件下产生的。

我们把与结果发生有关的所有先前情况统称为“先前因素”，探索因果关系就是要确定哪些先前因素是原因，哪些先前因素是条件。对这些“先前因素”发生（成就）的时间次序进行排列，分别为第1、2、3、…、n个现象。哪个因素发生了，结果就发生了，这个因素就是“原因”，而这个因素之前发生的所有因素都属于“条件”。

这里所说的条件是广义上的条件，包括了“条件原因”与“潜在条件”。

假如你作为调查人员，回答为什么实验室着火的问题时说是因为有空气，那你就会被认为头脑有问题，空气是着火的一个潜在条件，而不能认为是个根本的原因。

寻找可能的原因（现象）是逻辑推理，可能的原因现象有“并联”和“串联”两类，并联现象中只要有一个现象发生结果就会发生，串联现象中必须全部现象发生结果才会发生。

（1）充分条件原因的理解

一般意义上，我们说A是B的充分条件原因，表明有A就会产生B，其实是说，A在一定条件下足以产生B；或者换句话说，A是产生B的一个“充分条件组”的一员。

可表示为：认定原因 ＋ 潜在条件集 → 特定结果

比如，击打火石之所以能产生火，在于火石、汽油、空气和必要的温度共同发生作用引起了火。所以，如果用A表示击打火石，用B表示产生火，而用h代表火石，k代表汽油，m代表空气，n代表温度。它们缺一不可，没有击打动作不行，没有其他因素也不能点燃火。A是产生B的一个充分条件组中不可缺少的一员。一般情况下我们只谈论A，把其他因素当作“当然前提”，这些“当然前提”就是潜在的“条件”。有时候我们甚至不知道有哪些其他条件或者因素一起产生了结果。我们感到A是直接“引起”B的因素，所以将它挑出来说成原因，这是由具体情况决定的。

所谓 A 是 B 的充分条件原因：A→B（其中，蕴含关系为 A→B）

其实是：A+（h+k+…）→B

其中，A 为认定原因，也是充分条件原因；B 是特定结果；（h+k+m+n+…）为潜在条件集。

（2）必要条件原因的理解

A 是 B 的必要条件原因也可以这样理解，没有 A 就没有 B。其实是说，A 和所有别的原因合在一起足以产生 B；或者换句话说，A 也是产生 B 的一个“充分条件组”的一员。

可表示为：认定原因 + 条件原因集+ 潜在条件集→ 特定结果

比如，出现流感病毒（A）是病毒性感冒（B）产生的必要条件，指所有能够产生病毒性感冒的充分条件组中必须要有流感病毒。虽然环境中有流感病毒的存在，并不表示你一定会得病毒性感冒，可能是你没有接触到流感病毒，也可能你的肌体的抵抗免疫力良好，挡住了病毒的侵袭。能产生病毒性感冒的充分条件，包括流感病毒侵入身体（P）、免疫力的缺乏（Q）等等。当然，病毒性感冒发生还要有流感病毒源（h），流感病毒传播媒介（k）等潜在条件。

所谓 A 是 B 的必要条件原因：A→B（其中，蕴含关系为 ¬A→ ¬B）

其实是：A+（P+Q+…）+（h+k+…）→B

其中，A 为认定原因，也是必要条件原因；B 是特定结果；（P+Q+…）为条件原因集。

（二）因果关系的扩展模型

哲学上，“物”是静态的，“事（事实）”则是“物（物体）”的动态变化过程。复杂因果关系是“基本因果关系”的复合。

原因和条件的区别全在于出现的时间不同，在“认定原因”和“条件原因”出现之前的各类相关事物就是“潜在条件”。

扩展的因果关系模型是，我们认定的原因、条件原因（事实现象）和各类相关事物（潜在条件）结合在一起，导致了结果。

可表示为：认定原因+ 其他事实现象 + 各类相关事物 → 特定结果

利用因果关系模型，可以对日常生活中与因果关系有关的情况做出分析和解释。

我们把静态的事物简称为“事物”，实际上是原因导致结果的条件，用小写字母 h、k 等表示。

把事物的动态变化表现出的形态叫作“现象”或“事实”，用大写字母表示。其中：

我们认为的引起结果的原因用 A 表示，B 表示为结果。

用 P、Q 等表示其他事实现象，也就是导致结果的条件原因。

A 现象和 P、Q 等其他事实现象以及 h、k 等相关事物条件合在一起“引起”了 B 现象。

再考虑到认定原因还有其原因，以及原因的原因……因果关系可表示为：

认定原因及其间接原因集 + 条件原因集 + 潜在条件集→ 特定结果

用字母可表示为：

A+（A1+A2+…+An）+（P+Q+…）+（h+k +…）→B

例：恐怖分子发现炸药仓库的守护卫兵在后半夜两次交接班时警惕性较差，遂利用这一疏漏，接近仓库，点燃引爆物，引发仓库爆炸，使国家财产遭受重大损失。

分析：恐怖分子点燃引爆物的动态行为（A）无疑是仓库“爆炸”的原因。

保卫工作的“疏漏”（P）是个动态持续的行为，也是“爆炸”事件发生的重要原因，是条件原因。

恐怖分子受到恐怖组织的命令（A1），而恐怖组织的形成是受到邪教的蛊惑（A2），这些是在恐怖分子点燃引爆物之前就存在，故可以称为“间接原因”“远因”，也是一个“根本原因”。

“炸药能够爆炸”（h）是个静态的事物，“空气中有氧气”（k）也是个静态的事物，显然都是“不言而喻”的前提条件。

因此，该因果模型可示意如下：

A+（A1+A2+…+An）+（P+…）+（h+k +…）→B

其中，An→…→A2→A1→A

（三）原因类型与因果认识

1. 原因的分类

除前述对原因的逻辑分析之外，从哲学和认识论的角度，原因还可分为以下几种类型：

（1）直接原因与间接原因

直接原因是直接导致事件发生的原因，或者说是事件变化发展的表面上的原因。如第一次世界大战直接原因是“奥匈帝国皇位继承人斐迪南被塞尔维亚族青年用手枪打死”（即萨拉热窝事件）。而间接原因，则是原因的原因而已。

（2）主要原因与次要原因

主要原因是在引发事件发生的诸多原因中的最重要的那一个，即对事件的发展变化产生重大影响的原因。比如，第一次世界大战爆发的主要原因是英德矛盾。

次要原因是指在引起结果发生的诸原因中起非主导和非决定作用的原因。

（3）根本原因与终极原因

根本原因是指隐藏在事件发生背后的，导致事件发生变化的本质的原因。比如，第一次世界大战爆发的根本原因是“各帝国军事、经济、政治发展不平衡”。

根本原因是探讨原因的原因，直到在特定范围内无法再继续探讨为止。有人把根本原因称为“终极原因”，但如果不限定范围，任何事物的终极原因都是自然界本身。所以脱离一定范围，终极原因的探讨就毫无意义。既然要探讨终极原因，就应当限定范围，确定探讨到什么程度为止。

（4）偶然原因与必然原因

考察原因的来源，把来源“偶然”的因素称为“偶然原因”；把来源“必然”的因素称为“必然原因”。偶然因素和必然因素对应着哲学的偶然性和必然性。

必然性是指在事物联系和发展过程中合乎规律的一定要发生的，坚定不移的趋势。

偶然性是指在事物联系和发展过程中并非一定要发生的，可以这样出现又可以那样出现的不确定的趋势。

（5）主观原因与客观原因

主观原因是指当事人方面的原因，是可以改变的事物本身的意愿或者能力。

客观原因是个人意识难以预测或不能控制的原因。例如每个工作者的工作能力就是主观的原因，但是工作的环境就是客观的原因。销售人员业绩会受到主观原因的影响，也会受到客观原因的影响。

（6）内因与外因

“内因外因”理论是根据具体某个事物发展变化界限的内外因素来划分的。

内因也叫内部根据，是指事物发展变化的内在原因，即界限内的各种因素。

外因也叫外部条件，是指事物发展变化的外部原因，即界限外的各种因素。

通常，把主观原因看成内因，并看成主要的、第一位的原因，也许在教育人们发挥主观努力上具有作用。但内因、外因的实际区分，却需要针对具体的事物，进行严格的分析，确定是以什么界限区分内外的。

就上述恐怖分子点燃引爆物引发仓库爆炸这一事例，分析其内外因：

对“炸药”来说，“炸药能够爆炸”（具有爆炸的性能）是内因，恐怖分子“点燃”引爆物是外因，这个分析显然是可笑的。

对“仓库保卫”来说，保卫工作的“疏漏”是内因，“恐怖分子点燃”“炸药能够爆炸”“空气中有氧气”等等都是外因。

对“恐怖分子”来说，恐怖分子的“点燃”是内因，“保卫工作的疏漏”“炸药能够爆炸”“空气中有氧气”等等都是外因。

区分内外因的界限的主体是人，而不应该是物。内因是根本的、决定性的原因。从法律上看，恐怖分子当然犯罪，守护卫兵也犯了渎职罪，都要负法律责任，当然一般判决是恐怖分子的罪行更大。

2. 因果关系的法律认识

不同学科对因果关系往往有不同的认识。最典型的就是“法律上的因果关系”和“现实中的因果关系”大不相同。

例 1：果园主人为了防止有人偷果子，故意喷洒了巨毒农药，导致偷果子的人中毒死亡。按照我们的严格分析，对“死亡”来说，“喷洒农药”“偷果子”“误食”是“串联现象”，最后一个现象“误食”，应当是死亡的“原因”，而“喷洒农药”“偷果子”则是因果关系发生的条件原因或相关条件。

分析：上述因果关系可表示为：

（偷果子→误食）＋ 喷洒农药　→死亡

其中，“误食”是认定原因，“偷果子”是“误食”的原因，是根本原因。

“喷洒农药”是条件原因。

在法律上，追查责任的标准是相关当事人的“过错”大小，死者“偷果子”当然有过错，但由于已经死亡，一般就不予追责。

而果园主人由于违反了农药使用规定，主观上有过错，所以就认为果园主人“喷洒农药”的行为与偷果人中毒“死亡”的结果之间“具有法律上的因果关系”，于是判决果园主人承担主要民事责任，甚至还可能承担刑事责任。

例 2：工程队在公路边挖沟修管道，没有做出明显标记，致使晚上骑自行车经过此处的行人摔倒而受伤。

分析：上述因果关系可表示为：

行人晚上骑自行车＋工程队挖沟没有做出明显标记→行人摔倒→行人受伤

按照因果关系定义，行人摔倒是受伤的原因，而行人摔倒的直接原因是行人晚上骑自行车，而工程队挖沟没有做出明显标记只是引起结果发生的有关“条件原因”。

在法律上，“条件原因”反而可能是最重要的，如果行人是正常骑行就无过错，就认为挖沟人应承担全部责任。

二、因果推导

因果推导涉及对因果关系的认识，包括从因到果、从果到因以及从相关到因果的推理。

（一）从因到果的推理

从因到果的推理是指预见一个事件将出现，因为其原因已经出现。

比如，如果水温达到了 100 摄氏度，那么水会沸腾；这壶水的温度即将达到 100 摄氏度；所以，这壶水即将沸腾。

再如，如果温度到达 0 摄氏度以下，水就会结冰。我们用这个因果关系的知识来作前提，推导别的结论。一旦听到天气预报说明天温度在 0 摄氏度以下，我们就会想到路上湿的方会有冰，就会小心一些。显然这是一个用“温度到达到 0 摄氏度水就会结冰”的因果规律作为前提的一个演绎推理：

温度到达 0 摄氏度以下水就会结冰。

明天温度到达 0 摄氏度以下。

路上有水的地方会有冰。

1. 从因到果的论证形式

顺序的因果逻辑：一般情况下，因为事件 A（因）发生，所以产生事件 B（果）。

前提：事件 A 已经（可能）发生。

结论：事件 B 将要（可能）发生。

2. 评估从因到果论证的批判性问题

CQ1. 说明原因问题：先行事件在某一情况下确实发生了吗？

即事件 A 是否真的发生了。

CQ2. 因果联系问题：前提中反映某因果联系的命题是否为真？

即事件 A 与事件 B 是否真的具有因果关系。假如前提中存在证明某因果联系的证据，那么，这些证据足以证明某因果联系存在。

CQ3. 干扰因素问题：存在干预或抵消在此情形中产生那个结果的其他因素吗？

例 1：研究发现，年龄 15—30 岁的女性是购买冰淇淋最多的人群，她们购买冰淇淋的量是所有其他年龄段人加起来的总和。因此，很显然，相对于其他年龄段的人，年龄 15—30 岁的女性一定吃了最多的冰淇淋。

分析：这是一则从因到果推理。因为她们买得多，所以，她们吃得多。如果发现事实上，15—30 岁的女性经常买冰淇淋给她们的孩子或者家人吃，即虽然她们买得多，并不代表她们吃得多，这就有力地削弱了上述论证。

例 2：喜欢甜味的习性曾经对人类有益，因为它使人在健康食品和非健康食品之间选择前者。例如，成熟的水果是甜的，不成熟的水果则不甜，喜欢甜味的习性促使人类选择成熟的水果。但是，现在的食糖是经过精制的。因此，喜欢甜味不再是一种对人有益的习性，因为精制食糖不是健康食品。

分析：上述因果论证是，因为有甜味的精制食糖不是健康食品，所以，喜欢甜味不再是对人有益的习性。显然这一因果联系的证据不足以证明因果关系的存在。如果喜欢甜味的人，在含食糖的食品和有甜味的自然食品（例如成熟的水果）之间，更可能选择前者，则说明人们会在含食糖的食品和健康食品间先选择含食糖的食品，即选择了不健康的食品，这样就有力地支持了上述断定的因果关系。

例 3：分析下面的论证在概念、论证方法、论据及结论等方面的有效性。

《社会经济》期刊刊文指出，自 2000 年以来，全世界的离婚率不断上升。因此，目前世界上的单亲儿童，即只与生身父母中的某一位一起生活的儿童，在整个儿童中所占的比例，一定高于 2000 年。

分析：上文是一则从因到果的论证，该论证的结构如下。

一般规则：离婚率不断上升，单亲儿童的比例将上升。

因：离婚率不断上升。

果：目前单亲儿童的比例将上升。

评估这一论证可以从离婚率不断上升是否确实发生了，离婚率上升是否必然会导致单亲儿童的比例上升，是否存在导致单亲儿童的比例变化的其他因素等方面来考虑。

下面提供参考分析评论。

上文根据离婚率不断上升，得出结论，单亲儿童的比例上升。这一论证是值得商榷的，现把其逻辑缺陷分析如下。

首先，自 2000 年以来，全世界的离婚率是否真的不断上升，《社会经济》期刊的这篇文章所刊载的内容是否真实，该文章所依据的调查是否科学，该文章的观点是否客观，上文均没有交代，因此，“自 2000 年以来，全世界的离婚率不断上升”这一说法存疑。

其次，上述论证所隐含的假设是：一般来说，离婚率不断上升，单亲儿童的比例就上升。而这一假设没有得到验证，其真实性是存疑的。因为除了离婚率之外，导致单亲儿童的比例变化还存在其他因素，如已婚人士的死亡率、非婚生子的比例等因素。

再次，如果自 2000 年以来，相对和平环境的医疗技术的发展，使中青年已婚男女的死亡率极大地降低；或者，非婚生子的情况大大减少，那么，即使自 2000 年以来，离婚率不断上升，目前世界上的单亲儿童在整个儿童中所占的比例也不一定高于 2000 年。

总之，由于这一论证存在以上逻辑漏洞，其结论不具有说服力。

（二）从果到因的推理

与因果现象实际发生的过程正好相反，人们在探讨因果关系时往往是先知道结果，而后才去探讨其原因，这一过程称为“执果索因”。如果说从因到果的推理是从过去到未来的预见性推理的话，那么，从果到因是从现在追溯过去的推理。

溯因推理也叫回溯推理，属于典型的从果到因推理，就是从已知事实结果出发，根据一般的规律性知识，推测出事件发生的原因的推理方法。溯因推理是科学发现的一种重要的逻辑方法，利用这种方法，人们可以阐明新思想，形成新的假设集，对原有的认识形成新的综合。在科学研究中，溯因推理的作用主要体现在提出假说的过程中。

1. 溯因推理的形式

顺序的因果逻辑：一般情况下，因为事件 A（因）发生，所以产生事件 B（果）。

前提：在某一具体情况下，B 发生了。

结论：所以，在某一具体情况下 A 可能发生了。

例如，某些科学家相信：所有的人都是生活在大约二百万年前的女祖先的后裔，这个结论是通过对人类的 DNA 的线粒体的研究而得出的。人类的 DNA 有 96%的线粒体是相似的，基于这一事实，这些科学家运用 DNA 的线粒体的突变来逆推已经过去了的时间，也就是自人类的女祖先存在以来的时间。

分析：为使科学家的结论成立，必须假设：DNA 的线粒体按照一致性原则经受突变，并且按照可预见的比率和母系的遗传方式传下来。

其溯因推理过程如下：

因果关系：如果所有的人都是生活在大约二百万年前的女祖先的后裔，而且 DNA 的线粒体按照一致性原则经受突变，且按照可预见的比率和母系的遗传方式传下来，那么，现在人类的 DNA 有 96%的线粒体是相似的。

存在结果：现在人类的 DNA 有 96%的线粒体是相似的。

推出原因：所有的人都是生活在大约二百万年前的女祖先的后裔，而且 DNA 的线粒体按照一致性原则经受突变，且按照可预见的比率和母系的遗传方式传下来。

2. 评估溯因推理的批判性问题

由于客观现实中一果多因现象的存在，溯因推理不是一种必然性推理。必然性推理前提真则结论必真，而溯因推理前提真，结论只是或然真。因此，对溯因推理的结论的可靠性需要进一步评估。例如，“花凋谢”这一现象的出现，可以是由于花缺水引起，可以是由于施肥过量而引起，也可以是由水太多引起，也可以是由于病虫害所引起等。既然一果可以是多因所产生或引起，那么当已确知一个结果时，要找出它的原因，就可以有很多个。至于哪一个，在未进一步证实之前，只能进行分析、猜测、试错和选择等思维操作。评估溯因推理的批判性问题如下：

CQ1. 说明结果问题：结果在某一情况下确实发生了吗？

即事件 B 是否真的发生了。

CQ2. 因果联系问题：前提中反映某因果联系的命题是否为真？

即事件A和事件B是否真的具有因果关系。

例：英国科学家在2010年11月11日出版的《自然》杂志上撰文指出，他们在苏格兰的岩石中发现了一种可能生活在约12亿年前的细菌化石，这表明，地球上的氧气浓度增加到人类进化所需的程度这一重大事件发生在12亿年前，比科学家以前认为的要早4亿年。新研究有望让科学家重新理解地球大气以及依靠其生存的生命演化的时间表。

分析：科学家上述发现所需要的假设是，只有大气中的氧气浓度增加到一个关键点，某些细菌才能生存。把该隐含的假设补充到论证中，其推理结构如下：

以上陈述：发现了一种生活在约12亿年前的细菌化石。

补充假设：只有大气中的氧气浓度增加到一个关键点，某些细菌才能生存。

得出结论：地球上的氧气发生在12亿年前。

CQ3. 其他原因问题：是否排除了其他原因的可能性？

造成一定结果的原因是否只有一种，即造成事件B的原因是否只有A。有没有另一个事件C是事件B发生的原因。

例1：核聚变是这样一个过程：原子核聚合或被“熔化”，并且在这个过程中释放出能量，聚变的副产品之一是氦气。最近使用含在一密封烧瓶里的“重”水进行了一聚变试验，烧瓶放在一个充满空气的房间里，以消除外来振动。在试验之后，在房间的空气里有可测量到的氦-4气体，试验者以此证据支持他们的结论：核聚变已经完成。

分析：上述论证过程是，核聚变的副产品之一是氦气，在某次试验之后测量到了氦-4气体，试验者由此得出结论，核聚变已经完成。如果发现，在房间里的氦-4的量没有超过普通空气里的氦气量，说明试验过程并没有释放出氦-4，意味着核聚变并没有发生。这就对试验的结论提出强有力的质疑。

例2：分析下面的论证在概念、论证方法、论据及结论等方面的有效性。

某教育专家认为：“男孩危机”是指男孩调皮捣蛋、胆小怕事、学习成绩不如女孩好等现象。近些年，这种现象已经成为儿童教育专家关注的一个重要问题。这位专家在列出一系列统计数据后，提出了“今日男孩为什么从小学、中学到大学全面落后于同年龄段的女孩”的疑问，这无疑加剧了无数男孩家长的焦虑。该专家通过分析指出，恰恰是家庭和学校不适当的教育方法导致了“男孩危机”现象。

分析：上述专家的观点是，男孩全面落后于同年龄段的女孩这一“男孩危机”现象的根源在于，家庭和学校不适当的教育方法。这是一则从果到因的论证，其论证结构如下。

果：“男孩危机”现象。

因果关系：家庭和学校不适当的教育方法会导致“男孩危机”现象。

因：家庭和学校不适当的教育方法。

评估这一论证可以从“男孩危机”现象是否真的客观存在，家庭和学校不适当的教育方法是否是导致“男孩危机”现象的主要原因，是否还存在其他因素影响了“男孩危机”现象等方面来考虑。

下面提供参考分析评论。

上文根据“男孩危机”现象，认为其原因是家庭和学校不适当的教育方法。这一论证存在明显的逻辑漏洞，其结论是不具有说服力的。现把其逻辑缺陷分析如下。

首先，作者认为的“男孩危机”现象，即：“今日男孩为什么从小学、中学到大学全面落后于同年龄段的女孩”，这一看法是值得商榷的。因为这里所说的男孩全面落后于同年龄段的女孩的“落后”，是指调皮捣蛋、胆小怕事、学习成绩这几个方面的落后，还是指各个方面的落后，如果仅指前者，而在学习能力、动手能力、运动能力、好奇心、探索精神等方面，男孩并不落后，甚至还领先于女孩，这就不能说明“男孩危机”的根源是教育方法问题了，反而说明了当今的教育理念和评价指标等方面存在问题。

其次，即使“男孩危机”现象属实，上述论证的隐含假设也是存疑的。作者的假设是，一般来说，家庭和学校不适当的教育方法会导致“男孩危机”现象。而这一假设没有得到验证。因为除了教育方法之外，导致“男孩危机”现象还存在其他因素，比如，男孩天性活泼好动、男孩身心发育晚于女孩、社会上选秀文化盛行阴盛阳衰等因素的影响导致了“男孩危机”现象。

再次，很可能还存在其他因素影响“男孩危机”现象，比如，现代社会游戏泛滥，男孩天性比女孩更喜欢游戏，这耗去了他们大量的精力。这样，即使“男孩危机”现象真的存在，其根源也未必是家庭和学校不适当的教育方法所致。

总之，由于这一论证存在以上缺陷，其结论是存疑的。

3. 溯因推理的特殊形式

溯因推理的特殊形式可以用公式表示为：

e

如果 h，那么 e

所以，h 可能真

上面公式中的“e”表示已知的结果，“如果 h，那么 e”表示一般的规律性知识，“h”表示根据已知的结果和一般的规律性知识推测出的有关事件发生的原因。

不难看出，溯因推理特殊形式的逻辑结构实际上就是以充分条件假言命题为前提的肯定后件肯定前件式，它不符合充分条件假言推理的规则：肯定后件不能因此而肯定前件。因为，在“如果 h，那么 e”中，从断定 h 可以演绎出 e，但是，有了 e，未必一定有 h。

例 1：如果咽喉发炎，那么就会咳嗽；老王咳嗽；所以，老王的咽喉发炎了。

例 2：如果患有先天性心脏病，那么心脏会发生杂音；医生听到玛丽的心脏发出杂音；所以，玛丽患有先天性心脏病。

溯因推理虽然结论是或然的，但运用却十分广泛。无论在日常生活和工作中，还是科学研究中，都有着重要的作用。例如，电工师傅运用溯因推理寻找日光灯不亮的原因；医生运用溯因推理给病人找出病因等。

例：当我们了解到我国西北地区的农作物普遍歉收时，就会推测出可能是由于今年大面积干旱少雨造成的。因为西北地区十年九旱的气候条件告诉我们，如果这一地区大面积干旱少雨，农作物就会普遍歉收。

分析：如果西北地区没有普遍干旱少雨，该地区的农作物是不是就不歉收了呢？这也不一定。因为，还可能有其他的原因导致农作物歉收，如虫害、旱涝不均等。所以，溯因推理的前提与结论之间的联系是或然的，前提真，结论可能真，但结论不是充分可靠的。

（三）从相关到因果的推理

从相关到因果的推理就是根据两个事件之间存在一定的相关性，进而推断出它们之间存在着因果关系。从事物之间的相关性，推出因果关系，是科学研究的重要任务。但相关并不等于具有因果联系，一个因果推理的前提是事物之间相关性的证据，结论是它们有因果联系，如何从这个前提到这个结论，需要充分的、具体的和细致的分析和探究。

从相关到因果的推理是从已知的现象来推导普遍的因果结论，所以它也是一种归纳推理。

比如，我们看到一次、两次、很多次，很多地方，温度到达0摄氏度以下时，水就会结冰。然后我们说，温度到达0摄氏度以下是水结冰的原因，这个推理是：

一次观察到事件P（温度到达0摄氏度以下）时有事件Q（水结冰）。

两次观察到事件P（温度到达0摄氏度以下）时有事件Q（水结冰）。

（中介结论）事件P（温度到达0摄氏度以下）和事件Q（水结冰）总是相关联。

（最终结论）所以，事件P是事件Q的原因。

这就是根据过去观察到的现象“温度到达0摄氏度以下”和现象“水结冰”之间是相关联的，最后归纳，温度到达0摄氏度以下是水结冰的原因。这是因果普遍规律，我们相信它将总是这样。

1. 推断因果关系的证据

在了解事物的原因时，首先需要对事物的成因做出解释。如何确立哪些陈述是最接近事情真实原因的解释，一般说来，有两种类型的相互关联可以作确立因果主张的初步证据：时间关联和统计关联。

（1）时间关联

时间关联通常是用来确立实质性因果主张的一个证据，指的是事物现象之间在时间上的联系。对于特定的事件A和B：

当A发生在B之前，我们说A早于B。例如，喝了几杯红酒之后，我感到头痛。

当A与B一起发生时，我们说A与B是共时的。例如，在日本军队偷袭珍珠的同时，爆发了美、日太平洋战争。

如果A与B总是恒常伴随，我们说A与B是相互伴随的。例如，每当家猫出来，老鼠就会走开；每当我剧烈运动时，就胸口痛。

当然，仅仅依靠现象之间的时间关联是不足以确定其具有因果关系的。正如18世纪英国哲学家大卫·休谟认为，我们从来没有亲身体验或者亲眼证实过因果连接关系本身，我们看到的永远是两个相继发生的现象，所以一切因果关系都是值得怀疑的。举个例子，公鸡叫了，太阳升起。这两个事件同样是相继发生，但是公鸡叫并不是太阳升起的原因。

（2）统计关联

统计关联指的是总体中的两个事实或者特征在统计上的相互关联。一般而言，具体是指某一特征的有或者无，与另一个特征出现的频率的高或者低的相互关联。

例 1：心脏病发病率和喝咖啡之间的关系。如果喝咖啡的人比不喝咖啡的人心脏病发病率高，那么喝咖啡和患心脏病之间就有统计上的相互关联。

例 2：在某学校的中学生中，对那些每天喝 2 到 3 瓶啤酒、持续 60 天的学生做医学检查，发现 75%的学生肝功能明显退化。具有很高可信度的实验已经排除了“这些结果是碰巧发生的”这一可能性。这一论述，通过对喝酒中学生的医学检查发现，喝酒与肝功能退化之间存在统计关联，即喝酒与青少年的肝功能退化呈显著的相关性。

例 3：在对使用五大湖中两个湖的 10 处沙滩的 8 000 多人的调查研究中，多伦多大学的生态学家们发现，游泳的人中呼吸道疾病和胃肠疾病的患病率达 69.6‰，而没有游泳的人这两类病的患病率为 29.5‰。从上述数据可合理地得出结论：在这些湖中游泳与呼吸道、胃肠疾病之间的联系为这两者之间的因果关系提供了证据。

2. 推断因果关系的困难

因果关系之所以是难以得到的知识，在于怎么证明相继发生的事件或统计相关的事件不是偶然的、碰巧的，而是有必然的因果联系，这是因果推理的首要问题。

所谓“相关关系”是指某物存在，另一物就会存在，或不存在。但是为什么会如此呢？归纳法无法说明。

例 1：有高血压的人，通常比没有高血压的人更加焦虑和急躁。这一事实表明，具有这种所谓“高血压个性”特征的人可能更容易得高血压。这一论述只根据“高血压”与“高血压个性”之间的关联，来证明“高血压个性”是导致“高血压”的原因。这一论证显然是不充分的。

例 2：吸烟会得肺病，吃味精会致癌，为什么会这样呢？不知道，只是它们经常伴随而生，所以引起我们的怀疑，如此而已。其实指出相关关系，仅有说服力还是不够的。理想的做法是除了有相关关系存在以外，还要寻找其内部的影响机制。为什么吸烟会得肺病？可能是烟里含有某种成分，在某种情况下它会跟我们身体上的某种组织结合，进而造成肺部组织的变化等等。如果能够将其间相互影响的环节交待清楚，而且有事实资料佐证，那么其说服力就很高了。

推断因果关系的困难在于：

第一，由于确定两个现象之间是否有因果关系通常是一件困难的事情，从原因开始发挥作用直到结果的产生，有时会间隔很长一段时间，这可能会使人们对因果关系的认识更加困难。比如，暴露在石棉之中与患石棉沉着病之间相隔三十年的时间，这阻碍了人们对其中因果关系的认识。

第二，两个事件之间有关联的时候，要确定这种关联的程度也是非常困难的。比如高压输电线产生的电磁场与患白血病之间可能有某种关系，但是这种关系可能是微不足道的。

第三，在确立因果关系时应当牢记一点：不能高估统计相关的作用，统计相关本身通常只能透露一点有关实际的情况，并不能确认是否具有因果联系。

第四，当人们知道两个现象间存在因果关系时，想要确定哪个是原因，哪个是结果恐怕仍然是有困难的。比如，体质的过敏反应可能和一段时间的焦虑有关系，但是，若要确定过敏导致焦虑，还是焦虑导致过敏，可能是有困难的。

第五，在由人类行为所组成的社会领域，确定其中因果关系的困难是众所周知的。人的行为动机的复杂性使得人们对所有这类因果主张的评估变得困难重重。

3. 相关性的逻辑分析

从仅仅依靠现象之间的统计相关，还不足以确定其具有因果关系。相关关系可以推出因果关系的猜想，但要有合理的解释。

比如，一定量的气体，在压力不变的条件下，气体的体积随温度上升而增大；所以，温度上升是导致气体体积增大的原因。

再如，美国著名调查机构PEW在“胸围与幸福指数”调查中对500对30—40岁的夫妻调查结果显示：女性胸围A杯的离婚率为37%，胸围B杯的离婚率为16.3%，胸围C杯的离婚率为4%，而胸围达D杯的女性离婚率1%都不到。这则调查似乎说明胸围会影响幸福指数，但该调查对象只有500对30—40岁的夫妻，样本规模是否足够大？样本是否具有代表性？都是值得怀疑的。尤其是对“胸围”与“幸福指数”这两者之间到底是否存在因果机制，并没有提供有说服力的解释。

(1) 关联方向和关联强度

相关作为一个统计概念，包括关联方向和关联强度两个要素。

一是，关联方向。

在日常生活中，我们经常会观察到一件事情的变化，会引起另一件事情的变化。这种变化的方向可以是同向的，也可以是反向的。

正相关：一事件发生（不发生）会增加另一事件发生（不发生）的机会。例如失业率和犯罪率。再比如，高中的平均成绩与考上大学之间，通常存在同向的变化。

负相关：一事件发生（不发生）会减低另一事件发生（不发生）的机会。例如空气的相对湿度和山火爆发，在室外的气温与暖气的账单之间，通常存在反向的变化。

不相关：一事件发生（不发生）不会增加或减低另一事件发生（不发生）的机会，那么，这两个事件便是不相关的或独立的，例如体重和智商。

二是，关联强度。

除了两件事在方向上的改变外，还要注意它们在强度上的变化。关联强度指的是两个事实或者特征改变关系的紧密程度。考察统计关联就是要使用统计的方法来衡量两个事实或者特征的关联程度。

相关性研究只是科研的初级阶段，使用大规模统计发现事件之间的相关性是最简单的科学方法。我们看到的大量科学研究本质上都是相关性研究，比如，睡眠时间与判断力的关系，孕妇焦虑与小孩任性的关系，出生季节与平均寿命的关系等等。

发现相关性，是一个有益的科学成就，但相关性结论并不等于因果关系，因此还不能用来指导实际生活。

(2) 相关性与因果关系

对比实验或对比观察是发现因果的好方法。比如，要想发现某个因素（比如，吸烟、吸毒、某类药物）对人健康的影响，就可以找完全相同的两组健康的人进行试验。可是现实世界中根本不存在“完全相同”的两组人，这种理想试验无法进行。好在科学家有一个退而求其次的巧妙办法：找一群人，然后完全随机地把他们分为两组去做试验。在样本数足够大的情况下，随机性可以保证任何不同因素都可以大致均匀地分配到两个组里。这就是在关于人的研究中最重要，也是最可靠的办法。

然而，统计推理本质上不是因果推理，因果关系来自因果机制的发现。一般来说，即使统计的关联是真实的，其本身也不能说明有因果关系。确定因果关系是在确定两个现象之间有更深层次、更具体的物质和信息联系之后，即知道了它们作用的因果机制，原因是怎样产生结果的。

因果机制是关于因果之间具体和细致的联系及方式。仅仅举出两个事物 P 和 Q 一起出现的事实是不够的。你应该问，根据已有的知识，这个推理有没有说明 P 是怎样和 Q 联系起来的，P 怎样引起了 Q。

一个好的因果推理，需要说明 P 怎样引起 Q。如果你能把 P 和 Q 之间的物质或信息传递、作用关系描述出来，找到科学的规律、理论或者假说来说明这种关系发生、作用的每一步机制，你就能够知道这是不是因果关系，这个推理是不是找到了真正原因。

例：生理学研究发现的令人不安的证据表明许多结构性紊乱症与慢跑有关。与这项流行的运动明显相关的疾病有椎间盘突出、压迫性足踝骨折、膝关节损伤和肌腱炎。此外，这些疾病不只是发生在初习者中，经常锻炼的人也有相同比例的患者。这些累计的数据表明人体的骨骼不足以承受慢跑所带来的压力。

上述论证的假设是什么？

分析： 上述论证显然需要假设，慢跑与一定的结构性紊乱之间的关联体现了某种因果关系。补充假设后形成的论证如下：

以上陈述（结果）：研究发现，许多结构性紊乱症与慢跑有关。

补充假设：慢跑与一定的结构性紊乱之间的关联体现了某种因果关系。

得出结论（原因）：人体的骨骼不足以承受慢跑所带来的压力。

4. 从相关到因果的推理形式

从相关到因果的推理，一般是根据事件相继出现或者一起出现的现象，推论它们之间有因果关系。

(1) 从相关到因果的论证形式

相关性前提：A 和 B 之间存在正相关。

结论：A 引起 B。

要注意的是，除时间关联和统计关联外，两类因素要有因果关系还必须有实质性的相关。好的因果推论必须考虑如何排除其他可能的解释，确定相关性不是偶然的，甚至以具体的因果机制说明，“A 导致 B”是最佳的因果解释。

例如，有证据显示，拥有宠物如小狗的人有较强的自我依靠能力，明显增强的忍耐力以及良好的社交技能，所以，拥有宠物是形成以上明显改善的社会品质的原因。在这一推理中，根据拥有宠物如小狗和改善的社会品质之间存在一定的相关性，进而推断前者是造成后者出现的原因。这样的推理，就是“从相关到因果的推理”。

(2) 评估从相关到因果的批判性问题

在评估从相关到因果的推理之可靠性时，以下批判性问题需要考虑：

CQ1. 相关性存在问题：在A和B之间真的存在实质性的相关性吗？

如果在A和B之间没有实质性的相关，相应的推理就会犯“虚假因果”这一谬误。正如《生活大爆炸》中的主角，一个量子物理学家对他妈妈说的一句话，揭露了这种谬误的要害：“妈妈，你是为我祈祷了，我也的确从北极平安回来了，可这两件事是先后逻辑，不是因果逻辑。”

因果误置是指把没有因果关系的误认为有因果关系，或把有因果关系的误认为没有因果关系。比如，华盛顿和丹佛市的人口数量几乎相等，华盛顿的警察是丹佛市的3倍，可华盛顿的谋杀案数量是丹佛市的8倍，于是就有人认为是华盛顿那些多余的警察导致了谋杀案数量的上升。这就是强加因果，除非拥有更多信息，否则你很难判断是什么引起了什么。

例1：新近一项研究发现，海水颜色能够让飓风改变方向，也就是说，如果海水变色，飓风的移动路径也会变向。这也就意味着科学家可以根据海水的“脸色”判断哪些地区将被飓风袭击，哪些地区会幸免于难。值得关注的是，全球气候变暖可能已经让海水变色。

分析：显然，上述科学家做出判断所依赖的前提是，海水颜色与飓风移动路径之间存在某种相对确定的联系。

例2：服用深海鱼油胶囊能降低胆固醇。一项对6 403名深海鱼油胶囊定期服用者的调查显示，他们患心脏病的风险降低了三分之一。这项结果完全符合另一个研究结论：心脏病患者的胆固醇通常高于正常标准。因此上述调查说明，降低胆固醇减少了患心脏病的风险。

分析：这一论证忽视了，并存或相继出现的两个现象，可能有因果联系，但不一定有因果联系。即没有考虑到这种情况：深海鱼油胶囊减少了服用者患心脏病的风险，但不是降低胆固醇的结果。也就是说深海鱼油胶囊可能含一种物质，减少了患心脏病的风险，而不是降低胆固醇才导致减少患心脏病的风险的。

CQ2. 相关性证据问题：存在A和B之间正相关的大量实例吗？

在A和B之间相关强度如何，在某些其他的情况下，在A和B之间是否依然存在正相关的关系，是否存在大量的场合，在这些场合中A和B之间存在着相关性，如果不存在，相应的推理就会犯“相关性的存在缺乏足够证据”这一谬误。

相关性的确定要有丰富的证据。要考察大量场合下，两个事件具有相关性。从两个事件相伴随出现的少量的甚至单一的事例，得出两个事件的相关性，是一种有很大错误风险的弱论证。通过大量事例才可以排除偶然的相随、碰巧的契合。

CQ3. 因果方向问题：是否存在证据可以表明 A 是 B 的原因，而不是 B 是 A 的原因？

相关并不能直接确定因果的方向。从 A 和 B 相关，推出 A 是 B 的原因，显然必须假设 B 不是 A 的原因。

例 1：有医学研究显示，行为痴呆症患者大脑组织中往往含有过量的铝。同时有化学研究表明，一种硅化合物可以吸收铝。陈医生据此认为，可以用这种硅化合物治疗行为痴呆症。

分析：痴呆症和患者大脑中的铝含量两个现象共存，如果存在因果关系，有两种可能：前者是后者的原因，或者后者是前者的原因。陈医生的论证显然假设：后者是前者的原因，即过量的铝是导致行为痴呆症的原因，患者脑组织中的铝不是痴呆症引起的结果。

例 2：一项实验显示，那些免疫系统功能较差的人，比起那些免疫系统功能一般或较强的人，在进行心理健康的测试时记录明显较差。因此，这项实验的设计和实施者得出结论，人的免疫系统，不仅保护人类抵御生理疾病，而且保护人类抵御心理疾病。

分析：上文根据实验发现，免疫系统功能差的人心理健康也差，得出结论，免疫系统可以抵御心理疾病。这显然必须假设，心理疾病不会引起免疫系统功能的降低。否则，如果心理疾病会引起免疫系统功能的降低，那么，免疫系统功能差很可能是心理疾病的结果，而不是其原因。这就会大大削弱以上结论的说服力。

是否存在一定的证据，它们可以表明 A 是 B 的原因，是否可以排除 B 是 A 的原因，如果不存在这样的证据，相应的推理就可能犯“因果倒置”这一谬误，即误将原因视为结果，将结果视为原因。

比如，据说俄国沙皇听说那些疾病肆虐最为严重的省份往往正是那些医生最多的省份，于是，他立即命令处死那些省份的所有医生。

再如，某个岛上的居民在几个世纪的完全准确的观察中发现，健康的人有体虱，健康状况不太好的人却没有。他们传统上的结论是，虱子是引起健康的原因。其实，这里发生的情况是，当人发烧生病的时候，他有较高的体温，虱子感到不适而离开。正确的结论是：健康是为体虱提供适合生存条件的原因。在这里，根据相关，搞错了因果的方向。

CQ4. 独立第三因素问题：A 和 B 之间的相关性有没有可能是由第三个因素造成的？

是否能够排除 A 和 B 之间的相关性是由某个既引起 A 又引起 B 的第三个因素 C 加以说明，也即 B 的产生有没有可能是因为一个与 A 同时发生的 C 导致的，也即 C 同时导致了 A 和 B。

如果不能排除 A 和 B 之间的相关性是由第三个因素造成的这样一种可能，相应的推理就可能犯“因果关系的寻找范围过窄”的谬误。

比如，有人曾经试图探求是否抽烟者的大学成绩比不吸烟者差。在保证了研究过程是正确的情况下，结果是相关关系十分明显。两个现象的相关可能是第三个因素的产物。例如，那些把读书不当回事、喜爱社交的学生更爱抽烟，而且他们的成绩也相对较差。

CQ5. 因果间接性问题：是否存在能够表明A和B之间的因果关系是间接的干涉变量（A和B之间的因果关系是其他原因起中介作用产生的）引起的？

即有没有可能是“A导致了C，C导致了B”，或者“A与C相结合导致了B”，或者“B与C结合导致了A”。

假如A和B之间的相关性涉及另外的变项，能否说明A和B之间的相关性是间接的，即通过其他原因而存在。如果事实上可以说明，那么，相应的推理就可能犯“忽视原因的多样性”这一谬误。

当因果关系需要通过一个介于两个因素之间的另一个因素才存在的时候，就需要关注这个中间因素。这时，更为准确的说法是，结果间接由原因引起，即原因引起结果需要通过某个中介。

CQ6. 相关性范围问题：假如A和B之间的相关性在特定的范围之外不成立，那么，能否清楚地指明该限制范围？

假如A和B之间的相关性仅仅局限于一定的范围，那么，能否清楚地指出这一范围，如果不能，相应的推理就可能犯“忽视相关性的存在范围”这一谬误。

在特定的案例范围内，两个变量之间存在正相关，当这个关系超出这个范围后，得出的因果关系的结论是不妥的。人们常常观察到，雨水有利农作物生长。在特定条件的范围内，这个因果关系是成立的，雨水越多，农作物长得越好。但是，如果出现太多的雨水，对农作物就会有不利的影响。在某些环境下，两个因素之间的正相关意味着一个引起另一个。但是，在其他环境下，这种因果关系可能不复存在。

例：分析下面的论证在概念、论证方法、论据及结论等方面的有效性。

一项关于婚姻的调查显示，那些起居时间明显不同的夫妻之间，虽然每天相处的时间相对较少，但每月爆发激烈争吵的次数，比起那些起居时间基本相同的夫妻明显较多。因此，为了维护良好的夫妻关系，夫妻之间应当尽量保持基本相同的起居规律。

分析：上文是一则从相关到因果的论证，该论证的结构如下。

相关性前提：“起居时间不同”和“夫妻关系不和”之间存在正相关。

结论：“起居时间不同”是引起“夫妻关系不和”的原因。

这一论证的有效性是值得商榷的，其可能存在的逻辑缺陷可从相关到因果的批判性准则来分析。

下面提供参考分析评论。

上文根据“起居时间不同”与“夫妻关系不和”这两个现象存在统计相关，得出结论，为了维护良好的夫妻关系，夫妻之间应当尽量保持基本相同的起居规律。这一论证是值得商榷的，现把其逻辑漏洞分析如下。

首先，“起居时间不同”与“夫妻关系不和”之间真的存在相关性吗？那些起居时间明显不同的夫妻之间，每月爆发激烈争吵的次数，是不是确实比起那些起居时间基本相同的夫妻明显较多？上文只是基于一项调查，其调查是否科学不得而知，应该基于更多的调查，才能说明问题。

其次，即使“起居时间不同”与“夫妻关系不和”之间确实存在相关性，那也未必是前者影响后者，也许是后者影响了前者呢。事实上屡见不鲜的是，夫妻闹矛盾时，一方往往用不同起居的方式表示不满。

再次，“起居时间不同”与“夫妻关系不和”之间的相关性有没有可能是由其他原因引起的呢？比如，家庭负担过重、投资失败、事业发展受挫、子女教育观念不一致、赡养双方老人的态度不同等等，这些都有可能同时导致“起居时间不同”与“夫妻关系不和”，而不一定是“起居时间不同”引起的“夫妻关系不和”。

最后，也许“起居时间不同”只是导致“夫妻关系不和”的多个因素中的一个而已，比如“起居时间不同”加上双方沟通不畅、家庭经济条件变差等因素综合起来，共同导致了“夫妻关系不和”。

综上所述，仅仅根据“起居时间不同”与“夫妻关系不和”这两个现象具有相关性是不足以推出这两者存在因果关系的，所以，上述论证的有效性值得质疑。

三、因果解释

因果主张是一个被断定的陈述，这个陈述表达了相关现象之间的因果关系。从相关到因果的推理需要作进一步的探讨，仅仅因为A与B存在相关并不能得出因果联系的存在，真正要判断这是A导致B的因果关系，常常还需要进一步研究。

若A与B时间相关或者统计相关，其因果主张的解释存在以下几种情况：

解释1：A与B时间相关或者统计相关，因为A导致B。或者，A与B时间相关或者统计相关，因为A与B互为因果。

若能排除其他因素影响的可能，确定相关性不是偶然的，甚至以具体的因果机制说明，“A导致B”是最好的因果解释。这种情况就属于合理的因果推定。

解释2：A与B时间相关或者统计相关，其实是纯属巧合，并没有因果关系。

在这种情况下贸然断定A是B的原因，就犯了“虚假因果”（包括“轻断因果”“错断因果”“强加因果”等）的谬误。

解释3：A与B时间相关或者统计相关，因为B导致A。

在这种情况下贸然断定A是B的原因，就犯了“因果倒置”的谬误。

解释4：A与B时间相关或者统计相关，因为C导致了A和B。

在这种情况下贸然断定A是B的原因，就犯了“复合结果”（或“共同原因”）的谬误。

解释5：A与B时间相关或者统计相关，因为A与C相结合导致了B，即A是导致B的部分原因。或者，因为B与C导致了A，即B是导致A的部分原因。或者，A只是B的次要原因，C才导致B是的主要原因。

在这种情况下贸然断定A是B的原因，就犯了“复合原因”（包括“单因谬误”和“遗漏主因”）的谬误。

（一）因果推定

好的因果推论必须是观察到的现象之间有实质性相关。对于观察到的时间或统计关联，好的因果推论必须考虑如何排除其他可能的解释，确认 A 导致 B 是对其相关联的最佳解释，以此为据，才能使人有信心接受“A 导致 B”这一因果主张。

1. 因果推定的论证

A 与 B 有时间关联或者统计关联。

A 导致 B 是对其相互关联的最佳解释。

所以，可能是 A 导致了 B。

比如，游泳训练与游泳水平有统计关联，因为游泳训练导致了你游泳水平的提高。

再如，吃酸梅与倒牙有时间关联，因为吃酸梅是倒牙的原因。

2. 注意事项

①有时因果关系还可能是双向的。互为因果更具有辩证逻辑的特点。事物在一定条件下的互相转化，是极为普遍的现象。相关的因素也可能互为因果，或可以不断地交换地位。比如，某个学生善于合作，下功夫学习，因而老师给予他特别的关注和尊敬。而该学生得到特别的关注和尊敬，因而他倾向于特别合作，在这个教师的课堂上更为努力。

②相关性只是确认因果关系的一个证据，因果关系的确立关键在于解释为什么会有这种现象，即发现因果的机制，而且这个机制中的每一步也必须是可以验证的。只有到了这个程度，才真正谈得上用发现的这个因果规律去预测未来。

（二）强置因果

若在探究因果联系的过程中，忽视或错认了某些相关条件和相互关系就会导致因果谬误。其谬误在于在不具有因果联系的两个现象之间断定了一种因果关系，具体地说，就是前提与结论的联结依靠的是某些想象到的因果关系，而实际上可能不存在这些因果关系。

强置因果也叫嫁接因果、无关因果、虚假因果、相关误为因果等，是指仅根据具有表面相关但没有实质性相关的现象，轻率地断定具有因果联系的谬误。

即在推理和论证中，不能对凡具有相关性的事件都做出同类型的推论：因为现象 A 和现象 B 具有相关性，所以 A 与 B 是因果关系；否则，如果没有实质性的相关，便会犯这一类谬误，其根源在于尚未排除其他不同的解释。当一个论证被怀疑犯了假因果的谬误时，读者或听者应当能说出该论证的结论所依赖的假设：A 导致了 B。然而，A 可能根本就不是导致 B 的原因。

“强置因果”的谬误大致可以分为三类：

1. 轻断因果

轻断因果也叫巧合谬误、后此谬误、事后归因、以时间先后为因果等，是指以时间关联为因果关系，把先后关系误认为因果关系的谬误。

轻断因果的推理模式是：仅仅因为 A 事件与 B 事件同时发生或先后发生，就断定 A 事件与 B 事件具有因果关系。

在因果关系中，“原因在先而结果在后”这是必要条件。但这并不意味着“在先事件”就一定是“在后事件”的原因。尽管原因总是在结果之先发生，但先发生的现象不一定就是原因，最多只能列为可能的原因，究竟是不是真正的原因，还要做许多的调查研究工作。显然，只凭因果关系在时间上具有的特征来确认一种因果关系，这是不充分的，有时时间上似乎相互关联的两件事，实质上并不存在因果关系。如果只根据时间先后这一表面特征就断定两个现象之间有因果关系，便易于产生“轻断因果”的错误。

例 1：闪电之后常常接着打雷和下雨，所以，闪电是打雷和下雨的原因。

例 2：她前几天感冒了，喝了好多橘子汁，两天后感冒就好了，可见橘子汁可以治疗感冒。

例 3：希希吃了一种药，出现过敏反应。因此，希希认为这种药必然导致过敏反应。

例 4：欧美很多人认为“13”这个数字不吉利，是因为耶稣同他的 12 个门徒共 13 个人吃过“最后的晚餐”之后，就被钉死在十字架上。人们很忌讳“13”这个数字，甚至门牌号码都以“12A”来代替“13”。人们常常把灾难、事故归咎于偶然出现的“13”。

例 5：中国古人遇月食便放鞭炮，驱天狗，而每次放鞭炮后月亮都会重现，于是认为放鞭炮是月亮重现的原因。其实，日食、月食的发生，古代由于天文不够发达，对此现象的解释是太阳、月亮被天狗吃了，因此希望太阳、月亮回来，必须敲锣打鼓将天狗赶走。但事实是，这几件事之间没有必然的因果关系，原因是被虚构的。

例 6：威胁美国大陆的飓风是由非洲西海岸高气压的触发而形成的。每当在撒哈拉沙漠以南的地区有大量的降雨之后，美国大陆就会受到特别频繁的飓风袭击。所以，大量的降雨一定是提升气流的压力而构成飓风的原因。

2. 错断因果

错断因果，也叫错为因果，是指仅以表面具有的统计关联便断定两个现象之间存在因果关系的谬误。其谬误根源在于两类事件就某些统计数字上看好像是密切相关的，其实两者之间并不存在真正的因果关系。

例 1：在月圆时出生的人较多，所以，月圆引致出生率上升。

分析：这一推理要考虑的是月圆引致较多出生，还是由于其他原因（可能是统计上的期望差异）。

例 2：儿童观看电视的暴力场面，成长后会有暴力倾向。

分析：这一推理要考虑的是，是由于电视节目引致暴力，还是有暴力倾向的儿童喜欢观看暴力节目。真正引致暴力倾向的原因也可能完全与电视无关。

例 3：某国的一项统计材料表明，该国的居民中喝牛奶的和死于癌症的比例都很高。因此，喝牛奶是引起癌症的原因。

分析：这一论证是有问题的。喝牛奶与癌症的关系需要进一步探讨，仅仅根据数据的表面相似，是不能建立实质性的相关性。其谬误在于把两类并非真正相关的事件误认为是相关事件而做出错误的结论。

3. 强加因果

强加因果是指把根本不是某些事物产生的原因当成这些事物产生的原因所犯的错误，

具体是指把毫无因果关系的现象生拉硬拽在一起所产生的谬误。

例 1：你的老板所运用的语言比你丰富，这就是为什么他是老板、你是雇员的原因。

例 2：某学生一上课就头痛，不上课就不头痛，他抓住上课和不上课这个表面上的不同点，不恰当地得出上课是头痛原因的结论。后经医生检查，发现他上课时戴的眼镜不合适，这才是引起头痛的真正原因。

例 3：某大学的选修课实行挂牌授课制，即学生通过试听两周课来决定是否选修某位教师主讲的某一门课，结果有位教师主讲的某门课的选修人数达到了本年级在校生的 85%。假设导致这一结果的真实原因是：这位教师对学生是否来听课和考试要求不严，学生易于蒙混过关。但在这种情况下，这位教师或教务部门对这一结果会解释说：学生选修的人数较多反映了这位教师的教学质量较高。

（三）倒置因果

倒置因果也叫因果倒置，是指在因果解释中，错把原因当结果或者错把结果当原因所犯的错误。

例 1：微生物侵入是造成有机物腐败的原因，而有人认为有机物腐败才导致微生物侵入，这是倒因为果。

例 2：某种疾病常常表现出某些症状，有些庸医经常把症状当原因，不治病根，而只治那些症状。这也是因果倒置的一种类型。

例 3：心脏病与生活压力有统计关联，不是因为心脏病导致了压力，而是压力导致了心脏病。

例 4：研究人员发现得老年痴呆症的人，他的大脑里有铝沉积。但是，仅根据这一点不足以断定铝沉积是导致这种疾病的原因，因为脑组织中的铝沉积可能是老年痴呆症直接代谢的一个结果，或者说是得这种病的一具副产品。也可能存在第三种因素，比如一个病原体或者一种循环机能障碍，引发了老年痴呆症，并引发了脑组织中的铝沉积。

因果关系一方面具有相对性，即一个现象对于某现象来说是结果，但对于另一现象来说又是原因；因果关系另一方面又具有绝对性，即对因果链条的每个环节来说，原因就是原因，结果就是结果，既不可倒“因”为“果”，也不可倒“果”为“因”。但由于因果关系具有共存性，即原因和结果是在时空上相互接近的，并且总是共同变化的，这容易引起人们颠倒事件的因果关系，包括倒因为果（错把原因当结果），或倒果为因（错把结果当原因）。

例 1：某研究人员报告说：与心跳速度每分钟低于 58 次的人相比，心跳速度每分钟超过 78 次者心脏病发作或者发生其他心血管问题的几率高出 39%，死于这类疾病的风险高出 77%，其整体死亡率高出 65%。研究人员指出，长期心跳过快导致了心血管疾病。

分析：上述论证是有缺陷的。如果各种心血管疾病影响身体的血液循环机能，导致心跳过快，那么该研究人员的观点就受到严重质疑。

例 2：一项研究将一组有严重失眠的人与另一组未曾失眠的人进行比较，结果发现，有严重失眠的人出现了感觉障碍和肌肉痉挛，例如，皮肤过敏或不停的“眼跳”症状。研究人员的这一结果有力地支持了这样一个假设：失眠会导致周围神经系统功能障碍。

分析：上述论证是有缺陷的。若发现周围神经系统功能障碍的人常患有严重的失眠，则意味着，不是失眠会导致周围神经系统功能障碍，而是周围神经系统功能障碍的人常患有严重的失眠。这就有力地削弱了上述假设。

例3：一项研究把一组有慢性抑郁症的人与另一组在其他方面都一样但没有抑郁症的人进行了比较，发现有抑郁症的人明显具有更多的免疫系统失调症。研究人员的这一结果强有力地支持了这样一个解释：人的精神状况会影响身体对传染病的抵抗能力。

分析：上述论证是有缺陷的。若发现，免疫系统失调导致许多有这种问题的人患上了慢性抑郁症，则意味着，不是因为抑郁症导致免疫系统失调，而是因为免疫系统失调才导致抑郁，这就对研究人员的解释提出了严重的质疑。

例4：一位社会学家对两组青少年作了研究。第一组成员每周看暴力内容的影视的时间平均不少于10小时；第二组则不多于2小时。结果发现第一组成员中举止粗鲁者所占的比例要远高于第二组。因此，此项研究认为，多看暴力内容的影视容易导致青少年举止粗鲁。

分析：这一论证由“看暴力内容的影视”与“青少年举止粗鲁”存在统计关联，就得出结论：前者是后者的原因。若发现，第一组成员中很多成员的粗鲁举止是从小养成的，这使得他们特别爱看暴力影视。这意味着上述论证可能犯了因果倒置的错误，即：并非因为看暴力影视才造成举止粗鲁，而是因为举止粗鲁，所以爱看暴力影视。

例5：一位长期从事醉酒及酒精中毒研究的医生发现，一般情况下，醉酒者的暴力倾向远远高于未饮酒者或适度饮酒者。据此，该医生断定，具有暴力倾向的人容易喝醉酒。

分析：这位医生的断定是有缺陷的，若发现，当人们喝醉酒时经常会采用暴力行为发泄心中的不满。说明因为醉酒而出现暴力倾向，而不是因为具有暴力倾向的人容易喝醉酒。

（四）复合结果

复合结果也叫共同原因，其谬误的根源在于一因多果，是指根据现象A和现象B存在时间相关或者统计相关，就误认为现象A和现象B具有因果关系，而事实是有一个共同原因C导致了现象A和现象B两个结果同时出现。

相关分析方法尽管是科学研究的常用方法，但结论却是需要证明的。比如两组数据的相关性很强（存在正比或反比关系），是否可以得出两者之间具有因果关系？有时相关现象之间可能没有任何因果关系，而只是另一事件共同的结果。

例1：气短和心口痛可能相互伴随，但是，心口痛不是气短导致的，气短也不是心口痛导致的，是因为动脉硬化导致了气短和心口痛。

例 2：把患有肺癌的人与没患肺癌的人进行对比，我们发现，有使用烟灰缸历史的人与患有肺癌的人具有正相关性。也就是说，从前或者当前使用烟灰缸的人患肺癌的比例远远大于其他人。但是，显然使用烟灰缸不会导致肺癌，而是抽烟导致肺癌，大多数肺癌患者之前是抽烟者，而大多数抽烟的人使用烟灰缸。也就是说，是抽烟这个因素，同时导致了使用烟灰缸与患肺癌。

例 3：在 1986 年于波士顿举行的一次有关人与宠物关系的会议上，有研究者报告，宠物可以降低人的血压，提高心脏病人的存活机会，甚至能缓解孤独症儿童的孤独。按照《每周新闻》的报道，研究者在该会议上报告了宠物伙伴关系的有益效果。研究表明，那些把所拥有的宠物狗当作自己孩子一样的妇女，在自立、社交能力和耐受性测验上，比无宠物的妇女得分要高。那些有自己宠物狗的男人，感到更大的个人价值、归属感，具有更好的社会技能。和宠物在一起的儿童也表现出更大的同情心。

分析：在这里，拥有宠物与健康改善之间确实存在真正的相关。但是，可能这两个因素是那些需要宠物的人有高于平均社会品质的结果，是这个第三因素，既导致拥有宠物，也导致更好的健康。

例 4：辩论吸烟问题时，正方认为：吸烟有利于减肥，因为戒烟后人们往往比戒烟前体重增加。反方驳斥道：吸烟不能导致减肥，因为吸烟的人常常在情绪紧张时试图通过吸烟缓解，但不可能从根本上解除紧张情绪，而紧张情绪导致身体消瘦。戒烟后人们可以通过其他更有效的方法解除紧张的情绪。

分析：正方认为吸烟是原因，减肥是结果。

反方认为，紧张是原因，消瘦是结果。紧张导致吸烟，紧张同时导致消瘦。可见，反方给出另一事实对正方的因果联系做出新的解释。

例 5：越来越多的有说服力的统计数据表明，具有某种性格特征的人易患高血压，而另一种性格特征的人易患心脏病，如此等等。因此，随着对性格特征的进一步分类研究，通过主动修正行为和调整性格特征，防治疾病的可能性将大大提高。

分析：上述统计发现，甲现象（某性格特征）总伴随着乙现象（某疾病）出现，因此推断，甲是乙的原因。若事实上，某种性格与其相关的疾病可能由相同的生理因素导致，则表明，甲和乙可能是丙（某种生理因素）的共同结果。既然在性格特征和疾病之间没有确定的因果关联，通过主动修正行为和调整性格特征以防治疾病的设想就不具有可行性。

例 6：大约在 12 000 年前，气候变暖时，人类开始陆续来到北美洲各地。在同一时期，大型哺乳动物，如乳齿象、猛犸和剑齿虎等，却从它们曾经广泛分布的北美洲土地上灭绝了。所以，与人类曾与自然界其他生物和平相处的神话相反，早在 12 000 年前，人类的活动便导致了这些动物的灭绝。

分析：上述论证根据“人类活动”和“动物灭绝”两个事件的时间相关性，得出“人类的活动”是“动物灭绝”的原因。这一论证是有缺陷的，有可能是第三个因素引起两个事件，产生了它们之间的相关，而它们二者之间并没有任何直接的因果联系。即所提出的证据同样适用于两种可选择的假说：气候的变化导致大型哺乳动物灭绝，同样的原因使得人类来到北美洲各地。

例 7：对患有偏头痛的成年人的研究揭示，被研究者中有很大比例的人患有非常复杂的综合症，这种综合症有三种症状。那些患有综合症的人早在他们的孩童时代，就经历了极度的焦虑症。当到了青少年时，这些人开始患有偏头痛。当这些人到 20 岁时，他们还开始忍受循环性发作的抑郁症。既然这种模式是一成不变的，开始时总是伴随着过度焦虑症，那么就可推出孩童时代的过度焦虑症是偏头痛和后来的抑郁症的起因之一。

分析：上述论证根据综合症的三种症状中先出现的是焦虑症，后依次出现偏头痛和抑郁症，从而推出焦虑症是偏头痛和抑郁症的起因之一。这一论证是有缺陷的，该推理模式把先出现的事物当作后出现的事物的原因，其结论成立的前提假设是先后出现的事物不可能具有共同的起因，而以上论证没有给出这个前提假设，即没有排除该综合症的所有症状特征具有共同的起因的可能性。

（五）复合原因

复合原因的谬误根源在于一果多因，是指当一个特定的结果是由多种原因引起的时候，论证者只选择其中的部分原因作为对该结果产生原因的解释。部分原因是指导致某个结果的众多原因中的某一个原因或某一部分原因，也叫作助成事实。

复合原因谬误主要包括两类：

1. 单因谬误

典型的复合原因谬误是单因谬误，即将导致结果产生的多种因素简单地归结为其中的某一个因素，使人看起来该因素好像是导致该结果产生的唯一原因。

现实中，产生一个现象的重要、直接原因可能有多种，但人们往往采取只取出其中一个，把它当作唯一的因素，别的都不算的态度。这种态度是那种把什么都归到一个原因上的错误的一种。事实上，原因很可能是多方面的，也许它们都起着重要的作用。

在科学实验中，判断因素对结果的影响中往往要求在排除其他因素的影响的前提下，使用单一变量法，来验证某个变化对结果的影响。而在自然和社会生活中，一个特定的结果往往是由很多因素共同造成的，在没有办法将其他因素一一排除的前提下，不能断然决定是某一个因素导致了结果的产生。

例 1：今天，所有的人都能看到这样的事实：我们的寿命比我们的父辈和祖辈要长。这应当感谢那些成千上万无私奉献的医生，他们竭尽全力来保证我们的健康。

分析：在论证中，医生的努力只是使我们长寿的因素之一，影响人们长寿的其他重要因素包括好的饮食、体育锻炼、减少吸烟、安全的交通方式以及其他更严格的职业安全操作规范等。

例 2：近年来，我们中小学的教育质量下降了。显然，我们教师近年来的工作是不称职的。

分析：教育质量的下降是由许多因素导致的，其中包括学生不能按时完成家庭作业、缺乏父母的管教、看太多的电视以及吸毒等。教师的教学质量差可能只是其中的因素之一。

2. 遗漏主因

遗漏主因也叫次要原因或无足轻重谬误，是指举出无足轻重的次要原因进行论证，而遗漏了真正的主因。

主要原因指的是导致结果最关键的原因。某种现象往往是由多种原因引起的，这时就必须分析和抓住其中的主要原因，揭示引起结果的最本质的、最核心的因素。如果误把次要原因当成主要原因，就会导致遗漏主因的谬误。

有些人往往将一个局部放大成全体。比方说，有历史学家研究认为，拿破仑在滑铁卢战役时，由于痔疮犯了，无法安心坐下指挥战斗，所以才失败了。其实，拿破仑失败的原因是多方面的，他的身体状况、性格特点等个人原因以及历史、时代等客观原因共同起着作用，而不能简单归结为某个次要因素。

例 1：吸烟使北京空气质量每况愈下。

分析：导致北京空气质量差的主因是工业污染、交通车辆的尾气和天气情况，而吸烟只能是次要原因。

例 2：（广告词）喝了“好记星”，学习就出众。

分析：学习成绩好的原因很多，其中最重要的应该是学生个人学习动力充足，学习刻苦努力，学习方法得当，教师指导有方等这些直接因素和关键因素。至于服用一些安神补脑的口服液，都是次要的因素。

例 3：据统计资料显示，美国的人均寿命是 73.9 岁，而在夏威夷出生的人的平均寿命是 77 岁，在路易斯安那州出生的人的平均寿命是 71.7 岁。因此，一对来自路易斯安那州的新婚夫妇，如果选择定居夏威夷，那么，他们的孩子的寿命可以指望比在路易斯安那出生要长。

分析：上述论证根据统计资料显示，夏威夷出生的人比路易斯安那州出生的人的平均寿命高，因此，在夏威夷出生的孩子会比在路易斯安那州出生的孩子寿命长。这一论证是有缺陷的。若发现，和环境相比，遗传是人的寿命长短的更为重要的决定性因素。这意味着，一对来自路易斯安那州的新婚夫妇，如果选择定居夏威夷，对于他们的孩子来说，改变的只是环境，而不是遗传基因，因此，没有理由认为，他们的孩子的寿命，可以比在路易斯安那州出生要长。

第三节 因果探究

在科学研究中，人们根据因果关系的特点，在前后相随的一些现象中，通过某些现象的相关变化，如同时出现、同时不出现，或同时按比例发生变化等事实，研究对象的因果联系。

探求现象间的因果联系是一个复杂的思维和认识过程，大致上可以概括为这样两个基本步骤。首先，确定可能的原因（或结果）。任何现象都有许许多多的先行状态或后继状态，人们必须根据已有的科学知识做出初步判定：究竟哪些现象是与被研究现象有关的，可能是被研究现象的原因（或结果）。其次，从可能的原因（或结果）中探求出真正的原因（或结果）。其方法主要是对被研究现象出现（或不出现）的各种场合进行比较，把不可能成为被研究现象原因（或结果）的那些现象，排除出去，从而探求出真正的原因（或结果）来。

为了探索事物现象之间的因果关系，往往通过在现象的比较中发现因果关系。十九世纪英国著名哲学家穆勒（John Stuart Mill，1806—1873，也译作“密尔”“弥尔”）系统地阐述了他的归纳逻辑和因果理论，其中包括五种实验推论方法，这五种方法被人们称为“探求因果关系的方法”“因果五法”“穆勒方法”或“穆勒五法”，也叫排除归纳法，包括契合法、差异法、契差法、共变法和剩余法。其基本思路是：考察被研究现象出现的一些场合，在它的先行现象或恒常伴随的现象中去寻找它的可能的原因，然后有选择地安排某些事例或实验，根据因果关系的上述特点，排除一些不相干的现象或假设，最后得到相对可靠的结论。

穆勒方法通过剔除给定现象的某个或某些可能原因，对某个假定的因果解释提供支持。该方法是近代科学归纳法的重要成就，是探求分析因果联系的一个常用方法。

一、契合法

契合法又叫求同法，是指被研究现象发生变化的若干场合中，如果只有一个情况是在这些场合中共有的，那么这个唯一的共同情况就是被研究现象的原因（结果）。

（一）契合法概述

契合法本质上是排除法，它说明了这样的事情，在我们感兴趣的现象出现的某些场合而不是所有场合下出现的因素，不大可能是该现象的原因。因而，人们否定某个声称的因果关系，可能是因为他们注意到缺乏共同点，从而推论得出所声称的原因既不是该现象的充分条件，又不是它的必要条件。

1. 契合法的结构

契合法可以用这样一个公式来表示它：

场合	先行情况	被研究现象
(1)	A、B、C	a
(2)	A、D、E	a
(3)	A、F、G	a
…	…	

所以，A 是 a 的原因（或结果）

契合法的结论是“所以，A 是 a 的原因、结果，或者原因的一部分”。但是 A 到底是原因还是结果，你还得进一步研究。

例 1：我们常常发现一些同志身体很好，很结实。原因是什么呢？他们的情况各不相同，有的是教师，有的是学生，有的是工人；有的原来体质较好，有的原来体质较差；他们的工作条件、生活条件、学习条件也各不相同……但发现他们却有一个共同的情况，他们都持之以恒地锻炼身体。由此，我们可以得出结论，持之以恒地锻炼身体是他们身体好的原因，至少是身体好的部分原因。

例2：在十九世纪，人们还不知道为什么某些人的甲状腺会肿大，后来人们对甲状腺肿大盛行的地区进行调查和比较时发现，这些地区的人口、气候、风俗等状况各不相同，然而有一个共同情况，即土壤和水流中缺碘，居民的食物和饮水也缺碘，由此做出结论：缺碘是引起甲状腺肿大的原因。

例3：氟化物对牙齿的有益作用的发现为契合法的实际用途提供了一个例证。几十年前人们注意到某些社区居民，他们的牙齿非常健康，在研究了这些社区共有的各种因素之后，科学家们发现，在这些社区的水源供给中都有高级别的天然氟化物。从这一证据中，科学家们得出结论：氟化物促进牙齿健康。

例4：据说夏威夷群岛中有个岛，人称“狗叫岛”。在这个岛上的一些地方，人一走动，脚下就会传来“汪汪”的狗叫声。原来，这些地方的地表层覆盖着厚达18米的珊瑚、贝壳层。所谓“狗叫”就是从这些物质组成的沙砾里发出来的。如果抓起一把这种物质在手里揉搓，就会发出“狗叫”声。人们后来解开了“狗叫岛”的秘密。事实上，这个例子中就用了上面所说的“契合法”。人走在岛上和用手搓“狗叫岛”地上的特殊物质是两种场合，虽然场合不同，但发生了相同的情况，即特殊物质受到摩擦，结果都发出了狗叫声。因此这种特殊物质摩擦是产生“狗叫”的原因。

2. 契合法的特点

契合法的特点是“从异中求同”。它主要是一种观察的方法，通过排除现象间不同的因素，寻找共同的因素，来确定现象间的因果联系。这种方法虽然比简单枚举归纳法前进了一大步，但是，归纳强度还是比较低，所得的结论的可靠性还不高，也就是说契合法的结论是或然的。

应用契合法所得到的认识（即找出的原因）并不都是正确的。因为在各种不同场合里存在的共同条件可能不止一个，而作为真正原因的某一共同条件可能正好被忽视了。比如，当我们通过契合法初步找到植物合理间作是增产的原因时，再进一步探寻，为什么间作能增产。经过进一步研究分析，才可以找到“间作能增产”的真正原因。因此，通过契合法所得到的认识，应当通过实践或用其他方法去进一步检验。

但是，契合法为我们提供了找到现象原因的线索。所以，它作为一种发现现象因果联系的方法，在科学研究和日常生活中经常被人们应用着。

【案例】

梦产生的原因

梦是怎样引起的呢？古人说：“日有所思，夜有所梦。”这是对梦产生原因的一种解释。现代人则解释得更为详细。外部的刺激能引起梦。睡时阳光照脸，就可能梦见熊熊大火；双足露在被子外，也许会做在冰雪中奔跑的梦。有人这样试验：在睡着的人的鼻前放了一瓶香水，那人醒后说，他梦中到了大花园，觉得到处都是花香。一本古老的著作也提到：轻轻加热熟睡者的手，他在梦中觉着自己穿过火丛。身体内部的刺激也会产生梦。正在发育的人，可能会梦到自己凌空飞行。有的气喘病人说，当他呼吸通畅后，也会做飞行的梦。如果睡着后，膀胱胀满要小便，就可能在梦中到处找厕所，小朋友或许就会尿床……

每个人的梦境可以千差万别，每个人所接受到的内外刺激也可以形形色色，但是有一个共同点，就是都受到了刺激，因此可以推断，“刺激是产生梦的原因”。这就是一个契合法推理。

（二）契合法评估

从以上论述可以看出，契合法就是通过消除不相干因素，找出一个共同特征，由此断定该特征与所研究事件有因果联系。

评估运用契合法推出的因果主张，可提出如下批判性问题：

CQ1：考察的场合是否足够多？是否有反例存在？

使用契合法时，前提并没有对出现被研究现象的所有场合都加以考察，而只考察了部分场合。因此，要想把契合法运用得好，应注意：尽可能多地考察有被研究现象出现的不同场合。考察的场合越多，越能排除偶然性。因为这样，各场合共有一个不相干的共同现象的可能性就越小，从而结论的可靠性程度相应地就得到了提高。

例：《新民晚报》1995年10月16日报道，国际学术界研究发现，神童与父母双亲的年龄差距有密切联系。丹麦一位学者收集了世界历史上两千多位名人、天才人物出生时父母的年龄，包括各行各业的人。结果发现，神童的父母年龄差距都比较大，最小的相差7岁，最大的相差50多岁。比如，孔子父母相差54岁；柴可夫斯基父母相差18岁；居里夫人父母相差11岁；果戈理父母相差24岁；爱因斯坦父母相差11岁；贝多芬父母相差10岁。

这一推理虽然收集了两千多个例子，但这些都是名人、天才人物出生时父母的年龄差距大的情况，没有考虑名人、天才人物出生时父母的年龄差距小的情况，所以，其结论不够有说服力。

CQ2：不同场合中所具有的相同因素是不是唯一的？在所比较的两种现象之间是否存在其他相同的因素？

契合法的局限在于仅仅依靠该方法往往不足以确定待寻找的原因。当研究发现所有事例中共同的因素不止一个时，只使用该技术不能评判这些不同的可能性。

场合	先行情况	被研究现象
（1）	T、A、B、C	a
（2）	T、A、D、E	a
（3）	T、A、F、G	a

这时，除A外，T也可能是导致a出现的相同因素，因此，推断出A与a之间的因果关系受到严重质疑。

不同场合中的先行情况是众多的和复杂的，往往无法加以考察，这样就可能会把与被研究现象不相干的表面相同的先行情况看作是它的原因，而把表面看来不相同实质上却隐含着共同因素的先行情况当作无关情况而加以排除，因而获得的结论就不可靠。因此，要注意考察各种场合中是否有其他共同情况。

应用契合法要注意：考察各种场合中是否存在其他隐含的相同因素。有时人们忽略了不同场合中的另一个相同情况，而它可能恰好就是被研究现象的真正原因。

例 1：积雪和棉花有许多不同之处，但都有保温的效果。二者表面的相同点是颜色相同，内在的相同点是疏松多孔，能存储空气。显然，颜色并不是保温的原因，疏松多孔才是保温的原因。

分析：使用契合法，不能仅凭表面相同的情况匆忙地下结论，否则就可能产生谬误，而应该找出实质性的相同点。

例 2：光线的照射，有助于缓解冬季忧郁症。研究人员曾对九名患者进行研究，他们均因冬季白天变短而患上了冬季抑郁症。研究人员让患者在清早和傍晚各受三小时伴有花香的强光照射。一周之内，七名患者完全摆脱了抑郁，另外两人也表现了显著的好转。由于光照会诱使身体误以为夏季已经来临，这样便治好了冬季抑郁症。

分析：上述研究人员得出这个结论的方法就是契合法，即其他条件都不同，只有光照相同。若事实上，每天六小时的非工作状态，改变了患者原来的生活环境，改善了他们的心态，这是对抑郁症患者的一种主要影响。这对以上的实验进行了另一种解释，从而表明，光线照射的增加，和冬季忧郁症缓解这两者之间的联系只是一种表面的非实质性的联系。这就有力地削弱了以上的结论。

【案例】

疟疾的防治

起初，人们只知道疟疾是由疟原虫引起的，它一旦钻入人体，便会致病。但是，人们并不知道疟原虫是怎样钻进人体的。因此必须寻找出传播疟原虫的媒介物，防治疟疾才有可能。

1895 年 7 月，英国医生罗斯为寻找传播疟原虫的媒介物，从英国来到了疟疾猖獗的印度。他调查了几个疟疾流行最严重的地区，这些地区的自然条件和社会条件并不相同，但为什么疟疾同样流行呢？他发现这些地区有一个共同的特点：蚊子特别多，他想：难道传播疟原虫的是它？后来罗斯经过反复实验，证实了自己的推论。他因此而获得了诺贝尔奖。

罗斯所应用的就是契合法，罗斯在印度调查了疟疾猖獗的几个地区，发现这些地区的自然条件和社会条件很不相同，只有一个唯一共同的先行情况：蚊子特别多（A）。于是得出结论：疟原虫通过蚊子钻入人体（A）是发生疟疾（a）的原因。

而在罗斯之前，欧洲人一直认为引起疟疾的原因是沼泽地，因为凡是流行疟疾的地方都有沼泽地。后来，罗斯才发现产生疟疾的原因不是沼泽地，真正的原因是疟原虫通过蚊子叮咬钻入人体。沼泽地只是容易生蚊子，因此容易流行疟疾。把沼泽地当作了引起疟疾的原因，这是将原先的相同情况找错了。由此可见，在寻找原因的时候，不能被表面现象所迷惑，而应仔细加以分析。

CQ3：表面相同是否有实质不同？表面不同是否实质相同？

在运用契合法时，要注意被研究现象有时表面相同但实质上有差异。而在先行因素中有时表面看起来是不同的，但实际上隐含着相同的因素，这时，推断出A与a之间的因果关系受到严重质疑。

场合	先行情况	被研究现象
(1)	A、B、C	a
(2)	A、D、E	a
(3)	A、F、G	a

比如B、D、F表面不同，实质相同。

例1：什么东西使酗酒者多次喝醉？他仔细观察，第一晚他喝的是苏格兰酒和苏打，第二晚喝的是波旁酒和苏打，接着是白兰地和苏打，朗姆酒和苏打，杜松子酒和苏打。他发誓再不碰苏打！

分析：这一推理显然是错误的。虽然相同点是苏打，但却不是喝醉的真正原因。苏格兰酒、波旁酒、白兰地、朗姆酒、杜松子酒等等虽然是不同的酒，但实质相同，都是酒，喝醉是其中的酒精引起的。

例2：某人一连三个晚上失眠，回想起来，第一天晚上看了书，喝了几杯咖啡；第二天晚上也看了书，喝了几杯浓茶；第三晚上同样看了书，还吸了许多香烟。于是他断定看书是失眠的原因。

分析：这个结论显然是不对的，原来另一个真正的原因他没有注意到，咖啡、浓茶、香烟虽是三个不同的东西，但它们却有一个共同的因素，即有大量的兴奋剂，而这才是引起失眠的真正原因。假如再考察第四天和第五天，虽然同样每晚看书，但只喝了几杯白开水，结果失眠现象消失了，这样也就不容易把每晚看书误认为是失眠的原因。

CQ4：相同点是导致某一现象产生的部分原因，还是全部的或唯一的原因？

在运用契合法时，有时所发现的共同因素虽然是结果的原因，但只是部分原因或次要的原因，此时，还需要分析出导致结果产生的其他原因或主要原因。

例：在一项学习实验中，一位研究人员将老鼠置于一个迷宫之中，有的老鼠是瞎子，有的老鼠是聋子，有的老鼠没有嗅觉，还有一些老鼠没有感官缺陷。但是，所有的老鼠都在几乎同样多的时间里学会了自己的任务。在除视觉、听觉和嗅觉之外的感觉中，只有动觉以前没有被表明与迷宫学习无关。以这些事实为基础，研究人员得出结论说：动觉即身体运动的感觉对迷宫学习就已经足够了。

分析：研究人员运用契合法得出了结论。这一推论是有缺陷的，因为虽然老鼠都失去了一种感觉，但不是同时失去所有动觉以外的感觉，因此，有可能是动觉和其他感觉相结合进行迷宫学习。

二、差异法

差异法，也叫求异法，是指这样一种方法：如果某一现象在一种场合下出现，而在另一场合下不出现，但在这两种场合里，其他条件都相同，只有一个条件不同（在某现象出现的场合里有这个条件，而在某现象不出现的那一场合里则没有这个条件），那么，这唯一不同的条件，就是某现象产生的原因。

（一）差异法概述

差异法不关注在产生结果的事例中什么是共同的，而是关注在产生结果的事例和没有产生结果的事例之间存在什么差异。当我们去除某个因素时，待考察的现象也不再发生，当我们将该因素引进来时，待考察的现象发生了，此时，我们将相当肯定地找到我们考察的现象的原因或原因的一个不可缺少的部分。

1. 差异法的结构

差异法可用下述公式来表示：

场合	先行情况	被研究现象
(1)	A、B、C	a
(2)	—、B、C	—

所以，A 是 a 的原因（或结果）

例 1：研究人员将角膜感觉神经断裂的兔子分为两组，实验组和对照组。他们给实验组兔子注射了一种从土壤霉菌中提取的化合物。3 周后检查发现，实验组兔子的角膜感觉神经已经复合，而对照组兔子未注射这种化合物，其角膜感觉神经都没有复合。研究人员由此得出结论：该化合物可以使兔子断裂的角膜感觉神经复合。

例 2：化学课上，张老师演示了两个同时进行的教学实验：一个实验是 $KClO_3$ 加热后，有 O_2 缓慢产生；另一个实验是 $KClO_3$ 加热后迅速撒入少量 MnO_2，这时立即有大量的 O_2 产生。张老师由此指出：MnO_2 是 O_2 快速产生的原因。

例 3：在新近的医学实验中，20 名志愿者，在一种防蚊的环境中，与已经出现黄热病症状的病人生活很长一段时间。志愿者经常与这些病人接触，但没有一个志愿者染上黄热病。当该实验在不防蚊的环境中重复时，几名志愿者被蚊虫叮咬。在这种情况下，被叮咬过的志愿者全都染上了黄热病。基于这个实验，可以有信心推出：蚊虫的叮咬，而不是与患这种病的病人接触，是患黄热病的原因。

例 4：为了确定一种石油添加剂的效果，检测公司购买两辆同样的汽车行驶 3 万英里进行检测，使用相同的汽油、机油和同一驾驶员。在一辆车的发动机的油中包括添加剂，另一辆并不包括。行驶结束后，两辆车的发动机都被拆除检验，发现使用添加剂的发动机较少磨损。检测公司得出结论，石油添加剂引起减少磨损。

例 5：在一千多年之前，埃塞俄比亚的凯夫镇上有个牧羊人。有一次，他到一块新的草地上去放牧。每天放牧回来，温驯的羊兴奋得疯疯癫癫的，到处乱跑。多年的放牧经验告诉他，羊可能吃了一种新的草。他对新旧两块放牧草地进行观察和比较，发现在新放牧的草地上有种从未见过的草，开着白花，结着浆果。经过反复试验，证实就是它使羊一反常态。后来，这种植物的浆果就成了制作咖啡的原料。

例 6：母鼠对它所生的鼠崽立即显示出母性行为。而一只刚生产后的从未接触鼠崽的母鼠，在一个封闭的地方开始接触一只非己所生的鼠崽，七天后，这只母鼠才显示出明显的母性行为。如果破坏这只母鼠的嗅觉，或者摘除鼠崽产生气味的腺体，上述七天的时间将大大缩短。

根据上述断定，由差异法显然可推出，非己所生的鼠崽的气味是母鼠对其产生母性行为的障碍。

例 7：各品种的葡萄中都存在着一种化学物质，这种物质能有效地减少人血液中的胆固醇。这种物质也存在于各类红酒和葡萄汁中，但白酒中不存在。红酒和葡萄汁都是用完整的葡萄作原料制作的；白酒除了用粮食作原料外，也用水果作原料，但和红酒不同，白酒在以水果作原料时，必须除去其表皮。

这是使用差异法做出的论证，差异因素是"葡萄皮"，比较的现象是"含降低胆固醇的物质"，得出的结论就应该是：差异因素（葡萄皮）是导致某种现象（含降低胆固醇的物质）产生的原因，因此合理的推论是：能有效地减少血液中胆固醇的化学物质，只存在于葡萄的表皮之中，而不存在于葡萄的其他部分中。

例 8：在 1988 年，波罗的海有很大比例的海豹死于病毒性疾病；然而在苏格兰的沿海一带，海豹由于病毒性疾病而死亡的比率大约是波罗的海的一半。波罗的海海豹血液内的污染性物质水平比苏格兰海豹的高得多。因为人们知道污染性物质能削弱海洋生哺乳动物对病毒感染的抵抗力，所以波罗的海中海豹的死亡率较高很可能是由于它们的血液中污染性物质的含量较高所致。

以上论述，根据波罗的海的海豹由于病毒性疾病而死亡的比率大约是苏格兰沿海的海豹的两倍，波罗的海海豹血液内的污染性物质水平比苏格兰海豹的高得多，从而得出结论，波罗的海中海豹的死亡率高是由于它们的血液中污染性物质的含量较高所致。若发现，1988 年，在波罗的海内除了海豹之外的海洋生哺乳动物死于病毒性疾病的死亡率要比苏格兰海岸沿海水域的高得多，这作为一个新的证据，表明了污染性物质能使海洋生哺乳动物死于病毒性疾病的死亡率上升，有力地支持了上述论证。

2. 差异法的特点

差异法的特点是同中求异（只有一个因素不同，其余相同）。

差异法大多是以实验观察为依据的。由于它能够经过人们自觉的安排，既考虑到被研究对象出现的场合，又注意到被研究对象不出现的场合，因此，它的结论比契合法的结论更为可靠。正是因为差异法所得结论的可靠程度高，因此，人们经常使用这种逻辑方法来探寻现象间的因果联系。比较某现象出现的场合和不出现的场合，如果这两个场合除一点不同外，其他情况都相同，那么这个不同点就是这个现象的原因。

比如，当我们研究胃不适问题时，如果我们已经知道得病的所有人吃了甜点罐装梨子，而没有吃那些梨子的人没有得病，我们能相当自信地认为，我们已经找到了该病的原因。

例 1：某食品研究中心给两块同样的鲜牛肉同时放上大肠杆菌和沙门氏菌，其中一块经过辐照后长时间内仍然保持新鲜，而另一块没有经过辐照的牛肉很快就腐烂了。由此推断，利用辐照的放射线杀死细菌是使牛肉保鲜的原因。

例 2：以前有的心理学家曾经认为，盲人的皮肤感觉非常发达。在他接近物体时，能用面部皮肤感知空气的回流来躲避障碍物。有人把盲人的这种本能称作"面部视觉”能力。后来心理学家做过这样的试验。把盲人的面部用毯子遮住，他们仍然能回避障碍物，从而推翻了过去的结论。在把他们的耳朵塞住或让他们赤脚在地毯上行走，便丧失了回避障碍物的能力。这个试验揭示出盲人的“特异功能”，那就是具有高度发达的听觉能力。

【案例】

巴斯德实验

在1881年5月5日，法国生物学家巴斯德就对一个牧场的50只羊做过炭疽病毒的免疫实验。巴斯德对牧场围观看热闹的人说：“诸位先生，我现在把这50只羊分成两群，我将给其中的一群羊注射炭疽病的疫苗，而不给另一群羊注射，过12天，我还要这样重复一遍。再过12天，我将给这50只羊全部注射新鲜的、剧毒的炭疽病菌，请大家记住，注射炭疽菌两天后，先前没有接种疫苗的25只羊将全部死掉，而接种过疫苗的25只羊一只也不会死。”看着他说话，人们窃窃私语。然而，到了6月1日，人们再来到牧场时，展现在他们面前的情景和巴斯德预言的完全一样。

巴斯德的实验运用的就是差异法。两群羊中的一群接种过炭疽病疫苗，而另一群没有。两群羊在这唯一不同的情况下，都注射了炭疽病菌，两天后，前者安然无恙，而后者全部死去。由此可知，接种炭疽病疫苗是羊群免疫的原因。

3. 差异法和对照实验

差异法的目的是确定预先选择好的条件是否是现象的原因，这个预先选择好的条件在两个场合中的一个出现，在另一个不出现。而并用法的目的是把被选出的一系列条件汇总，确定哪一个条件是现象的原因。通过运用充分条件和必要条件的相关规则，把一系列条件减少到仅有一个。

差异法在几乎所有类型的科学研究中起着中心作用，为了检查某种因果关系是否为真，最可靠的实验方法是改变原因后，看结果是否不同。差异法的推理在科学研究中，特别是科学实验中，就是对照实验方法，是一种被广泛运用的方法。

对照实验包含两组对象：一个实验组，一个对照组。实验组由接受一定处理的对象组成，而对照组则由没接受处理的对象组成，除此之外，与实验组的成员具有相同的条件。然后，在实验组中加入某种情况（即某种条件、某种原因），进一步观察被研究对象是否出现。在对照组中，则不加入某种情况。再将两个场合的情况进行比较，推出可靠性程度较大的结论。

科学史上许多重要发现和科学原理都是在科学实验中应用差异法取得的。例如“空气能传声”“氧气能助燃”等原理都是运用差异法得到的。

例1：阿德莱德大学的研究人员在一项食用大蒜的实验研究中，将受试者分为两组。第一组的受试者在3至6个月中每天服用600～900毫克含有蒜素的营养补充剂，对照组人员服用安慰剂。研究结果显示，服用蒜素营养补充剂的高血压患者的高压平均降低了8.4毫米汞柱，低压平均降低了7.3毫米汞柱。

上述对比实验的结果显然有利于说明：食用蒜素有助于降低血压。

例 2：研究人员安排了一次实验，将 100 名受试者分为两组：喝一小杯红酒的实验组和不喝酒的对照组。随后，让两组受试者计算某段视频中篮球队员相互传球的次数。结果发现，对照组的受试者都计算准确，而实验组中只有 18%的人计算准确。经测试实验组受试者的血液中酒精浓度只有酒驾法定值的一半。由此专家指出，这项研究结果或许应该让立法者重新界定酒驾法定值。

上述对照实验发现，喝一小杯红酒的人虽然血液中酒精浓度只有酒驾法定值的一半，但比不喝酒的人判断力要明显低；从而得出结论，应该重新界定酒驾法定值。

例 3：科学家给内蒙古的 40 亩盐碱地施入一些发电厂的脱硫灰渣，结果在这块地里长出了玉米和牧草，科学家得出结论：燃煤电厂的脱硫灰渣可以用来改造盐碱地。

若发现，这 40 亩试验田旁边没有施用脱硫灰渣的盐碱地上灰蒙蒙一片，连杂草也很少见。由差异法可知，脱硫灰渣是盐碱地改良的原因。这就有力地支持了科学家得出的结论。

例 4：游隼的数目在 20 世纪 50 年代迅速下降，并且在 20 世纪 70 年代达到空前的最低点。这种下降被科学家归因于乡村地区广泛使用的杀虫药 DDT。

以上论述由“游隼数量快速下降”这一事实，得出一个解释性的结论“DDT 是原因”。若进一步发现，在 1972 年后 DDT 被禁止使用的时间里，游隼的数目已经稳定增加。相当于“没有 DDT，就没有游隼数量的下降”，由此强化了使用 DDT 和游隼数量快速下降的因果关系，从而有力地支持了科学家的主张。

例 5：许多孕妇都出现了维生素缺乏的症状，但这通常不是由于孕妇的饮食中缺乏维生素，而是由于腹内婴儿的生长使她们比其他人对维生素有更高的需求。

为了评价上述结论的确切程度，有效的操作办法是，对日常饮食中维生素足量的一个孕妇和一个非孕妇进行检测，并分别确定她们是否缺乏维生素。若发现，非孕妇不缺乏维生素而孕妇缺乏维生素，则腹内婴儿就可被认为是孕妇维生素缺乏的原因；反之，如果非孕妇也缺乏维生素，则不能认为腹内婴儿是孕妇维生素缺乏的原因，可能是所有妇女都缺乏维生素了。

例 6：研究人员把受试者分成两组：A 组做十分钟自己的事情，但不从事会导致说谎行为的事；B 组被要求偷拿考卷，并且在测试时说谎。之后，研究人员让受试者戴上特制电极，以记录被询问时的眨眼频率。结果发现，A 组眨眼频率会微微上升，但 B 组的眨眼频率先是下降，然后大幅上升至一般频率的 8 倍。由此可见：通过观察一个人的眨眼频率，可判断他是否在说谎。

上述研究人员通过把受试者分成两组进行对比实验后得出结论：眨眼频率与说谎有因果关系。由于对比实验的结果要有说服力，必须保证背景相同，即要求两组测试对象之间除了说假话外，在其他方面没有重大差异，否则，测试结果的差异有可能不是源自是否说谎，而是源自其他方面的差异。为了评价上述结论的确切程度，可以考察的问题有：A 组和 B 组受试者在心理素质方面有很大差异吗？B 组受试者是被授意说假话，而不是自己要说假话，由此得出的说假话与眨眼之间的关联可靠吗？用于 A 组和 B 组的仪器设备是否有什么不同？A 组和 B 组受试者有没有配合实验结果的心理？

【案例】

基因剔除

医疗研究人员对特定蛋白质的效果进行研究，这种蛋白质被怀疑与某种疾病的发展有关联。待考察的物质是否真的是原因（或者原因的一个不可缺少的一个部分），只有在我们建立了一个该物质被排除的实验环境的时候才能确定。当然，研究人员只能是在老鼠身上而不是在人身上进行该研究。从染上同样疾病的老鼠的身上去除产生可疑蛋白质的基因。处理过的老鼠进行近亲交配，以产生后代。这些后代被称为“基因剔除老鼠”。该老鼠与其他患有该种疾病的老鼠除了由基因剔除产生的差别外其余的完全一样，老鼠身上由基因剔除而缺少的物质被假定为原因。这样的研究在医疗上产生了重大进展。

【案例】

蝎子实验

美国纽约州立大学的两位女生物学家发现，有一种蝎子头顶上有第三只眼，具有辨别方向的功能。巴巴拉艾利斯昆恩和卡洛西蒙在亚历桑纳州山区研究一种蝎子，发现蝎子头顶上有第三只眼，可以辨别方向，于是就做了一项实验。她们共抓了80只蝎子，其中40只在头上涂上油漆，其余40只未涂，再将这80只蝎子全部带到和它们住处相隔150米远的地方，结果发现，未涂油漆的蝎子，不到半个钟头的时间就可以找到原来的住处，但是头上涂过油漆的蝎子，就如同没头苍蝇般地乱闯，始终找不到归途。这项实验证明了蝎子头上的第三只眼是蝎子有方位感的主要原因。

【案例】

新药测试

为了测试某种针对儿童注意力缺陷多动障碍（多动症）的新药的有效性，可以进行一次实验。选取50个患有多动症的儿童，随意选取其中25个安排在实验组，另外25个安排在对照组。给实验组的儿童服用这种药物，在同一个教室的情况下，给对照组的儿童服用无效对照剂（糖丸），这可以以“双盲”为基础进行，以便孩子和进行实验的人员都不会预先知道谁会得到药物，目的是尽可能多地控制条件。然后记录下50个儿童中的每一个人在一段时间内，如一个小时内的消极行为。比如应该记下以下行为：每次孩子离开其座位、打扰别人、烦躁、不听从指令等。

这样的实验结果预计会遵循正态分布曲线（钟形曲线）。其中一条曲线代表实验组，另一条代表对照组。假定药物有效，两条曲线可能互相远离，但也可能部分重叠。这就意味着实验组的某些儿童比对照组的某些儿童表现出了更多的消极行为，但大多数实验组的儿童比大多数对照组的儿童表现出较少的消极行为。然后对两条曲线运用统计学方法去确定药物的有效性。

（二）差异法评估

应用差异法要注意：前提中比较两个不同场合所出现的不同情况，必须是唯一的，而且确实不同。如果所比较的两个不同场合中出现的不同情况不是唯一的，或者所比较的两个不同场合中出现的“不同情况”实际上是相同的，那么差异法就失去了根据，其结论就是不可靠的。

评估运用差异法推出的因果主张，可提出如下批判性问题：

CQ1：先行情况和被研究现象之间是否具有实质性的因果联系？

即要从导致不同结果的原因方面来考察并确认差异因素是唯一、关键的或必不可少的。

例 1：早期人类的骸骨清楚地显示他们比现代人更少有牙齿方面的问题。因此，早期人类的饮食很可能与今天的非常不同。

分析：以上是运用差异法做出的论证，比较的对象是早期人类与现代人，先行情况中的差异因素是“饮食”，比较的现象是“牙齿健康”，差异法的结论：差异因素（饮食情况）是导致某种现象（牙齿健康）产生的原因。要使这个论证成立，就必须确认“饮食情况”这个差异因素对“牙齿健康”这个现象的出现是关键的，即饮食是影响牙齿健康最重要的一个因素。

例 2：让所有的实验鼠奔跑 1 小时。第一组实验鼠跑前 1 小时喝西红柿汁。第二组跑后喝西红柿汁。第三组奔跑到 30 分钟后喝西红柿汁，休息 1 小时后再跑 30 分钟。对照组实验鼠只饮水。运动过后 6 小时测量实验鼠血液中标志动物疲劳的物质“TGF-b”的浓度，结果是：与只饮水的实验鼠相比，第一组和第三组实验鼠的这一指标减少 50%至 60%，而第二组实验鼠几乎没有差别。

分析：上述实验表明，实验鼠跑前或跑中喝西红柿汁，可减轻疲劳，而跑后喝就没有效果。

CQ2：有没有考察别的场合？是否有反例存在？

例 1：人们知道鸟类能感觉到地球磁场，并利用它导航。最近某国科学家发现，鸟类其实是利用右眼“查看”地球磁场的。为检验该理论，当鸟类开始迁徙的时候，该国科学家把若干知更鸟放进一个漏斗形状的庞大的笼子里，并给其中部分知更鸟的一只眼睛戴上一种可屏蔽地球磁场的特殊金属眼罩。笼壁上涂着标记性物质，鸟要通过笼子口才能飞出去。如果鸟碰到笼壁，就会黏上标记性物质，以此判断鸟能否找到方向。

分析：如何增强上述论证的可信度呢？若发现，没戴眼罩的鸟和左眼戴眼罩的鸟顺利从笼中飞了出去，右眼戴眼罩的鸟朝哪个方向飞的都有，那么，这作为一个证据，就能有力地支持研究人员的发现。

例 2：动物种群的跨物种研究表明，出生一个月就与母亲隔离的幼仔常常表现出很强的侵略性。例如，在觅食时好斗且拼命争食，别的幼仔都退让了它还在争抢。解释这一现象的假说是，形成侵略性强的毛病是由于幼仔在初始阶段缺乏由父母引导的社会化训练。

分析：如何增强上述论证的可信度呢？若发现，在父母的社会化训练环境中长大的黑猩猩在交配冲突中的侵略性，比没有在这一环境中长大的黑猩猩弱得多，这作为一个证据，就有力地加强了上述论证。

例 3：科学家发现，一种名为“SK3”的蛋白质在不同年龄的实验鼠脑部的含量与其记忆能力密切相关：老年实验鼠脑部 SK3 蛋白质的含量较高，年轻实验鼠含量较少；而老年实验鼠的记忆力比年轻实验鼠差。因此，科学家认为，脑部 SK3 蛋白质含量增加会导致实验鼠记忆力衰退。

分析：上述发现是使用差异法做出的论证，比较的对象是老年鼠和年轻鼠，比较的现象是“记忆力”，得出的结论是：差异因素（SK3 含量）是导致某种现象（记忆力好坏）的原因。若事实上，当科学家设法降低老年实验鼠脑部 SK3 蛋白质的含量后，它们的记忆力出现了好转。这作为一个证据，有力地加强了科学家的观点。

CQ3：不同场合中所具有的差异因素是不是唯一的？在所比较的两种现象之间是否存在其他差异的因素？

因为差异法是“从同中求异”，正反两种场合除了有一种情况不同外，其余情况必须完全相同，如果相异之处不止一个，就很难判定真正的原因了。注意，在相同因素中有无差异因素。没有它因是支持，另在它因是削弱。

例 1：某人第一天晚上看书 3 小时，同时喝茶，结果失眠；第二天晚上做作业 2 个小时，同时喝茶，结果没有失眠，从而认为看书 3 小时是失眠的原因。

分析：上述论证是有缺陷的。可能真正的原因是第一天喝的是浓茶，第二天喝的是淡茶。

例 2：科学家在克隆某种家蝇时，改变了家蝇的某个基因，如此克隆出的家蝇不具有紫外视觉，因为它们缺少使家蝇具有紫外视觉的眼细胞。而同时以常规方式（未改变基因）克隆出的家蝇具有正常的视觉。科学家由此得出，不具有紫外视觉的这种家蝇必定在这个基因上有某种缺陷或损坏。

分析：上述科学家运用差异法得出结论，不具有紫外视觉的这种家蝇必定在这个基因上有缺损。要想使结论成立，必须保证没有别的因素的影响，比如，这种家蝇在生成紫外视觉细胞时不需要其他的基因。否则，如果是其他基因的变化导致不具有紫外视觉，则以上论证就不成立。

例 3：体内不产生 P450 物质的人与产生 P450 物质的人比较，前者患帕金森氏综合症（一种影响脑部的疾病）的可能性三倍于后者。因为 P450 物质可保护脑部组织不受有毒化学物质的侵害。因此，有毒化学物质可能导致帕金森氏综合症。

分析：上述运用差异法得出的结论要成立，必须假设，除了保护脑部不受有毒化学物质的侵害，P450 对脑部无其他作用。否则，如果除了保护脑部不受有毒化学物质的侵害之外，P450 对大脑“还有”其他作用，比如 P450 能抵抗某种病菌，而该种病菌能导致帕金森氏综合症，那么，就不是有毒化学物质可能导致帕金森氏综合症了。

例 4：两个实验大棚里种上相同数量的黄瓜苗，在第一个大棚里施加镁盐，但在第二个里不加。第一个产出了 10 公斤黄瓜，而第二个产出了 5 公斤。由于除了水以外没有向大棚施加任何别的东西，第一个大棚较高的产量一定是由于镁盐。

分析：上述论证是有缺陷的。这是使用差异法做出的论证，先行情况中的差异因素是“镁盐”，比较的现象是“黄瓜产量”，得出的结论是：差异因素（镁盐）是导致某种现象（黄瓜产量大）产生的原因。要削弱这个论证，就必须指出除了“镁盐”这个差异因素外，另有其他差异因素。若发现，这两个实验大棚的土质与日照量不同，从而从“另有他因”的角度解释了第一个实验大棚较高产量的原因，削弱了上述论证。

例 5：在确定慢性疲劳综合症（CFS）的努力中，这种不可思议的疾病究竟属于生理方面的原因还是属于心理方面的原因尚未决定。病理学家作了如下实验：第一组患者被指定服用一种草药软膏，并告诉他们这种软膏是在试用过程中，其中 30%的人在接受治疗三个月内得到了治愈；第二组患者接受同样的草药软膏治疗，但告诉他们这种软膏已经过广泛的临床实验被证明是有效的，结果有 85%的人在同样三个月内得到治愈。由此可见，人对从疾病中有复原机会的信念能够影响人从病中的康复。

分析：上述论证是有缺陷的。上述对照实验的结果要可靠，必须保证这两组患者没有别的方面的差异，若事实情况是：第一组成员普遍比第二组成员患 CFS 病的时间长、病情重，那么第一组比第二组的治愈率低就很可能是其患 CFS 病的时间长、病情重的原因所致，而未必是受复原机会的信念的影响所致。从而有力地削弱了上述论证。

例 6：新西兰奥克兰大学的研究人员与来自英国和美国的研究小组在 4 年内共同对将近 1.2 万名老人进行了 11 项调查。其中一半的老人服用钙片，而另一半则服用没有药物成分的安慰剂。结果显示，前一组当中每 1 000 人中突发心肌梗塞、中风甚至死亡的案例比后一组分别多 14 起、10 起和 13 起。因此服用钙片更容易诱发心肌梗塞、中风和其他心血管疾病。

分析：上述论证是有缺陷的。上述论证根据服用钙片的一组老人比服用安慰剂的另一组老人突发心血管疾病的案例多，得出结论，服用钙片更容易诱发心血管疾病。这一结论的得出必须基于这两组老人具有可比性。如果这两组老人除了是否服用钙片外其他情况不一样，比如，选择服用钙片的老人大都身体较弱，并且患有程度不同的心血管疾病，这就有力地削弱了结论。

例 7：许多研究都表明并不是所有的医院都是成功的。在某些医院里，病人的死亡率总是高于其他的医院。由于在所有被调查的医院中，每个病人所能得到的医疗资源基本上都是相同的，所以服务质量上的差别可能是造成这种高死亡率的原因。

分析：上述论证是有缺陷的。上述论证可简化为，各个医院的每个病人所能得到的医疗资源基本上都是相同的，所以服务质量上的差别可能是造成死亡率不同的原因。若事实上，在不同的医院之间，病人病情的严重程度平均来说会有很大的差别。这意味着，也许死亡率高的服务质量并不低，甚至有可能更好，只是危重病人较多，导致的死亡率高，有力地质疑了上文的结论。

CQ4：背景是否一样？其他条件是否都相同？

例 1：在一项试验中，第一组被试验者摄取了大量的人造糖，第二组则没有吃糖。

结果发现，吃糖的人比没有吃糖的人认知能力低。这一试验说明，人造糖中所含的某种成分会影响人的认知能力。

分析：这是使用差异法做出的论证，先行情况中的差异因素是“吃糖”，比较的现象是“认知能力”，差异法的结论：差异因素（吃糖）是导致某种现象（认知能力低）产生的原因。要使这个论证成立，就必须指出除了“吃糖”这个差异因素外，其他先行情况都是相同的。若事实上，两组被试验者的认知能力在试验前相当，这就表明了背景因素是相同的，有力地支持了上述结论。

例 2：一般认为，出生地间隔较远的夫妻所生子女的智商较高。有资料显示，夫妻均是本地人，其所生子女的平均智商为 102.45；夫妻是省内异地的，其所生子女的平均智商为 106.17；而隔省婚配的，其所生子女的智商则高达 109.35。因此，异地通婚可提高下一代智商水平。

分析：上述论证是有缺陷的。上述结论是，异地通婚可提高下一代的智商。该论证是有缺陷的，若事实上，能够异地通婚者是智商比较高的，他们自身的高智商促成了异地通婚。这显然有利于说明，异地通婚的夫妻下一代智商高的原因是异地通婚者本身就智商高，而并非是异地通婚本身能提高智商，这就有力地削弱了以上的结论。

例 3：将患癌症的实验鼠按居住环境分为两组。一组是普通环境：每个标准容器中生活的实验鼠不多于 5 只，没有娱乐设施。另一组环境复杂：每 20 只实验鼠共同居住在一个宽敞的、配有玩具、转轮等设施的容器中。几周后，与普通环境的实验鼠相比，复杂环境中实验鼠的肿瘤明显缩小了。因此，复杂环境与动物之间的互动可以抑制肿瘤生长。

分析：上述结论是通过对比实验得到的，要使这一结论具有说服力，必须保证对比实验的背景条件是一样的，若事实上，两组中都有自身患癌症和因注射癌细胞而患癌症的实验鼠，且两组均有充足的食物和水，这就表明了两组实验对象之间的相同之处，是对上述论证有力的支持。

例 4：在一项实验中，实验对象的一半作为实验组，食用了大量的味精。而作为对照组的另一半没有吃这种味精。结果，实验组的认知能力比对照组差得多。这一不利的结果是由于这种味精的一种主要成分谷氨酸造成的。

分析：上述实验运用的是差异法，其特点是同中求异，也就是其他先行条件相同，只有一点不同，即实验组食用大量含谷氨酸的味精，对照组不食用。该论证必须假设，两组实验对象是在实验前按其认知能力均等划分的。即认知能力这个先行条件是相同的，否则，如果两组实验对象在实验前其认知能力不同，比如实验组的认知能力本来就比对照组差，那么，这个实验就不能说明谷氨酸会降低人的认知能力。

例 5：研究表明，很少服用抗生素的人比经常服用抗生素的人有更强的免疫力。然而，没有证据表明，服用抗生素会削弱免疫力。

分析：很少服用抗生素的人比经常服用抗生素的人有更强的免疫力，按差异法推理，正常情况应该是，服用抗生素会削弱免疫力。然而，上述的结论是，没有证据表明这一结论，为什么呢？肯定是存在别的原因使差异法得出的这一结论不可靠。若发现，免疫力强的人很少感染上人们通常需要用抗生素进行治疗的疾病，则说明，免疫力强的人，即使治病，也很少服用抗生素。这意味着，很少服用抗生素的人本来就免疫力强，也就是说，不是因为服用抗生素削弱了免疫力，而是免疫力强的人不需要服用抗生素。

例6：一大群行为亢进的且食用了包含大量添加剂的食物的儿童被研究者观测用以评价他们是否存在行为问题。起初有接近60%的儿童有行为问题。然后让这些儿童吃几个星期的含较少添加剂的食物，接下来再对他们进行观测，发现仅有30%的儿童有行为问题。基于这些数据，我们可以推出食物添加剂有助于引起儿童行为亢进的问题。

分析：这是用差异法得出的结论，其隐含的假设是，除了添加剂含量降低之外，要保证其他条件不变。而该论证的问题在于，当用发展的眼光来看待儿童的行为问题时，若不改变饮食，那些儿童的行为问题是否也会自动下降。

CQ5：两个不同场合中所具有的差异因素是部分原因，还是全部原因？

例：一位研究者发现，相对于体重而言，孩子吃的碳水化合物多于大人，孩子运动比大人也更多。研究者假设碳水化合物的消耗量与不同程度的运动相联系的卡路里的需求量成正比。

分析：若事实上，与其他情况相比，身体生长时期需要相对多的碳水化合物。这表明，除了运动因素以外还有身体生长因素影响碳水化合物的需用量，这就从另一个角度解释了上面的事实，严重地削弱了以上论证。

CQ6：是否还有隐藏着的其他原因？表面相同是否有实质不同？表面不同是否实质相同？

如果在先行情况中发现有若干相异情况，则可初步确定这些相异情况与被研究现象有因果联系，但需要对每一个相异情况进行分析，寻找真正的原因。

应用差异法要注意：前提中比较两个不同场合所出现的不同情况，必须是确实不同的。如果所比较的两个不同场合中出现的“不同情况”实际上是相同的，那么差异法就失去了根据，其结论就是不可靠的。

例1：有个同学每逢看书就头疼，不看就好了。他认为是看书引起头疼，担心自己患了神经衰弱。

分析：该同学的推理是有缺陷的。后来，经医生检查，发现他看书时戴眼镜，不看书时不戴眼镜，引起他头痛的真正原因是他那副近视度数不合适的眼镜。

例2：针对脑部胶质瘤在全球范围内的高发病率，美国的罗斯公司研制出一种专门用于术后化疗的新药X，在临床试验中与传统的化疗药物Y加以比较，分别在同类70个脑部胶质瘤晚期术后患者中分两组使用，每组35人，第一组用药物Y，第二组用药物X。但是两年后的统计结果却是每组都有20人死亡。因此，新药X并没有更好的疗效。

分析：这是使用差异法做出的论证，先行情况中的差异因素是“服用不同药物”，比较的现象是“寿命”，由于两年后每一组都有20位病人去世，从中得出结论：新药X并没有更好的疗效。若事实上，在死亡的20人中，第一组的平均死亡月份比第二组早三个月，则就有利于说明差异因素（服用新药）是导致某种现象（寿命增加）产生的原因，这样，就说明服用新药更有效，这就有力地削弱上述论证。

例 3：有 86 位患有 T 型疾病的患者接受同样的治疗。在一项研究中，将他们平分为两组，其中一组的所有成员每周参加一次集体鼓励活动，而另外一组则没有。10 年后，每一组都有 41 位病人去世。很明显，集体鼓励活动并不能使患有 T 型疾病的患者活得更长。

分析：这是使用差异法做出的论证，先行情况中的差异因素是“是否参加集体鼓励活动”，比较的现象是“寿命”，由于 10 年后每一组都有 41 位病人去世，从中得出结论：集体鼓励活动并不能使患有 T 型疾病的患者活得更长。若发现，每周参加一次集体鼓励活动的那组成员平均要比另外一组多活两年的时间，则就有利于说明差异因素（参加集体鼓励活动）是导致某种现象（寿命增加）产生的原因，这样，就有力地削弱上述论证。

例 4：去年某地区的草莓种植园主用某种杀菌剂治疗草莓地，今年他们报告说这些地里种植的草莓歉收。但是，由于今年附近没有用杀菌剂的地里也出现歉收，很明显杀菌剂不是这次歉收的原因。

分析：上文根据用杀菌剂的草莓地歉收，不用杀菌剂的草莓地也歉收，得出结论，杀菌剂不是这次歉收的原因。这一论证是有缺陷的，若发现，喷洒过杀菌剂后，这些杀菌剂顺着灌溉通道，很容易地从一块地流入另一块地。这意味着不用杀菌剂的草莓地歉收实际上很可能还是杀菌剂造成的，真正没有杀菌剂的草莓地很可能是不歉收，这就有力地削弱了上述结论。

例 5：一项对 30 名年龄在 3 岁的独生孩子与 30 名同龄非独生的第一胎孩子的研究发现，这两组孩子日常行为能力非常相似，这种日常行为能力包括语言能力、对外界的反应能力以及和同龄人、他们的家长及其他大人相处的能力等等。因此，独生孩子与非独生孩子的社会能力发展几乎一致。

分析：以上论述，通过对 3 岁孩子的研究，发现独生孩子与非独生孩子的能力一致，由此得出结论，独生孩子与非独生孩子的社会能力发展几乎一致。这一论证是有缺陷的，如果事实上，家长通常在第一胎孩子接近 3 岁时怀有他们的第二胎孩子，这意味着，实际上参与调查的头胎非独生孩子在 3 岁以前没有弟弟或妹妹，也即无法区分独生孩子和非独生孩子，影响行为能力的生活环境，对于他们来说是一样的。所以调查的结果，不能反映独生孩子与非独生孩子之间的差异（也许再过几年研究，就有明显差异了）。

三、契差法

契差法也叫契合差异并用法、求同求异法，是指这样一种方法，考察两组事例，一组是由被研究现象出现的若干场合组成的，称为正事例组；一组是由被研究现象不出现的若干场合组成的，称为负事例组。如果正事例组某被研究的现象的出现只有一个因素是共同的，而负事例组该因素不出现时这个现象也不出现，那么，这个共同的因素就是被考察现象的原因。

（一）契差法概述

契差法需要两次求同，一次求异。人们第一次应用契合法确定了被研究对象出现的正面组各个场合的共有情况 A，但还没有把握断定被研究现象不出现的反面组各个场合也只是由于这个情况 A 不存在。因此，还要第二次应用契合法，考察被研究现象不出现的反面组各个场合，再得出一个结论。然后，用差异法对比正反两组各个组合的情况，最后才做出结论。

1. 契差法的结构

契差法的运用包括三个步骤：

第一，比较正事例组的各个场合，运用契合法推知，凡有 A 情况存在就有现象 a 出现；

第二，比较负事例组的各个场合，运用契合法得知，凡无 A 情况存在就无现象 a 出现；

第三，把前两步比较所得的结果加以比较，根据有 A 就有 a，无 A 就无 a，运用差异法就可得知：A 与 a 之间有因果联系。

可用公式表示如下：

场合	先行情况	被研究现象
(1)	A，B，C	a
(2)	A，D，E	a
(3)	A，F，G	a
…	…	…

以上为正事例组。

场合	先行情况	被研究现象
(1)	—，B，C	—
(2)	—，D，E	—
(3)	—，F，G	—
…	…	…

以上为负事例组。

所以，A 情况是 a 现象的原因。

例 1：如果医生看了许多学生，患病的那些都有吃了凉菜的共同点，没有患病那些都没有吃凉菜，两相对比，医生断定，凉菜是祸根。

例 2：一个定期锻炼的人张三，服用维生素，并有充分的休息，但感染一种罕见的疾病。供给一种抗生素，疾病消失了。这使人相信，治愈是由锻炼、维生素、休息或抗生素所引起。医生研究了类似的情形。他发现两个人，一个不锻炼，也不服用维生素，休息很少，给他相同的抗生素，结果也治愈。另一个和张三所做的相同，但未给抗生素，也未治愈。医生得出结论，张三是被抗生素治愈的。

例 3：达尔文曾经应用契差并用法发现，生物的生活环境的相同或不相同，是生物的形态构造的相似或不相似的原因。属于鱼类的鳖鱼，属于爬行类的鱼龙，属于哺乳类的海豚，这些分属于不同种类的游泳健将，都有适合于游泳的相同的体形，这是由于它们都生活在相同的环境水中。反之，都是属于哺乳类的狼、鲸、蝙蝠却由于生活环境的不同，形态各异，差别很大。狼长于奔跑，鲸会游水，蝙蝠善飞翔。比较前后两组动物，前一组有了相同的生活环境，形态相似，后一组却不具相同的生活环境，形态迥异，因此，可推断动物生活环境的相同或不相同，与形态相似或不相似具有因果关系。

【案例】

脚气病的发现与治疗

我国唐代名医孙思邈是世界上记录脚气病并找出它的病因与治疗方法的第一人。孙思邈发现有钱人常得脚气病，而穷人却不易得脚气病，这是为什么呢？他想，这很可能同饮食有关系。不是多吃了些什么，就是缺少些什么。富人吃的是荤腥细粮，而穷人吃的是素食粗粮。脚气病或许就是不吃粗粮引起的。于是，他把细粮与粗粮进行比较，发现精米、白面虽然好吃，但是缺少了米糠、麸皮。据此，他试用米糠、麸皮来治脚气病，结果很灵验。后来，他又发现可仁、吴茱萸等中药也有疗效。

孙思邈应用契差并用法的过程有以几个步骤：

第一步，先用契合法，从正面组各个场合的先行情况中找出共同的那个情况，即富人生活习惯千差万别，但有一个共同点，那就是不吃粗粮。确定不吃粗粮是患脚气病的原因。

第二步，再用契合法，从反面组各个场合的先行情况中也找出一个共同情况，即穷人的情况也不尽相同，但也有一个共同点，吃粗粮。确定吃粗粮是不得脚气病的原因。

第三步，对比正反两组各个场合，一组不吃粗粮，另一组吃粗粮，应用差异法确定患脚气病的原因是不吃粗粮。

脚气病因的发现，外国比中国晚了一千多年。1882 年，从东京到新西兰的日本军舰“龙晓号”，在 200 多天的航行中，许多人患了脚气病，20 多人死亡。过了两年，军舰“筑波号”走的是同一条航线，航行的时间虽然多了十几天，但只有 14 名脚气病患者，无一人死亡。比较两次航行，别的情况大致相同，明显的不同是伙食改成近似西餐。由于利用了这一经验，脚气病对日本海军的威胁大大减轻。但是脚气病病因仍然是个谜。

有位在荷属东印度（今天的印度尼西亚）殖民军中服役的荷兰军医名叫克里斯琴·爱克曼，在 1890 年之后，有一天他发现医院养鸡场的鸡突然得了病。这些鸡的脚无力，不能行走，同人得脚气病的症状一样。他非常感兴趣，密切地注视鸡的变化，过一段时间，鸡的病又好了。原来他发现：起初，饲养员用精米喂鸡，鸡得病，后来，新来的饲养员认为，用给病人吃的精米喂鸡太可惜，于是改精米为糙米，这样一来，鸡的脚气病又好了。爱克曼亲自又做了试验，出现了同样的现象。人得脚气病的原因是不是也这样呢？他对荷属东印度的 100 多个监狱作了统计，发现在吃糙米的犯人中，每 1 万名中，脚气病患者仅 1 人，而在吃精米的囚犯中，则有 3 900 人之多。由此，他完全弄清了糙米同脚气病的关系。

但是，为了找出糙米中的这种未知物，科学家仍然花费了很多时间。1910 年和 1911 年，铃木梅太郎和卡西米尔·芬克分别发现了这种物质。芬克把它命名为维生素。后来，

科学家们又发现了多种维生素。（根据百度百科整理）

2. 契差法的特点

契差法的特点是“既识同又辨异”，它是两次应用契合法，一次应用差异法，然后做出结论。

契差并用法的名字使人联想到它来源于契合法和差异法的简单结合，可实际情况并非如此。契差法不是契合法和差异法的相继应用，契差法要经过三个步骤：

第一步，用契合法确定被研究现象 a 出现的正面场合组内各个场合都有 A 这一先行情况出现，即有 A 就有 a。

第二步，再用契合法确定被研究现象 a 不出现的反面场合组内各个场合都没有 A 这一先行情况出现，即没有 A 就没有 a。

第三步，把上述两步所得的结论加以比较，用差异法得出结论：A 是 a 的原因。

契差法是通过三个步骤来判定现象之间的因果联系的：首先运用契合法确定被研究现象出现的诸场合中的唯一共同情况（A）；其次运用契合法确定被研究现象不出现的诸场合中的唯一共同情况（无 A）；最后运用差异法将上述两个事例组的各自的共同情况加以比较而得出结论：情况 A 可能是被研究现象 a 的原因。

应该注意到，这种方法第二次运用契合法时跟一般的契合法不相同，它在反面组中求同，是要在不具有“a”的现象的各场合中，求出唯一共同点“A”，从而确定“无 A 则无 a”。这种方法最后运用差异法时与一般差异法不同。一般差异法是在两个场合中对比，它要求只有一种情况相异，其他情况都要相同；而契差并用法则是在两组场合中进行对比，它只注意一组场合“有 A”、一组场合“无 A”这一相异情况，并不要求两场合的其他情况都相同。

契差并用法能适用于比较复杂的情况。因为严格运用差异法必须满足“在两种场合里，只有一个情况不同，而其余情况都相同”的要求。但是，人们的观察和实验因客观条件的限制往往不能做到这一点。这时，人们就不能运用差异法，而只能运用契差并用法来探求某一现象的原因。

【案例】

鬼倒路

所谓“鬼倒路”，是指走夜路的人，经过一夜的奔波，突然发现转回到原地，信鬼神的人说，这是鬼使神差。可是，下面的现象用“鬼倒路”解释得通吗？在一望无垠的大沙漠之中，征途漫漫，旅行者日夜跋涉，成群结队，一旦迷失方向，尽管不断地走，发现还是回到了原地。如此反复数次，终因跳不出这迂回的圈子而葬身于茫茫沙漠之中。

为了解释兜圈子的现象，科学家根据一定的设想，安排了如下试验：在一个广场，远处有一座大厦，叫来许多的应试者，蒙上他们的双眼，分别向正对着大厦的门的方向走去，看谁能走进大厦。这应当说不是一件难事。应试者都竭力使自己走得更直些。事与愿违。临近大门时，这些人不是偏向左边，就是偏向右边。粗略地观察他们的行进轨迹，可以发现，在他们走过一段距离之后，他们的行走轨迹就呈现出两条弧线，或是弯向左，或是弯向右。调查一下，凡向左偏的人，都习惯用右手；凡向右偏的人，则是清一色的左撇子。统计结果表明，凡是习惯用右手的人，右手比左手要更发达有力，受此影响，右脚比左脚更发达有力，右脚的跨步比起左脚来略微要大些。左撇子的情形正好相反，左脚的跨步要比右脚略大些。总之，人的双脚跨步不可能绝对相同。左右两脚各跨一步的差距是微不足道的，但是随着时间的推移，两脚所走过的路程之间的差距会愈来愈大。在月黑风高之夜，在沙漠迷路之时，在双目紧闭等种种特定场合，人们左、右两脚行走的轨迹不可能是平行的直线。在短距离内它会是两道弧线。随着弧线的延伸，就出现了两个大小相差无几的同心圆。“鬼倒路”之谜正在于此。

把兜圈子的原因解释为两脚跨步不同，这种解释最初是一种设想，也即假设。这种假设是根据已有的经验演绎出来的。人的两脚跨步肯定不会绝对相同。问题是两脚跨步的不同有没有规律可循。

“凡是向左偏的人其右脚跨步大”这是个经验命题，造成右脚跨步大的原因是什么呢？比较往左偏的人，他们有许许多多不同特点，如不同的身材、习惯、性格、心理状态、情绪等等，但有一个显著的共同特点，就是都习惯用右手。由此可知，习惯用右手是右脚跨步大的原因。这是运用契合法推理得到的。依照以上方法，可以推得“习惯用左手是左脚跨步大的原因”。再将这两组事例加以对比，发现在第一组例子中（正面场合）人人都有用右手的特点，而在第二组例子中（反面场合），也有一个共同特点，这个共同特点恰好不是第一组的那个共同特点。以上两次求同加一次对比，构成一个完整的契差并用法推理。在我们具体分析的这第二组事例中，虽然没有“习惯用右手”这个特点，但有一个“习惯用左手”的共同特点。因此，根据契差并用法推理就可推得“习惯用右手是右脚跨步大的原因”，也可推得“习惯用左手是左脚跨步大的原因”。

【案例】

胰岛素谋杀案

1957 年英国发生了历史上第一例胰岛素谋杀案。30 岁的妇女巴洛被其丈夫注射胰岛素而死亡，但其丈夫拒绝认罪。

法医们进行尸体检验后发现死者心脏和其他各个器官都是健康的，死者也没有糖尿病，但死者左、右臀部各有两个点状小针孔痕迹。根据死者死亡前的症状，法医们怀疑被害人可能是因注射了一定量的胰岛素引起低血糖休克而死亡的。

为了查明案情，法医们反复做了如下动物试验。首先，将死者臀部针孔部位的皮肤、脂肪和肌肉连同针孔一起切下，把该部分组织制成提取物，分别给一组试验用的动物注射，注射后动物即表现出颤抖、抽搐、躁动，直至虚脱引起低血糖休克而死亡；然后又将同样的尸体提取物用化学制剂半胱氨酸和胃蛋白酶（可破坏胰岛素并使其失去作用）处理后，注射到另一组小鼠、海豚和大鼠体内，结果发现这些动物都没有注射胰岛素引起的各种症状。据此，法医们认为：巴洛是由于注射了一定量的胰岛素引起低血糖休克而死亡的。

在本案中，法医们运用了契差并用法。在有注射胰岛素引起的症状，即表现出颤抖、抽搐、躁动，直至虚脱引起低血糖休克而死亡的场合中，都有一种情况出现，即注射了死者组织的提取物；而在没有注射胰岛素引起的症状的场合中，都注射了经破坏胰岛素使其失去作用处理后的死者组织提取物。据此，法医们认为：注射一定量的胰岛素是引起低血糖休克而死亡的原因。

3. 契差法和科学调查

在关于人的某些科学研究中，在任何显著程度上控制环境几乎都是不可能的。这样的研究包括时间跨度长的调查，有争议的健康主题调查，以及对现行的法律道德有限制方面的调查。

例：一个营养学家想要确定几种维生素和矿物质补充成分对动脉粥样硬化的作用。鉴于这种作用需要若干年后才能看出效果，营养学家在某一有关健康的出版物上刊登广告，招募定期服用这些物质达 5 年的人。有 80 人做出了回应，并且报告了他们所服用的物质及用量。然后对他们进行体检，结果一些人没有表现出这种病的迹象，而另一些人却在不同程度上表现出了患病症状。经过数据分析，营养学家得出结论：某些维生素和矿物质具有抗动脉粥样硬化的保护作用。

营养学家遵照的方法与穆勒的契合差异并用法非常相似，其目的是在预先选出的一系列可能条件中确定原因，其中一些可能条件伴随着现象（动脉粥样硬化）而发生，另一些却没有。

【案例】

根瘤与土壤含氮量

人们早就发现种植豆类作物不用施氮肥。经考察得知，豆类作物，如豌豆、蚕豆、大豆的根茎都有根瘤，并且其土壤中的氮含量增加；而其他作物，如小麦、玉米、水稻等没有根瘤，其土壤中的氮含量就没有增加，需要人工施氮肥。因此，根部有根瘤是土壤中氮含量增加的原因。

在上述例子中，被研究的现象是种某些植物不但不需要给土壤施氮肥，而且还能使土壤的含氮量增加。为寻找这种现象出现的原因，我们把被研究现象出现的场合（能使土壤增加含氮量的植物）编为一组，称作正事例组；把被研究现象不出现的场合（不能使土壤增加含氮量的植物）编为一组，称作负事例组。在正事例组的各个场合中只有一个共同的情况，即大豆、豌豆、蚕豆等豆类植物都长有根瘤，其他情况都不同，人们可以运用契合法推出豆类植物的根瘤是使土壤含氮量增加的原因这样一个结论。在负事例组的各个场合中，也只有一个共同的情况，即小麦、玉米、水稻等植物都没有根瘤，其他情况也都不同，此时人们又可以运用契合法推出非豆类植物没有根瘤是不能使土壤增加含氮量的原因的结论。在这个基础上，比较正负事例组，发现有无根瘤是二者的差异之处。于是可以推出结论：豆类植物的根瘤是使土壤含氮量增加的原因。

【案例】

甲肝疫苗的测试

一个著名医学成就显示了这种契差法的威力。甲型肝炎是肝脏感染，它折磨着成千上万的美国人。它在儿童中广泛传播，主要通过受污染的食物和水进行传播。它有时是致命的。如何预防它呢？当然，理想的方法是注射有效疫苗。

一种被认为有效的疫苗，在纽约俄兰基县克亚斯·乔尔镇的哈西德教派的犹太人社区中进行测试。该社区不同寻常，每年都流行甲肝。在克亚斯·乔尔镇几乎无人能够逃过甲肝的感染，该社区中近70%的人在19岁前就感染上了。克亚斯·乔尔镇医学研究所的阿兰·威尔兹伯格和他的同事，在该社区中招募了年龄2至16岁的1 037名儿童，这些儿童没有受到甲肝感染，他们血液中没有该病毒的抗体。一半儿童（519人）注射了一种新的疫苗，这些注射了疫苗的儿童中没有发现一例甲肝。没有注射疫苗的518个儿童中25个儿童不久被甲肝病毒感染。于是人们找到了甲肝疫苗。

波士顿、华盛顿的肝脏专家对该项研究表示祝贺，称赞该研究是“一个重大突破”“医学上重要的进展”。该研究依赖于什么推论方式？契合法和差异法都用到了。在医学研究中人们普遍这样做。在该社区能够对甲肝病毒免疫的年轻人中，只有一个条件是共同的：所有免疫者都接受了新的疫苗。由此，我们肯定地认为，该疫苗确实是导致免疫的原因。差异法对结论提供了很大的支持：免疫者的状态和不免疫者的状态在每个方面均类似，只在一个方面不同，即免疫者被注射了疫苗。

（二）契差法评估

评估运用契差法推出的因果主张，可提出如下批判性问题：

CQ1：正、反两组所考察的场合是否足够多？

正事例组与负事例组的组成场合愈多，愈能排除偶然的巧合的情形，结论的可靠性愈高。因为运用契差并用法时，正、反两组都要用到契合法。因此，考察的场合愈多，就愈能排除偶然碰巧的情形，避免把一些不相干的情况与被研究现象联系起来。

例：英国医生约翰斯诺的“污水理论”开启了流行病学研究的历史。1854年，伦敦爆发了大规模的霍乱，约翰斯诺发现，大多数死亡病例都曾经饮用同一水泵汲取的水，而使用其他水泵或水井的人最初都没有感染霍乱。后经调查，下水道的废水污染了那个水泵，从而引发了霍乱。

约翰斯诺的推理是契差并用法。

第一次求同，从正面组各个场合的先行情况中找出共同的那个情况，即大多数死亡病例都曾经饮用同一水泵汲取的水，即死亡出现的场合都存在饮用同一水泵汲取的水，该水泵很可能是原因，其推理方法可描述为，在被研究对象出现的各个场合都存在的因素很可能是该现象的原因。

第二次求同，从反面组各个场合的先行情况中也找出一个共同情况，即没饮用这一水泵汲取的水的人没有感染霍乱，即死亡不出现的场合都不出现这一水泵汲取的水，即“不是这一水泵汲取的水”可能不是死亡的原因。其推理方法可描述为，在被研究现象不出现的各个场合都不出现的因素很可能不是该现象的原因。

第三次求异，对比以上两组事例，可得出饮用这一水泵汲取的水很可能是死亡的原因，其推理方法可描述为，在被研究现象出现的场合与该现象不出现的场合之间的差异很可能是该现象的原因。

CQ2：反面组的场合与正面组的场合的相似程度如何？

应选择与正事例场合较为相似的负事例场合来进行比较。因为契差并用法最后都要用差异法来比较正、反两组的结果，因此，正、反两组中相应的各场合越是相似，结论才会越可靠。

例：美国有一种叫作“小兔读书”的学习软件，通过动画教孩子认字念书，很受孩子和家长的欢迎，目前已售出 200 多万套。但儿童教育专家通过对 49 名学龄前儿童的对比研究发现，儿童使用“小兔读书”及类似软件 6 个月，创造力下降了 50%，而阅读能力并没有明显提高。

分析：儿童教育专家研究发现，一组孩子用“小兔读书”软件，创造力下降，另一组孩子不用“小兔读书”软件，创造力不下降。可表示为：

场合	先行情况	被研究现象
一组	孩子用“小兔读书”软件	创造力下降
另一组	孩子不用“小兔读书”软件	（创造力不下降）

由契差法知，用电脑软件会导致创造力下降。可见，电脑不能取代蜡笔和纸这样最原始的学习工具。

四、共变法

共变法是指，在其他条件不变的情况下，如果一个现象发生变化，另一个现象就随之发生变化，那么，前一现象就是后一现象的原因或部分原因。

（一）共变法概述

与契合法、差异法、契差并用法相比较，共变法有其优点。前三种方法都是从现象出现或不出现来判明因果联系的。共变法却可以从现象变化的数量上来判明因果关系，可以得出一个函数关系，也就使得结论的可靠性程度提高。

1. 共变法的结构

共变法可用下述公式来表示：

场合	先行情况	被研究现象
（1）	A1、B、C、D	a1
（2）	A2、B、C、D	a2
（3）	A3、B、C、D	a3
…	…	…

所以，A 是 a 的原因

共变法在科学研究和日常生活实践中都有很大作用。它不仅可以用来确定因果联系，而且也可以用来作为反驳事物间具有因果联系的根据。只要我们能够证明假定原因的变化并不引起预想结果的变化，我们也就可以因此而否认它们之间可能存在的因果联系。

另外，共变法的作用还表现在：几乎所有测量仪器（比如温度计、体温表、气压表、行车里程表等）的构造，都是以互有因果联系的现象间的共变关系为基础的，从而也就可以使我们能根据一种现象的量来判断另一种现象的量。

例 1：在农业生产中，只要不超过合适的限度，肥料施得多，农作物产量的增加就多；肥料施得少，农作物的产量就减少。

例 2：地球磁场发生磁暴的周期经常与太阳黑子的周期一致。随着太阳黑子数目的增加，磁暴的强度增大。当太阳黑子的数目减少时，磁暴的强度降低。所以，科学家推测，太阳黑子的出现可能是磁暴的原因。

例 3：心脏病专家试图诊断汤姆森夫人的高血压。他注意到血压波动和某些大脑波动有关系：随着血压增高，大脑波动强度增加；血压降低，大脑波动强度下降。据此，他认为这两个条件间具有因果关系。

例 4：把新鲜的杨树叶浸在有水的容器里，并且用日光照射叶子，就会有气泡从叶子表面逸出并升出水面。如果日光逐渐减少，气泡也逐渐减少。如果使之照不到日光，则气泡停止产生。要是再得到日光，又有气泡逸出。如果日光强度增加，气泡也会增加。根据上述实验，用共变法可合理地推出结论：日光照射是杨树叶放出气泡的原因。

例 5：有一年，在伦敦举行了一次学术讨论会，内容是讨论船舶遇难而落水的人在水中最多能坚持多长时间的问题。有人根据实验提出，人在水中坚持的时间与水温有关。当水温在 0℃时，人可以在水中坚持 15 分钟；当水温在 2.5℃时，人可以在水中坚持 30 分钟；当水温在 5℃时，人可以在水中坚持 1 小时；当水温在 10 ℃时，人可以在水中坚持 3 小时；当水温在 25℃时，人可以在水中活一昼夜以上。

【案例】

月事

我国古代早就发现了月的圆缺与人的某些生理现象存在着共变关系。《黄帝内经》把妇女的月经称为“月事”，不无道理。根据现代生理卫生知识，月经周期为 28 天，这与朔望月的周期 29.53059 日很接近。最近德国的妇科专家调查了 1 万多个妇女的月经周期，结果表明，在月满时，妇女们月经出血量成倍增加，而在月亏时正好相反。

更有趣的是，据说人的情绪也以 28 天为一个节律。巴黎消防队在每个月满的夜晚，都进入超警戒状态。根据他们的经验，月满时，纵火犯的活动会增加。一位警察署的处长声称：“纵火犯、盗贼、漫不经心的驾驶员和酗酒者，好像在月满初期更趋于闹事，而满月渐渐缩小期间，上述情况又渐渐平静下来。”还有人指出：“当月满时，月亮向地球投射它的耀眼银光，夜里很多人睡不着。天亮后，4 个妇女中的 1 个、9 个男人中的 1 个会抱怨说：我一夜都没合眼。即使那些睡着的，半夜里也往往因噩梦而醒。”

2. 共变法的特点

共变法的特点是“同中求变”。

契合法是异中求同，差异法是同中求异，契差法是两次求同一次求异。与契合法比较，差异法有较高的可靠性。共变法的共变现象达到极限，就是差异法，所以说差异法是共变法的极端场合。契合法、差异法都是从先行情况与被研究现象的出现与不出现来判明因果联系的。而共变法却是从先行情况与被研究现象的数量或程度的变化来判明因果联系的。在运用共变法时，先行情况与被研究现象在被考察的几个场合始终存在，只是两者在量上发生一定的变化，根据这种变化，不但能找出原因，还能初步确定原因与结果之间的数量关系，因而共变法的结论具有较大的可靠性。

把共变法与差异法做一比较，便可看出，差异法是共变法的局部（或极限）场合。我们只要把引起另一现象发生共变的那一现象，改变到完全消失或加大到一定界限，便会得到差异法推理所必需的场合。

共变法在科学研究中有着广泛的应用。在一些不能用契合法和差异法的场合，共变法是可行的方法。当有些先行情况或被研究现象不能消除或不易消除时就不能用差异法，也不能用契合法。例如温度、压力、引力、摩擦就是无法消除或很难消除的，而我们却可以运用共变法从量的变化上来研究与这些情况有关的现象间的因果联系。我们不能从太阳黑子的有无来研究它与磁暴间的因果关系，却可以从太阳黑子的变化来研究它与磁暴的因果关系。科学史上许多定律和学说都曾经是借助共变法才得以确立的。例如，关于气体压力、温度、容积之间关系的波耳定律和查理定律就是通过共变法得到的。

【案例】

头发与心肌梗塞

某报纸称国外有的科学家，通过对头发的化学成分的分析，发现头发内包含有大量的硫和钙。精确的测定表明，心肌梗塞患者头发中的含钙量已降到了最低限度。假定一个健康男子头发的含钙量平均为0.26%，那么，一个患有心肌梗塞的男子，他的头发的含钙量仅仅只有0.09%。据此，科学家们相信，根据头发含钙量的变化，可以诊断出心肌梗塞的发展情况。

分析：在其他情况保持不变的条件下，根据心肌梗塞病情发展越厉害，头发中的含钙量就相应地减少的事实，即头发的含钙量的减少状况与心肌梗塞病情的发展状况之间有定量的共变关系，得出结论：通过对头发中含钙量的分析，是可以预判心肌梗塞病情的发展状况的。

3. 共变法和相关法

在社会科学研究中，有一种广泛应用的方法叫相关法，它是对穆勒的共变法的精确复制。

> 例：一位心理学教授对智商与各科成绩的平均积分点（GPA）之间的关系十分感兴趣。于是，他随机选取了100名即将毕业的大四学生，并从教务主任那里获取了他们的平均积分点。然后，让他们做了智商测试。这些工作全部完成后，教授将每个学生的智商分数与其平均积分点进行对比，结果发现：一般说来，较高的智商对应较高的平均积分点。
>
> 这一研究结果表明智商与平均积分点间有正相关关系。如果研究显示较高智商的学生一般平均积分点较低，这表明二者间有负相关关系。一旦完成了此类研究，下一步就是计算相关系数，即在＋1.00与－1.00之间表示相关程度的一个数值。如果计算结果为智商最高的学生的平均积分点也最高，智商第二高的学生的平均积分点也第

二高，二者成比例对应，如此等等，则智商和平均积分点对应的图就是一条相关度为+1.00的直线，反映出完全的正相关关系。

另一方面，如果结果为智商最高的学生有最低的平均积分点，相应地，智商第二高的学生对应第二低的平均积分点，依此类推，则智商和平均积分点对应的图同样也是一条直线，相关度为−1.00，反映出完全的负相关关系。0.00的相关度意味着没有相关关系，这种情况就是智商与平均积分点随意对应。再比如，+0.60的相关度意味着一般情况下，较高的智商正向地对应较高的平均积分点。

这项研究的结果也可用图表示。横坐标为智商，纵坐标为平均积分点，那么每个学生的结果对应图形上的一个点，所有的点构成的图形称为散点图，通过它我们可画出一条与数据最符合的直线，称为回归线，并且得出一个线性方程，然后运用这一方程预测未来新生的平均积分点。

为了确定诸如暴力电视节目与儿童攻击行为、自尊与智力、积极性与学习时间、接触经典音乐与大脑记忆能力、使用大麻与记忆力之间的相关关系，科学家们已经进行了成百上千次类似的研究。然而，这样的研究经常无法建立两个要素间的因果关系。

例：经常接触暴力电视节目和儿童攻击行为间的正相关关系并不必然意味着接触暴力电视节目会引发攻击行为。情况可能是有暴力倾向的儿童天生地受暴力电视节目吸引，或者也许是第三种因素引发了前二者，但是正相关关系至少表明了一种因果联系。一旦建立了一种相关关系，通常还要设计一个确定因果联系的对照实验。如：就暴力电视节目的情况来说，将一组儿童随机分为对照组和实验组两部分，在实验组接触暴力电视节目一段时间后，让对照组接触同样时间段的非暴力节目。之后，观察两组儿童的行为并记录下他们所有的攻击行为。如果实验组比对照组表现出更多的攻击行为，就可能得出电视暴力节目引起攻击行为的结论。

（二）共变法评估

共变法有助于研究者通过考察某些现象同时存在、同时变化的状况，检验并确立诸现象之间的因果联系，以期最终发现影响事物发生、发展的内在规则。

评估运用共变法推出的因果主张，可提出如下批判性问题：

CQ1：考察的场合是否足够多？是否有反例存在？

例：人们普遍认为适量的体育运动能够有效降低中风，但科学家还注意到有些化学物质也有降低中风风险的效用。番茄红素是一种让番茄、辣椒、西瓜和番木瓜等蔬果呈现红色的化学物质。研究人员选取一千余名年龄在46至55岁之间的人，进行了长达12年的跟踪调查，发现其中番茄红素水平最高的四分之一的人中有11人中风，番茄红素水平最低的四分之一的人中有25人中风。他们由此得出结论：番茄红素能减低中风的发生率。

分析：上述结论得出的依据是，番茄红素水平高与中风发生率低具有共变关系。如果番茄红素水平中等的一半人的中风率和番茄红素水平最低的四分之一的人的中风发生率一样高，这意味着共变关系不成立，从而表明，番茄红素不一定能减低中风的发生率。

CQ2：被研究现象发生共变的情况是否是唯一的？是否还存在其他共变因素？

与被研究现象发生共变的先行情况必须是唯一的。就是说，运用共变法只能有一个情况发生变化而另一现象随之发生变化，其他情况应保持不变。

比如，某些变化看上去是偶然的（否则是令人费解的），但可能具有一个隐蔽的因果解释。人们发现，在英国乡村筑巢的鹤的数量与在每个乡村出生的婴儿之间存在高度相关；鹤越多，婴儿越多。这肯定不可能。实际上是，具有高出生率的乡村具有更多的新婚夫妇，因而具有更多的新建房屋。巧的是，鹤喜欢在以前没有被其他鹤用过的烟囱旁边筑巢。追寻共同变化的现象的因果链条，我们可以找到共同的环节。

例：学习筑巢在鸟类成功繁殖过程中扮演着重要角色。例如，斯诺博士记录了部分画眉鸟在若干年中的生育过程，他发现：第一次筑巢的鸟繁育成功的概率大大小于其他较年长的同类，也小于自己一年后的成功率。这不仅仅是体形和力量大小的问题，因为同大多数其他鸟类一样，画眉完全长成后才离开母巢。所以我们很难回避这样的结论：它们的成功繁殖得益于它们的筑巢经验。

分析：以上结论的依据是，画眉鸟的筑巢能力与繁殖后代的成功率具有共变关系。若事实上，画眉在最初几年的试验性繁殖过程中产下可孵化的蛋的能力逐年增强，意味着画眉繁殖后代的成功率不断提高存在其他原因，这就严重地削弱了上述结论。

CQ3：在考察两个现象之间的共变关系时，背景是否一样，即其他条件是否保持不变？

在考察两个现象之间的共变关系时，要注意保持其他条件不变。如果还有其他情况也在发生变化，那么运用共变法就容易出错。例如，物体的体积同温度之间热胀冷缩的共变关系，是以压力、引力不变为条件，如果压力、引力相关情况发生变化，就不再有上述的因果联系。如果对物体增大压力，即使对它加热，也不会出现体积膨胀现象。

例：世界卫生组织在全球范围内进行了一项有关献血对健康影响的跟踪调查。调查对象分为三组。第一组对象均有二次以上的献血记录，其中最多的达数十次；第二组对象均仅有一次献血记录；第三组对象均从未献过血。调查结果显示，被调查对象中癌症和心脏病的发病率，第一组分别为 0.3%和 0.5%，第二组分别为 0.7%和 0.9%，第三组分别为 1.2%和 2.7%。一些专家依此得出结论，献血有利于减少患癌症和心脏病的风险。这两种病已经不仅在发达国家，而且也在发展中国家，成为威胁中老人生命的主要杀手。因此，献血利己利人，一举两得。

分析：以上论证是，通过调查发现献血与健康有共变关系（献血次数越多，癌症和心脏病的发病率越低），从而得出结论，献血利己利人。

若事实上，60 岁以上的调查对象，在第一组中占 60%，在第二组中占 70%，在第三组中占 80%，则意味着共变推论的背景不同，因为在三组中，60 岁以上的被调查对象，呈 10%递增，由以上断定，癌症和心脏病是威胁中老人生命的主要杀手，因此，有理由认为，三个组的癌症和心脏病发病率的递增，与其中中老年人比例的递增有关，而并非说明献血有利于减少患癌症和心脏病的风险。

若发现，献血者在献血前要经过严格的体检，一般具有较好的体质，也将有力地削弱上述推论。因为如果献血者一般有较好的体质，则献血记录较高的调查对象，一般患癌症和心脏病的可能性就较小，因此，并非是献血减少了他们患癌症和心脏病的风险。

CQ4：两种现象的共变是否具有相关性？是否有因果关系？

统计相关就是共变。是不是所有的共变现象都存在因果联系呢？不是的，这关键要看是否有实质性的相关。共变法的根据不只是两种现象发生共变，重要的是原因与结果在数量上要有相关性。要注意区分有因果联系的共变现象和无因果联系的共变现象，以免找错原因。

比如，经过深入调查，研究人员发现芝加哥商业交易所的猪肉价格未来的走势与日本的地震活动有相关关系。随着地震等级强度的增加，未来价格也上涨，反之亦然。据此，研究人员得出了这两种现象间有因果关系的结论。这一论证显然没有说服力。因为事实上，我们无法想象其中的一现象会引起另一现象发生变化，或者两者的变化有一个共同的起因，这种相关很有可能是纯属巧合。

例 1：1975 年以来，美国的麻疹等传统儿童疾病的发病率已经有了显著的下降。这一下降的同时伴随着儿童中一种迄今为止罕见的病毒感染的彼特逊病的发病率上升。但是，很少有成年人被这种疾病侵袭。如何解释儿童中彼特逊病发病率的上升？

分析：若发现，得过麻疹的儿童形成了彼特逊病的免疫力，既然麻疹发病率少了，那么对彼特逊病有免疫力的儿童就减少了，因此，随着麻疹发病率下降而彼特逊病发病率上升。

例 2：如果某个人的脑神经联系效能较高，那么他的脑神经联系的能耗就较少。有一项实验的内容是：受试者被要求从一大堆抽象的图样中识别出一个样式，然后选择另一种图样来完善这个样式。实验的结果令人吃惊，在实验中表现最出色的受试者正是那些脑神经细胞耗能最少的人。

分析：若发现，较善于识别抽象样式的人具备更有效能的脑神经联系，这表明处理抽象样式时的表现与脑神经联系的能耗有共变关系，由此可有力地解释题干的实验发现：在处理抽象样式时表现最佳的受试者脑神经联系的能耗最少。

CQ5：共变情况有什么样的限制范围？

事物间的共变现象往往有一定限度，超过限度，共变现象就会发生变化或消失。例如，温度下降同金属电阻减少的共变关系只在一定温度界限内才能成立，如果温度降低到一定限度，金属的电阻就会完全消失，即出现“超导性”。

例：在过去的数个世纪里，北美改变了其主要的能源，先是从木头到煤，然后是从煤到石油和天然气。在每次转变时，新的、占主流的燃料与以往相比都是含碳越来越少，含氢越来越多。合乎逻辑的结论是：在未来，主要的能源将是纯粹的氢。

分析：上述推论显然是共变法的误用，即把在一定范围内的共变现象绝对化。若支持这一论证，需要附加一个能作为其推论基础的一般原则，即：假如一个事物变化的每一步都包含一种属性的削弱（碳减少）和另一种属性的增长（氢增加），那么，当该变化结束时，第一种属性（碳）就会消失，而只剩下第二种属性（纯氢）。

CQ6：两种因果共变的现象是正的共变，还是逆的共变？

要具体分析因果之间的共变关系。共变可以是正的，也可以是逆的。

正的共变是指，因果两个现象的量同时增加或同时减少。

例如，蔗糖在水中的溶解性随温度的不同而不同。在20摄氏度时，100克水中最多能溶解蔗糖203克。在30摄氏度时，100克水中最多能溶解蔗糖219.5克。所以，蔗糖在水中的溶解性的加大与温度增高有关。

逆的共变是指，因果两个现象的量当其中之一增加而另一减少。

例如，某肿瘤研究所在我国肝癌发病率较高的启东县进行研究时发现，肝癌发病率与粮食和人体血液中的硒含量有明显的负相关，即高硒地区肝癌的发病率低，低硒地区肝癌的发病率高。

再如，气体的温度和体积（在压力不变时）是正的共变，而气体的压力和体积（在温度不变时）是逆的共变。有的共变还可以在不同阶段分别呈现正变和逆变。例如水温和体积的变化，在4℃和100℃之间是正的共变，但在0℃和4℃之间却是逆的共变。

五、剩余法

所谓剩余法指的是，如果某一复合现象是由另一复合原因所引起的，那么，把其中确认有因果联系的部分减去，则剩下的部分也有因果联系。

（一）剩余法概述

剩余法的基本内容是，如果已知被研究的某复合现象是由某复合原因引起的，并且已知这个复合现象的一部分是复合原因中的一部分引起的，那么，被研究现象的剩余部分和复合原因的剩余部分也有因果联系。

1. 剩余法的结构

剩余法可用下述公式来表示：

已知复合现象F（A、B、C）是被研究现象K（a、b、c）的原因

已知，B是b的原因

C是c的原因

所以，A是a的原因（或部分原因）

如果某一复合现象已确定是由某种复合原因引起的，把其中已确认有因果联系的部分减去，那么，剩余部分也必有因果联系。

剩余法也是科学研究中常用的一种逻辑方法，用于研究复合现象的因果联系，是从一组有因果联系的条件和现象中分离那些已经知道因果联系的组成部分，留下所需要的因果联系作为“剩余”而构成。

例1：如果护士知道患病的学生吃了炒鸡丝、凉菜和汤，她已经检查了，炒鸡丝

和汤都没有问题，那么剩下的凉菜就是原因。这就是“剩余法”。

例 2：已知化学元素与太阳光谱有因果联系。又已知太阳光谱中有一条红线、一条青绿线、一条蓝线和一条黄线；红线、青绿线、蓝线是氢的光谱，所以，存在一种未知的化学元素与黄线具有因果联系。经过科学家的研究，发现了新的元素——氦。

例 3：大约在五十年前，人们使用雷达向地球大气的电离层发射电波，并分析接收到的回波，从而研究电离层对电波的影响，可是发现回波往往有所增强。当时便有人猜测，这个反常现象可能是由于发射的电波在空中遇到了能反射电波的其他物体。在 1932 年狮子星座流星雨期间，当许多看得见的流星经过人们头顶上空时，就曾观测到非常强的无线电回波。从此，人们才真正了解到，这些来历不明的无线电回波，原来是由流星产生的。

【案例】

赫尔蒙脱的实验

古希腊的科学家泰勒斯（公元前 6 世纪）曾断言一切物质都是由水产生的。两千多年后比利时的约翰·范·赫尔蒙脱，仍对泰勒斯的这一学说信守不渝。赫尔蒙脱是医生、炼金士，同时也是神秘思想家。他热心寻找“哲人之石”，并宣称找到了。他还相信“自然发生说”，甚至提出了用小麦孵化老鼠的方法。这些自然很荒唐。但是，他倒不是幽居密室冥思苦想，而常常求助于实验。只是他的实验不那么科学、严密，常常走到真理的门槛外，又折向了他处。

他曾做过这样一个实验：把经过准确计量的泥土放进一个盆子里，然后栽上一棵柳树苗，只浇水。5 年后，柳树重量增加了 164 磅，但泥土只减轻了二盎司。赫尔蒙脱据此得出结论：植物的质体确实是以水为原料生成的。

他压根就没想到，柳树长高、变重这一复杂现象也是由复杂原因引起的。

柳树与柳树苗相比，其中的水分、无机盐类和碳等，都按比例地增大。水分来自每天所浇的水，无机盐得之于泥土，诉之于剩余法，就得追究碳的来历。

后来的科学家发现：柳树和其他一切植物都是从空气中吸取二氧化碳，以二氧化碳和水为原料，借助光合作用，使自身长高、变重。

赫尔蒙脱是第一个承认存在着几种与空气很相像但又不是普通空气的气体，还着重研究过木头燃烧时产生的气体，它正是柳树所吃的营养物质二氧化碳。

2. 剩余法的特点

剩余法的特点是：从余果求余因。

剩余法只用来研究复合现象的原因，即用来研究有几个原因同时起作用而发生的复合现象的原因。并且，为了能运用剩余法来推论被研究现象的原因，必须首先知道某一复合现象中一部分现象的原因。因此，剩余法不能作为探求因果联系过程一开始就采用的方法，它必须以其他方法所求得的一部分因果联系作为前提条件。

剩余法适用于观察，也适用于实验，被广泛应用于科学探索和司法工作中。科学史上许多重大的发现就是在已有发现基础上运用剩余法获得的。

【案例】

海王星的发现

海王星的发现是天文学中的一个巨大成就，它是运用剩余法获得成功的。

1781年，威廉·赫歇耳发现了天王星，可是不得不等到精确地计算出它与木星和土星间的引力作用，才能为这颗运动的行星绘制表格，因而后期的工作由皮埃尔·拉普拉斯在他的著作《天体力学》中完成。1821年，巴黎的波瓦尔德根据这一著作计算并发表了行星包括天王星的运动数据表。在准备天王星数据的时候，他遇到了很大的困难：根据1800年以后得到的位置数据而计算出来的轨道，与根据该行星刚刚被发现之后所观察到的数据所计算出来的轨道不协调。他对以前的观察数据完全置之不理，他的图表建立在新近观察的数据之上。然而，在后来的几年里，根据该表而计算出来的位置与该行星观察的数据存在不一致；到1844年差值总计达2分钟弧度。由于所有其他已知行星的运动位置与计算出来的位置一致，天王星中出现的差值引发了大讨论。

天文学家按照已知行星的引力计算，天王星的运行轨道发生了四个方向的偏离。经过观察分析，已知三个方向的偏离是由一些已知行星的引力所致。而另一方向的偏离则原因不明。法国科学家勒维烈考虑，既然其中三个方向的偏离是行星引力所致，那么剩余的一个方向的偏离也应是另一未知的行星的引力所引起的。他认为，天王星偏离问题的唯一满意的解释是，在天王星周围的某个地方存在一个干扰它运动的行星。到1846年的中期，根据天体力学理论，他完成了未知行星的运行轨道的计算，9月18日他写信给柏林天文台的伽勒，请求他在天空的一特定位置寻找一个新的行星。果然，当年9月23日，在与计算结果相差不到一度之处发现了海王星。

在这个过程中很明显地运用了剩余法。就这个例子来说，复合现象指天王星运行轨道的各处偏离（设为甲、乙、丙、丁四处偏离），复合原因指各行星对天王星的引力（设为A、B、C、D四颗行星），通过观察，已经知道偏离甲由行星A所引起，偏离乙由行星B所引起，偏离丙由行星C所引起。那么剩下的部分，即偏离丁必为未知行星D所引起。

（二）剩余法评估

评估运用剩余法推出的因果主张，可提出如下批判性问题：

CQ1：被研究的某复合现象是否由某复合原因引起，且已知的部分原因与剩余部分的现象是否没有因果联系？

运用剩余法必须确知被研究的某复合现象是由某复合原因引起的，并且确知其中部分现象是对应的部分原因引起的，而已知的部分原因与剩余部分的现象无因果联系。否则，结论就不可靠。

必须确认复合现象的一部分（B、C）是被研究现象（b、c）的原因，而复合现象的剩余部分A不可能是被研究现象（b、c）的原因，这种条件下，才可以断定A和a有因果联系。否则，如果剩余部分a实际上也是B、C这些情况之一（或共同）作用的，那么，就不能断定A和a有因果联系了。

例如，德国化学家威尔斯培特做了这样一个实验：把含有酶的液体中的蛋白质全部除去，再检查剩余液体，发现剩余物质仍然表现酶的特性。既然液体中的蛋白质已经除去，那么剩余物就不会是蛋白质。于是他运用剩余法得出结论：酶不是蛋白质，而是一种比较简单的化学物质。到了本世纪 20 年代，美国一位普通化学工作者萨拉姆对威尔斯培特的结论提出疑问。经过他仔细的实验和分析证明，酶确实是蛋白质。后来事实证明萨拉姆的结论是正确的，他因此而获得 1946 年诺贝尔化学奖。威尔斯培特在他所做的实验中没有把液体中的蛋白质全部清除掉，因而得出了错误的结论。

CQ2：剩余现象与剩余的原因是单一的，还是复合的？

复合现象的原因是复杂的，有时剩余部分的原因 A 不一定是单一的，还可能是个复合情况，剩余现象与剩余的原因如果是复合的，还必须进一步探索，不能轻率地得出结论。这时就要进一步分析，探求剩余部分的全部原因。

例如，居里夫妇根据某些铀矿石样品的放射性比纯铀的放射性还要大，应用剩余法得出结论，这些铀矿石中一定还有未知的放射性元素。为了寻找未知的放射性元素，他们从铀矿石中分离出极少量的黑色粉末。这个新发现的元素被居里夫人命名为钋，以纪念她的祖国波兰。但是继续研究下去，又发现钋只是铀矿样品具有强放射性的部分原因。再经过艰苦努力，终于提炼出放射性比钋还要强的新元素镭。这样才真正弄清了铀矿石样品具有很强放射性的原因。

第七章 合情推理

合情推理在现实生活中普遍存在，是指从不完善的前提得出有用、暂时可接受的结论的推理。合情推理包括类比推理、实践推理以及根据信息源的推理等多种类型，本章主要介绍类比推理和实践推理。

第一节　类比推理

类比推理是根据两个或两类对象在某些属性上相同或相似，推断出它们在另外的属性上也相同或相似的一种推理。类比是或然性推理，属于扩展性的推理，因此属于广义的归纳推理。

一、类比推理概述

类比推理的客观根据是什么呢？在客观现实里，事物的各个属性并不是孤立的，而是相互联系和相互制约的。因此，如果两个事物在一系列属性上相同或相似，那么，它们在另一些属性上也可能相同或相似。客观事物属性之间的这种相互联系和相互制约的关系就是类比推理的客观根据。由于类比推理有其客观基础，因此，人们就可以应用类比推理去认识客观事物。

（一）类比推理的形式

在描述和解释中使用类比不同于在论证中使用类比，论证中的类比是推理性的。

类比推理的一般形式是指两个事物的类比，其类比形式如下：

事物 A 有属性 a、b、c、d

事物 B 有属性 a、b、c

所以，事物 B 有属性 d

在类比推理的形式结构中：

第一，A 事物是我们熟悉的事物，B 事物是我们希望说明或深入了解的事物，并且它们在一些属性上具有相似性；

第二，有一属性为 A 事物所具有，而在 B 事物那里尚未发现，因此，B 事物也应有这一属性。

比如，被后世建筑工匠、木匠尊称为“祖师”的鲁班，一直苦于用斧子砍树费时的费力。一天他又上山砍树，当他往山上爬时被一种叶子为锯齿状的草划破了手。这个情景使他立刻产生联想，在“如何更快捷省力地伐木”与“手被划破”之间发现了相像的对应关系，然后将“手被划破”的事实用于“更快捷省力地伐木”的问题情景，从而制造出了锯子。鲁班发明锯子，运用的就是类比推理：丝茅草叶是扁平的长条，两边有齿，锋利，能割物；铁片是扁平的长条，两边有齿，锋利，也一定能割物。

科学技术史上的许多发明创造，都受益于类比推理。

例 1：1816 年的一天，法国医生雷奈克出诊为一位年轻的女性看病，一见病人，雷奈克犯起愁来：她身体非常肥胖，要诊断她的心脏和肺部是否正常，按当时医生惯用的方法，把耳朵贴近病人的胸部来听，肯定听不清楚，更何况她是一位年轻的女性。雷奈克抬头看了看院子里正在玩耍的小孩，脑子里突然浮现出几年前看到一个孩子们玩的游戏：一个孩子用钉子敲打木板的一头，另外的孩子争先恐后地跑着把耳朵贴近木板的另一头，兴致勃勃地倾听着。为什么木头能够把声音清晰地传过来呢？雷奈克稍微想了想，只见他狠狠地拍了一下手说：“就是这样！就是这样！”雷奈克要来一叠纸，紧紧地卷成一个卷，然后把纸卷的一端放在姑娘的胸部，另一端放在自己的耳朵上，侧着脸听了起来。“真是一个妙法！”雷奈克高兴地喊了一句。回到家里，雷奈克找到一根木棒，造成了历史上第一个“听诊器”。

例 2：我国著名的地质学家李四光，在对东北的地质结构进行了长期深入的调查研究后发现，松辽平原的地质结构与中亚细亚的极其相似。他推断，既然中亚细亚蕴藏大量的石油，那么松辽平原很可能也蕴藏着大量的石油。后来，大庆油田的开发证明了李四光的推断是正确的。又经过类比，他发现华北平原和松辽平原地质结构相似，于是又发现了胜利油田。

例 3：人们在地球上发现氦的过程也是通过类比实现的。科学家利用光谱分析，首先发现太阳上有氦存在。由于太阳上的其他化学元素如氧、氮、硫、磷、钾等等，地球上都有，于是就类推到地球上也有可能有氦元素存在。后来，英国化学家雷姆果然于 1958 年在地球上发现了氦元素。

（二）类比推理的特征

类比推理常常是借助某些已经认识的个别事物与其他相似的事物比较，从它们之间已知的共同点出发，进一步判明它们的另一些方面的共同点，从而扩大人们的认识领域，从对某些特殊事物的认识过渡到对另一些特殊事物的认识。

1. 类比推理的特点

类比推理具有“同中求同”的推理特点。

其一，类比推理的思维进程是从个别到个别，从类到类。这一点与演绎推理和归纳推理不同。

其二，类比推理的结论范围超出了前提所断定的范围，其结论就不具有必然性，而只具有或然性。

类比推理的结论是或然的，即尽管其前提是真实的，也不能保证结论的真实性。这是因为，A 和 B 毕竟是两个对象，它们尽管在一系列属性上是相同的，但仍存在着差异性，这差异性有时就表现为 A 对象具有某属性，而 B 对象不具有某属性。因此，通过类比推理所得到的认识不能当作完全正确的认识来加以运用，而应当进一步去验证它。

2. 归纳和类比的关系

类比与归纳密切相关。类比推理与归纳推理的共同之处，在于它们都不是演绎有效的推理，前提和结论之间的关系是或然的。它们的不同之处则是，归纳推理在一般情况下，是由特称的前提推出全称的结论，是一种在论域规模上的放大性的推理；而类比推理依赖于归纳推理所得的已知定律来将每一类比物内部的属性联系起来，所以，类比推理广义上属于归纳的。实质上，类比推理的第一步是归纳，第二步是演绎。

例 1：我新买的 R 品牌笔记本电脑将给我好的服务，因为我三个同事之前买的这三台 R 品牌笔记本电脑给了他们好的服务。

这个类比推理的思维过程是这样的：

第一步归纳论证：因为这三台 R 品牌笔记本电脑给了好的服务，所以，所有的 R 品牌笔记本电脑会给好的服务。

第二步演绎论证：所有的 R 品牌笔记本电脑会给好的服务。我新买的笔记本电脑是 R 品牌的，所以，将给我好的服务。

例 2：从三张蓝色石蕊试纸放到酸中都变红的前提中，我们或者会得到一个特定结论：将第四张蓝色石蕊试纸放到酸中它将发生什么样的现象；或者会得到一个普遍结论：每一张蓝色石蕊试纸放到酸中将发生什么。如果我们得到第一个，我们就使用了一个类比论证；如果是第二个，则为一个归纳论证。前提反映的是两个属性（或情形或现象）共同发生的事例，由类比我们可以推得，在具有一个属性的其他事例中也会出现另外的属性；而由归纳概括我们能够推得，一个属性出现其中的每一个事例将同时也是另外属性的事例。这种形式的归纳概括就是简单枚举归纳法。简单枚举归纳法非常类似于类比论证，所不同的只是它形成的结论更为普遍。

例 3：在我们居住的地球和其他行星（土星、木星、火星、金星和水星）之间，我们可以观察到许多类似之处。它们均如地球一样围绕太阳运行，尽管它们绕太阳的半径不同、周期也不同。它们均从太阳那里获得光，地球也是如此。我们已经知道，其中一些行星，如地球一样，围绕它们的轴自转，因而它们必定有类似白天和黑夜的更替。一些行星有卫星，当太阳不再照射时，这些卫星给行星以光亮，就如我们的月亮给我们以光一样。这些行星的运动均与地球一样受制于万有引力定律。根据所有这些类似，认为这些行星可能与我们地球一样，有不同等级的生命存在，这不是不合理的。通过类比得到的这个结论具有一定程度的可能性。

（三）类比推理的作用

类比不仅在人们的日常生活、学习中发挥着重要的作用，是深入浅出地说明抽象事理、形象生动地表达思想的重要手段，而且，类比推理在科学的发现与发明中，具有不可低估和不可忽视的作用。

1. 类比推理是科学的新思想和新发明产生和形成的一种重要思维方法

科学的新思想和新发明来自于思考的跳跃和想象，许多就有类比的要素。科学技术史上的许多发明创造，就是受益于此。类比推理在科学事实的发现以及科学假说的提出方面有着重要的作用。

类比推理的结论是或然的，其可靠程度取决于已知共有属性与推出属性之间的联系程度。在客观世界中，二者之间的联系有的有规律性，有的没有规律性，所推出的结论，可靠程度就会有所不同。

类比通过触类旁通，启发思考，有助于建立科学的假说，从而探求新的知识。科学史上的许多重要的科学发明和重要的理论发现，最初就是通过类比推理取得的。从这个意义上说，类比是通向创新的桥梁。

例 1：据说，19 世纪的德国化学家凯库勒为了揭开苯分子中的 6 个碳原子和 6 个氢原子是如何取得平衡的结构之谜，殚思极虑，却一无所获。一天，他在思考这个问题时，由于过度疲劳，迷迷糊糊地睡着了。睡梦中，他梦见一条蛇在翩翩起舞。忽然，蛇咬住了自己的尾巴，形成一个圆环，不停地旋转着。猛然醒来的凯库勒在梦的启示下，想象苯环结构是否与梦中的圆环一样。他开始了新的研究，终于发现了苯分子的结构式，从而解决了有机化学上的一个难题。

例 2：乌兹别克地区盛产长绒棉。新疆塔里木河流域和乌兹别克地区在日照强弱、霜期长短、气温高低、降雨量大小等方面均相似，科研人员受此启发，将长绒棉移植到塔里木河流域，果然获得了成功。

例 3：医学方面的细胞、生理实验的研究，大量在老鼠上做实验，这样做的根据就是类比：因为老鼠和人在一些方面类似，所以在老鼠身上产生的反应，也可能在人身上产生。

例 4：麻省理工学院基因组研究中心主任埃瑞克·兰德试图说明人类基因组计划的巨大影响。为了加强那些对基因研究不熟悉的人对基因组计划的理解，类比是他所用的一个工具：基因组计划完全类似于化学周期表。正如门捷列夫在周期表中安排化学元素，使得以前不相关的大量数据变得连贯，同样，当前有机体中上万的基因，将能够从较少数量的简单基因模块或单元即所谓原始基因的组合中得到。

例 5：阿基米德发现浮力定律就是类比推理触发的。据说，古希腊有个国王让金匠给自己打制了一顶纯金的皇冠，却又无端怀疑金匠做了手脚，从中克扣了黄金。用秤称了之后，重量与给金匠的黄金并无不同。但这个国王还是疑心重重，于是便令当时最著名的科学家阿基米德解决这个问题。阿基米德为此绞尽了脑汁，却总是想不出一个确实可行的验证方法。一天他去洗澡，当他慢慢地将身体沉入水中的时候，浴盆中的水也慢慢地上升。这一现象引起他的注意，启发他理解到水面上升是由于他的身体占据了一定量的水的空间的缘故。由此他又联想到如果找一块与皇冠一样重的金块，通过排水量的对比又会怎么样呢？突然闪现的念头使他顿悟出解开皇冠之谜的方法。"我发现了！我发现了！"他连衣服也顾不上穿就跑回家中，于是，著名的浮力定律即"阿基米德定律"产生了：浸在液体中的物体（全部或部分）所受的竖直向上的浮力，其大小等于物体所排开液体所受的重力。在这个定律的发现过程中，阿基米德在"如何称皇冠"与"洗澡"之间发现了相像的对应关系，然后将"洗澡"的事实用于"称皇冠"的问题情景，从而产生了解决问题的途径。这里，阿基米德正是通过人体与皇冠之间的类比，推知同样能从其排水量测定皇冠的体积和密度。

2. 类比推理是仿生学和模拟法的逻辑基础

在人类科学认识论和科学方法论的研究过程中，类比思维对人们的科学认识一样起着积极有益的促进作用。

仿生学专门研究各种生物系统所具有的功能原理和作用机理，并创造出模拟它们的系统，希望在技术发展中利用这些原理和机理，从而实现新的技术设计。比如，飞机、潜水艇、机器人等的最初设计，也是通过与鸟、鱼、人等类比而受到启发的。

类比具有模拟实验的前导作用，现代科学技术不仅由模型实验类推到研制的原型，而且还由自然原型的研究类推到人工模拟系统。如大型水坝的模拟实验、风洞的实验等等。

在现代科学中，模拟方法是指用模型去代替原型，通过模型间接研究原型的规律。一般而言，模拟有两种类型。一种是从实验模型到研制原型，一种是从自然原型到技术模型。在实验室中模拟在自然界中出现的某些现象或过程，构造出相应的模型，从模型中探讨其规律，然后再把经反复实验检验的模型加以放大，成为真实的自然现象或人造物。其一般形式是：

实验模型具有性质 a、b、c、d、e

研制原型具有性质 a、b、c、d

所以，研制原型也具有性质 e

比如，要建三峡工程这样一个耗资巨大的超级工程，不可能不事先进行可靠性研究和论证。怎么研究和论证？主要是运用模拟或模型方法，即尽可能地把所有相关因素都考虑进来，然后在实验室中模拟的三峡地区建一座微型三峡大坝，用各种方法对其实验，积累实验数据，用计算机进行数据分析，最后得出总的实验结论，再把该实验结论推至未来的实际的三峡大坝。

当然，由模拟方法推出的结论不一定可靠。因为无论人是多么的小心谨慎，仍有可能遗漏了某些关键的变量，仍有可能错误估计各个变量的作用模式和作用程度。

3. 类比推理在科学研究中是一种重要的解释和说明方法

人们为了把要表述的科学问题说得清楚明白，往往用具体的、有形的、人们所熟知的事物来类比要说明的那些抽象的、无形的、陌生的事物。比如，研究电流时用“水流”比作“电流”，用“水压”类比“电压”，用电场中的“电势能”与“重力势”能进行类比等。通过类比，使人们对所要揭示的事物有一个直接的、具体的、形象的认识，找出类似的规律。

例 1：伽利略提出运动相对性原理来解释为什么从塔上落下去的球应该是垂直落在塔的脚下，而不是“落到后面”。他的一个有力证明是类比：人在匀速运动的地球上就像在一个匀速运动的船舱里。船舱里没有窗户，你看不到外面，所以不能知道它是否在走。如果一个小球在船舱里下落，你会发现它并不向船行的相反方向下落，而是垂直下落，就像船是静止的一样。在匀速运动的船上，任何运动的表现都像船是静止时一样，如果没有参照物，船上的人无法判断船是否在运动，所以人在地球上不能通过物体的下落位置来判断它是否运动。

例 2：托勒密学派的天文学家为了反对哥白尼的“地动说”，提出了所谓的“塔的证据”。反对者认为，既然地球是自转的，那么从塔顶丢下一块石头，由于地球每时每刻都在自转，而塔已经离开了原位，因此石头应该落在离塔较远的地方，而事实并非如此。为了捍卫地动说，伽利略用“行船”作类比成功地解释了所谓的“塔的证据”现象，伽利略指出，正如一条匀速航行的船，从桅杆上丢下一重物，总是落在桅杆脚下而非船尾一样，“塔的证据”也可得到同样的解释。因此，所谓的“塔的证据”并不能真正驳倒“地动说”。

二、类比推理的评估

要评估类比推理的可靠性，就必须按照类比推理的结构、特征、性质、成立条件等因素，对具体的一个类比推理进行质疑与评价。

（一）评估准则

为了对类比推理进行评价，我们应该用批判性思维的眼光审视任何一个类比推理，并对它们提出下列几个问题，以便通过质疑、评价，从而论证它们是否言之可信，是否贴切中肯。

我们可以从批判性思维的角度对类比推理的强度进行评价：

在一个类比论证中，案例 A 称为初始类似物，被类比的事物即案例 B 叫作类似物。并且，假定 a、b、c 为相似属性，d 为推出属性。

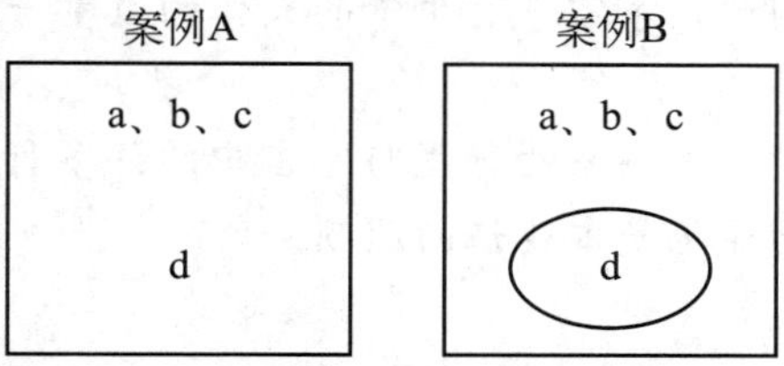

针对运用类比推理得出的主张所提出的批判性问题如下：

CQ1. 相关性问题：相似属性与推出属性是否具有相关性?

即相似属性 a、b、c 与推出属性 d 是否具有相关性，若具有相关性，则类比论证得到加强。反之，相关性越弱，则类比论证越得到削弱。

已知相似属性与推出属性之间相关程度越高，类比就越接近思维对象的本质，结论的可靠性程度就越高。即从垂直关系看，前提中类比物之间的相似属性与结论中的推出属性，若存有因果相干或对称相干，则论证推理的强度增加，否则减弱。也就是说，以水平类比关系为基础而进行的结构类比推理，比单纯的水平关系的属性类比推理的强度要高。因此，尽量在已知相似属性与推出属性之间相关性大的事物之间进行类比。

例：科学家已经通过实验研究发现，由承担了部分母亲角色的无生命的替代母亲“养育”的雌性大猩猩幼崽，当它们有后代时，难以承担母亲的角色。这就告诉我们，婴儿不应该由保姆或日托中心来照管，而只应该由他们的亲生母亲来抚育。

分析：上述论证根据人和大猩猩之间的类比，得出结论，婴儿应该由其亲生母亲所抚养。若发现由它们的亲生母亲之外的其他雌猩猩抚育的雌性大猩猩幼崽，当它们有后代时，都不能承担母亲的角色，这作为一个证据，能有力地支持题干结论。

CQ2. 相似性问题：类比事物之间的相似性如何？

即案例 A 与 B 真的相似吗？相似点多吗？相似性的数目越多，则类比论证越得到加强。反之，相似性的数目越少，则类比论证越得到削弱。

类比的客观基础是对认识对象之间相似性的发现，并由此及彼地迁移相似点或相似关系。因此，相似性并且由此产生的可比性是类比的基础所在。在同样的情况下，前提相似属性越多，结论的可靠性程度就越高。即从水平关系看，前提中类比物之间的相似属性越多，那么该类比推理的强度就增加，反之则减弱。

例 1：地球以外的生命最大可能是存在于太阳系以外的某个行星。银河系本身包括 1 000 亿个其他的类似太阳的恒星，其中很多都可能有行星相随，这些行星与地球的相似程度足以使其成为生命的所在地。

分析：上述论证需要假设，另一行星上的生命很可能需要与地球相类似的生存条件。

补充这一假设后，构成的完整论证如下：

题干前提：银河系中有许多恒星的行星具有与地球相似的环境。

补充假设：另一行星上的生命很可能需要与地球相类似的生存条件。

得出结论：太阳系以外某个行星上可能存在生命。

例 2：地球所在的太阳系的八大行星中，存在生命的就占了八分之一。按照这个比例，考虑到宇宙中存在数量巨大的行星，因此，宇宙中有生命的天体的数量一定是极其巨大的。

分析：要使上述论证成立，显然必须假设，太阳系的行星与宇宙中的许多行星类似。而这一假设本身存在疑问，不加证明作为论据是本论证的漏洞。

CQ3. 差异性问题：差异性的性质和程度如何？

即案例 A 与 B 之间是否存在某些重要的差异？根据差异性如何与结论相关，则或者削弱，或者加强一个论证。

两个事物之间是否具有差异性？作类比的两个事物之间固然有相似之处，但也有差别。相异的属性越关键越会降低类比论证的可靠程度。在类比中，相似物除了有共同属性外，还有不同的属性。正如相同的属性能增强我们对类比的信心一样，不同的属性会削弱我们对类比的信心，甚至推翻类比的结论。

例 1：地球和月球相比，有许多共同属性，如它们都属太阳系星体，都是球形的，都有自转和公转等。既然地球上有生物存在，因此，月球上也很可能有生物存在。

分析：若要削弱一个用类比推理做出的论证，可指出两类事物具有本质上重要的差异。当发现月球上同一地点温度变化极大，白天可以上升到 100℃，晚上又降至零下 160℃，这显然有力地削弱了上述结论。

例 2：食用某些食物可降低体内的自由基，达到排毒、清洁血液的作用。研究者将大鼠设定为实验动物，分为两组，A 组每天投喂含菌类、海带、韭菜和绿豆的混合食物，B组投喂一般饲料。研究观察到，A组大鼠的体内自由基比B组显著降低。科学家由此得出结论：人类食入菌类、海带、韭菜和绿豆等食物同样可以降低体内自由基。

分析：上述论证需要假设，人对菌类、海带、韭菜和绿豆等食物的吸收和大鼠相比没有实质性的区别。否则，如果人对菌类、海带、韭菜和绿豆等食物的吸收和大鼠相比存在实质性的区别，那么，就推不出人类食用菌类、海带、韭菜和绿豆等食物同样可以降低体内自由基这一结论了。

CQ4. 其他案例问题：初始类似物的情况和差异性如何？

这一问题又可分解为以下两个问题：

CQ4.1 正案例问题：是否存在其他具有推出属性的初始类似物？

即是否存在其他案例比如C也相似于A，并且存在推出属性d？若存在，则类比论证得到加强。反之，若不存在，则类比论证得到削弱。

CQ4.2 反案例问题：是否存在其他不具有推出属性的初始类似物？

即是否存在其他案例比如C也相似于A，但是其中的d是不存在的？若存在，则类比论证得到削弱。反之，若不存在，则类比论证得到加强。

检索有无遗漏的信息。有时遗漏的信息恰恰是类比不能成立的根据。若没发现相反的案例，则结论的可靠程度就高。若存在相反的案例，则结论的可靠程度就降低。

例：所有的恐龙都是腿部直立地“站在”地面上的，这不同于冷血爬行动物四肢趴伏在地面上；恐龙的骨组织构造与温血哺乳动物的骨组织构造形似；恐龙的肺部结构和温血动物非常相近；在现代的生态系统中（例如非洲草原），温血的捕食者（例如狮子）与被捕食者（例如羚羊）之间的比值是一个常数，对北美洲恐龙动物群的统计显示其中捕食者和被捕食者之间的比例与这个常数近似。这些都说明恐龙不是呆头呆脑、行动迟缓的冷血动物，而是新陈代谢率高、动作敏捷的温血动物。

分析：上述论证是，因为恐龙的腿部直立、骨组织构造、肺部结构、捕食者与被捕食者之间的比值这几个方面与温血哺乳动物的类似，所以，恐龙不是冷血动物而是温血动物。削弱上述结论的一个方法是，发现相反的案例，比如，有些海龟骨组织构造与哺乳动物类似，却是冷血动物。或者，鲸类等海生哺乳动物并不是直立的，却是温血动物。

CQ5. 结论范围问题：结论的具体性如何？

即结论所做的断言是否适度？结论越具体，则类比论证越得到削弱。反之，结论越宽泛，则类比论证越得到加强。

通过减少在确定的前提下的断言的内容，或者使断言维持不变但用附加的或更强大的前提给予它以支持，一个类比论证就得以加强。类似的，如果一个类比论证的结论变得更大胆，而前提保持不变，或者断言维持不变，但我们发现支持它的证据存在较大的缺陷，一个类比论证就被减弱。

CQ6. 真实性问题：初始类似物是否真的具有推出属性？

即A是否真的具有推出属性d？若具有，则加强论证，反之，若不具有，则削弱论证。若案例 A 并不真的具有性质 d，那么，类比推理的结论“案例 B 有属性 d”就必然不可靠了。

CQ7. 可比性问题：类比事物之间是否具有可比性？

即 A 与 B 是否可比？类比事物之间可比，则加强论证，反之，若不可比，则削弱论证。

世间几乎任何两个事物之间都有某种相似性，但不能简单进行类比。本质不同的事物往往不可比，不能用其表面的相似来进行类比。

例 1：医生在探索 AM 的病因时受到了 MP 这种疾病形成原因的启发，因为这两种病都发生在年龄相似的一类人当中，两种病的明显症状是发高烧、淋巴肿大和缺乏食欲。另外，这两种疾病的潜伏期实际上是相同的。所以，这些医学研究者确信导致这两种疾病的病毒是相似的。

分析：这是一则类比论证，作者的结论依赖的预设是具有类似症状的疾病会有类似的病因。

例 2：实验发现，少量口服某种类型的安定药物，可使人们在测谎器的测验中撒谎而不被发现。测谎器所产生的心理压力能够被这类安定药物有效地抑制，同时没有显著的副作用。因此，这类药物可同样有效地减少日常生活的心理压力而没有显著的副作用。

分析：上述论证简化为，某类安定药物在抑制测谎测验所产生的心理压力时有效，所以该类安定药物在减少日常生活的心理压力时同样有效。这则类比论证显然必须假设，测谎器所产生的心理压力与日常生活人们所面临的心理压力类似。

例 3：所有的灰狼都是狼。这一断定显然是真的。因此，所有的疑似 SARS 病例都是 SARS 病例，这一断定也是真的。

分析：上述类比论证，把“所有的疑似 SARS 病例都是 SARS 病例”类比为“所有的灰狼都是狼”。此论证的漏洞在于类比不当，“灰狼”从属于“狼”，是包含关系；而“疑似 SARS 病例”并不从属于“SARS 病例”，不是包含关系。可见，题干的论证忽略了：灰狼与狼的关系，不同于疑似 SARS 病例和 SARS 病例的关系。

CQ8. 可类推问题：类比事物之间是否可类推？

即是否忽视了时间因素对样本属性的影响？若没有影响，则加强论证，反之，若有影响，则削弱论证。

类推是指同一个物体或不同物体在不同时间的类比，这需要考虑时间因素对样本属性的影响。如果忽视时间因素对样本属性的影响，机械地以样本属性为根据，对一个事物的现在或未来做出的概括或类推就犯了类推不当的谬误。

例：在 20 世纪 80 年代，数十亿枚电池被扔到垃圾坑中，人们越来越担心在电池腐烂时，其中的有毒金属会渗入到地下水中并将其污染。然而，这种担心是没有根据的，因为对 20 世纪 50 年代曾经用过而后关闭的大垃圾坑附近的地下水的研究表明，这种污染即使有也是微不足道的。

分析：上述论证由对 50 年代垃圾坑的研究类推出 80 年代的废电池不会严重污染

地下水。若发现，与20世纪80年代典型的垃圾坑相比，20世纪50年代典型垃圾坑中含有的电池数量可以忽略不计，意味着如果电池像80年代一样多就未必不产生污染，这就有力地削弱了题干论证。

（二）类比失当

很多论证需要类比两种或更多事物、观点或情形。如果所比较的两件事物就所讨论的问题而言实际上并非真正类似，这种类比就不恰当，基于其上的论证也就存在“类比失当”的逻辑谬误。

类比的谬误，出现最多的就是根据表面的、不重要的相似来推理。几乎任何两件事情之间都可找到相似性。

1. 类比不当

类比不当的谬误，也叫谬比、假类比、弱类比、诉诸类比、机械类比、荒唐类比的谬误，指A与B不具有或者是缺少可比性，却被论述者简单地放在一起加以比较。具体是指把所论证事物和一个表面与其相似、本质却不同的事物进行比较论证，从而得出荒谬的结论。

例1：甲电视机与乙电视机有相同的颜色、外形、出厂日期，并且价钱也差不多，因此，甲电视机与乙电视机的图象质量一样。此推理属于类比不当，类比推理相同属性与推出属性之间的相关程度比较低。

例2：看到鱼类和鲸都是水生生物，都有相似的体形，就类推鲸也是一种鱼，就是机械类比。实际上，鲸用肺呼吸，胎生，是哺乳动物。鱼类是卵生的，二者的区别很大。生物学上用形态来分类也容易导致这样的错误，所以，后来用基因来分类就可靠得多。

例3：哈伯的新车有鲜亮的蓝色和真皮内饰，还特别省油。克劳力的新车也有鲜亮的蓝色和真皮内饰，所以克劳力的新车也可能非常省油。在这一论证中，两个实体都有汽车的属性，也就是汽车必须具有的属性，比如有四个车轮、颜色和内饰。由于这些属性与省油的属性没有系统上的或者因果上的联系，所以该论证犯了弱类比的谬误。

2. 类推不当

类推不当的谬误是指由于忽视时间因素对样本属性的影响，机械地以样本属性为根据，对一类事物的现在或未来做出的概括或类推。其谬误在于忽视已经发生的重要事件可能会随着时间的推移而发生变化，使得基于这类事件所归纳出来的结论变得不大可能。

例1：上次我打得赢他，我这次一定也打得赢他。

分析：上次打得赢，这次不一定能打得赢，世上没有常胜将军。

例2：高校的围棋比赛马上就要开始了，记者就高校A和高校B的比赛成绩做了预测：在以往两校的比赛中，高校A的胜率高达90%，所以这次比赛一定也是高校A取胜。

分析：由于很可能高校A的原来取胜的那些选手都已经毕业了，那么，这次比赛的选手与以往比赛的选手可能会有实质性的区别，显然，这次比赛高校A就不一定能取胜了。

例3：政治记者汤姆分析了奥巴马之前的十届美国总统的各种讲话和报告，发现其中有不少谎话，特别是关于经济问题的。因此，汤姆推断：奥巴马关于恢复美国经济的承诺也是谎话。

分析：由对过去事例的观察不能逻辑地推出将来类似事例仍会发生的普遍结论。从以往美国总统的表现不能推出现任美国总统的表现。

3. 相似谬误

类比的链条越长，最后的相似度就会越低，类比也就越会出现弱化，其结论当然也就越不可信，越不贴切。这种由于类比链条长而出现了弱化的类比，叫作“相似谬误”。

有些关系在传递的过程中，由于比较的对象有了变化，相似度会因传递的链条越长，越容易出现弱化。相似谬误属于类比谬误，它是在心理上认定相似性的“质”不会有所改变，从而忽视了相似性在“质”上的比较标准可能不一，在“量”上的可能递减，一味照猫画虎，结果画虎不成反类犬了。A与B相似可以按某一属性为标准，但B与C相似则又可以按另一个属性为标准，如此类推，第一个类比事物与最后一个类比事物相似的标准就不可捉摸，也许会风马牛不相及。

最典型的由于类比链条长而出现相似谬误的例子，要算是《吕氏春秋·察传》中的“狗似人”了：狗似玃（jue，似猕猴而形体较大），玃似母猴，母猴似人，狗似人。

（三）案例分析

例1：分析下面的论证在概念、论证方法、论据及结论等方面的有效性。

狮子与野驴一起外出打猎，狮子力气大，野驴跑得快，它们抓获了许多野兽。狮子把猎物分开，堆成三份，说道：“这第一份，该我拿，因为我是王。第二份也该是我的，把它算作我和你一起合作的报酬。至于第三份呢？如果你不准备逃走，也许会对你有大害。”狮子不仅把所有的猎物占为己有，并且差点把野驴也吃掉了。公司经营也是一样。如果想要吞并比自己实力弱的公司而联合比自己实力雄厚的公司，最后的结果就只能是和这只野驴一样，不仅自己一无所获，而且会面临自己被消灭的危险。所以，企业最好的竞争战略不是和比自己强大的企业合作，而是应该和比自己弱的企业合作，一起来对抗更强大的企业。

分析：上文通过狮子和野驴的合作来类比大公司与小公司的合作，犯了类比不当的逻辑谬误，其逻辑缺陷可以从类比论证的批判性问题来分析。

下面提供参考分析评论。

上文论述，狮子与野驴合作狩猎的结果是：狮子不仅把猎物占为己有，并且差点把野驴吃掉，由此作者认为，同样的情形也会发生在公司经营上，小公司最好的竞争战略不是同大企业合作，而是联合小企业与大企业抗衡。这一类比论证是有严重缺陷的，现剖析如下：

首先，作者把小公司类比为野驴，大公司类比为狮子，由于大公司、小公司与狮子、野驴不是同类对象，把这两类对象进行类比是不恰当的。

其次，大公司、小公司与狮子、野驴除了大小之间的相似性外，没有本质上的相似性。野驴、狮子是动物，不存在理性思维，只有眼前和本能的需求，而大公司、小公司是由理性的人组成的，具有长远和整体的需求，因此，这两者是不适合进行类比的。

再次，大公司、小公司与狮子、野驴存在明显的相异性，野驴与狮子的合作是建立在生存的需要上，甚至是不计风险和后果的。而公司经营完全不是这样。小公司与大企业的合作战略是公司管理层在战略理性思维的基础上，根据实际情况制定的，对其合作的目的、前景和可能的风险都有理性的预测和相应的对策。

另外，作者认为小公司与大企业合作的最终结果就是被消灭，这又犯了片面推论的错误。其实在当今的商战中，小公司可以通过细化市场、差异性战略，在强手如林的公司竞争中生存，很多时候选择与大企业合作，如负责大公司上下游的某个方面，或者承包大公司的部分产品或零配件，是小公司得以壮大发展的必要手段，借此它也有机会成为大企业。上文只强调了小公司与大企业合作可能存在的风险，却忽略了其合作的价值，其推论不免过于片面。

最后，在经营上不是朋友就是敌人，这犯了绝对化的错误。其实公司的经营决策是根据自身与对方的状况、市场变化与未来走势等因素，从而适时地选择战略合作伙伴。上文过于强调了合作的风险，事实上，大公司与小公司合作也可以取得比较优势，也有利于自身的发展，如果能取得双赢，大公司没有理由要消灭小公司，小公司也不一定要选择比自己弱的企业合作来一起对抗大企业。

总之，由于上文类比不当，得出的结论是有失偏颇的，其论证是不合理且无效的。

例 2：分析下面的论证在概念、论证方法、论据及结论等方面的有效性。

实验人员先把一锅水煮沸，然后把一只青蛙扔进锅里，在这生死存亡的关头，这只青蛙的反应相当敏捷，它双腿一蹬，竟跳出锅外。隔了半小时，实验人员又架起一口锅，注满常温的清水，然后把那只青蛙扔进锅里。这一回，青蛙游得逍遥自在。实验人员则悄悄在锅下面加热，青蛙并不在意，仍然一副悠哉悠哉的样子。等到水不断升温、青蛙感到难以忍受时，它再也没有那一跃而起的力量，最终只得葬身锅底。

这个青蛙实验告诉我们，越是危险的市场环境，越是能激发企业的警觉和生命力，所以企业实际上也就越是安全。相反，越是舒适的环境，也就越是危险，因为置身于舒适的环境之中必然会丧失警觉，逐渐形成一种固定的习惯和模式。一个企业，一旦陷入了这种固定的习惯和模式之中，就会缺乏对环境的敏感度。由于环境每时每刻都在改变，所以，不变的企业只会被变化了的市场所淘汰。因此，一个好的企业就必须有勇气打破和抛弃一切原有的习惯和模式，并自觉地把自己投入到危险的市场环境之中去。

分析：上文用青蛙实验来类比企业的经营之道，犯了类比不当的谬误，其论证缺陷可以从两类对象是否可比，是否具有相似性，是否还具有相异性，前提与结论之间是否具有相关性，类推出的结论是否恰当等角度进行评估。

下面提供参考分析评论。

从青蛙实验中发现，把青蛙扔进煮沸的锅中，因其对危险环境的反应，而敏捷地跳出。将青蛙放入温水中，由于青蛙对身处的潜在危险难以察觉，最终丧失了一跃而起的力量，只得葬身锅底。作者由此类推出企业的经营之道，由于其论证方法不当而导致其结论不可信，现把主要逻辑缺陷分析如下：

首先，上文论证是把企业类比为青蛙，企业所面临的环境类比为青蛙所处的锅，由于这两类事物不是同类对象，因此，不具有可比性。

其次，由于青蛙是动物，其对环境的反应是一种本能的反应，完全是被动的；而企业是由人所组成的，企业对环境的反应更多的是理性反应，是主动的。因此，这一类比论证欠妥当。

再次，作者通过青蛙实验类推出，越是危险的市场环境，越是能激发企业的警觉和生命力，所以企业实际上也就越是安全。这一结论是片面的。危险的市场环境诚然能激发企业的警觉和生命力，但市场是非常复杂的，如果企业的警觉不能带来有效的应对措施，企业不可能安全。

另外，作者通过青蛙实验进一步类推出，企业若处于危险环境中会自动变革，而处于舒适环境中会由于缺乏对环境的敏感度而被市场淘汰。这一结论是片面的，因为企业不是低等动物，在舒适环境中并不必然导致丧失对环境的敏感度，关键是企业家等企业人员是否具备居安思危的素质，能否正确应对未来环境的变化。

最后，“一个好的企业就必须有勇气打破和抛弃一切原有的习惯和模式，并自觉地把自己投入到危险的市场环境之中去”，这一结论是不恰当的。好企业原有的习惯和模式是其成功的经历所形成的，有其合理性，市场的变化很多是渐进和相对的过程，企业难道需要完全摒弃所有的习惯和模式吗？适度和渐进的变革对企业成长来说是需要的，但完全抛弃原有的模式就犯了绝对化的错误。

总之，由于上文的类比论证存在诸多逻辑漏洞，其结论是缺乏说服力的。

第二节　实践推理

实践推理在主体指向目标的行动的理智商议情形的范例中最为明显，表现为以下这些性质：目标、行动、知识、反馈、行动顺序的复杂性、行动描述的层级、预见后果、可塑性（不同的行动路线）、知识储存（知识库收回或添加新命题）、持续（当某个行动被阻碍时尝试其他的行动）和批评（批评或评估行动）。

一、方案论证

典型的实践推理是方案论证，即为达到一个目的而提出一个拟采取的行动方案（方法、建议、计划），是一种从目标到实现该目标所需要的行动的论证。

下面分别就如何强化和弱化一个方案论证进行分类论述。

（一）强化方案

强化一个方案论证的办法可分为两种：

1. 方案可行

（1）该方案（方法、建议或是计划）可以达到目的或目标；

（2）该方案（方法、建议或是计划）可以操作。

2. 方案可取

（1）该方案（方法、建议或是计划）没有副作用，或者即使有副作用，但优点大于缺点；

（2）没有比该方案（方法、建议或是计划）更好的其他解决方法。

例 1：欧洲蕨是一种有毒的野草，近年来在北半球蔓延并且毁坏了许多牧场，对付这种野草有一种花钱少而且能够自我维持的方法，就是引进这种植物的天敌，因此，一些科学家建议，将产于南半球的以欧洲蕨为食的蛾子放养到受这种野草影响的北半球地区，以此来控制欧洲蕨的生长。

分析：上文提出一种解决方案：为对付欧洲蕨，而引入其天敌蛾子。

要说明此方案可行，必须表明，所放养的蛾子能够在北半球存活下来，并且能够形成一个足够大的群体，以便降低欧洲蕨的数量并阻止其生长。否则，如果放养的蛾子不能以足够的数量存活下来，并形成一个足够大的群体来减少欧洲蕨的数量并阻止其生长，那么，意味着引入天敌作用不大，上述方案就无效了。

例 2：由于吸烟有害人们的健康，无端地增加医疗开支，因此政府明确规定：禁止在新闻媒体和公共场所做香烟广告。在这种情况下，许多烟厂便转而出资赞助可以在电视上转播的大型体育活动，以达到广告宣传的目的。

分析：上文论述，为达到广告宣传的目的，许多烟厂出资赞助在电视上转播的大型体育活动。

要说明此方案可行，必须假设，烟厂名称在新闻媒体上频频出现，可以引导和刺激人们对它们产品的需求。否则，如果烟厂名称在新闻媒体上频频出现，并不能引导和刺激人们对它们产品的需求，那么烟厂赞助就达不到广告宣传的目的了。

例 3：张教授指出，生物燃料是指利用生物资源生产的燃料乙醇或生物柴油，它们可以替代由石油制取的汽油和柴油，是可再生能源开发利用的重要方向。受世界石油资源短缺、环保和全球气候变化的影响，20 世纪 70 年代以来，许多国家日益重视生物燃料的发展，并取得显著成效。所以，应该大力开发和利用生物燃料。

分析：上文陈述，由于石油资源短缺，所以，应该大力开发和利用生物燃料。

要说明此方案可行，必须假设，发展生物燃料可有效降低人类对石油等化石燃料的消耗。否则，如果发展生物燃料并不能有效降低人类对石油等化石燃料的消耗，那么上述建议方案也起不到真正的效果。

例 4：美国扁桃仁于上世纪 70 年代出口到我国，当时被误译为“美国大杏仁”。这种误译导致大多数消费者根本不知道扁桃仁、杏仁是两种完全不同的产品。对此，我国林业专家一再努力澄清，但学界的声音很难传达到相关企业和民众中，因此，必须制定林果的统一行业标准，这样才能还相关产品以本来面目。

分析：上文论述，由于扁桃仁和大杏仁被误用，为还相关产品以本来面目，因此，必须制定林果的统一行业标准。

要表明这一措施是有必要的，必须假设，长期以来，我国没有林果的统一行业标准。否则，如果我国已经有了林果的统一行业标准，那么就不必制定这一标准了。

例 5：计算机的操作系统软件日益标准化，但当一大公司处于多重连接系统的每一台计算机都使用同一种操作系统软件时，一个进入一台计算机的计算机破坏者，就会自动地访问所有的计算机，使用一种叫作“病毒”的程序，破坏者可以破坏掉所有计算机中的许多数据，如果这样的公司在它的操作系统软件中做一些微小的改变，实际上就可消除在同一时间无经授权就可访问所有计算机的现象。并且，在操作系统软件上所做的改变并不会使公司的计算机的兼容性受损。因此实施这样的改变对公司来说是可取的。

分析：上文论述，如果公司在它的操作系统软件中做一些微小的改变，就可消除在同一时间无经授权就可访问所有计算机的现象。

要使公司这一预防措施可行，不但要求该措施在技术上可行，而且要求该措施在经济上可行，即改正由于计算机病毒程序入侵而造成的破坏的费用要比预防它昂贵得多。

（二）弱化方案

弱化一个方案论证的办法可分为两种：

1. 方案不可行

（1）该方案（方法、建议或是计划）不能达到目的或目标，即使那样做也解决不了问题。

（2）该方案（方法、建议或是计划）本身不完善、不能执行或无法操作。

2. 方案不可取

（1）该方案（方法、建议或是计划）有副作用，并且其所带来的负面效应往往大于正面效应。

（2）有比该方案（方法、建议或是计划）更好的其他解决方法。

例 1：阔叶树的降尘优势明显，吸附 PM2.5 的效果最好，一棵阔叶树一年的平均滞尘量达 3.16 公斤。针叶树叶面积小，吸附 PM2.5 的功效较弱。全年平均下来，阔叶林的吸尘效果要比针叶林强不少。阔叶树也比灌木和草的吸尘效果好得多。以北京常见的阔叶树国槐为例，成片的国槐林吸尘效果比同等面积的普通草地约高 30%。有些人据此认为，为了降尘，北京应大力推广阔叶树，并尽量减少针叶林面积。

分析：上文论述认为，为了降尘，北京应大力推广阔叶树，并尽量减少针叶林面积。

这一提议是有缺陷的，如果事实上，阔叶树与针叶树比例失调，不仅极易暴发病虫害、火灾等，还会影响林木的生长和健康。这就意味着上述方案不可行，从而有力地削弱了上文中有关人员的观点。

例 2：从国外引进的波儿山羊具有生长速度快、耐粗饲、肉质鲜嫩等特点，养羊效益高。我国北方某地计划鼓励当地农民把波儿山羊与当地的山羊进行杂交，以提高农民养羊的经济效益，满足发展高效优质羊肉的生产需要。

分析：上述计划的可行性是有问题的，如果事实上，波儿山羊耐高温不耐低温，杂交羊不能适应当地的气候条件，那么就对“把波儿山羊与当地的山羊进行杂交，以提高农民养羊的经济效益”的计划的可行性提出了强烈的质疑。

例 3：这里有一个控制农业杂草的新办法，它不是试图合成那种能杀死特殊野草而对谷物无害的除草剂，而是使用对所有植物都有效的除草剂，同时运用特别的基因工程来使谷物对除草剂具有免疫力。

分析：上文论述指出，新的除草办法是使用对所有植物都有效的除草剂，同时用基因工程使谷物对这种除草剂具有免疫力。

这一提议是有疑问的，如果事实上，虽然基因重组已使单个的谷物植株免受万能除草剂的影响，但这些作物产出的种子却由于万能除草剂的影响而不发芽。这意味着，种子不会发芽，该作物物种就要灭绝，从而说明该办法不可取。

例 4：在生产塑料制品时使用石油应当用法律进行限制和规范。我们国家对石油在能源供应上的需求比塑料要重大得多。此外，我们对进口石油日益增长的依赖可能会导致一个严重的后果，比如说，如果战争爆发，进口的渠道就失去了。通过减少我们在塑料生产中的石油用量，我们就向能源供应的自力更生迈了一大步，也更增强了我们国家的安全。

分析：上文论述指出，为增加国家能源安全，减少石油用量，在生产塑料制品时使用石油应当用法律进行限制和规范。

这一措施的效果值得质疑，如果事实上，这个国家消耗的石油中只有一小部分是用于塑料生产的，这意味着限制在生产塑料制品时使用石油对能源安全的意义不大。

例 5：也许令许多经常不刷牙的人感到意外的是，一种不良习惯已使他们成为易患口腔癌的高危人群。为了帮助这部分人早期发现口腔癌，市卫生部门发行了一本小册子，教人们如何使用一些简单的家用照明工具，如台灯、手电等，进行每周一次的口腔自检。

分析：上文论述指出，为了帮助经常不刷牙的人早期发现口腔癌，卫生部门发行了一本教人进行口腔自检的小册子。

上述小册子的效果是值得怀疑的，如果事实上，经常不刷牙的人不大可能做每周一次的口腔自检，那么，发行的小册子就达不到卫生部门所希望的效果。

例 6：纯种的蒙古奶牛一般每年产奶 400 升。如果蒙古奶牛与欧洲奶牛杂交，其后代一般每年可产 2 700 升牛奶。为此，一个国际组织计划通过杂交的方式，帮助蒙古牧民提高其牛奶产量。

分析：上述国际组织的计划的效果是值得质疑的，如果事实上，蒙古地区的放牧条件只适于饲养当地品种的奶牛，不适合杂交奶牛生长，这意味着杂交奶牛在蒙古不适合养殖，这就对上述计划的可行性提出了严重的质疑。

二、方案评估

下面的论述方案论证评估准则，并提供相应的案例分析。

(一) 评估准则

1. 方案论证的形式

目标前提：有一个目标 G。

方案前提：主体 A 拟采取行动方案 a，作为实现 G 的手段。

结论：因此，主体 A 应该执行行动 a。

2. 方案论证的评估标准

评估一个方案论证，可提出如下批判性问题。

CQ1. 有效性问题：方案能达成目标吗？

即对主体 A 采取行动方案 a，证明它在理论上可行的理由存在，要考虑该方案（方法、建议或计划）在理论上可行，能达到目标。所谓在理论上不可行是指执行该方案（计划、建议或方法）达不到目标、目的或要解决的问题。

CQ2. 操作性问题：方案可以操作吗？

即对主体 A 采取行动方案 a，证明它在实践操作上可行的理由存在，要考虑该方案（方法、建议或是计划）在实践上可行，现实，可操作。所谓在实践上不可行是指该方案（计划、建议或方法）不能执行，也就是无法操作。

CQ3. 否定性副作用问题：操作该方案会带来不好的副作用吗？

即对主体 A 采取行动方案 a 而形成的副作用，应充分考虑。要考虑该方案（方法、建议或计划）是否可取，是否有副作用，优点是否大于缺点。所谓不可取是指，该方案（计划、建议或方法）可能能达到目的，但有副作用，并且缺点往往大于优点（也就是不能那样做，如果那样做就会带来害处）。

CQ4. 选择手段问题：还有其他实现目标的方案吗？

即除了行动方案 a，有实现 G 的其他方案吗？那些与主体 A 采取方案 a 不同但也能实现 G 的其他行动应被考虑吗？

CQ5. 最佳选项问题：有更好的其他解决方案吗？

即对主体 A 来说，行动方案 a 是一个最佳的选择吗？在 a 方案和这些其他行动方案之中，哪个可被证明是最有效的？

CQ6. 冲突目标问题：有与目标冲突的其他目标吗？

除了目标 G，主体 A 有与实现目标 G 可能冲突的其他目标吗？

【案例】

眼镜蛇效应

在殖民时代的英属印度，德里市民深受眼镜蛇大量繁殖之苦，这显而易见是个需要破解的问题。鉴于眼镜蛇带来的害处，比如死亡，为了减少城市里爬行的眼镜蛇数量，当地政府悬赏捕杀它们。这似乎是个非常合理的解决方案。丰厚的赏金让很多人开始猎杀眼镜蛇，这导致了预料中的结果：眼镜蛇数量减少了。

接着是事情开始变得很无奈。随着眼镜蛇数量的减少，野外再难寻到眼镜蛇，人们于是表现出了卓越的企业家才能。他们开始在家里饲养眼镜蛇，然后像以往一样，杀死这些“家蛇”，以获得赏金。这就带来了一个新问题：当地政府意识到，在这座城市里，肉眼可见的眼镜蛇已经非常稀少，但政府仍然按照之前的水平支付赏金。于是，市政官员做了件合情合理的事：他们取消了赏金。那些在家里养眼镜蛇的人，也相应地做了一件合情合理的事：他们把现在毫无价值的眼镜蛇放归街头，谁想要满屋子的眼镜蛇呢？最后，在悬赏结束后，德里市民面临的眼镜蛇问题比之前更为严重。灭蛇计划的意外后果是街头眼镜蛇的数量增加。

这个案例成了一个典范：试图解决问题的努力，最终反而让规则制定者想要解决的问题更趋于恶化。

相似的事情发生在20世纪80年代末的墨西哥城。当时的墨西哥城正承受着1 800万居民驾车造成的极端空气污染。市政府出台了“尾号限行令”。这是一项旨在减少汽车污染的法律。在冬季空气污染最严重的时候，每天有20%的汽车（由车牌尾号决定）不准上路。

然而奇怪的是，不让这些汽车上路，并没有改善墨西哥城的空气质量，事实上反而让情况变得更糟。因为人们的需求不会因为一道简单政府法令而改变。墨西哥城居民很可能希望他们的城市空气质量更好，但也需要上班和上学。居民对禁令的反应方式是规则制定者没预见到的。让一些人拼车或乘公交才是制定该规则的真正意图。然而，禁令实行以后，有人选择了打车，而当时的出租车比一般汽车排放更多的污染。还有些人买了第二辆车，当然车牌号不同，每周常用车被禁开的那天，他们就驾驶这第二辆车。他们买了什么样的第二辆车呢？买的是最便宜的、只要能开得动的车，而这些车向城市排放污染的量，远远高于不许驾驶的那些汽车。（根据百度百科整理）

（二）案例分析

例1：分析下面的论证在概念、论证方法、论据及结论等方面的有效性。

某校由于学校的住房入住率比上学年有所下降，住房收入也相应减少。为解决这一问题，学校分管住房的官员提出建议，应该减少房源，以提高入住率。另外，要降低房租，吸引学生不在校外租房，从而扩大校内住房需求。

分析：对该建议方案，可以从能否达成目标、是否可以操作、是否会带来不好的副作用、是否有其他实现目标的方案等几个方面来进行评估。

下面提供参考分析评论。

学校为解决住房入住率下降而导致的住房收入减少这一问题，提出了减少房源并降低房租的建议，由于其考虑欠周，该方案缺乏可行性。现把其主要逻辑缺陷分析如下：

首先，该方案不能达到提高住房收入的目标。通过减少学校房源，表面上是提高了住房的入住率，而实际上这种入住率的提高只是一种相对入住率的提高，而不是绝对入住数量的提高，实际入住的住房数量还有可能下降，反而有可能进一步降低住房收入。

其次，通过降低房租，确实能提高学校住房的入住率，而住房收入取决于房租和入住率这两个因素，因此，即使提高了入住率，但由于房租降低了，其住房收入是否能提高是个未知数。

再次，减少房源并降低房租这一措施，可能会导致只能解决一部分师生的住房需求，而使得其他需要解决住房需求的师生租不到房子，从而会导致产生一些不必要的矛盾。

最后，要分析住房入住率的降低是否存在着其他方面的原因，比如住房质量是否较差、服务态度是否较差、房间设备是否陈旧等。因此，学校如果能对住房进行适当的翻新维修、提高服务质量、更新必要的房间设备，或许就能有效提高入住率，从而提高住房收入。

总之，减少学校房源、降低房租无益于学校住房收入的提高，如此解决问题的方法只能是徒劳的，因此，该建议方案不可取。

例 2：分析下面的论证在概念、论证方法、论据及结论等方面的有效性。

只要市民不直接施舍街头流浪乞讨者，流浪乞讨现象将会大大减少。不过，这样的做法，尽管会减少假乞丐的数量，但是对真正无家可归的乞丐无疑十分不利。因此，市流浪乞讨人员接济站认为，建议市民不直接施舍钱物的同时，必须有配套方案出台。应该在流浪乞讨者较集中的地段，摆放固定信息设施，如提示牌、灯箱，利用这些设施，让乞讨者可以得到《救助站指引卡》。卡片上写明救助站的地理位置、乘车方式和联系电话，流浪乞讨者可依据提示前往。这样，一方面加强了对流浪乞讨人员的管理，净化了市容市貌，另一方面不会伤害到这些弱势群体，实实在在地帮助真正的无家可归者。

分析：上文是一则为达到一个目的而提出一个建议的实践论证，可简述为：为减少流浪乞讨现象，减少假乞丐，净化市容市貌，帮助真正的无家可归者，接济站在建议市民不直接施舍钱物的同时，出台配套方案，即在流浪乞讨者较集中的地段摆放固定信息设施，让乞讨者可得到《救助站指引卡》，流浪乞讨者可依据指引卡的提示前往救助站。

下面提供参考分析评论。

认真分析上文所论述的市流浪乞讨人员接济站提出的配套救助措施，发现该方案没有经过充分的调查和研究，缺乏可行性，对其逻辑缺陷分析如下。

首先，要考虑的是这一方案能否达成目标。其实真正的乞丐中很多可能并不愿意去救助站，他们的乞讨不一定是为了解决他们自身的生存，很可能是他们家中有人得重病或者其他原因欠债需要钱，而救助站只能暂时提供给他们最基本的食宿，解决不了他们的困难和愿望。

其次，要考虑这一方案是否可以操作。有可能很多真正的乞丐并不清楚救助站能提供什么，也许他们认为是收容所，会让他们丧失自由或担心受虐待而不敢去，因此，即使拿到《救助站指引卡》，他们也不会主动去，而且即使他们有些人愿意去，但可能有些人不识字，也不敢打电话，乘坐公交车也缺少车费，因此，让这些人自行前往救助站也不是很现实。

再次，要考虑操作该方案是否会带来不好的后果。即使实行了这一方案，有些真正的乞丐去了救助站，他们可能也不会愿意长期呆在救助站，暂时解决温饱后，他们可能照样出来乞讨，并不能真正解决流浪乞讨的问题。

最后，要考虑是否有其他更好的解决方案。比如，要分清不同类型的乞丐，包括：年老或残疾者、无工作能力又被家庭抛弃者、虽没有丧失工作能力但好吃懒做者、重度残疾并被黑社会组织所强迫乞讨者、患精神病而离家出走者等，针对不同类型的乞讨者应采取不同的有针对性的办法，为这些流浪乞讨者解决生计问题，并重塑他们对生活的信心等等。这样才能真正解决街头流浪乞讨问题。

综上所述，上述这个配套方案由于漏洞颇多，因此该救助方案可能形同虚设，根本就不会产生理想的救助效果。

第八章
科学假说

科学创新需要通过对科学现象的分析，提出问题、形成见解，在此基础上构建假说并且设计实验确证假说，然后得出结论并应用科学规律等。

科学假说是指根据已有的科学知识和新的科学事实对所研究的问题做出的一种猜测性陈述，是科学理论思维的一种重要形式。科学理论发展的历史就是假说的形成、发展和假说之间的竞争、更迭的历史。

第一节　假说概述

科学发现的起点是科学研究者提出假说来解释自然现象，然后设计实验来检验这些假说，这种实验需要在可控条件下模拟自然现象。正如胡适提倡的科学方法是“大胆的假设，小心的求证”。

一、假说含义

假说是根据已有的事实或知识，对未知的现象及其规律性做出假定并证明这个假定的思维过程。在日常生活经历中，几乎我们每个人都使用假说推理，通过构造假说来弄清情况，从而指导下一步的行动。

在科学研究中，假说可以理解为，在形成科学理论的过程中，开始构建理论雏形的那个阶段的设想。假说的内容构成通常是非常复杂的。它包含有理论的陈述，又包含有事实的陈述。而且，它既有真实性尚未判定的内容，又有比较确实的内容。

假说是科学发展的一种形式。各门科学在发展中，都曾提出过一定的科学假说。在天文学中，康德、拉普拉斯关于太阳系起源的星云假说，地质学中，李四光提出的地质力学的假说，物理学中关于原子结构各种模型的假说，化学中关于元素周期性变化的假说，生物学中达尔文提出的自然选择学说以及关于生物起源的海洋学说、生物遗传和变异的假说等等，都是根据已知的科学原理和科学材料，对未知的自然现象及其发展规律所做的假定性的解释。

假说是有待验证的解释。真正的科学理论，其中的每一个解释都是在合宜的证据，即事实的基础上提出的。当科研人员在对一组事实现象进行解释的时候，这些解释还期待着继续的试探和证实，这个时候的解释，就是科学的解释。这种科学的解释就是假说。

【案例】

运动增强免疫力吗?

有两个研究:

一个是某大学的研究人员把实验老鼠分为两组，一组在笼子里安逸地休息，一组则让它们奔跑到精疲力竭，像这样重复三天。然后让这些实验老鼠处于流感病毒环境中。几天后，狂奔的老鼠得流感的比例多于休息的老鼠，它们的症状也更重。

另一个研究是先让实验老鼠染上一种严重病毒，并将它们分成三组。然后让第一组老鼠休息，第二组做20～30分钟的适度慢跑运动，第三组跑2个半小时。重复这样的对比实验三天，直到它们开始表现出流感症状。结果，休息的老鼠死了一半以上，适度慢跑的只有12%死了，而跑2个半小时的老鼠死了70%，并且这一组中即使那些活下来的也比别的组的老鼠症状更重。

实验的结论是，适度运动对老鼠的免疫力有增强，比静止不动的好；但是如果运动到了精疲力竭的时候，老鼠的免疫力反而比静止不动的还低。

自然，这样的认识并不新鲜，大家早就晓得“适度运动”最好，还用你研究?确定运动程度和免疫力强弱的关系存在，只是科学研究的第一步。第二步，寻找因果解释才是要旨:为什么这样，运动怎样导致了免疫能力的变化，为什么运动过度反而抑制了人体的免疫能力。根据已有知识，科学家提出假说，认为应通过细胞的免疫作用来解释这个现象。

上述大学的科学家通过观察染病老鼠的细胞发现，适度锻炼的老鼠表现出一种非常特别的对病毒的免疫反应。一般而言，在老鼠和在人身上一样，病毒会引起所谓Thl型免疫细胞的增加。Thl型免疫细胞引起身体发炎等变化，成为抵抗病毒侵入的第一道防线。不过如果炎症时间太长，便会起反作用。免疫系统这时便需要减少由Thl型细胞引起的炎症反应，使之不会影响身体自身。因此免疫系统便逐渐增加另外一种细胞ThZ型细胞，由它们来产生抵抗炎症的免疫反应，等于向Thl型细胞引起的火上浇水。Thl和ThZ细胞之间的这种平衡很精致微妙。

在上述大学的实验中，适度运动的老鼠以精致的方式逐渐增加ThZ细胞的免疫反应，刚好产生正面的抵抗流感的作用。适度运动可以一点点地压制Thl细胞。而剧烈运动可能急速压制Thl细胞。

可见，科学探索的深层目标是形成关于因果机制的假说。

二、假说特点

任何一门科学理论，假说都是不可少的。假说是通向新的科学理论的必要环节，是开拓科学新领域，打开科学宝库的钥匙。假说是观察、思考和实验的结果，又是进一步观察、思考和实验的起点。科学假说主要有以下基本特点:

1. 科学性

科学假说是对自然奥秘的有根据的猜测，它是人类洞察自然的能力和智慧的高度表现。科学假说与宗教迷信等蒙昧无知之类的胡说是根本不同的。假说是在科学知识的土壤里生长的，任何假说的提出都以一定的相关事实作为支持它的经验证据，也以一定的相关原理作为论证它的理论前提。

2. 导向性

科学假说对科学研究具有定向作用，是寻求真理的向导。既然假说是对未知的自然现象及其规律的一种科学的推测，那么，人们便可以根据这种推测确定自己的研究方向，进行有目的、有计划地观测和实验，避免盲目性和被动性，充分发挥主观能动性和理论思维的作用。因此也就有可能在科学上有所发现，有所突破。

3. 推测性

推测性的基本思想和主要论点，是根据不够完善的科学知识和不够充分的事实材料推想出来的，它还不是对研究对象的确切可靠的认识。假说立足于事实，但又不受事实的局限，假说对未知对象提出大胆的设想，而又深入到实践当中去寻求答案。这样，也就能够不断地推动人们去探索、去突破，这就可能打开另一个新天地，获得惊人的发现。

4. 实践性

科学假说是建立在一定实践经验的基础上，并经过了一定的科学验证的一种科学理论。它既与毫无事实根据的猜想、传说不同，也和缺乏科学论据的冥想、臆测有区别。确切地说，科学假说是科学性与推测性的对立与统一。它既包含着真，又包含着假，是真与假的对立与统一。它有可能失真而成为假，也有可能由假而转为真。因此，假说又是理论形成中的生与亡的对立统一。这种对立统一的转化条件在于实践，实践是检验假说的唯一客观标准。

5. 过渡性

人的认识过程是复杂曲折的，对假说的检验过程也呈现出复杂性和曲折性。预言的一次成功，并不能完全证实这一假说，但确实在一定程度上证明了或增添了它的真理性；预言的一次失败，也不一定能据此推翻这一假说，因为一个假说实际上总是和其他一些前提条件（或称辅助性假说）结合在一起导出某一预言的。即使是预言的完全失败，问题可能出在这一假说本身，也可能出在其他的条件方面，有时还要检查实践方式本身，例如实验仪器、实验操作乃至计算方法是否存在差错等等。科学的历史表明，曾经失败过的科学假说，随着时间的推移，在新的条件下也会“死而复生”；而获得成功的科学假说，也有可能重新陷入困境，需要加以改进，甚至要被新的假说所代替。

6. 可检验性

这里所说的可检验性指的是原则上的可检验性，而非技术上的可检验性。我们通过观察而获得假说，又通过对这些假说的验证增进我们对这个世界的理解。科学的每一个进步都是对假说予以验证的结果，科学的假说必须是可测试的，一个原则上不可检验的陈述是没有科学价值的。如果提出一个无法证实的构想，这就只是构想，因而就不是一个科学假说。可检验性是科学假说的必要条件，而对科学假说最有力的支持就是它所预言的事实为尔后的实践所证实。即人们可以继续为这个假设的科学理论提供证据，从而使之形成一个获得科研人员共识的科学理论。但是，即使一个假说经过检验形成了科学理论，它仍然需要继续接受检验，真正科研人员的科学信念必定不是教条式的。

有的假说根据目前的理论水平来看，是可以检验的，但由于技术上的条件尚未具备，检验不能立即实施，所以此假说具有原则上的可检验性，而不具备技术上的可检验性。假说的可检验性同假说的预言和推论紧密相连。如果一个假说不能做出任何预言，那它并不具备可检验性。相反，假说的推论和预言中可以被检验的越多，假说的优劣越易判断。

7. 可证伪性

如果一个假说被制定得太广泛和普遍，以至于矛盾的证据也能为它进行确证，那么这个假说并不能真正地被任何东西所确认。哲学家卡尔·波普尔认为，任何真正的科学假说必须被足够严密地限定，以便它能避免这类问题的发生。也就是说，假说必须是能被证伪的。这就意味着为了使证据能反驳它们，假说应该被足够严密地限定。

8. 可解释性

假说的提出是以经验事实为依据的、对科学问题的解释。假说总是按照预先设定，对某种现象进行解释，即根据已知的科学事实和科学原理，对所研究的自然现象及其规律性提出说明，而且数据经过详细的分类、归纳与分析，得到一个可以被接受的解释。因而假说要尽可能地解释已有的科学事实。

9. 可预测性

假说的提出不仅可以解释已知的事实，更重要的是它还可以对未知的或对未来的事实做出推论。例如，大陆漂移说、广义相对论、大爆炸宇宙论等。但是，由于实践检验的历史局限性，由假说推出的论断虽然原则上可以检验，不过当时无法完成，要等待条件具备时才行。这就是说，假说预测的未知事实应当可以检验，但会受当时检验技术水平的限制。

三、假说演绎

假说演绎法又称为假说演绎推理，是现代科学研究中常用的一种科学方法。具体是指在观察和分析基础上提出问题以后，通过推理和想象提出解释问题的假说，根据假说进行演绎推理，再通过实验检验演绎推理的结论。如果实验结果与预期结论相符，就证明假说是正确的，反之，则说明假说是错误的。

其中，所谓演绎推理，是指从一般性的知识的前提推出一个特殊性的知识的结论这样一种推理方法，其前提和结论之间的联系是必然的，一个演绎推理只要前提真实并且推理形式正确，那么，其结论就必然真实。

构建和验证假说的步骤，就是进行假说演绎推理的常规步骤，是科学研究的一般模式，也是科学发现和验证的常用方法。可以分解成以下几个步骤或阶段。

1. 提出问题

科学研究总是开始于某个问题，通过观察现象、发现问题、提炼问题来提出所面临的科学问题。

①观察现象：通过观察、实验，发现反常、奇怪的事实、现象。

②发现问题：根据所观察到的现象，发现观念、理论的矛盾冲突。

③提炼问题：搜集一定数量的事实、资料，在分析和思考的基础上，从更本质的角度提炼出科学问题。

2. 提出假说

为回答问题，要充分运用各种有关的科学知识，并且灵活地展开归纳和演绎、分析和综合、类比和想象等各种思维活动，形成解答问题的基本观点，而这种观点常常表述为新的科学概念，并以此构成假说的核心。

①提出猜想：通过推理和想象进行猜想、猜测，提出解释问题的初始假说。

②收集证据：收集额外事实。

③修正假说：根据收集到的证据对初始假说进行一般检验，形成解释问题的修正假说。

④一般检验：检验假说对已知事实的解释。

⑤形成假说：通过以上四个步骤循环往复，不断地修正并最终形成精致的假说。

3. 演绎推论

根据构建出来的假说，进一步演绎并推出结论。

①根据假说对相关已知事实进行演绎推理，演绎出来的是个关于已知事实的陈述。

②根据假说对未知事实进行演绎推理，演绎出来的是个关于未知事实的陈述。

4. 验证结果

推出结果之后，要通过调查研究等手段，对结果进行检验。如果实验结果与预期结论相符，就初步证明假说是正确的，反之，则说明假说很可能是错误的。而检验要包括一般检验和严格检验两个阶段。

①一般检验：检验假说对已知事实的解释。

②严格检验：检验假说对未知事实的预见。

5. 形成理论

假说通过多次检验后，就具有了可接受性，在此基础上，在实践上可对该假说进一步应用。

①应用假说：运用经过多次检验并可接受的假说，来解释更多或推测出更多结果，在此过程中，假说本身也得到不断的检验。

②确立理论：假说如果得到不断验证就形成了科学理论，而科学理论可用来指导实践。

当然即使是公认的科学理论，也要在实践中继续得到检验、完善或修正，从而推动科学的不断进步。

当然不是说只有科研人员在使用科学方法，任何人只要遵循从可观察的事实和证据，推论出可通过经验检验的结论这样的一般的推理模式，都可以说成是在运用假说演绎法。

【案例】

寻找手机

在日常生活中，也经常用到假说演绎法，举个例子：

有一天你和一帮朋友在餐厅的一个包间内喝酒吃饭，饭局快结束时想起要打个电话，发现手机找不着了，你记得刚进包间的时候还用手机打过电话，而现在手机找不着了，找遍全身也没有，那么你会怎么想？

你首先会想是否掉在包间里了，或许在桌子底下，或许饭前喝茶时候掉在沙发底下。所以，你会怎么做？就是用你朋友的手机拨你的手机号，如果房间内响起你的手机铃声，那么说明手机在房间内，可以循着铃声找手机。但现在发现，手机是通的，但房间内没铃声。你推测，手机应该不会被偷，因为是包间，没外人来过。所以，要么手机之前被你自己静音了，还在房间里；要么被别人不小心拿走了。这时，有个朋友说，之前看见你的手机摆在你手头的桌面上。而你旁边的朋友因有事提前离席了，这时，你猜测，会不会那个朋友因喝多了，不小心把你的手机当自己的手机拿走了呢。如果是这样，可打电话问他，他会给以明确答复的。于是，你让在座的朋友给离席的那个朋友打电话，一问果然是那位朋友不小心把你的手机拿走了。

好了，我们来分析一下这个推理步骤：

①提出问题

手机丢了。

②提出假说

提出猜想：手机掉在包间里了。

收集证据：拨手机号，手机是通的，但房间内没铃声。而且你旁边的朋友因有事提前离席了。

修正假说：那个朋友因喝多了，不小心把你的手机当自己的手机拿走了。

③演绎推论

若那个朋友拿走了你的手机，你打电话问那个朋友，他会发现的。

④验证结果

打电话问那个朋友，果然是他不小心把你的手机带走了。

上述假说演绎法的步骤在抽象分析中它们易于区别，但在实践中它们绝不总是界限分明的，在许多情况下它们是相互渗透并混合在一起的。

假说演绎法的这几个基本步骤往往发生重叠和相互渗透，但是我们可以通过反思，从实际的科学研究中识别出来。

下面我们用孟德尔的豌豆实验这一科学案例来对假说演绎法的运用进行说明。

孟德尔是奥地利人，被誉为现代遗传学之父，他通过豌豆实验，发现了遗传规律、基因的分离规律及基因的自由组合规律。他的实验是假说演绎法的经典范例。

【案例】

生物遗传规律的发现

在1860年代，孟德尔用豌豆做杂交实验。豌豆中有高植株品种和矮植株品种，高植株与矮植株这是一对“相对性状”。拿这两个品种的植株做“亲代”杂交（用高植株作父本，矮植株作母本，或用矮植株作父本，高植株作母本），所得种子和它长成的植株（称为子一代）全部都是高植株。然后，拿子一代植株自花授粉，所得种子和它长成的植株（称为子二代，即孙代），其中有四分之三是高植株，而四分之一是矮植株，两者的比数为3∶1。

（1）提出问题

孟德尔经过分析与思考，提出了这样的问题：为什么杂交后的子一代全部都是高植株，而杂交后的子二代中高植株与矮植株的比数总是3：1？孟德尔对豌豆的其他相对性状（红花与白花，黄种子与绿种子），也进行了类似的杂交实验，并仔细地作了统计记录，其结果与上述情形类同，存在着同类的问题。

（2）提出假说

孟德尔设想了以下假说来解答从豌豆杂交实验中所提出的问题：肉眼可以看到的生物体外表的性状是由肉眼看不到的生物体内部的遗传“因子”（后来被称为“基因”）控制着。

（3）演绎推论

如果高株品种的生殖细胞含有促成高株的某种东西，而矮株品种的生殖细胞含有促成矮株的某种东西，那么，杂种便应该具备这两种东西。现在，杂种既然是高株，由此可知两种东西会合时高者是显性，而矮者是隐性。孟德尔指出，用一个很简单的假说便可以解释第二代中3比1的现象。当卵子和花粉粒成熟时，如果促成高株的某种东西，同促成矮株的某种东西（两者在杂种内同时存在），彼此分离，那么，就会有半数的卵子含高要素，半数的卵子含矮要素。花粉粒也是如此。两种卵子同两种花粉粒都以同等的机会受精，平均会得到三高株和一矮株的比例，这是因为要素高同高会合，会产生高株；要素高同矮会合，产生高株；要素矮同高会合，产生高株；而要素矮同矮会合，则产生矮株。

（4）验证结果

①一般检验

孟德尔的遗传因子分离定律可以解释人眼虹彩颜色的遗传现象，并得到这个事实的支持。“碧眼人同碧眼人婚配，得碧眼子代。褐眼人同褐眼人婚配，如果两者的祖先都是褐眼，也只能产生褐眼子代。如果碧眼人同纯种褐眼人婚配，子女也都是褐眼。这一类褐眼的男女如果彼此婚配，其子女会是褐眼和碧眼，成3与1之比。”

②严格检验

孟德尔采用一个简单的方法来测验他的假说：让杂种回交，即把表面上显性的个体回头来同其隐性亲型个体交配的过程。目的在于揭露前者究竟是纯显性或者只是杂种。隐性型杂种的生殖细胞如果分高矮两型，那么，子代植物也应分高矮两型，各占半数。根据上述预言，进行实验，实验结果验证了预测。

（5）形成理论

当然，对假说的实践检验过程是很复杂的，不能单靠一两个实验来说明问题。事实上，孟德尔做的很多实验都得到了相似的结果，后来又有数位科学家做了许多与孟德尔实验相似的观察，大量的实验都验证了孟德尔假说的真实性之后，孟德尔假说最终发展为遗传学的经典理论。(根据百度百科整理)

【案例】

分离定律和自由组合定律的发现

科学实验发现事实，孟德尔以豌豆为实验材料进行了一对及两对相对性状的杂交实验，基本程序是：

第一步，以具有相对性状的亲本（P）杂交得F1

第二步，让 F1 自交得 F2

第三步，对 F2 的性状表现进行统计分析

最后得出，性状分离比为 3∶1（一对）或 9∶3∶3∶1（两对）。

（1）提出问题

为什么 F1 表现一种性状，F2 性状分离且呈现一定分离比呢？

（2）提出假说

如何解释上述现象，孟德尔通过推理，提出如下假说：

①在豌豆一对相对性状的两种亲本杂交实验中，发现 F1 表现一致，F2 出现性状分离且分离比为 3∶1 的现象，提出对分离现象解释的假说：F1 形成配子时，成对的遗传因子彼此分离，分别进入不同配子中，受精时，雌雄配子结合是随机的。

②做豌豆两对相对性状的杂交实验中，观察到 F1 表现一致，F2 出现性状分离且分离比为 9∶3∶3∶1 的现象，提出对分离现象解释的假说：F1 形成配子时，每对遗传因子彼此分离，不同对遗传因子自由组合，F1 产生 4 种比例相等的配子。

（3）演绎推论

上述假说是否符合实际，其核心在于“F1 产生的配子类型及比例”。根据假说演绎推理，隐性亲本只产生一种配子，不影响后代的表现型，如果让 F1 与隐性亲本杂交（即测交），所得后代表现型及其比例只与 F1 产生的配子有关，即一对相对性状时，后代表现型应为 2 种、比例为 1∶1；两对时，F2 表现型为 4 种、比例为 1∶1∶1∶1。

（4）验证结果

根据上述推论，孟德尔进行了一对及两对相对性状的测交实验，所得后代的表现型及其比例与预期相符，证明了假说的正确性。

（5）形成理论

经过不断验证，形成了生物学中的分离定律和自由组合定律。（根据百度百科整理）

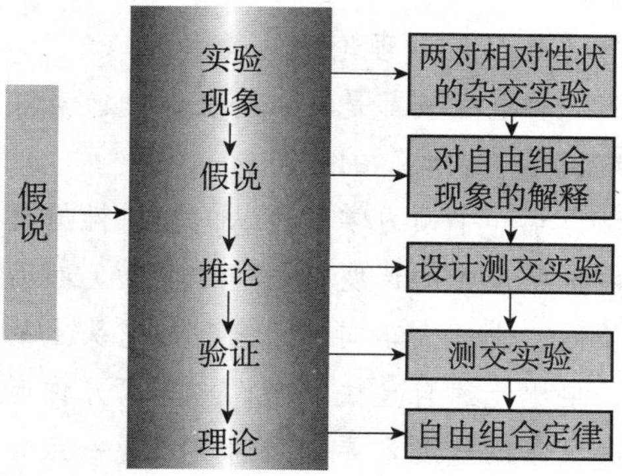

第二节　假说构建

假说的构建涉及归纳、直觉甚至演绎等方法，一方面，科学假说的构建常常与经验事实结合，科学研究人员搜集经验证据，然后用归纳法来构建出科学假说和理论。另一方

面，科学发现仅仅靠归纳是远远不够的。科学确实立足于经验事实，但科学的假说或理论并不只是来源于经验，假说总有它们的证据没有包括的东西，这就不符合归纳。因此，关于假说的构建在科学史上是有争论的。归纳主义者强调最好的假说是满足归纳法要求的，而假说主义者则强调假说要靠创造性的猜想、直觉来建立，也有人不管假说最初的产生，只把假说演绎法理解为一种科学解释的演绎模型。但不管怎么争论，从假说构建的步骤上，都包括认定问题和提出假说两大步骤。

一、问题认定

科学发现也是一个解决问题的活动。首先是有了问题，再根据线索和知识进行分析，做出一个初步的猜测；然后根据这一猜测，进一步有目的有选择地来搜集有关材料，把细节片断联结成线，构成一个完整的因果过程，再进一步完善这个假说。

科学研究开始于某个问题，一个问题可以表示成一个或一组没有可接受的说明的事实。科研工作之前，问题必须被确定，或者至少以模糊的形式被确定。

首先，在进行科学研究时，应当认识到问题的存在。每当人们发现用原有的理论无法解释的事实时，特别是发现与原有理论相违背的反常事实时，也就是面临了疑难的问题。

其次，要把问题的非本质方面找出来，加以剔除。

再次，要分析产生问题的源头。产生问题的源头包括观察、实验、事实，新事实与旧理论的矛盾，事实之间的矛盾，理论自身的矛盾等等。

总之，假说的提出不是无缘无故的，它是用来回答特定的问题、解释一定的事实的。所以，一个假说必须论述存在着什么样的问题有待于人们解答。

【案例】

“以太”问题

19 世纪末物理学面临着几个实验和理论上的疑问。

比如，当时人们认识到光和电磁波都是波，那么，就像声波依靠空气传播一样，光和电磁波都需要一个媒介，这就是“以太”的来历。

另外一个疑问是，电动力学和牛顿力学所遵从的相对性原理不一致。按照麦克斯韦理论，真空中电磁波的速度，也就是光的速度，是一个恒量。然而按照牛顿力学的速度加法原理，不同惯性系的光速不同。比如火车向你开来时，它头上的灯光向你射来的速度，应该是光速加上火车的速度，要比光速自己快一点；火车离开你时，它尾巴上的灯光向你射来的速度，应该是光速减去火车的速度，要比光速自己慢一点。但按照麦克斯韦理论，这种差别并不存在，不管火车开走还是开来，它的灯光射向你的速度一成不变都是光速。所以这两个理论体系是对立的。一些人试图用“以太”的概念来解释，比如电磁波的速度相对于“以太”是恒量，但相对于具体的环境（参照系）是变化的。

但是，一切企图寻找“以太”的实验都没有成功。包括著名的迈克耳孙—莫雷实验，人们怎么也找不到物体在这个媒介中运动的痕迹。这就是 20 多岁的爱因斯坦思考的聚焦点，也是他所认定的问题。

对科学问题网络的梳理和考察，将产生对科学问题的解答，提出相应的科学假说，它使人们已有的感性经验形成思路，更使人们进一步的观测研究具有方向。

二、假说提出

为解决问题，科研人员就开始酝酿提出一个假说。科学假说是人们在探索错综复杂的自然界奥秘的过程中，用已获得的经验材料和已知的事实为根据，用已有的科学理论为指导，对未知自然界事物产生的原因及其运动规律做出推测性的解释。

在科学研究中，往往从实验中获取事实并进行归纳概括或合理想象（包括猜测、猜想），在此基础上提出猜想或初步假说，然后进一步收集证据，并进行一般检验，再修正假说，相成相对精致的假说。

1. 提出猜想

基本认定问题之后，就需要为解决这个问题而形成基本的思路，这个思路实际上就是提出一个猜想或初步的假说。即当人们在科学实际活动中发现了一定的反常事实时而使用原有的理论解释不了时，这就需要有新的理论去解释；然后，人们通过猜想提出新的解释性理论，以新的方式来说明相关的事实，并以新的理论去预测某些未知的事实。这就是建立假说以解答问题。

正因为这一点，爱因斯坦把假说形象地比喻为猜谜，猜测一个设计得很巧妙的字谜。设定初步假说就是确定思路的一个过程，该假说不必是完善的理论，但是至少要显示出基本的轮廓。一个初步的假说即使尚不完善，但它是科学探究所必需的。

2. 收集证据

当遇到科学问题后，人们必须提出新的猜测、理论或观点给予解释，这就是初步的假说，但新理论的最初提出都具有假定性，为此，需要针对初始假说来收集证据，其目的是使这个初始假说经过事实的进一步验证得到更高的确信度。

初始假说引导人们寻找额外的相关事实。为收集证据往往需要有意设计出科学实验，意味着艰巨而费力的科学工作。收集证据、发现信息的过程也是锤炼假说的过程，它也可能把思考引向别的方向、引出新的事实、排除一些初始假说、提示新的假说，等等。

3. 修正假说

在这样的搜寻和思考后，一个较确定的假说就有可能形成。最初的假说常常是一种猜想，经历了证据的再收集后，研究者把这些事实和证据组合在一起，就可以做出某种初步的概括，逐步修正假说，并进一步设计出更精致假说。科研人员要把获得的全部线索用因果关系链联结起来，用规律把它们统一起来，表示现象产生的源头和规律。

4. 一般检验

对假说理论观点的一般检验是早在假说的形成过程中就开始了，而对假说理论观点的严格检验则是后于假说的形成过程。

为什么说在假说的形成过程中，人们就开始对假说的理论观点做出一般检验呢？首先，在假说形成的初始阶段，研究者的初始假定是尝试性的、多元的。人们经过反复的考察而从中择优，选定一个能对较多事实做出较为完满解释的猜想。这就是说，最初假定的选择过程就伴随着一般的检验。其次，在假说形成的完成阶段，研究者必须为被选定的理论观点做出广泛的辩护，系统而综合地解释已知的相关事实，寻求经验证据的支持。这就是进一步对假说的理论观点给予一般的检验。

5. 形成假说

在实际的科学活动中，上述步骤自然不是完全分离的，它们是紧密相连、相互依赖的。使用初步假说来收集证据，然后进一步精炼假说，再引导科研人员进一步地寻找证据，也许又导致新的发现，又使科研人员更加精炼假说，等等。通过以上步骤的循环往复，提出的假说由经过一般性检验，逐步淘汰不合理的成分，最终形成正式的解释性假说。

假说的形成，首先，是随着生产斗争和科学实验的发展，出现了已知的科学理论无法解释的新事实、新矛盾。其次，根据已知的科学知识和有限的科学材料，经过一系列的思维过程，对这些新事实、新矛盾的产生及其发展提出新的解释和初步的假定。再次，利用有关的理论和科学材料，进行广泛的观察、实验和论证，使之成为比较完整的假说，并向系统理论转化。

【案例】

卢瑟福散射与原子的有核模型

卢瑟福在1898年发现了α射线。1911年卢瑟福在曼彻斯特大学做放射能实验时，原子在人们的印象中就好像是“葡萄干布丁”，即大量正电荷聚集的糊状物质，中间包含着电子微粒，但是他和他的助手发现向金箔发射带正电的α射线微粒时有少量被弹回，这使他们非常吃惊。通过计算证明，只有假设正电荷集中了原子的绝大部分质量，并且它的直径比原子直径小得多时，才能正确解释这个实验结果。为此卢瑟福提出了原子的有核模型：原子并不是一团糊状物质，大部分物质集中在一个中心的小核上，称之为核子，电子在它周围环绕。

这是一个开创新时代的实验，是一个对原子物理和原子核物理具有里程碑意义的重要实验。同时他推演出一套可供实验验证的卢瑟福散射理论。以散射为手段研究物质结构的方法，对近代物理有相当重要的影响。一旦我们在散射实验中观察到卢瑟福散射的特征，即所谓“卢瑟福影子”，则可预料到在研究的对象中可能存在着“点”状的亚结构。此外，卢瑟福散射也为材料分析提供了一种有力的手段。根据被靶物质大角散射回来的粒子能谱，可以研究物质材料表面的性质（如有无杂质及杂质的种类和分布等），按此原理制成的“卢瑟福质谱仪”已得到广泛应用。

第三节　假说检验

假说是科学思想的创新，是可能成立的科学理论。在探求现象之间的因果关系、事物的内部结构及其起源和演化的规律时，一旦有了假说，科学工作者就能根据其要求有计划地设计和进行一系列的观察、实验及验证。由于假说本身具有不完备性和有待验证性，包含着对事物的本质和规律的猜测，因此，所有的假说必须接受检验。

一、检验方法

假说可分为经验假说与理论假说，经验假说关注的是能够被观察的某物的出现或者某事的发生，经验假说的提出具有实际目的，当观察到假说的东西或事件时，经验假说就得到了证实。而科学假说一般指的是理论假说，关注于应如何将某物概念化，从科学假说中推理预言并对它进行检验和判定，是一个复杂的过程。决定假说的命运，并不是一锤定音的事情。

科学假说的检验证明过程可以概括为：第一，从假说的基本观念引申出关于事实的推测；第二，通过或者是自己的或者是他人的观测和实验，检验这些推测是否符合事实；第三，当假说的主要内容不能直接由经验来证实的时候，还需要通过逻辑的论证推理手段为假说命题作逻辑验证。

1. 实践检验与逻辑检验

科学假说的检验过程包括实践检验和逻辑检验。

（1）实践检验

假说形成之后，还必须通过人类的社会实践给予检验。实践检验就是要根据假说，并结合一定的条件和假设，演绎出可供检验的事实推论来，当假说检验的演绎过程完成之后，接着人们通过观察和实验进行验证，即通过实践，检验从假说的基本理论观点引伸出来的事实结论，这是个事实的验证过程。

假说可以简单地通过收集其他来源的信息加以验证，也可以通过额外的观察加以验证，更多的时候需要通过设计一个实验来加以验证。实验通过再现一个事件使得科学家可以对假说加以验证。

【案例】

托马斯·杨的光干涉实验

牛顿在其《光学》的论著中认为光是由微粒组成的，而不是一种波。因此在其后的近百年间，人们对光学的认识几乎停滞不前，没有取得什么实质性的进展。1800 年英国物理学家托马斯·杨向这个观点提出了挑战，光学研究也获得了飞跃性的发展。

杨氏在《关于声和光的实验与研究提纲》的论文中指出，光的微粒说存在着两个缺点：一是既然发射出光微粒的力量是多种多样的，那么，为什么又认为所有发光体发出的光都具有同样的速度？二是透明物体表面产生部分反射时，为什么同一类光线有的被反射，有的却透过去了呢？杨氏认为，如果把光看成类似于声音那样的波动，上述两个现象就会得以解释。

为证明光是波动的，杨氏在论文中把“干涉”一词引入光学领域，提出光的“干涉原理”，即“同一光源的部分光线当从不同的渠道，恰好由同一个方向或者大致相同的方向进入眼睛时，光程差是固定长度的整数倍时最亮，相干涉的两个部分处于均衡状态时最暗，这个长度因颜色而异”。杨氏对此进行了实验，他在百叶窗上开了一个小洞，然后用厚纸片盖住，再在纸片上戳一个很小的洞。让光线透过，并用一面镜子反射透过的光线。然后他用一个厚约 1/30 英寸的纸片把这束光从中间分成两束，结果看到了相交的光线和阴影。这说明两束光线可以像波一样相互干涉。这就是著名的“杨氏干涉实验”。

点评：杨氏实验是物理学史上一个非常著名的实验，杨氏以一种非常巧妙的方法获得了两束相干光，观察到了干涉条纹。他第一次以明确的形式提出了光波叠加的原理，并以光的波动性解释了干涉现象。随着光学的发展，人们至今仍能从中提取出很多重要概念和新的认识。无论是经典光学还是近代光学，杨氏实验的意义都是十分重大的。爱因斯坦指出：光的波动说的成功，在牛顿物理学体系上打开了第一道缺口，揭开了现今所谓的场物理学的第一章。这个实验也为一个世纪后量子学说的创立起到了至关重要的作用。

（2）逻辑检验

逻辑检验包括三层意思：

第一，分析假说在逻辑结构上是否具有逻辑的自治性、简单性和完备性。

第二，逻辑检验的系统性保障了实践检验的客观性。

第三，逻辑分析作为实践检验的辅助工具，有助于确定检验的重点和方向，克服了实践主体在检验过程中的主观约束。

对假说的逻辑检验和评价判断的过程可以看作是以下两种推理的结合运用：

第一，根据假说演绎方法来检验。

第二，判断假说是否最佳（达到最佳解释推理）。

2. 直接验证与间接验证

假说的验证过程，既可以采取经验的直接证实方式，也可以采用经验的间接证实方式。但即使假说通过直接和间接验证的方式获得了支持，但由于这是一种扩展性的支持，所以这个验证的真理性是相对的。

（1）假说的直接验证

如果一个假说中所说明或者解释的事实，是通过提出假说的人自己的观察和实验来证实的，这样一种证实方式就是假说的直接验证。这种直接证实的方式只能应用于很小的范围。许多解释是建立在直接观察和记忆的基础上，但情况经常是人们不能通过直接观察做出需要的解释，这时经常需要通过自己做实验来验证。

（2）假说的间接验证

在科学假说的验证中，并非任何事实的验证过程，都可以采取经验的直接证实方式，有时人们不得不采取经验的间接证实方式。就假设的验证方式而言，间接验证比直接验证更重要。要想精确地确证一个假说，提出假说的人往往很难将所有必需的观察都单独完成，这往往需要依靠他人的证明。

【案例】

海底扩张说

“海底扩张说”认为，地壳下面的岩浆不断地从海岭（海洋中央的海底山脉）涌出产生新的海底，新的海底形成后又逐渐从海岭两侧向外扩张。这样，海底就从中央海岭向着海沟（海洋与大陆块交界处的海洋最深部）位移，在它到达海沟后又向下俯冲，降回到地壳内部的深处去。依照这种设想可演绎出这样的结论：离中央海岭越近的海底越年青，离中央海岭越远的海底年代越久。

为验证这一假说，人们可以依据放射性元素的衰变期和数量，计算出岩层的年龄。用这种方法对海洋中各个岛屿的岩龄进行测定，结果表明离中央海岭越近的确实越年青，离中央海岭越远的确实越年老。因而，海底扩张说关于海底新老的分布的预测得到了间接验证。

二、检验类型

假说演绎法是科学认识从经验水平向理论水平上升所必需的工具，它肯定了理性和演绎在科学发现中的作用，强调了由假说演绎得出的结论需要用实验来检验，以及假说的最后标准与经验事实的对应。

假说要经过各种检验，推演出对各相关现象的理论性陈述，使假说发展成比较系统的形态。从假说的基本理论观点和其他知识一起引伸出来的关于事实的结论，它也许是个关于已知事实的陈述，也许是个关于未知事实的陈述。如果假说检验所演绎出来的是个关于已知事实的陈述，那么这就是对已知事实的解释。如果假说检验所演绎出来的是个关于未知事实的陈述，那么这就是对未知事实的预见。必须明确，解释已知的事实不过是对假说理论观点的“一般检验”，而预测未知的事实则是对假说理论观点的“严格检验”。解释已知事实的一般检验不具有最重要的意义。只有通过预测未知的事实的严格检验，才对假说的确证具有非常重要的意义。

1. 一般检验

假说的一般检验是指解释已观察到的现象，即能解释两个或更多个已知事实。

（1）与假说相关的已知事实可区分为两类

第一类已知事实是形成该假说的初始阶段时就被考虑过的。研究者提出假说，本来就是为了说明这些事实而特意构建。所以这类事实对假说不能再增加额外的支持力度。

另一类已知事实是形成该假说的初始阶段时未被考虑过的。这类事实是在形成某种理论观点之后，由于通过推论而认识到的。即这类相关事实是在假说形成之后而被人们新发现的，但它们并不是依据这种假说的预测而被发现的，而是由于另一种研究工作而被发现的。只是在它们被发现之后，人们通过推论而认识到它们与这种理论观点是相关的。这类事实能够对假说给予一般强度的支持。

如果提出的假说能广泛地解释相关事实，那该假说将得到某种程度的检验。对广泛的事实做出解释，这既是表现被设想的理论其有多大的解释能力，同时也是表明该假说得到了大量事实的支持。

（2）通过一般检验，判断假说的可靠性程度，可关注以下几点

①从假说能够演绎地解释的已知事实越多，假说就越可靠。

②用来确证假说的经验事实越严格，假说的可靠性越大。

③从假说中演绎出来的对现有事实的解释，如果与观察或实验的结果不相符合或相违

背，则假说的可靠性程度就会降低，甚至有可能被推翻。

2. 严格检验

假说的严格检验是指预言尚未观察到的现象，即能预言与构思假说时不同类的事实，能预言或解释背景知识预想不到的现象或事实。

（1）严格检验能给假说很高强度的支持

一个假说还必须尽可能地预测未知的新事实。这既表明被设想的理论具有多大的启发力，同时也表明能对被设想的理论给予严格的检验。

对假说的理论观点做出严格的检验，这是通过实践考察它的预测。如果它的预测在实践的验证中是成功的，那它就得到了一定程度的确证。虽然预测的成功并不能完全证实假说，因为从肯定后件（预测结果）到肯定前件（假说理论），这样的推理是不具有必然性。但预测的成功却对假说的理论提供了有力的支持，它是人们对不同理论做出评估与选择的一个主要标准。

反之，如果假说的预测在实践中没有得到验证，那也并不意味着假说已被证伪。尽管从否定后件到否定前件，这样的推理是具有必然性的。但是，理论的预测通常是应用假说的理论结合背景知识以及建立辅助性假设而得出的。因而，预测的失败可以过变更辅助性假设来解决，关键是看能否证实由新的辅助性假设推导出的预测。

为解释一系列疑难问题，研究者在应用假说理论与背景知识时，不断地做出新的辅助性假设，这样就不仅是对未知事实不断地做出新的预测，同时，也是修正原有假说的内容。如果新的预测越来越多地被证实，那就是表明假说内容的修正越来越接近于客观实际。因而，它与对立假说的竞争能力则在增长着。反之，如果新的预测不能被证实，或越来越少地被证实，那么它与对立假说的竞争能力则在衰退着，它被淘汰的可能性也就越来越大了。总之，假说检验的最后结果就是构成对立假说的竞争与更替的过程。

（2）通过严格检验，判断假说的可靠性程度，可关注以下几点

①从假说能够演绎出关于未知事实的预测越多，并且后来都被证实，则假说的可靠性就越大。

②用来确证假说的预言事实越严格，假说的可靠性越大。

③从假说中演绎出来的对未知事实的预测，如果与观察实验的结果不相符合或相违背，则假说的可靠性程度就会降低，甚至有可能被推翻。

【案例】

宇宙大爆炸假说

宇宙大爆炸假说认为：宇宙是由一个致密炽热的奇点于 137 亿年前一次大爆炸后膨胀形成的。这是现代宇宙学中最有影响的一种学说。

1929 年，美国天文学家哈勃提出星系的红移量与星系间的距离成正比的哈勃定律，并推导出星系都在互相远离。1992 年，美国设计的宇宙背景探索者卫星（C·BE）测量到了这个理论所预见的不规则现象。这一成功的观测，间接验证了大爆炸理论的科学价值。

三、演绎检验

假说检验的演绎过程就是从假说推理出关于事实的结论。有了假说以后，人们就可以推导出进一步的结果，即能够利用假说推出一些结论或者对某些事件做出预测。假说可提出新的预言来检验，就是证明它的原理在别的情况下也适用。

提出预言是一个演绎推理过程：假说中提出的因果原理或者规律，被用作推理的普遍性前提；再加上小前提，即具体的观察、实验的条件和假定，推理出新结论。如果只是以假说的理论观点作为前提，那还不足以演绎出关于事实的陈述的。比如，以“所有唐氏综合症患儿长大后都将表现为智能落后和生长发育障碍”这一假说为前提，加上先行条件的前提：“汤姆是个唐氏综合症患儿”，可以演绎出：“汤姆长大后将出现智能落后和生长发育障碍”，但为了诊断“汤姆是个唐氏综合症患儿”，还必须应用其他的遗传学知识。由此可见，假说检验的演绎过程必须结合背景知识，在前提中引进先行条件的陈述以及其他的定律与原理。

1. 假说演绎推理与溯因推理

假说演绎推理与溯因推理既有联系又有区别。假说演绎推理是在溯因推理的基础上进行的。通过溯因推理，在已知的事实 E 和科学原理（如果 H，那么 E）的基础上推测出结论（假说）H 以后，如何确定这个假说（结论）的可靠性呢？这就需要从假说 H 得到确证。因此，溯因推理是一种发现（假说）的方法，假说演绎推理则是一种验证（假说）的方法。

【案例】

胰岛素的发现

糖尿病曾是困扰人类健康的顽疾之一，历史上曾因没能找到它的形成机理而无法根治这一顽疾。1898 年，缅科夫斯基和梅林在一个偶然的机会发现：如果把狗的胰腺切除，狗就会患上糖尿病。他们的发现被记录在当时有名的医学杂志上，但是没有立即引起他们自己和科学界的充分重视。

几年之后，加拿大医生班亭看到了该医学杂志上的这则记录，他立刻展开了深入的思考：为什么被切除胰腺的狗会患糖尿病？是不是因为腺胰里有某种物质能够控制人和动物的血液中糖的含量？这种物质是什么？将这种物质的提取液注射到患糖尿病动物身上会不会改善它们的病况？

班亭用十只狗进行试验，他把狗的胰腺摘下、捣碎，将提取液注射给患有糖尿病的狗。结果，患病狗的血液中含糖量迅速降低，病况很快得到改善。他又用牛做试验，得到同样的结果。这样，班亭发现了胰腺里控制血糖含量的物质胰岛素，这一医学上的重大发现给人类健康带来了福音。

分析：一方面，班亭首先运用了溯因推理，以“胰腺被切除的狗会患糠尿病”这一现象为依据，探索了“糖尿病”和“胰腺切除”之间的因果关系。另一方面，他又运用了假说演绎法。首先，他提出了一个科学假说：胰腺内存在着能够控制血液中糖含量的物质。其次，为了证实这一假说，他运用了演绎推理：如果将胰腺的提取液注射到患糠尿病动物身上，它们的血液中含糖量会发生改变。最后，通过在狗和牛身上进行的试验，得知患病动物注射提取液后血糖含量迅速下降，证实了他的科学假说。

2. 假说的演绎模型

假说的演绎模型分为理想演绎模型和现实中的现实演绎模型：

①理想演绎模型。

假说的理想演绎模型是指在理想条件下，根据假设 H，可以预言 P。

推理形式为：如果 H，则 P。（根据 T）

其中，T 是检验 P 的观察、实验理论，但作为实验背后的隐含假设，T 在一般的讨论中也不会出现；只有在细致的分析和批判中，理论 T 的存在和作用才会摆出来。

②现实演绎模型。

假说的现实演绎模型是指在现实中，根据假设 H，加上初始条件和辅助假设，推导出预言 P。

推理形式为：如果（H、I 和 A），则 P。

其中，I 是初始条件，A 是辅助假设。

在实际过程中，一个比较抽象、普遍的假说不可能单独推导出观察预言，它必然是假说和相关辅助假设、初始条件在共同起作用。

【案例】

天狼星的伴星

德国天文学家贝塞耳首先提出天狼星有伴星的假设。1834—1842 年，他精密测量恒星的位置和整理前人的观测资料，发现天狼星的位置具有周期性的偏差度，忽左忽右地摆动。为什么会这样呢？他应用万有引力定律和有关天狼星的观测资料，在 1844 年推测天狼星有个人们尚未知道的光度较弱而质量很大的伴星，由于这个伴星的引力而使天狼星的位置具有周期性的摆动现象。上述这个应用万有引力定律去解释天狼星位置的周期性摆动现象和预测天狼星有个伴星的假设，就是一个可以检验万有引力定律的辅助性假设。1862 年，人们真正观察到了天狼星的伴星，万有引力定律也就得到了进一步的证实。

本例中的假说、已知事实、初始条件和辅助假设分别为：

假说 H：万有引力假说

已知事实 P：天狼星的运动具有周期性的偏差

初始条件 I：天狼星等星体的质量和距离

辅助假设 A：天狼星有个光度较弱而质量很大的伴星

四、假说证明

根据假说得出新的预言，然后自然就是去检验，也就是要去验证结果。可以着手进行一些实验，看看假说是否成立。检验往往并不容易，为此，经常要精心设计一些实验。如果在严格、精确的观察实验下，假说的预言得到证实，那么，提出的假说便得到了强有力的事实依据，并可能成为一种科学理论。

从逻辑上分析，科学假说的证明，包括假说的证实与证伪，就是假说演绎推理的运用过程。

1. 假说的证实

假说演绎推理的前提并不蕴含结论，因为从推理形式来看，它不符合充分条件假言推理的肯定后件不能肯定前件这一演绎规则。无论是某一个事实，还是一系列的事实，与观察实验的结果相符合，逻辑上都不能断定结论（假说 H）是必然真实的。

如医生给病人诊断后发现病人发烧，提出假说：该病人患感冒了。在此基础上，医生进一步演绎出病人有发烧、头疼、鼻塞、流鼻涕等现象，尽管这些现象都是事实，但并不能必然地得出病人患有感冒的结论，因为存在这些现象的病人也可能患有麻疹、水痘、百日咳、过敏性鼻炎、急性扁桃体炎、急性咽炎、肺炎甚至病毒性脑炎等各类疾病。因此，假说演绎推理出的结论（假说）只能是某种程度的确证。

可见，针对假说所谓的证实，是一种相对的证实，即增加了假说的正面支持，但不是绝对证实，它不能证明假说为不变的真理。

①针对假说的理想演绎模型的证实过程如下：

如果假说 H 是真的，在一定的实验条件下你会观察到新现象 P（预言）。

构造这样的实验观察条件，结果观察到新现象 P。

所以，假说 H 是真的。

把上面这个论证的形式写下来是：

如果 H，则 P。

P。

所以，H。

可见，预言 P 被证实的情况下，其假说也不能保真。

②针对假说的现实演绎模型的证实过程如下：

如果（H、I 和 A），则 P。

P。

所以，H、I 和 A。

I 和 A。

所以，H。

当然，这个推理不是保真的，所以，证实达不到绝对的程度，只是增加了假说成立的可能性。

【案例】

广义相对论的验证

爱因斯坦的广义相对论认为，光线是一种能量形式，它有质量，因此会受到引力场的作用，光在经过一个大的物质体的时候，会被吸引，以弯曲的轨道运行。

爱因斯坦推测，这个假说可以这样来检验：看看一个遥远星球的光在经过太阳附近的时候会不会有弯曲。由于只有在日食的时候星球和太阳才可以同时被看到，爱因斯坦提议，在日食的时候，对已知位置的星球在它和太阳的变暗边缘相接的瞬间照相。如果他的假说正确，那么，当一个恒星已经在太阳背后时，如果光线走直线，地球上已经看不到它；但由于光线因为太阳的引力而弯曲，此时地球上依然可以观察到它，正是因为太阳背后的星球的光弯曲过来照到地球上，它的实际位置和观察位置之间的夹角，就是爱因斯坦预言的弯曲度。爱因斯坦计算了可以观测到的弯曲程度后预言，对很接近太阳的星球，这弯曲应该约有 1.7 角秒。

1919 年，在英国天文学家爱丁顿的鼓动下，英国派出了两支远征队分赴两地（一处在非洲，一处在巴西）观察日全食，两组观测者经过认真的研究得出最后的结论是：星光在太阳附近的确发生了 1.64 角秒的偏转。这个结果，在当时的仪器精确性容许的范围内，可以看作和爱因斯坦的计算完全吻合。英国皇家学会和皇家天文学会正式宣读了观测报告，确认广义相对论的结论是正确的。

分析：

假说 H：太阳的引力场使附近的星球反射的光弯曲。

预言 P：日食的时候，太阳附近的星球看起来大约有 1.7 角秒偏离它原来在天空中的位置。

初始条件 I：

I1：对那些离太阳最近的星球的确定；

I2：对这些星球的位置的精确和独立的测量数据（夜间星空照片）；

I3：光速、太阳的引力场等知识；

I4：日全食的时间和地球上观测的地点；

I5：照相设备的性能和效果等等。

辅助假设 A：

A1：没有其他重要的物体的引力场足以干扰星光在太阳附近的运行；

A2：照相将能精确地记录日全食时星球的图像；

A3：在不同位置拍照，对准确性将不会有大的影响等等。

所以，爱因斯坦的预言，是在这些前提共同成立的情况下推出来的。

科学假说的这种真理相对性，不仅表现在验证结果本身，还表现在假说的真理性还和验证的时间、空间和其他条件相关。证实的假说并不就等于不变的真理，科学史上得到证实的科学假说也只是相对的真理，而不能是绝对的真理。因此，科学假说的验证是一个动态的积累过程，这个过程在某种意义上是永远的。

2. 假说的证伪

如果预言没有在观察实验中出现，那么，证伪有逻辑有效性，实验的负结果是决定性的。

①针对假说的理想演绎模型的证伪过程如下：

如果假说 H 是真的，在一定的实验条件下你会观察到新现象 P（预言）。

构造这样的实验观察条件，结果没有观察到新现象 P。

所以，假说 H 不是真的。

其推理形式如下：

如果 H，则 P。

非 P。

所以，非 H。

这是符合逻辑有效性的“否定后项”推理。按逻辑规则，一旦证伪，就应放弃这个假说，开始寻找更好的假说，科学就是通过证伪才发展的。

但是，由实验的负结果就决定假说的命运的看法也是简单化的，也不符合实际。否证并不能简单地证伪假说。因为科学推理是假说、初始条件和假设的集合体，检验一个假说实际是检验这样一个集合，这就涉及到假说的现实演绎模型。一个好的假说必须是逻辑严密的，能够包含现有的所有信息并对将来可能补充的信息开放。

②针对假说的多理论演绎模型的证伪过程如下：

如果（H、I 和 A），则 P。

非 P。

所以，非（H、I 和 A）。

这说明，如果预言 P 没成功，即如果实验结果没有观察到新现象 P，它只能否定 H、I 和 A 的组合。而且，作为初始条件的 I 往往是多个的，包括 I1、I2、I3 等等，作为辅助假设 A 往往也是多个的，包括 A1、A2、A3 等等。但到底是其中的哪一个出了问题呢？这就不是逻辑的问题了，而是个实际问题。因为只要这个组合中任何一项有错，就足以导致预言的失败。这时，必须一一确认所有 I 和所有 A 是否存在问题，只有确认所有初始条件和所有辅助假设都不存在问题，假说才能真正地被证伪。可见，证伪在逻辑上虽然是绝对的，但在现实中往往也是难度极大的，因此，在某种程度上也是相对的。

五、检验准则

科学假说就是关于事物现象的因果性或规律性的假定性解释，它是用来回答由事实提出的问题，并且是可以经由事实进一步检验的。

检验假说包括以下一般准则：

① 力求做出严格的检验，但不可忽视一般的检验。

正如前面所述，成功地预测未知事实给予假说的支持强度远远超过圆满地解释已知事实，因此，在检验假说的理论观点时，研究人员应该力求做出严格检验，即应当集中精力去预测未知的事实。而且越是大胆新颖的预测就越是对假说的严峻考验。如果这种大胆新颖的预测在实践的检验中获得成功，那么该假说就得到了很高强度的支持。但是，研究人员也不应该忽视对已知事实做出合理解释，给予已知事实比较圆满的解释，都是支持假说的经验证据。

②可以改进辅助性假设为理论辩解，但不可做出特设性假设。

在假说检验的过程中，预测的失败并不意味着假说的基本理论观点已被证伪。研究者可以通过改进辅助性假设继续为假说做出辩解。但这种辅助性假设本身也必须是可检验的。应当避免提出特设性假设，所谓特设性假设，是指为了保护假说的某种理论观点而特意建立的又是无法检验的假设，这种假设是不合理的。

③假说的个别检验活动不具有真理性的绝对判定意义，但具有相对意义。

个别检验活动有相对性，其原因在于：第一，任何一次检验活动都不是绝对精确和严格的，而且可以做出不同的理解。对假说理论来说，个别的检验活动无论成功还是失败，都不能达到绝对地判定假说的真理性。第二，由于人类的具体实践总是不完备的，因此，一个假说的理论内容虽包含有部分的真理，可是由于那个时代的技术水平的局限性，这个理论所包含的部分真理未能给予确证。相反的，曾经一度被人们“判定”为谬误的假说，之后反而被认为是科学的。比如，关于一种化学元素可以转变为另一种化学元素的观点，先前的化学家鉴于中世纪炼金术士长期的失败经验，就认为这是个既荒谬又可笑的想法。然而，当代的核物理实验却高度地确证了一种化学元素可以转变为另一种化学元素的观点。

由此可见，个别的检验活动不具有绝对判定的意义。但是，这并不是说个别的检验活动是没有意义的。认识是个发展的过程，科学理论只是对客观现实的近似描述，只具有一定程度的逼真性，对一个理论的逼真度做出绝对的评估是办不到的，人们只能评估一个理论的相对逼真度。因此，任何个别的单独的检验活动都不足以判定理论的真理性，但具有评估假说理论逼真度的相对意义。

第四节　假说评价

由于思维方式常常会因人而异，对于同样一个现象，可能会出现不同的解释或者假说。因此，从逻辑的角度来讨论假说，假说也有一个如何评价的问题。

一、接受标准

假说的评价不是指假说的验证过程，而是指假定对同一个现象我们同时提出了不同的初步假说，这些假说当然存在优劣之分。找出相对可以接受的假说需要有评价的标准。即使有这些标准，但一个假说的最终判定归根结底要依据事实或者实践。

正如前面所述，假说生存的必要条件是假说的可检验性和没有被证伪。但由于证实或证伪一个假说，往往需要相当长的时间，这就对初步的假说，存在是否可接受的问题，基于此，假说的接受标准有四个，分别是充足性、一致性、预见性、简洁性。

（1）充足性

充足性是指一个假说与它所要统一或说明的事实相吻合的程度。如果存在着假说不能解释的事实，该假说就认为是不充足的。

如果一个假说比其他假说解释数据的精确性更高，那么它的充足性就越强。比如，开普勒关于行星运行轨道是椭圆的假说与哥白尼的圆周轨道假说相比，更精确地说明了行星的位置，因此，开普勒的假说比哥白尼的假说更具有充足性。类似地，爱因斯坦的相对论比牛顿的万有引力理论更精确地说明了某些日食和月食的准确时间，因此，可以认为，爱因斯坦的理论比与牛顿的理论更充足。

（2）一致性

一致性也叫对应性，是指该假说和已经建立的科学理论是相容的，即提出的假说与经过实践检验的理论相互支持。一致性包括内部融贯性和外部一致性两个方面：

①内部融贯性。

内部融贯性是指一个假说的各构成要素合理地联系在一起的程度，具体而言，该假说建立起来的理论系统本身具有一致性，即该假说理论本身是没有自相矛盾的。

建立假说的目的是使一组数据统一和联系起来，进而解释这些数据。比如，19 世纪前半叶，人们对于光、电、磁的认识，各个现象是分开理解的，还不清楚它们之间的内部联系。将近世纪末的时候，英国物理学家麦克斯韦提出了电磁场理论，表明这三种现象是互相联系的机理。因此，麦克斯韦的理论比此前的理论有更大的内部融贯性。

②外部一致性。

外部一致性是指一个假说不与其他已被确证的科学理论相违背的程度，即该假说还必须与原有的科学理论是一致的，符合已有的可靠的知识。比如，玛丽·居里的新元素存在假说不仅与门捷列夫的元素周期表一致，而且与元素能放射射线的一般假说一致。

科学是发展的，发展既是积累又是变化。即使是革命性的科学假说，在改变人们认识的同时，也依据现有的实验和科学理论来工作。在科学发展的过程中，新的假说是对原有科学理论的挑战，但同时还应当继承原有理论中的合理性，能将原有理论作为特例或极限状况，现代科学几乎所有的理论都是这样。比如，现代生物学的基因理论也不是对过去遗传理论的抛弃，而是在以往遗传理论基础上的改善和发展。同样，爱因斯坦的相对论不是对牛顿万有引力理论的否定，而是对牛顿理论的继承和发展。

（3）预见性。

预见性是指假说所具有的预见能力和解释能力，即假说能预测一些事物与现象的出现并能对某些事物与现象做出解释。预见性包括富有预测性和富有成果性两个方面：

①富有预测性。

富有预测性是指该假说可以预测很多事件并能得到验证。预测力是评价说明的标准之一，一个真正好的假说超越初始事实，它引出新的和不同的事实，而这些事实被证实，使得假说得以确证（当然不能给予绝对确定性的证明）。从一个假说中通过逻辑推演预见到某些事件将要发生，这个预见实际上也是一个解释，这些事件又是可验证的。当这个假说和其他假说相比，推测出的事件更多，推测的范围更广，又都能够经受事实的验证，则这个假说的预见和解释能力就是更强的。由此，这个假说就是一个好的假说。

②富有成果性。

富有成果性是指一个假说对将来进行分析和确证新观念的影响程度，也就是根据其假说的预见，能得到了明显的成效。比如，巴斯德的假说被证明是相当富有成果的，基于这一理论，医院通过保持无菌状态，使外科手术的死亡率显著下降。牛顿的万有引力理论源于解决物体下落问题，但也可解释潮起潮落、月球和其他行星的运行轨道、由一行星与其他行星的相互作用引起的行星运动波动等问题。爱因斯坦的相对论源于解释麦克斯韦电磁理论的某些特征，但在数十年后，却成功地引领了原子时代。

（4）简洁性

简洁性是科学理论评价的一个重要标准。源于美学性质，与复杂相比，科学总是偏爱简单的。一个假说是好的假说，不在其复杂，而在其简洁。比如，近代科学中的哥白尼的太阳中心假说比托勒密的地球中心假说更简洁。这两个假说理论在一致性方面、解释和预见能力等方面都是难分高低的，它们实际上都是“大循环圈中的小循环”，而且也都是依据对天体观察而获得的结论。但是，哥白尼的日心说所依赖的循环圈数目较少，因此该假说也就更为简洁，这使得后来的天文学家更愿意接受他的假说。

二、评价标准

由于一种现象可以有多种解释，因此，为了解释某种现象，往往可以提出多种假说。问题在于，如何判定哪个假说是最好的。

（1）达到最佳解释推理

从逻辑上讲，显然是“达到最佳解释推理”的假说是合理的，也是最好的。达到最佳解释推理的过程就是通过分析和判定各种假说，得到其中最佳的。其推理形式如下：

观察到现象O。

假说Hi是可以得到的关于O的解释中最佳的。

所以，Hi可以接受。

（其中，Hi是能够解释现象O的所有假说H1、H2、H3、…中的某一个。）

当然，上述推理基于一个假定，即所提出的现有的假说中，最好的是可以接受的、令人满意的。但在提出的假说不充分、不成熟的阶段，最好的也未必令人满意。这就需要努力构造更多更成熟的假说来竞争，来提高候选假说的质量。

达到最佳解释推理的关键，就是上述推理的第二个前提：“假说Hi是可以得到的关于O的解释是最佳的”。根据已有的知识和实际情况，提出假说的本人可能已经排除了一些不适宜的假说，提出来的已经是按现有的知识看来更可能的假说，然后再按最可能或者最容易检验的顺序来进行综合评价。

假说推导出的预言被严格、合格的观测实验证实了，它才有可能成为最佳解释。但是，证实不是一锤定音的标准。评价解释性的假说不容易。决定哪一个假说更好，是一个综合考虑各项指标的工作，而且需要时间。

（2）科学假说的评价标准

一个好的假说与其他很好地被确证的假说谁更优，往往并不能马上分出胜负。情况经常是一种新的假说在另一个很好地被确证的假说的面前产生，两种假说互相竞争未来的可接受性，最终哪种假说会获胜取决于假说的评价标准。基于上述假说的接受标准，我们提出以下假说的评价标准，满足以下标准的假说可以认为是最好的假说。

①能解释竞争的假说更好的事实；

②能比竞争的假说做出更精确的论断；

③能比竞争的假说更多地统一以前互不相干的现象；

④能比竞争的假说解释更多的事实，即能解释竞争的假说不能解释的（反常）现象；

⑤能比竞争的假说推导出更多的观察现象；

⑥能做出竞争的假说不能做的、想不到的、甚至反对的预言和检验；

⑦能通过竞争的假说通不过的检验，它的预言在严格检验下成功；

⑧能通过自身的发展解决“反常”和新的问题。

⑨能比竞争的假说更简洁。

新的革命性的科学假说一开始并不能说明一切现有的事实，它可能在有些方面还比不上旧的假说，但是如果它能逐步解决问题，甚至能指导新的实际，那么就是好的。这就是要在动态中、发展中来评价假说。最后，由于新的科学假说比它的对手更符合上述评价标准而胜出。比如，牛顿的万有引力和力学三大定律，是对开普勒和伽利略的物理学的扩张和统一，从牛顿理论中可以推导出更多的可观察内容来，牛顿理论由此而胜出。爱因斯坦的狭义相对论解决了电磁现象和力学现象的统一，爱因斯坦的弯曲引力场的预言超出了牛顿万有引力理论能接受的程度，广义相对论统一了引力等，因此，爱因斯坦的相对论战胜了牛顿的理论。

（3）判决性实验

各种假说是要展开竞争的，而同一个假说自身也会有所演变。在假说的竞争、演变过程中，人们会不断地评价和选择各种假说。然而对科学假说的评价、选择起关键作用的则是实践的检验。

在科学实践过程中，当遇到两个不同假说都和以往的理论相容，都可以解释和预见某些事实，而且这些事实也都是可验证的，这时候如何来判定这两个不同假说的优劣，这就要借助“判决性实验”或“决定性实验”，这种实验往往是假说优劣的根本判定。

判决性实验是指对两个彼此对立的假说的是非进行判定，通过选择一些关键性的实验对假说进行验证。具体方法是：从两个相互竞争的假说 H1 和 H2 分别引伸出关于事实的矛盾命题，即：“如果 H1，那么 E”“如果 H2，那么非 E ”，然后，安排一次实验用于检查事实 E，如果实验的结果为肯定 E，那么就可以确证 H1 而驳倒 H2；如果实验的结果为否定 E，那么就可以驳倒 H1 而确证 H2。

通过这样一次实验就可以在两个假说之中做出抉择，判决取舍。所以被称为“判决性实验”。但按照前述“假说的证明”中分析，任何证实和证伪也只是相对的，同样，“判决性实验”也并不起到绝对判定的作用，因此，科学史上所说的“判决性实验”，并不具有“终审”判决的意义，但确实可以认为是对假说进行实践检验的一种重要的检验方式。

【案例】

相对论和黑洞理论的冲突

相对论和黑洞理论是 20 世纪两个主要的关于天体的理论，但这两个理论面对严重的冲突。广义相对论是得到验证的，从其基本的原理出发必然会推出，光速是一个极限的速度。但黑洞理论认为，黑洞是空间或者空间和时间的一个区域，在那里引力场变得如此强大，甚至连光都不能逃逸。从中可推导出，有一种比光速还要快的强大无比的引力。但是，目前人类似乎无法设计一个决定性实验来判定这两个假说谁更正确。

被实践证明是正确的假说，对科学的发展起着积极的推动作用。被实践证明是错误的假说，也不能简单地否定，因为它们往往也在历史的一定阶段上起着积极作用，尤其是在科学发展的早期阶段，有些领域产生一些错误的假说，往往是难免的。有些假说，虽然它们的基本观点是错误的，但却包含着或多或少的合理成分，因而它能为以后新假说的形成和新理论的创立，提供一些有益的思想材料。当然，错误的假说在某个阶段可能是妨碍科学发展的阻力，而科学的发展就是在科学实践的基础上，批判和推翻其错误，从而建立新的正确的假说和理论，促进科学的前进与完善。如亚里士多德力学被牛顿力学所更替，而牛顿力学又被爱因斯坦的相对论力学更替，一次又一次地更替下去，人们的认识就愈来愈接近于客观现实。总之，科学的发展形式就是科学假说的提出、验证、应用和更替的过程。

三、理论形成

构成假说的基本要素通常包括：事实基础，背景理论，对现象、规律的猜测，对相关事实的解释，推导出的预言和预见等等。而假说得到观察、实验的支持，就会发展成为建立有关科学理论的基础。

1. 理论确立

任何一种科学理论在未得到实验确证之前表现为假设学说或假说。一个新的科学假说，如果能够用严格的推理和实验证明，真正解决人们所产生的疑问，这个假说就将被接受为一个科学的理论。

2. 理论应用

科学的目的一方面是解释人们观察到的现象，另一方面是控制这些现象为我们所用。通过不断验证后，假说得到基本确认，接下来就可以应用该理论了。比如，科学家通过假说演绎的方式，对基因、染色体、DNA 复制方式、遗传密码的破译等进行了深入的研究，并最终形成了科学理论，从而为人类造福。

附录

科学逻辑测试

（说明：此处编排了 50 道推理题，都是五选一的选择题，建议答题时间为 120 分钟。）

第一部分　演绎逻辑

1. 有些阔叶树是常绿植物，因此阔叶树都不生长在寒带地区。

以下哪项如果为真，最能反驳上述结论？

A. 有些阔叶树不生长在寒带地区。

B. 常绿植物都生长在寒带地区。

C. 寒带的某些地区不生长常绿植物。

D. 常绿植物都不生长在寒带地区。

E. 常绿植物不都是阔叶树。

2. 随着心脏病成为人类的第一杀手，人体血液中的胆固醇含量越来越引起人们的重视。一个人血液中的胆固醇含量越高，患致命的心脏病的风险也就越大。至少有三个因素会影响人的血液中胆固醇的含量，它们是抽烟、饮酒和运动。

如果上述断定为真，则以下哪项一定为真？

Ⅰ. 某些生活方式的改变，会影响一个人患心脏病的风险。

Ⅱ. 如果一个人的血液中的胆固醇含量不高，那么他患致命的心脏病的风险也不高。

Ⅲ. 血液中的胆固醇高含量是造成当今人类死亡的主要原因。

A. 只有Ⅰ。

B. 只有Ⅱ。

C. 只有Ⅲ。

D. 只有Ⅰ和Ⅲ。

E. Ⅰ、Ⅱ和Ⅲ。

3. 用地面雷达所拍下的流星的最近距离为 220 万英里，即流星托德地斯被拍下的最近距离。最近的流星照片是格斯泊拉，在仅仅 1 万英里远的距离被拍摄到。

下列哪一项可以从上面语句中正确推导出来？

A. 托德地斯比格斯泊拉更可能与地球相撞。

B. 托德地斯，不像格斯泊拉，仅仅最近被发现。

C. 另一流星阿斯特地斯仅仅可以通过使用地面雷达拍摄下来。

D. 基于地面的雷达不能拍摄距地球 220 万英里以外的物体。

E. 格斯泊拉的照片不是由基于地面的雷达拍摄下来的。

4. 家用电炉有三个部件：加热器、恒温器和安全器。加热器只有两个设置：开和关。在正常工作的情况下，如果将加热器设置为开，则电炉运作加热功能；设置为关，则停止这一功能。当温度达到恒温器的温度旋钮所设定的读数时，加热器自动关闭。电炉中只有恒温器具有这一功能。只要温度一超出温度旋钮的最高读数，安全器自动关闭加热器。同样，电炉中只有安全器具有这一功能。当电炉启动时，三个部件同时工作，除非发生故障。

以上判定最能支持以下哪项结论？

A. 一个电炉，如果它的恒温器和安全器都出现了故障，则它的温度一定会超出温度旋钮的最高读数。

B. 一个电炉，如果其加热的温度超出了温度旋钮的设定读数但加热器并没有关闭，则安全器出现了故障。

C. 一个电炉，如果加热器自动关闭，则恒温器一定工作正常。

D. 一个电炉，如果其加热温度超出了温度旋钮的最高读数，则它的恒温器和安全器一定都出现了故障。

E. 一个电炉，如果其加热的温度超出了温度旋钮的最高读数，则它的恒温器和安全器不一定都出现了故障，但至少其中某一个出现了故障。

5. 专业人士预测：如果粮食价格保持稳定，那么蔬菜价格也保持稳定；如果食用油价格不稳，那么蔬菜价格也将出现波动。老李由此断定：粮食价格保持稳定，但是肉类食品价格将上涨。

根据上述专业人士的预测，以下哪项为真，最能对老李的观点提出质疑？

A. 如果食用油价格出现波动，那么肉类食品价格不会上涨。

B. 如果食用油价格稳定，那么肉类食品价格不会上涨。

C. 如果肉类食品价格不上涨，那么食用油价格将会上涨。

D. 如果食用油价格稳定，那么肉类食品价格将会上涨。

E. 只有食用油价格稳定，那么肉类食品价格才不会上涨。

6. 所有物质实体都是可见的，而任何可见的东西都没有神秘感。因此，精神世界不是物质实体。

以下哪项最可能是上述论证所假设的？

A. 精神世界是不可见的。

B. 有神秘感的东西都是不可见的。

C. 可见的东西都是物质实体。

D. 精神世界有时也是可见的。

E. 精神世界具有神秘感。

7. 除非有两种以上稀有品种的水果，否则含香蕉的水果沙拉通常只是一道乏味的菜。这盆水果沙拉里面有香蕉，并且其中唯一奇特的水果是石榴，所以，这道菜可能十分乏味。

以下哪项推理的结构与题干的推理最为类似？

A. 通常40%的鹿会在冬季死亡，除非某个冬季异常温暖。在这个冬季，死去的鹿与往常一样，是40%，所以我认为这个冬季并非异常温暖。

B. 除非拳王赛的卫冕者被收买，否则，挑战者很难击倒对方而获胜。在这次拳王赛中，卫冕者已被收买，因此，挑战者很可能击倒对方而获胜。

C. 作者第一次写作的手稿通常不被出版商注意，除非他是名人。我的手稿可能不会引起出版商的注意，因为我是第一次写作，而且不是名人。

D. 不会有很多人参加星期四的法庭辩论旁听，通常在审理离婚案时，参加旁听的人就非常少，而星期四开庭审理的正是离婚案。

E. 死者的遗产通常要么分给仍然活着的配偶，要么分给仍然活着的子女。这个案子中没有仍然活着的配偶，因此，遗产可能分给仍然活着的子女。

8. 与西药相比，中药是安全的，因为中药的成分都是天然的。

下列陈述中，除哪项外，都反驳了上面论证的假设?

A. 所有天然的东西都是安全的。

B. 断肠草是天然的，却能致人死命。

C. 有些天然的东西是不安全的。

D. 并非天然的东西都是安全的。

E. 中草药是天然的，但也有毒副作用。

9.

2	5	A	b
第一张	第二张	第三张	第四张

上面四张卡片，一面为阿拉伯数字，一面为英文字母，主持人断定：如果一面为奇数，则另一面为元音字母。

为验证主持人的断定，必须翻动

A. 第1张和第3张。

B. 第1张和第4张。

C. 第2张和第3张。

D. 第2张和第4张。

E. 全部四张卡片。

10. 有四个外表看起来没有区别的小球，它们的重量可能有所不同。取一个天平，将甲、乙归为一组，丙、丁归为另一组，分别放在天平的两边，天平是基本平衡的。将乙和丁对调一下，甲、丁一边明显地要比乙、丙一边重得多。可奇怪的是，我们在天平一边放上甲、丙，而另一边刚放上乙，还没有来得及放上丁时，天平就压向了乙一边。

请你判断，这四个球中由重到轻的顺序是什么?

A. 丁、乙、甲、丙。

B. 丁、乙、丙、甲。

C. 乙、丙、丁、甲。

D. 乙、甲、丁、丙。

E. 乙、丁、甲、丙。

11. 对本届奥运会所有奖牌获得者进行了尿样化验，没有发现兴奋剂使用者。

如果以上陈述为假，则以下哪项一定为真？

Ⅰ. 或者有的奖牌获得者没有化检尿样，或者在奖牌获得者中发现了兴奋剂使用者。

Ⅱ. 虽然有的奖牌获得者没有化检尿样，但还是发现了兴奋剂使用者。

Ⅲ. 如果对所有的奖牌获得者进行了尿样化验，则一定发现了兴奋剂使用者。

A. 只有Ⅰ。

B. 只有Ⅱ。

C. 只有Ⅲ。

D. 只有Ⅰ和Ⅲ。

E. 只有Ⅱ和Ⅲ。

12. 一个热力站有5个阀门控制对外送蒸汽，使用这些阀门必须遵守以下操作规则：

(1) 如果开启1号阀，那么必须同时打开2号阀并且关闭5号阀。

(2) 如果开启2号阀或者5号阀，则要关闭4号阀。

(3) 不能同时关闭3号阀和4号阀。

现在要打开1阀，同时要打开的阀门是哪两个？

A. 2号阀和4号阀。

B. 2号阀和3号阀。

C. 3号阀和5号阀。

D. 4号阀和5号阀。

E. 2号阀和5号阀。

13. 在某次思维训练课上，张老师提出“尚左数”这一概念的定义：在连续排列的一组数字中，如果一个数字左边的数字都比其大（或无数字），且其右边的数字都比其小（或无数字），则称这个数字为尚左数。

根据张老师的定义，在8、9、7、6、4、5、3、2这列数字中，以下哪项包含了该列数字中所有的尚左数？

A. 4、5、7和9。

B. 2、3、6和7。

C. 3、6、7和8。

D. 5、6、7和8。

E. 2、3、6和8。

14. 以下关于电脑故障的陈述中，只有一个是真的：

Ⅰ. 显卡坏了。

Ⅱ. 如果主板坏了，那么内存也一定出现了故障。

Ⅲ. 主板或显卡坏了。

Ⅳ. 主板坏了。

根据上述条件，可以推出以下哪项？

A. Ⅰ项为真，显卡坏了。

B. Ⅱ项为真。

C. Ⅲ项为真，主板或显卡坏了。

D. Ⅳ项为真，主板坏了。

E. 推不出结果。

15. 大嘴鲈鱼只在有鲦鱼出现的河中长有浮藻的水域里生活。漠亚河中没有大嘴鲈鱼。

从上述断定能得出以下哪项结论？

Ⅰ. 鲦鱼只在长有浮藻的河中才能发现。

Ⅱ. 漠亚河中既没有浮藻，又发现不了鲦鱼。

Ⅲ. 如果在漠亚河中发现了鲦鱼，则其中肯定不会有浮藻。

A. 只有Ⅰ。

B. 只有Ⅱ。

C. 只有Ⅲ。

D. 只有Ⅰ和Ⅱ。

E. Ⅰ、Ⅱ和Ⅲ都不是。

16. 一项研究发现：吸食过毒品（例如摇头丸）的女孩比没有这种行为的女孩患抑郁症的可能性高出 2 至 3 倍；酗酒的男孩比不喝酒的男孩患抑郁症的可能性高出 5 倍。另外，抑郁会使没有不良行为的孩子减少犯错误的冲动，却会让有过上述不良行为的孩子更加行为出格。

如果上述断定为真，则以下哪项一定为真？

A. 行为出格的孩子容易抑郁，进而加重他们的出格行为。

B. 酗酒的男孩比食用摇头丸的女孩患抑郁症的可能性高。

C. 抑郁会让人失去生活的乐趣并导致行为出格。

D. 没有坏习惯的孩子大多是家庭和谐快乐的。

E. 患有抑郁症的孩子都伴随有不良的行为出格。

17. 在微波炉清洁剂中加入漂白剂，就会释放出氯气；在浴盆清洁剂中加入漂白剂，也会释放出氯气；在排烟机清洁剂中加入漂白剂，没有释放出任何气体。现有一种未知类型的清洁剂，加入漂白剂后，没有释放出氯气。

根据上述实验，以下哪项关于这种未知类型的清洁剂的断定一定为真？

Ⅰ. 它是排烟机清洁剂。

Ⅱ. 它既不是微波炉清洁剂，也不是浴盆清洁剂。

Ⅲ. 它要么是排烟机清洁剂，要么是微波炉清洁剂或浴盆清洁剂。

A. 仅Ⅰ。

B. 仅Ⅱ。

C. 仅Ⅲ。

D. 仅Ⅰ和Ⅱ。

E. Ⅰ、Ⅱ和Ⅲ。

18. 某大学对全体新生进行了体检，没有发现乙肝患者。

如果上述陈述为假，则以下哪项一定为真？

Ⅰ. 或者有的新生没有体检，或者在新生中发现了乙肝患者。

Ⅱ. 虽然有的新生没有参加体检，但还是发现了乙肝患者。

Ⅲ. 如果对所有的新生进行了体检，则一定发现了乙肝患者。

A. 仅Ⅰ。

B. 仅Ⅱ。

C. 仅Ⅲ。

D. 仅Ⅰ和Ⅲ。

E. 仅Ⅰ和Ⅱ。

19. 为防御电脑受病毒侵袭，研究人员开发了防御病毒、查杀病毒的程序，前者启动后能使程序运行免受病毒侵袭，后者启动后能迅速查杀电脑中可能存在的病毒。某台电脑上现出甲、乙、丙三种程序。已知：

（1）甲程序能查杀目前已知所有病毒；

（2）若乙程序不能防御已知的一号病毒，则丙程序也不能查杀该病毒；

（3）只有丙程序能防御已知的一号病毒，电脑才能查杀目前已知的所有病毒；

（4）只有启动甲程序，才能启动丙程序。

根据上述信息可以得出以下哪项？

A. 只有启动丙程序，才能防御并查杀一号病毒。

B. 只有启动乙程序，才能防御并查杀一号病毒。

C. 如果启动丙程序，就能防御并查杀一号病毒。

D. 如果启动了乙程序，那么不必启动丙程序也能查杀一号病毒。

E. 如果启动了甲程序，那么不必启动乙程序也能查杀所有病毒。

20. 根据一个心理学理论，一个人想要快乐就必须和周围的人保持亲密的关系，但是世界上伟大的画家往往是在孤独中度过了他们的大部分时光，并且没有亲密的人际关系。所以，这种心理学理论的上述结论是不成立的。

以下哪项最可能是上述论证所假设的？

A. 该心理学理论是为了揭示内心体验与艺术成就的关系。

B. 有亲密人际关系的人几乎没有孤独的时候。

C. 孤独对于伟大的绘画艺术家来说是必需的。

D. 有些著名画家有亲密的人际关系。

E. 获得伟大成就的艺术家不可能不快乐。

21. 李医生：除非得了癌症，否则不会接受化疗。

赵经理：不会吧！我们单位的马大姐得了癌症，但是她没有接受化疗，而且已经康复了。

赵经理把李医生的话误解为：

A. 接受化疗的都是得了癌症的病人。

B. 所有得了癌症的人都得接受化疗。

C. 只有得了癌症才会接受化疗。

D. 没得癌症的人不接受化疗。

E. 有些没得癌症的病人也许会接受化疗。

22. 有些被公众认为是坏的行为往往有好的效果。只有产生好的效果，一个行为才是好的行为。因此，有些被公众认为是坏的行为其实是好的行为。

以下哪项最为恰当地概括了上述推理中存在的错误？

A. 不当地假设：如果 a 是 b 的必要条件，则 a 也是 b 的充分条件。

B. 不当地假设：如果 a 不是 b 的必要条件，则 a 是 b 的充分条件。

C. 不当地假设：如果 a 是 b 的必要条件，则 a 不是 b 的充分条件。

D. 不当地假设：任何两个断定之间都存在条件关系。

E. 不当地假设：任何两个断定之间都不存在条件关系。

23. 在一所公寓里有一人被杀害了，在现场共有甲、乙、丙三人。已知这三人中，一个是主犯，一个是从犯，一个与案件无关。警察从现场的人的口中得到下列证词：

(1) 甲不是主犯；

(2) 乙不是从犯；

(3) 丙不是与案件无关的人。

这三条证词中，提到的名字都不是说话者本人，三条证词不一定分别出自三人之口，但至少有一条是与案件无关的人讲的。经过调查证实，只有与案件无关的人说了实话。

根据上述提供的信息，可推知主犯、从犯、与案犯无关的人分别是谁？

A. 甲是主犯，乙是从犯，丙是与案件无关的人。

B. 甲是从犯，乙是与案件无关的人，丙是主犯。

C. 甲是从犯，乙是主犯，丙是与案件无关的人。

D. 甲是主犯，乙是与案件无关的人，丙是从犯。

E. 甲是与案件无关的人，乙是从犯，丙是主犯。

24. 在丈夫或妻子至少有一个是中国人的夫妻中，中国女性比中国男性多 2 万。

如果上述断定为真，则以下哪项一定为真？

Ⅰ. 恰有 2 万中国女性嫁给了外国人。

Ⅱ. 在和中国人结婚的外国人中，男性多于女性。

Ⅲ. 在和中国人结婚的人中，男性多于女性。

A. 只有Ⅰ。

B. 只有Ⅱ。

C. 只有Ⅲ。

D. 只有Ⅱ和Ⅲ。

E. Ⅰ、Ⅱ和Ⅲ。

25. 如果二氧化碳气体超量产生，就会在大气层中聚集，使全球气候出现令人讨厌的温室效应。在绿色植被覆盖的地方，特别是在森林中，通过光合作用，绿色植被吸收空气中的二氧化碳，放出氧气。因此，从这个意义上，绿色植被特别是森林的破坏，就意味着在“生产”二氧化碳。工厂中对由植物生成的燃料的耗用产生了大量的二氧化碳气体。这些燃料包括木材、煤和石油。

上述断定最能支持以下哪项结论？

A. 如果地球上的绿色植被特别是森林受到严重破坏，将使全球气候不可避免地出现温室效应。

B. 只要有效地保护好地球上的绿色植被特别是森林，那么，即便工厂超量耗用由植物生成的燃料，也不会使全球的气候出现温室效应。

C. 如果各国工厂耗用的由植物生成的燃料超过了一定的限度，那就不可避免地使全球气候出现温室效应，除非全球的绿色植被特别是森林得到足够良好的保护。

D. 只要各国工厂耗用的由植物生成的燃料控制在一定的限度内，就可使全球气候的温室效应避免出现。

E. 如果全球气候出现了温室效应，则说明或者是全球的绿色植被没有得到有效的保护，或者各国的工厂耗用了超量的由植物生成的燃料。

第二部分　归纳逻辑

26. 在一项阿司匹林对心血管健康影响的研究中，发现定期服用阿司匹林的参与者比其他参与者得心脏病的可能性小。研究者得到结论：服用阿司匹林显著减小得心脏病的可能性。

研究者在得到他们的结论时做了下列哪一个假设?

A. 诸如家庭健康史和饮食这样的因素可能影响阿司匹林在减少心脏病的机会中所扮演的角色。

B. 只有那些已经不会得心脏病的参与者才可能从日常服用阿司匹林中获益。

C. 日常不服用阿司匹林但有健康的习惯并且吃健康食品的人比其他人得心脏病的可能性小。

D. 日常服用阿司匹林的参与者并不比其他参与者在服阿司匹林之前身体更好。

E. 服用阿司匹林仅仅可能对心脏和循环系统有益。

27. 最近的一次调查发现，那些一天喝两杯以上咖啡并且久坐的中年人比其他久坐的中年人更有可能血液中胆固醇含量高，胆固醇是增加心脏病危险的主要因素。胆固醇能够从食物和饮料中到达血液，但是在咖啡中不含有胆固醇。因此，对久坐的中年人，喝咖啡增加发生心脏病的危险。

下列哪一项如果正确的话，能最严重地削弱研究中的结论?

A. 生活中久坐的习惯增加血液中的胆固醇。

B. 咖啡含咖啡因，而咖啡因能促使心率增加。

C. 被调查的人喝咖啡时不加牛奶和乳酪，这两样东西含胆固醇。

D. 在两组中，人们都可能体重过重，而过重的体重是增加心脏疾病危险的因素。

E. 一天喝两杯以上咖啡的人同时吃较多的高胆固醇的食物。

28. 长期以来，手机产生的电磁辐射是否威胁人体健康一直是极具争议的话题。一项长达 10 年的研究显示，每天使用移动电话通话 30 分钟以上的人患神经胶质癌的风险比从未使用者要高出 40%，由此某专家建议，在取得进一步证据之前，人们应该采取更加安全的措施，如尽量使用固定电话通话或使用短信进行沟通。

以下哪项如果是真，最能表明该专家的建议不切实际？

A. 大多数手机产生的电磁辐射强度符合国家规定标准。

B. 现有在人类生活空间中的电磁辐射强度已经超过手机通话产生的电磁辐射强度。

C. 经过较长一段时间，人们的体质逐渐适应强电磁辐射的环境。

D. 在上述实验期间，有些人每天使用移动电话通话超过 40 分钟，但他们很健康。

E. 即使以手机短信进行沟通，发送和接收信息瞬间也会产生较强的电磁辐射。

29. 具有大型天窗的独一无二的赛发特百货商场的经验表明，商店内射入的阳光可增加销售额。赛发特的大天窗可使商店的一半地方都有阳光射入，这样可以降低人工照明需要，商店的另一半地方只有人工照明。从该店两年前开张开始，天窗一边的各部门的销售量要远高于其他各部门的销售量。

下列哪一项如果正确，最能支持上面的论述？

A. 在某些阴天里，商场中天窗下面的部分需要更多的人工灯光来照明。

B. 在商场夜间开放的时间里，位于商场中天窗下面部分的各部门的销售额不比其他部门高。

C. 许多顾客在一次购物过程中，在商场两边的部门都购买商品。

D. 除了天窗，商场两部分的建筑之间还有一些明显的差别。

E. 位于商场天窗下面部分的各部门，在赛发特的其他一些连锁店中也是销售额最高的部门。

30. 通过对南非考古遗址中的蛋壳碎片的氨基酸的分解进行分析，可以得知 20 万年以上的遗址的确切年代。因为氨基酸的分解在寒冷的地区较慢，所以在一些寒冷的地区，这种技术可用于鉴别在 100 万年左右的考古遗址。

上文的论述为以下哪一个结论提供了最强的支持？

A. 最古老的遗址不是在南非，而在其他寒冷的地区。

B. 蛋壳中可被测量的氨基酸分解不会出现在其他的一些遗迹上。

C. 如果遗址所在地的气候在被测量的年限范围内有大幅度的波动，那么这种技术就可能出现较大的偏差。

D. 经过了 20 万年的寒冷气候，一个蛋壳碎片中的 1/5 的氨基酸已经分解，并且不适合再做鉴别使用。

E. 在温暖的气候条件下更容易发现考古遗迹中蛋壳的碎片。

31. 一种海洋蜗牛产生的毒素含有多种蛋白，把其中的一种给老鼠注射后，会使只有两星期大或更小的老鼠陷入睡眠状态，而使大一点的老鼠躲藏起来。而在正常情况下，当老鼠受到突然的严重威胁时，非常小的那些老鼠的反应是呆住，而较大的那些老鼠会逃跑。

以上陈述的事实最有力地支持了以下哪项假说？

A. 老鼠对突然的严重威胁的反应受其体内生成的一种化学物质的刺激，这种物质与注射到老鼠体内的蛋白相似。

B. 注射到鼠体的包含在蜗牛毒素中的蛋白的主要功能是通过诱导蜗牛处于完全的静止中而起到保护蜗牛的作用。

C. 如果给成年老鼠大剂量地注射这种蛋白，也会使它们陷入睡眠状态。

D. 非常小的老鼠很可能与较大的老鼠一样易于遭受突发性的严重威胁。

E. 非常小的老鼠还没有足够的正常应付最常见的突然遭遇的激素。

32. 一名粒子物理学家开玩笑说：自 1950 年以来，所有的费米子都是在美国发现的，所有的玻色子都是在欧洲发现的。很遗憾，希格斯粒子是玻色子，所以，它不可能在美国被发现。

必须补充下面哪一项假设，上述推理才能成立？

A. 即使某件事情过去一直怎样，它未来也有可能不再那样。

B. 如果 x 在过去一段时间内一直做成 y，则 x 不可能不做成 y。

C. 如果 x 在过去一段时间内一直未做成 y，则 x 不可能做成 y。

D. 如果 x 在过去一段时间内一直未做成 y，则 x 很可能做不成 y。

E. 如果 x 在过去一段时间内一直未做成 y，则 x 很可能做成 y。

33. 农科院最近研制了一种高效杀虫剂，通过飞机喷撒，能够大面积地杀死农田中的害虫。这种杀虫剂的特殊配方虽然能保护鸟类免受其害，但却无法保护有益昆虫。因此，这种杀虫剂在杀死害虫的同时，也杀死了农田中的各种益虫。

以下哪项产品的特点，和题干中的杀虫剂最为类似？

A. 一种新型战斗机，它所装有的特殊电子仪器使得飞行员能对视野之外的目标发起有效攻击。这种电子仪器能区分客机和战斗机，但不能同样准确地区分不同的战斗机。因此，当它在对视野之外的目标发起有效攻击时，有可能误击友机。

B. 一种带有特殊回音强立体声效果的组合音响，它能使其主人在欣赏它的时候倍感兴奋和刺激，但往往同时使左邻右舍不得安宁。

C. 一部经典的中国文学名著，它真实地再现了中晚期中国封建社会的历史，但是，不同立场的读者从中得出不同的见解和结论。

D. 一种新投入市场的感冒药，它能迅速消除患者的感冒症状，但也会使服药者在一段时间中昏昏欲睡。

E. 一种新推出的电脑杀毒软件，它能随时监视并杀除入侵病毒，并在必要时会自动提醒使用者升级，但是，它同时减低了电脑的运作速度。

34. 一个人从饮食中摄入的胆固醇和脂肪越多，他的血清胆固醇指标就越高。存在着一个界限，在这个界限内，二者成正比。超过了这个界限，即使摄入的胆固醇和脂肪急剧增加，血清胆固醇指标也只会缓慢地有所提高。这个界限，对于各个人种是一样的，中国人的人均大约是欧洲人的人均胆固醇和脂肪摄入量的 1/4。

上述判定最能支持以下哪项结论？

A. 中国的人均胆固醇和脂肪摄入量是欧洲的 1/2，但中国人的人均血清胆固醇指标不一定等于欧洲人的 1/2。

B. 上述界限可以通过减少胆固醇和脂肪摄入量得到降低。

C. 3/4 的欧洲人的血清胆固醇含量超出正常指标。

D. 如果把胆固醇和脂肪摄入量控制在上述界限内，就能确保血清胆固醇指标的正常。

E. 血清胆固醇的含量只受饮食的影响，不受其他因素，例如运动、吸烟等生活方式的影响。

35. 检测系统X和Y所依据的原理不同，却都能检测出所有的产品缺陷，但它们也都会错误地淘汰3%的无缺陷的产品。由于误测造成较高的检测成本，所以通过安装这两套系统，而不是其中的一套系统，而且只淘汰两套系统都认为有缺陷的产品，这样就会省钱。

以上论证需要下面哪项假设？

A. 测试系统X错误淘汰的无缺陷产品和测试系统Y错误淘汰的无缺陷产品不完全一样。

B. 接受一个次品所造成的损失比淘汰一个无缺陷产品所造成的损失大。

C. 在同等价格的产品中，X和Y系统是市场上最少出错的检测系统。

D. 无论采用哪个系统，第二次检测只需对第一次没被淘汰的产品进行检测。

E. 除了采用X和Y系统外，其他检测瑕疵的方法都需要把产品全都拆开。

36. 研究表明，在大学教师中，有90%的重度失眠者经常工作到凌晨2点。张宏是一名大学教师，而且经常工作到凌晨2点，所以，张宏很可能是一位重度失眠者。

以下哪项陈述最准确地指明了上文中的错误？

A. 它依赖一个未确证的假设：经常工作到凌晨2点的大学教师有90%是重度失眠者。

B. 它没有考虑到这种情况：张宏有可能属于那些10%经常工作到凌晨2点而没有患重度失眠症的人。

C. 它没有考虑到这种情况：除了经常工作到凌晨2点以外，还有其他导致大学教师重度失眠症的原因。

D. 它依赖一个未确证的假设：经常工作到凌晨2点是人们患重度失眠症的唯一原因。

E. 它依赖一个未确证的假设：大学教师只是经常工作到凌晨2点的人中的一小部分。

37. 一个人摄取的精制糖和在消化过程中由食物分解成的糖就是进入人体血液的几乎所有葡萄糖的来源。虽然咖啡在消化时自身不能分解成糖，但有时却能使人的血糖水平急剧上升，尽管咖啡没有和奶油或任何甜食一起饮用。

以下哪项如果正确，最有助于解释上文提到的咖啡对血糖水平的影响？

A. 在吃过饭后，人们常常喝咖啡，这顿饭是由几种在消化时迅速分解为糖的食物组成的。

B. 一小时内饮用两杯咖啡以上会增加人体的紧张程度，人体对此做出的反应就是把储存的葡萄糖释放到血液中。

C. 极少吃含精制糖食物的人往往比喜欢吃很多这类食物的人的血糖浓度还要高。

D. 对于许多人来讲，吃一块巧克力蛋糕与喝杯清咖啡具有同样的刺激效果。

E. 常坐办公室的人与从事体力劳动的人相比，前者更有可能喝大量的咖啡，血糖浓度更高。

38. 近10年来，移居清河界森林周边地区生活的居民越来越多。环保组织的调查统计表明，清河界森林中的百灵鸟的数量近十年来呈明显下降的趋势。但是恐怕不能把这归咎于森林周边地区居民的增多，因为森林的面积并没有因为周边居民人口的增多而减少。

以下哪项如果为真，最能削弱题干的论证？

A. 警方每年都接到报案，来自全国各地的不法分子无视禁令，深入清河界森林捕猎。

B. 清河界森林的面积虽没减少，但主要由于几个大木材集团公司的滥砍滥伐，森林中树木的数量锐减。

C. 清河界森林周边居民丢弃的生活垃圾吸引了越来越多的乌鹃，这是一种专门觅食百灵鸟卵的鸟类。

D. 清河界森林周边的居民大都从事农业，只有少数经营商业。

E. 清河界森林中除百灵鸟的数量近十年来呈明显下降的趋势外，其余的野生动物生长态势良好。

39. 学生家长：这学期学生的视力普遍下降，这是由于学生的书面作业的负担太重。

校长：学生视力下降和书面作业的负担没有关系。经我们调查，学生视力下降的原因，是由于他们做作业时的姿势不正确。

以下哪项如果为真，最能削弱校长的解释？

A. 学生书面作业的负担过重容易使学生感到疲劳，同时，感到疲劳，学生又不容易保持正确的书写姿势。

B. 该校学生的书面作业的负担和其他学校相比确实较重。

C. 校方在纠正学生姿势以保护视力方面做了一些工作，但力度不够。

D. 学生视力下降是个普遍的社会问题，不唯该校然。

E. 该校学生的书面作业负担比上学年有所减轻。

40. 研究发现，市面上 X 牌香烟的 Y 成分可以抑制 EB 病毒。实验证实，EB 病毒是很强的致鼻咽癌的病原体，可以导致正常的鼻咽部细胞转化为癌细胞。因此，经常吸 X 牌香烟的人将减少鼻咽癌的风险。

以下哪项如果为真，最能削弱上述论证？

A. 不同条件下的实验，可以得出类似的结论。

B. 已经患鼻咽癌的患者吸 X 牌香烟后并未发现病情好转。

C. Y 成分可以抑制 EB 病毒，也可以对人的免疫系统产生负面作用。

D. 经常吸 X 牌香烟会加强 Y 成分对 EB 病毒的抑制作用。

E. Y 成分的作用可以被 X 牌香烟的 Z 成分中和。

41. 当大学生被问到他们童年时代的经历时，那些记得其父母所经常经历的病痛的人，正是那些成年后也经常经历同样的病痛如头痛的人。这个证据证明，一个人在儿童时代对成人病痛的观察会使这个人在成年后更易于得这种病痛。

如果以下哪项为真，能最严重地削弱上述论证？

A. 那些记得自己小时候常处于病痛中的学生不比其他大多数学生更易于经历病痛。

B. 经常处于病痛状态的父母在孩子长大后仍然经常经历同样多的病痛。

C. 大学生比其他较年长成年人经历的常见病痛如头痛更少一些。

D. 成年人能清晰记得儿童时期生病时周围的情形，却很少能想起当时自身病痛的感受。

E. 一个人成年后对童年的回忆通常集中在那些能够反映其成年经历的事情上。

42. 一种流行的说法是，多吃巧克力会引起皮肤特别是脸上长粉刺。确实，许多长粉刺的人都证实，他们皮肤上的粉刺都是在吃了大量巧克力以后出现的。但是，这种说法很可能是把结果当成了原因。最近一些科学研究指出，荷尔蒙的改变加上精神压力会引发粉刺，有证据表明，喜欢吃巧克力的人，在遇到精神压力时会吃更多的巧克力。

以下哪项最为恰当地概括了题干所要表达的意思？

A. 发生在前的现象和发生在后的现象之间不一定有因果关系。

B. 精神压力引起多吃巧克力，多吃巧克力引发粉刺。对于长粉刺来说，多吃巧克力是表面原因，精神压力是内在原因。

C. 多吃巧克力是结果长粉刺是原因。

D. 多吃巧克力不大可能引发粉刺，多吃巧克力和长粉刺二者很可能都是精神压力造成的结果。

E. 一个人巧克力吃得越多，越可能造成荷尔蒙的改变和精神压力的加重。

43. 鸽子走路时，头部并不是有规律地前后移动，而是一直在往前伸。行走时，鸽子脖子往前一探，然后，头部保持静止，等待着身体和爪子跟进。有学者曾就鸽子走路时伸脖子的现象做出假设：在等待身体跟进的时候，暂时静止的头部有利于鸽子获得稳定的视野，看清周围的食物。

以下哪项如果为真，最能支持上述假设？

A. 鸽子行走时如果不伸脖子，很难发现远处的食物。

B. 步伐大的鸟类，伸缩脖子的幅度远比步伐小的要大。

C. 鸽子行走速度的变化，刺激内耳控制平衡的器官，导致伸脖子。

D. 鸽子行走时一举翅一投足，都可能出现脖子和头部肌肉的自然发射，所以头部不断运动。

E. 如果雏鸽步态受到限制，功能发育不够完善，那么，成年后鸽子的步伐变小，脖子伸缩幅度则会随之降低。

44. 近年来，全球的青蛙数量有所下降，而同时地球接受的紫外线辐射有所增加。因为青蛙的遗传物质在受到紫外线辐射时会受到影响，且青蛙的卵通常为凝胶状而没有外壳或皮毛的保护。所以可以认为，青蛙数量的下降至少部分是由于紫外线辐射的上升导致的。

下列哪一项如果正确，最能支持以上论述？

A. 即使在紫外线没有显著上升的地方，青蛙的产卵数量仍然显著下降。

B. 在青蛙数量下降最少的地方，作为青蛙猎物的昆虫的数量显著下降。

C. 数量显著下降的青蛙种群中杀虫剂的浓度要高于数量没有下降的青蛙种群。

D. 在很多地方，海龟会和青蛙共享栖息地，虽然海龟的卵有外壳保护，海龟的数量仍然有所下降。

E. 有些青蛙种群会选择将它们的卵藏在石头或沙子下，而这些种群的数量下降要明显少于不这样做的青蛙种群。

45. 一位医生给一组等候手术的前列腺肿瘤患者服用他从西红柿中提取的番茄红素制成的胶囊，每天两次，每次 15 毫克，3 周后发现这组病人的肿瘤明显缩小，有的几乎消除，医生由此推测：番茄红素有缩小前列腺肿瘤的功效。

以下哪项如果为真，最能支持医生的结论？

A. 服用番茄红素的前列腺肿瘤患者的年龄在 45 到 65 岁之间。

B. 服用番茄红素的前列腺肿瘤患者中有少数人的病情相当严重。

C. 还有一组相似的等候手术的前列腺肿瘤患者，没有服用番茄红素胶囊，他们的肿瘤没有缩小。

D. 番茄红素不仅存在于西红柿中，也存在于西瓜、葡萄等水果中。

E. 该组患者在服用番茄红素的同时还服用其他一种针对肿瘤的特效药。

46. 长久以来，高水平的睾丸激素荷尔蒙一直被认为是男性心脏病发作的主要原因。然而，这个观点不可能是正确的，因为患心脏病的男性一般比没患心脏病的男性的睾丸激素水平显著地低。

上述论证假设了以下哪一项？

A. 从未患过心脏病的许多男性通常有低水平的睾丸激素。

B. 患心脏病不会显著降低男性患者的睾丸激素水平。

C. 除睾丸激素以外的荷尔蒙水平显著影响一个人患心脏病的可能性。

D. 男性的心脏病和睾丸激素水平的降低是同一个原因所造成的结果。

E. 高水平的睾丸激素不会导致除心脏病以外的其他严重疾病。

47. 有 90 个病人，都患有难治病 T，服用过同样的常规药物。这些病人被分为人数相等的两组，第一组服用治疗 T 的试验药物 W 素，第二组服用不含 W 素的安慰剂。10 年后的统计显示，两组都有 44 人死亡。因此，这种药物是无效的。

以下哪项如果为真，最能削弱上述论证？

A. 在上述死亡的病人中，第二组的平均死亡年份比第一组早两年。

B. 在上述死亡的病人中，第二组的平均寿命比第一组小两岁。

C. 在上述活着的病人中，第二组的比第一组病情更严重。

D. 在上述活着的病人中，第二组的比第一组的更年长。

E. 在上述活着的病人中，第二组的比第一组的更年轻。

48. 偏头痛一直被认为是由食物过敏引起的。但是，如果我们让患者停止食用那些已经证明会不断引起偏头痛的过敏性食物，他们的偏头痛并没有停止，因此，显然存在别的某种原因引起偏头痛。

下列哪项如果是真的，最能削弱上面的结论？

A. 许多普通食物只在食用几天后才诱发偏头痛，因此，不容易观察患者的过敏反应和他们食用的食物之间的关系。

B. 许多不患偏头痛的人同样有食物过敏反应。

C. 许多患者说诱发偏头痛病的那些食物往往是他们最喜欢吃的食物。

D. 很少有食物过敏会引起像偏头痛那样严重的症状。

E. 许多偏头痛患者同时患有神经官能症，表现为易不安，多疑，无端自感不适等。

49. 一群在实验室里研究老鼠体内的钙新陈代谢的科学家发现去除老鼠的甲状旁腺可以导致老鼠血液中的钙的水平比正常水平低得多，这个发现使科学家们假设甲状旁腺的功能是调节血液中的钙的水平。当钙的水平降到正常范围之下，它就升高钙的水平。在进一步的实验中，科学家们不但去除了老鼠的甲状旁腺，而且去除了它们的肾上腺，他们出人意料地发现老鼠血液内钙的水平的下降比单是去除甲状旁腺时慢得多。

下面哪一项如果正确，能与科学家的假设相一致地解释那个出人意料的发现？

A. 肾上腺的作用是降低血液中的钙的水平。

B. 肾上腺与甲状旁腺在调节血液内的钙的水平时的作用是一样的。

C. 甲状旁腺的缺乏能促使肾上腺增加血液中的钙水平。

D. 如果只是把老鼠的肾上腺，而没有把其他的腺移去，这只老鼠的血液内的钙的水平将会维持不变。

E. 甲状旁腺的仅有功能是调节血液中的钙的水平。

50. 地壳中的沉积岩是随着层状物质的聚集以及上层物质的压力使下层的沉积物硬化为岩石而形成的。一个含有异常丰富的铱元素的沉积岩层被认为是支持约 6000 万年前陨石撞击地球的理论的有力证据。陨石的铱元素含量远远高于地壳，地质学家的理论认为，陨石对地球的撞击在地球的大气层中生成了巨大的富含铱元素的尘埃云层，当这些尘埃落到地面之后随着新的层面的积累，就形成了这层富含铱元素的沉积岩。

以下哪项如果为真，最能反击上文有关富含铱元素的沉积岩是陨石撞击地球的证据的主张？

A. 上文中所提到的巨大的尘埃云层，会隔断太阳光对地球的照射，从而降低地球表面的温度。

B. 沉积岩的一个层面需要上百万年的时间才能形成。

C. 无论其是否含有铱元素，沉积岩的不同层面都可以用来确定史前时代事件发生的时间。

D. 6 000 万年前大规模的火山爆发形成了这个富含铱元素的尘埃云层。

E. 铱元素的沉积与很多动物灭绝的时间相吻合，一些科学家认为庞大的恐龙的灭绝是由于陨石撞击地球所造成的。

答案与解析

（说明：以下答案与解析仅供参考。在规定时间内，答对 45 题以上推理能力为优，答对 35～45 题为良，答对 25～35 题为一般，答对 25 题以下则推理能力较弱。）

1. 答案：B

题干为一个省略的三段论，注意本题是要反驳题干结论。负命题最能反驳，题干结论“阔叶树都不生长在寒带地区”的负命题是“有的阔叶树生长在寒带”。补充省略前提后的推理过程如下：

题干前提：有些阔叶树是常绿植物；

补充 B 项：常绿植物都生长在寒带地区；

得出结论：有的阔叶树生长在寒带。

因此就否定了题干所述的“阔叶树都不生长在寒带地区”这一结论。

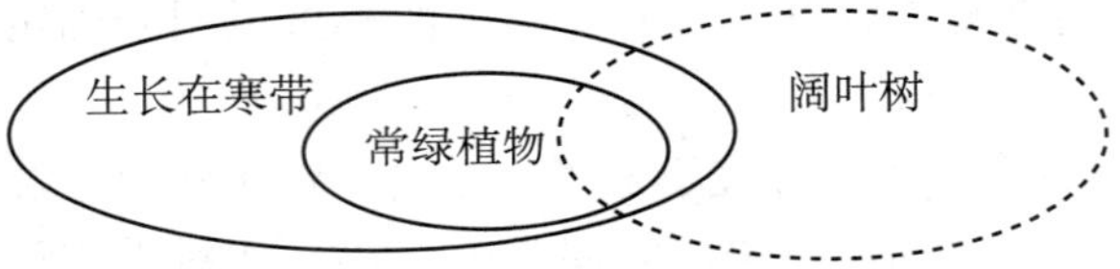

2. 答案：A

题干断定：第一，某些生活方式（抽烟、饮酒和运动）会影响胆固醇含量；

第二，胆固醇含量越高，患心脏病的风险也就越大。

从而可以看出，某些生活方式的改变会影响一个人患心脏病的风险，因此，Ⅰ项成立。

Ⅱ项不一定为真，题干只是说胆固醇含量越高，患心脏病的风险也就越大；但其否命题并不成立，即并不可必然得出：如果一个人的血液中的胆固醇含量不高，那么他患致命的心脏病的风险也不高。

Ⅲ项超出了题干断定的范围，不一定为真。

3. 答案：E

题目陈述：地面雷达所拍下的流星最近距离为 220 万英里。但最近的流星照片格斯泊拉是在 1 万英里远的距离被拍摄到的。由此可必然得到结论：格斯泊拉的照片不是由地面雷达拍摄下的，所以 E 项正确。

4. 答案：D

根据题干的条件，一个电炉，如果其加热的温度超出了温度旋钮的最高读数，则说明当温度达到恒温器的温度旋钮所设定的读数时，加热器并未自动关闭，即恒温器出现了故障；同时也说明当温度超出温度旋钮的最高读数时，加热器并未自动关闭，即安全器出现了故障。也就是说，一个电炉，如果其加热的温度超出了温度旋钮的最高读数，则它的恒温器和安全器一定都出现了故障。因此，D 项作为题干的结论成立。因为 D 项成立，所以 E 项不成立。

A 项显然不成立。例如在加热器不工作的情况下，恒温器和安全器即使都出现故障，电炉的温度也不会超出温度旋钮的最高读数。

B 项不成立。因为一个电炉，如果其加热的温度超出了温度旋钮的设定读数但加热器未关闭，只能说明恒温器出现故障，不能说明安全器出现故障。

5. 答案：B

题干断定：

(1) 粮食价格稳定 → 蔬菜价格稳定

(2) ¬食用油价格稳定 → ¬蔬菜价格稳定

由此得出：粮食价格稳定 → 食用油价格稳定

补充 B 项：食用油价格稳定 → 肉类食品价格不会上涨

从而推出：粮食价格稳定 → 肉类食品价格不会上涨

这与老李的断定（粮食价格保持稳定，但是肉类食品价格将上涨）完全相反。

因此，B 项有力地质疑了老李的观点。

6. 答案：E

题干是个省略三段论，补充省略前提后构成有效的三段论推理：

题干前提一：所有物质实体都是可见的。

题干前提二：任何可见的东西都没有神秘感。

推出结论：所有物质实体都没有神秘感。

补充 E 项：精神世界具有神秘感。

得出结论：精神世界不是物质实体。

A 项补充进题干论证：所有物质实体都是可见的，而任何可见的东西都没有神秘感，精神世界是不可见的，因此，精神世界不是物质实体。这样，第 1、3、4 句话构成一个标准的三段论，能够合理推出结论，但是第 2 句话（任何可见的东西都没有神秘感）的条件就显得多余，因此，不如 E 项合适。

7. 答案：C

题干和选项 C 的结构都是：如果非 p，那么 q；非 p，所以 q。

选项 A 的结构是：如果非 p，那么 q；q，所以非 p。

选项 B 的结构是：如果非 p，那么 q；p，所以非 q。

选项 D 的结构是：如果 p，那么 q；p，所以 q。

选项 E 的结构是：要么 p，要么 q；非 p，所以 q。

8. 答案：A

前提：中药的成分都是天然的。

假设：所有天然的东西都是安全的。

结论：中药是安全的。

因此，反驳上面论证的假设就必须说明，有些天然的东西是不安全的。

除 A 项外，其余选项都反驳了上面论证的假设。

9. 答案：D

主持人的断定：一面是奇数→另一面是元音字母

其负命题为：一面是奇数而另一面不是元音字母

5 为奇数，A 为元音字母，翻动 5 和 b，即第二张和第四张。

翻动第二张，如果另一面不是元音字母，可验证主持人的断定错误。

翻动第四张，如果背面为奇数，可以验证主持人的断定错误。

若翻动第一张，由于一面已不是奇数了，不能推翻主持人的断定。

若翻动第三张，由于一面已是元音字母了，不能推翻主持人的断定。

10. 答案：A

根据题意，可列出如下不等式关系：

(1) 甲＋乙＝丙＋丁

(2) 甲＋丁＞乙＋丙

(3) 乙＞甲＋丙

在不等式（2）的两边，分别减去等式（1）的两边，得：丁－乙＞乙－丁，即推出：

(4) 丁＞乙

由（1）和（2）相加，得：甲＋乙＋甲＋丁＞丙＋丁＋乙＋丙，即推出：

(5) 甲＞丙

再由（3）得：

(6) 乙＞甲

综合（4）（5）（6）得：丁＞乙＞甲＞丙

11. 答案：D

由于 $\neg(P \wedge Q) = \neg P \vee \neg Q = P \rightarrow \neg Q$

按照本题问题要求，做如下推理：

并非“所有奖牌获得者进行了尿样化验，没有发现兴奋剂使用者”

＝或者有的奖牌获得者没有化检尿样，或者在奖牌获得者中发现了兴奋剂使用者

＝如果对所有的奖牌获得者进行了尿样化验，则一定发现了兴奋剂使用者

因此，Ⅰ和Ⅲ项正确。答案为 D。

12. 答案：B

由题干，可知以下推理关系：

① $1 \rightarrow 2 \wedge \neg 5$

② $2 \vee 5 \rightarrow \neg 4$

③ $\neg 3 \leftrightarrow 4$

联立以上条件，已知开 1，则

由①可得：$1 \rightarrow 2 \wedge \neg 5$

由②可得：2→ ¬4

由③可得：¬4→3

因此，同时要打开的阀门是 2 号阀和 3 号阀，B 正确。

13. 答案：B

根据尚左数的定义，在 8、9、7、6、4、5、3、2 这列数字中，显然可看出：

8 不是尚左数，因为其右边的 9 比其大。

9 不是尚左数，因为其左边的 8 比其小。

7 是尚左数，因为其左边的数字都比其大，且其右边的数字都比其小。

6 是尚左数，因为其左边的数字都比其大，且其右边的数字都比其小。

4 不是尚左数，因为其右边的 5 比其大。

5 不是尚左数，因为其左边的 4 比其小。

3 是尚左数，因为其左边的数字都比其大，且其右边的数字都比其小。

2 是尚左数，因为其左边的数字都比其大，且其右边无数字。

因此，B 项为正确答案。

14. 答案：B

因为只有一个是真的，分析如下：

如果Ⅰ真，那么Ⅲ也真，与题意矛盾。所以，Ⅰ项为假，显卡没坏。

如果Ⅳ真，那么Ⅲ也真，与题意矛盾。所以，Ⅳ项为假，主板没坏。

既然主板和显卡都没坏，所以，Ⅲ项也为假。

15. 答案：E

题干断定：大嘴鲈鱼→鲦鱼∧浮藻

有鲦鱼出现和长有浮藻是大嘴鲈鱼出现的必要条件，由此推不出：（河中）长有浮藻是鲦鱼出现的必要条件。因此，选Ⅰ不能由题干推出。

据题干断定的条件关系，由漠亚河中有大嘴鲈鱼，可推出漠亚河中既有浮藻，又有鲦鱼；但由漠亚河中没有大嘴鲈鱼，不能推出漠亚河中既没有浮藻，又发现不了鲦鱼。因此，选项Ⅱ不能从题干推出。

根据题干推理，鲦鱼和浮藻的关系是得不到的，选项Ⅲ显然不能从题干推出。

16. 答案：A

题干断定吸毒和酗酒这些出格行为易导致抑郁，又断定抑郁会使有不良行为的孩子更加行为出格。由此可必然推出，行为出格的孩子容易抑郁，进而加重他们的出格行为。因此，A 项正确。其余选项都不能从题干必然推出。

17. 答案：B

题干断定了四个条件：

（1）在微波炉清洁剂中加入漂白剂，会释放出氯气；

（2）在浴盆清洁剂中加入漂白剂，会释放出氯气；

（3）在排烟机清洁剂中加入漂白剂，没有释放出任何气体；

（4）一种未知类型的清洁剂，加入漂白剂后，没有释放出氯气。

由（1）和（4），可推出该清洁剂不是微波炉清洁剂；

由（2）和（4），可推出该清洁剂不是浴盆清洁剂。

因此，由题干可推出：该清洁剂既不是微波炉清洁剂，也不是浴盆清洁剂。这正是复选项Ⅱ所断定的。其余复选项均不一定为真。

18. 答案：D

令：P＝某大学对全体新生进行了体检；Q＝没有发现乙肝患者。

则题干的意思就是 $P \land Q$

题干陈述为假，也就是 $\neg P \lor \neg Q$

即等价于：或者有的新生没有体检，或者在新生中发现了乙肝患者。因此，选项Ⅰ正确。

选项Ⅱ的逻辑意义是：$\neg P \land \neg Q$，与选项Ⅰ不一致，显然不一定真。

选项Ⅲ一定是真的，在 $\neg P \lor \neg Q$ 成立的情况下，那么如果 P 成立，$\neg Q$ 就一定成立。

19. 答案：C

题干断定：

（1）甲能查杀所有已知病毒

（2）$\neg$乙防御一号病毒→ $\neg$丙查杀一号病毒

（3）丙防御一号病毒←查杀已知的所有病毒

（4）启动甲←启动丙

C 项，如果启动丙程序，由（4）可推出，启动丙→启动甲；又由（1）可知，甲能查杀已知的所有病毒，即可以查杀已知的一号病毒；再由（3）知，丙可以防御一号病毒，故得出：能防御并查杀一号病毒。因此，该项为正确答案。

其余选项都不能必然得出。比如 E 项，启动了甲程序，就可以查杀已知的所有病毒，并不意味着能查杀所有病毒，因为未知病毒是否能查杀是不知道的。

20. 答案：E

心理学理论：要想快乐→有亲密的人际关系。

要说明这个理论不成立，就要找其反例，即找上述推理的负命题，为：

快乐∧没有亲密的人际关系

由选项 E，最伟大的画家们是快乐的；加上题干所说，伟大的画家并没有亲密的人际关系；因此，心理学理论的负命题成立，即这种心理学理论一定是错误的。可见，E 项是题干推理所必须假设的。

21. 答案：B

李医生：癌症←接受化疗

赵经理：癌症∧$\neg$接受化疗

赵经理的质疑对李医生的陈述并没有反驳作用，实际上，赵经理的质疑是下列命题的否命题：

癌症→接受化疗

即赵经理把李医生的话误解为：所有得了癌症的人都得接受化疗。

22. 答案：A

题干推理为：有些被公众认为是坏的行为往往有好的效果。因此，有些被公众认为是坏的行为其实是好的行为。

在题干的推理中，要从前提得出结论，必须假设：好效果是好行为的充分条件。但题干仅断定：好效果是好行为的必要条件。

因此，题干推理的错误在于不当地假设：如果 a 是 b 的必要条件，则 a 也是 b 的充分条件。

23. 答案：C

根据题意，三人中，一个是主犯，一个是从犯，一个与案件无关。而只有与案件无关的人说了实话，因此，这三条证词中至少有一条是与案件无关的人讲的真话。

由于证词中提到的名字都不是说话者本人，因此，这三条证词不可能只出自一人之口，所以，这三条证词中不可能都是与案件无关的人讲的。

下面先假设这三条证词中只有一条是与案件无关的人讲的真话，那么三句话就是一真两假。

假设（1）是真话，（2）、（3）是假话。由（1）真，可知甲不是主犯，则甲只能是从犯或与案件无关；而由（2）、（3）假，可知，乙是从犯，丙与案件无关。这就存在着内在的矛盾。

假设（2）是真话，（1）、（3）是假话。由（2）真，可知，乙不是从犯，则乙只能是主犯或与案件无关；而由（1）、（3）假，可知，甲是主犯，丙与案件无关。这同样存在着内在的矛盾。

假设（3）是真话，（1）、（2）是假话，则三人全是罪犯，也存在着内在的矛盾。

因此，这说明三条证词中只能有两条是与案件无关的人讲的真话。

假设（1）是假话，（2）、（3）是真话，则（2）、（3）应出自与案件无关的人甲之口，但（1）是假话，又推出甲是主犯，这就存在了矛盾。

假设（2）是假话，（1）、（3）是真话，则（1）、（3）应出自与案件无关的人乙之口，但（2）是假话，又推出乙是从犯，这仍然存在矛盾。

假设（3）是假话，（1）、（2）是真话，则（1）、（2）应出自与案件无关的人丙之口，由此推知丙是与案件无关的人，甲是从犯，乙是主犯。

24. 答案：D

丈夫或妻子至少有一个是中国人的夫妻有三种情况，列表如下：

丈夫（男性）	中国人 P	中国人 Q	外国人 R
妻子（女性）	中国人 P	外国人 Q	中国人 R

题干可表示为（P＋R）－（P＋Q）＝2；即 R－Q＝2

Ⅰ可表示为 R＝2；这从题干推不出来。

Ⅱ可表示为 R＞Q；这可以从题干必然推出。

25. 答案：C

题干中做出了三个断定：

第一，工厂对由植物生成的燃料的耗用产生二氧化碳；

第二，绿色植被特别是森林吸收二氧化碳；

第三，如果二氧化碳超量产生，则会出现全球气候的温室效应。

从上述三个断定可以得出结论：如果工厂产生的二氧化碳超过了一定的限度，并且没有足够的绿色植被特别是森林吸收二氧化碳，那么二氧化碳就会超量，就会不可避免地使全球出现温室效应。这正是C项所断定的。

其余各项均不能从题干推出。比如E项，如果出现了温室效应，不一定是植被破坏或工厂耗用燃料造成的，可能是由别的因素引起的（比如火山爆发等）。

26. 答案：D

题干根据服用阿司匹林的人比不服用的人得心血管疾病的可能性小，得到解释性的结论，服用阿司匹林减小患心脏病的可能性。

要使其论证具有说服力，其必须假设除了服用阿司匹林之外没有别的因素影响推论。D项说明在服用阿司匹林之前，参与者的健康并不比其他人的健康更好，排除了由于本身身体好而少得心血管疾病的可能性，所以是正确选项。其他选项均起不到假设作用。

27. 答案：E

题干调查发现喝咖啡的人比不喝咖啡的人胆固醇含量高。由于胆固醇是增加心脏病危险的主要因素，由此得出结论：咖啡增长心脏病的危险。

E项说明，喝咖啡的人同时吃了高胆固醇的食物，这意味着喝咖啡的人胆固醇含量高不一定是喝咖啡造成的，这就有力地削弱了题干结论。

28. 答案：B

题干根据研究所显示的使用移动电话与患神经胶质癌存在统计相关，从而推断两者因果相关，由此认为，手机的电磁辐射可能威胁人体健康。这是题干中尽量少用手机通话这一专家建议的依据。

B项表明，即使不使用移动电话通话，人也会受到超过手机所产生辐射强度的电磁辐射，因此，上述两个现象很可能仅仅是统计相关，并不存在因果关系，这就有力地削弱了专家建议的依据。

其余选项对专家的建议也有所削弱，但力度不足。

29. 答案：B

题干根据赛发特百货商场中有阳光射入的地方比只有人工照明的地方销售量要高的事实，得出结论：商店内射入的阳光可增加销售额。

B项说明在商场夜间开放时，天窗下面的各部门无阳光射入，那么其销售额并不比其他部门高，没有这个原因就没有这个结果，由此强化了商店内射入的阳光和销售额之间的因果关系，这就有效地支持了题干结论，从而有力地支持了结论，所以为正确答案。

E项易误选，也能起到支持作用，但只能说明商店天窗下的销售量高的原因是因为天窗这个因素，但是不是阳光原因还不好说（也许是空气更新鲜呢），因此，支持力度不足。

其余选项不能支持题干论述，比如，A项说明在阴天时候天窗下面部分的采光方式，与题干论证无关；C项对题干论证有所削弱；D项说明商厦的建筑形式与风格，与题干论证无关。

30. 答案：C

题干认为根据氨基酸的分解可有效鉴别年代的长度。然后进一步陈述，由于氨基酸的分解在寒冷的地区较慢，所以，这种技术可用于考古遗址的年代鉴别。

这是一则用科学归纳法做出的论证，从中可见，温度的变化影响氨基酸的分解速度。由此可推出：在温度变化大的地区氨基酸的分解速度也不断变化，那么这种技术就可能在年代鉴别上出现较大的偏差。因此，C 项为正确答案。

31. 答案：A

题干论述：给不同年龄的老鼠注射某种蛋白造成的反应，跟老鼠受到威胁时形成的反应类似。

A 项表明，因为老鼠受到威胁时候体内产生的物质，跟被注射的物质相似，所以导致了相似的反应，符合题干论述，因此为正确答案。

选项 B、C、D 为明显无关项。E 项不能被题干支持，因为非常小的老鼠在遇到突然威胁的时候也能产生相应的反应，所以很可能有应付常见遭遇的激素。

32. 答案：C

该粒子物理学家的意思是，过去玻色子都不是美国发现的，所以，属于玻色子的希格斯粒子不可能在美国被发现。

如果 C 项为真，即：如果 x 在过去一段时间内一直未做成 y，则 x 不可能做成 y。那么，该粒子物理学家的观点就成立。

A 项的思路与题干中的推理相反；补充 B 项不能使题干推理成立；D 项与题干推理的相关性太弱。

33. 答案：A

题干中的杀虫剂的特点是能区分鸟类和昆虫，但不能区分昆虫中的益虫与害虫，因此，在杀死害虫时虽然高效，但同时也杀死了益虫。

A 项中的战斗机的特点是能区分客机和战斗机，但不能区分战斗机中的敌机与友机，因此，攻击敌机虽然有效，但也可能误击友机。这和题干中杀虫剂的特点类似。

题干和 A 项特点是，能区分某一大类，但在具体小类中不能分清敌我。

其余各项产品都不具有类似于题干中杀虫剂的上述特点。

34. 答案：A

如果一个人摄入的胆固醇及脂肪和他的血清胆固醇指标无条件成正比，那么，如果中国的人均胆固醇和脂肪摄入量是欧洲的 1/2，则其人均血清胆固醇指标也等于欧洲人的 1/2。但题干断定，以欧洲人均胆固醇和脂肪摄入量的1/4为界限，在该界限内，上述二者成正比；超过这个界限，则不成正比。因此，可以得出结论：中国的人均胆固醇和脂肪摄入量是欧洲的 1/2，但中国的人均血清胆固醇指标不一定等于欧洲人的 1/2，即 A 项成立。

35. 答案：A

题干论述：两个系统都能查出所有的产品缺陷，但都有 3%的错误率将合格产品检测为有缺陷。所以应该使用两套系统以降低错误率。

A 项为题干论证所必需的假设，否则，如果 X 系统误测的无缺陷的产品与 Y 系统误测的完全一样，意味着使用两套系统和一套系统的结果是一样的，使用两套系统就没什么必要了。其余选项均不是假设。

36. 答案：A

题干论证有误，根据90%的重度失眠者经常工作到凌晨2点，张宏经常工作到凌晨2点，是得不出“张宏很可能是一位重度失眠者”这一结论的。

如果A项为真，即经常工作到凌晨2点的大学教师有90%是重度失眠者；那么，由于张宏经常工作到凌晨2点，从而可以合乎逻辑地得出结论：张宏有90%可能是一位重度失眠者。

“90%的重度失眠者经常工作到凌晨2点”得不出“10%的人经常工作到凌晨2点而没有患重度失眠症”，因此，B项不对。

题干并没有否认，除了经常工作到凌晨2点以外，还有其他导致大学教师重度失眠症的原因。因此，C项不对。

如果D项为真，即经常工作到凌晨2点是人们患重度失眠症的唯一原因，那么，由于张宏经常工作到凌晨2点，从而可以得出结论：张宏必然是一位重度失眠者。所以，D项也不对。

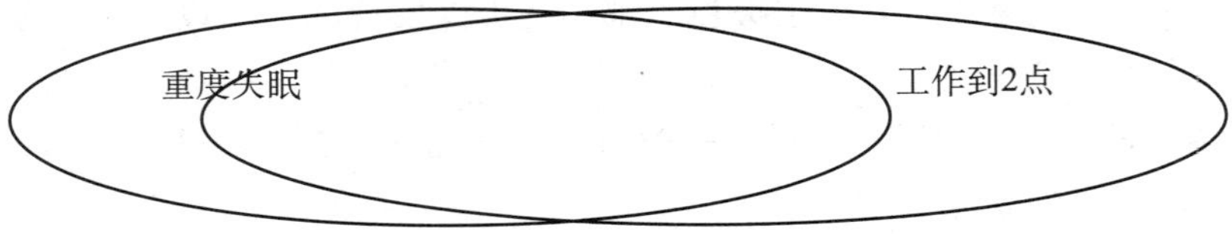

37. 答案：B

题干需要解释的现象是：咖啡并不含糖，也不分解为糖，但咖啡却可使人体内的血糖浓度上升。

B项表明，饮用咖啡会间接导致人体把储存的葡萄糖释放到血液中。这揭示了咖啡是如何起作用的因果关系，有力地解释了题干现象，因此为正确答案。

这样形成的因果链条为：饮用咖啡→增加人体的紧张程度→人体把储存的葡萄糖释放到血液中

其余选项不能解释。比如，A项，喝咖啡只是一种习惯，起作用的还是饭中的食物，至多能说明饭后喝咖啡使血糖上升是食物的作用，不能说明咖啡能使血糖水平急剧上升。E项，符合题干所述的现象，但并没有解释题干为什么出现这个现象。

38. 答案：C

题干断定：百灵鸟的数量下降不能归咎于居民的增多。

如果C项的断定为真，则说明清河界森林周边居民的增多，造成了丢弃的生活垃圾的增多；丢弃垃圾的增多，造成了森林中乌鹃的增多；森林中乌鹃的增多，造成了对百灵鸟繁衍的破坏，因而造成了清河界森林中百灵鸟数量的减少。因此，虽然森林的面积没有减少，但清河界周边居民的增多，确实是百灵鸟减少的一个原因。这就有力地削弱了题干的论证。

这样形成的因果链条为：居民增多→生活垃圾增多→乌鹃增多→百灵鸟卵减少→百灵鸟的数量下降。

39. 答案：A

家长认为：学生视力下降是由于作业负担太重。

校长认为：学生视力下降和作业负担没有关系，视力下降的原因是做作业的姿势不正确。

选项 A，作业负担重易使学生疲劳，而疲劳会使书写姿势不正确。这使得学生家长所指出的原因成为校长所指出的原因的深层次的原因，说明了学生视力下降还是由于作业负担太重所导致，这对校长的解释而言是很大的一个质疑。

这样形成的因果链条为：作业负担重→学生疲劳→书写姿势不正确→视力下降

选项 B 是支持学生家长的，但不能有力地削弱校长。C 项是无关项。选项 D、E 是支持校长的。

40. 答案：E

题干根据研究发现，X 牌香烟的 Y 成分可以抑制致鼻咽癌的 EB 病毒，得出结论，经常吸 X 牌香烟的人将减少鼻咽癌的风险。

如果“Y 成分的作用可以被 X 牌香烟的 Z 成分中和”，这样，Y 成分就不能抑制 EB 病毒了，那么，“经常吸 X 牌香烟的人将减少鼻咽癌的风险”的结论就不成立了。因此，E 项有力地削弱了题干论证。

B 项不能削弱题干。因为题干只断定 Y 成分有利于阻止正常的鼻咽部细胞转化为癌细胞，并没有断定 Y 成分有利于抑制或消除已经形成的癌细胞。

C 项说明 Y 成分是有用的，前半句有支持作用；后半句说对免疫系统有负面作用，有削弱作用，但影响哪方面的免疫作用没说，因此，削弱力度不大。

41. 答案：E

题干结论：儿童时代经常看到父母病痛的人，会使这个人在成年后更易于得这种病痛。

E 项表明，是因为成年后生病才记起儿童时代父母的病痛，而并不是因为记得父母的病痛使得成年后才更易于得这种病痛，这就有力地削弱了题干论证，所以为正确答案。

其余选项均为无关项，比如，B 项讨论父母在孩子长大后的病痛，跟题干论证无关。

42. 答案：D

题干观点：精神压力是原因，长粉刺和多吃巧克力是这一原因产生的结果。显然，D 项最为恰当地概括了题干的意思。

题干论述的目的就是确定精神压力与长粉刺和多吃巧克力的因果关系，因此，A 不恰当。其余选项均不符合题干的意思。

43. 答案：A

学者就鸽子走路时伸脖子现象做出的假设是，暂时静止的头部有利于鸽子获得稳定的视野，看清周围的食物。

A 项表明，鸽子行走时如果不伸脖子，很难发现远处的食物。这与题干假设构成了差异法，从无因无果的角度有力地支持了题干假设。

E 项是从共变的角度来支持，但是力度不如 A。

44. 答案：E

题干论述，青蛙的卵没有保护，青蛙数量的下降可能是由于紫外线照射增加导致。

E 项表明，把青蛙的卵保护在沙子下的青蛙种群比不保护的青蛙种群数量下降得少，这意味着保护起来是有效的，有助于说明紫外线照射是青蛙数量下降的原因，因此为正确答案。

45. 答案：C

题干观点：因为服用番茄红素胶囊的患者肿瘤缩小，所以番茄红素胶囊能使肿瘤缩小。

差异法推理可用增加对照组来支持。C项指出相似的没有服用番茄红素胶囊的患者肿瘤没有缩小，意味着使用胶囊很可能就是肿瘤减小的决定性因素，支持题干。

46. 答案：B

题干论证：因为患心脏病的男性一般比没患心脏病的男性的睾丸激素水平低，所以高水平的睾丸激素不是男性心脏病发作的主要原因。

B项是题干论证必需的假设，否则如果患心脏病会显著降低男性患者的睾丸激素水平，暗示有可能是高水平的睾丸激素导致心脏病，而心脏病又导致睾丸激素水平下降，这就严重地削弱了题干论证。

其余选项均不是假设。其中，A项，讨论没有患病者的睾丸激素水平，与题干关系不大。C项，讨论其他荷尔蒙，与题干无关。D项，讨论其他原因，也与题干无关。E为明显无关选项。

47. 答案：A

本题是使用差异法做出的论证，先行情况中的差异因素是“是否服用试验药物W素”，比较的现象是“寿命”，由于10年后每一组都有44位病人去世，从中得出结论：这种药物是无效的。

如果A项为真，则事实上，在上述死亡病人中，不服用试验药物W素的那一组的平均死亡年份比第一组早两年，则有利于说明差异因素（服用试验药物W素）是导致某种现象（寿命增加）产生的原因，这样，就说明服用治疗T的试验药物W素是有效的，有力地削弱上述论证，为正确答案。

对两组病人的考察，只能从患病并进行治疗开始，与平均寿命关系不大，因此，B不选。根据题意，每组只有1人活着，因此比较活着的人就没有什么意义了，所以C、D、E项均不予考虑。

48. 答案：A

题干论证：有过敏食物就有偏头痛，没有过敏食物也有偏头痛，所以过敏食物不是偏头痛的原因。

A项表明，食物与偏头痛之间有滞后性，即隐含着说明即使停止吃过敏食物，前期的过敏食物仍然会带来偏头痛，而实际上现在的正常食物并没有引起偏头痛，意味着过敏食物仍然可能是偏头痛的原因。这就以另有他因的方式削弱了题干结论。

49. 答案：A

根据题干所陈述的实验情况，可列表如下：

	做法	老鼠血液中的钙的水平
正常情况	保留甲状旁腺，保留肾上腺	正常
实验一	去除甲状旁腺，保留肾上腺	快速降低
实验二	去除甲状旁腺，去除肾上腺	慢速降低

根据正常情况和实验一对比，可以推测，甲状旁腺的功能是能升高血液中的钙，也即科学家们假设甲状旁腺的功能是调节血液中的钙的水平。

根据实验一和实验二对比，可以推测，肾上腺的功能是能降低血液中的钙，选项A就表明了这一点，因此为正确答案。其余选项都不能起到解释作用。

50. 答案：D

题干是个溯因推理，推理过程如下：

地质学主张的因果关系：陨石对地球的撞击生成了富含铱元素的尘埃云层，当尘埃落到地面后形成了富含铱元素的沉积岩。

事实上有果：一个含有异常丰富的铱元素的沉积岩层。

所以推出有因：6000万年前陨石撞击地球生成了富含铱元素的尘埃云层。

在削弱用溯因推理做出的因果论证时，要注意“一果多因”这种情况。D项表明，6000万年前大规模的火山爆发形成了这个富含铱元素的尘埃云层，这就通过找其他原因的方法，对题干关于富含铱元素的沉积岩是陨石撞击地球的证据这一主张提出了有力的反击。

后　记

现代社会已进入知识经济时代，科学技术、智力资源日益成为生产力发展和经济增长的决定性要素，并正日益深刻影响我们的生活。从微观层面看，一个公民的科学素养影响到个人价值观和对自然和社会问题的看法，从而影响到个人的生存发展与生活质量。从宏观层面看，国民的科学素养已经关乎一个国家的综合国力。

国际经济合作组织认为，科学素养是运用科学知识确定问题和做出具有证据的结论，以便对自然世界和通过人类活动对自然世界的改变进行理解和做出决定的能力。科学素养大致包括科学知识、科学方法和科学精神三个方面，现代公民应该理解和掌握基本的科学技术知识和成果，科学研究的方法，并具备好奇心，追求真理，严谨求实、质疑、尊重事实和证据，有实证意识、创新和合作的科学精神和科学态度。

科学方法是科学素养中最重要的内容，经典的科学方法有两大类，即实验方法（包括观察方法、调查方法）和逻辑方法（即科学逻辑）。科学逻辑是从科学视角对客观事物的本质属性及内在规律的认识方式；是基于经验事实对事物间的相互关系的抽象概括和建构的反映，该反映是以经验事实和科学知识为中介，借助推理和论证等形式，对多变量因果系统进行信息加工的过程。

科学逻辑作为科学研究的思维方法，是处理科学问题的思维工具。从科学问题和见解的提出到科学知识、科学原理的形成以及科学规律的应用，贯穿了逻辑方法与逻辑能力的综合运用和发挥。科学逻辑形成并运用于科学认识活动，是一个从具体到抽象，再从抽象到具体的过程，通过概念、判断、推理，在思维中再现客观事物的本质，并真实反映客观事物的运动规律。

美国俄亥俄州立大学一位教授做了一项比较研究：对中国 985 院校的大学生和美国大学生比较，测试了科学知识和科学推理，测完之后发现中国大一学生的科学知识水平远高于美国的大一学生，但是科学推理能力不高。相关研究文章发表在《科学》杂志上。我们的传统教育注重积累经验和学习知识点，在知识量的积累上花费了大量时间，相对削弱了对现象和问题背后的规律和原理的探索，所以无法有效突破自我认知。因此，提升学生的科学逻辑能力应作为中国教育的重要内容。

好的教育要授人以鱼，更要授人以渔。好的思维技能在面对与日俱增的新问题的时候，能够调动自我的知识体系找到最优解决方案。理解和掌握科学逻辑是培养和提高学生的科学素养的重要途径，而掌握科学的逻辑技能需要得到有效的指导和针对性的训练，这就是笔者编写本书的目的所在，相信本书对启发和提升高中学生的科学逻辑和科学推理技能会有所帮助。